HAMBURGER GEOGRAPHISCHE STUDIEN

Herausgegeben von Albert Kolb, Erich Otremba, Wilhelm Brünger.
Schriftleitung Wilhelm Brünger

Heft 7

Die schwedische Waldlandschaft

Ihre Struktur und Dynamik unter besonderer Berücksichtigung von
Hälsingland – Härjedalen

von

HELMTRAUT HENDINGER

mit 124 Abbildungen und 3 mehrfarbigen Karten (I – III)

Hamburg 1956

Im Selbstverlag
des Instituts für Geographie und Wirtschaftsgeographie
der Universität Hamburg

Die Abhandlung wurde am 16. Juli 1952 von der Math.-Naturwissenschaftlichen Fakultät der Universität Hamburg unter dem Dekanat von Prof. Dr. Willer auf Antrag von Prof. Dr. Brünger als Dissertation angenommen.

VORWORT

Vorliegende Untersuchung entsprang dem Wunsche, nach einem im Dezember 1948 am Geographischen Institut der Universität Hamburg gehaltenen Referat über „Schwedens Wald und seine Holzwirtschaft" näher in das Wesen der schwedischen Landschaft einzudringen, in der Wald und Holzwirtschaft so charakteristische Züge darbieten.

Doch erst nach eingehenderen Sprachstudien und umfangreichen Literaturstudien, vor allem auf dem Gebiet der Forst- und Holzwirtschaft, gelang es mir im August/September 1950, dies Land selbst eingehend kennenzulernen.

Meine Reise führte mich zunächst nordwärts bis nach Storuman und Umeå. Ich hatte sie so angelegt, daß sie mir insgesamt gesehen einen wertvollen Längsschnitt durch die Waldlandschaften wie auch durch die Holzindustriegebiete Norrlands geben konnte. Dies Bild des verschiedenartigen Wandels der Landschaften im Inland und an der Küste konnte ich ergänzen durch zahlreiche Querschnitte, wodurch sich mir neue Perspektiven öffneten (Bollnäs — Orsa; Östersund — Sundsvall; Sundsvall — Bispgården — Sollefteå — Hoting; Storuman — Umeå).

Am Abschluß dieser Reise stand eine Radtour durch Hälsingland-Härjedalen, um hier mit etwas mehr Muße noch einmal eingehender die Zusammenhänge von Waldland und Küstenlandschaften verfolgen zu können. Die Anregung zu diesem Entschlusse hatte mir Prof. W. William-Olsson (Stockholm) gegeben, dem ich auch sonst für manchen Ratschlag und vor allem persönlichen Einsatz zu danken habe. Zunächst hatte ich jedoch selbst prüfen wollen, inwieweit mir dieser Raum, der in der geographischen, geologischen wie auch forstlichen Literatur bisher kaum mit eingehenderen Untersuchungen bedacht worden ist, soweit solche nicht für den gesamtnorrländischen Raum vorliegen, als Objekt meiner waldlandschaftlichen Untersuchungen geeignet erschien. — Ich fand das, was ich suchte: Gegensätze und Übergänge in großer Mannigfaltigkeit, im letzten aber doch einen von einheitlichen Kräften geformten Landschaftsraum.

Im Verlauf der späteren Arbeiten, die ich während meines anschließenden Studienaufenthaltes an der Forsthochschule in Stockholm 1950/51 ausführte, erkannte ich allerdings, daß für die Erfassung der Eigenheiten einer Waldwirtschaftslandschaft, vor allem aber für die Analyse und Darlegung des gesamten damit verbundenen Fragenkomplexes der Raum Hälsingland-Härjedalen zu groß ist, um zu einer tieferen Zusammenschau gelangen zu können.

Für derartige Untersuchungen wählte ich Färila-Kårböle (Färila socken) ein Gebiet, das durch eine eigene, vom Skogsvårdsstyrelsen i Gävleborgs län 1947 durchgeführte Waldtaxierung bereits näher in seinen waldwirtschaftlichen Möglichkeiten bekannt war. Zudem schien mir gerade der Färila socken mit seinem ausgesprochenen Übergangscharakter zwischen den landwirtschaftlich ausgerichteten Tallandschaften und dem weiten Waldlande für eine eingehendere Betrachtung recht ergiebig zu sein.

Für die waldbaulichen Betrachtungen und Studien wurde mir das Primärmaterial zu obig erwähnter Taxierung, für die Unterbauung der siedlungsgeographischen Betrachtungen das Archivmaterial des Lantmäterikontoret in Gävle freundlichst zur Verfügung gestellt. Eine weitere Gunst bedeutete die Existenz von bereits umfangreicheren Untersuchungen über die Landwirtschaft in Färila (Landstingets utredning angående jordbruket i Färila — ungedruckt), die größtenteils von Lantmätare E. Thorén durchgeführt worden waren und deren Ergebnisse zum großen Teil bereits im Manuskript vorlagen und mir entgegenkommenderweise zur Verfügung gestellt wurden.

Allerdings muß ich bemerken, daß ich von der Existenz dieser zum Teil recht eingehenden Untersuchungen erst Kenntnis erhielt, als ich mich längst entschieden hatte, den Färila socken als engeres Arbeitsgebiet zu wählen.

Für den Gesamtraum Hälsingland-Härjedalen hatte ich zudem auf Grund des großzügigen Entgegenkommens des Skogsforskningsinstitut (Experimentalfältet) die Möglichkeit zur Durcharbeitung des Primärmaterials zur zweiten Reichswaldtaxierung (1939/40 Jämtlands län, 1942 Gävleborgs län).

Als ich im März 1951 nach Hamburg zurückkehrte, hatte ich ein reiches, vorwiegend waldwirtschaftliches und pflanzengeographisches Material gesammelt, das nun seiner Auswertung harrte. Dabei ergab sich sehr bald, daß es für die geplante Gesamtanlage der Arbeit wünschenswert sein mußte, noch einmal Studien an Ort und Stelle, diesmal nach Möglichkeit im Sommer, sowie eine Ergänzung des Quellenmaterials vorzunehmen.

Wie bei meiner Reise im vorangegangenen Jahr widmete ich mich auch diesmal abwechselnd dem Studium des Waldes und Waldbaus sowie der Siedlungen und Holzindustrie. In Forstmeistern, Betriebsdirektoren und Werksingenieuren fand ich wohlwollende Führer, die mich an Ort und Stelle in die Probleme von Waldbau und Holzwirtschaft einführten und die für meine Fragen stets ein offenes Ohr hatten.

Diesmal weitete ich meine Studienreise von Beginn an auf den mittel- und südschwedischen Raum aus, um so weitere Vergleichsmöglichkeiten für die Einordnung Hälsingland-Härjedalens zu gewinnen. Ich lernte auf meiner diesmaligen Fahrt durch Schweden die Westküste von Laholm (Halland) bis Uddevalla (Bohuslän) näher kennen, um dann mit dem Raum des Vänern und seinen Randlandschaften Dalsland und Värmland in mein eigentliches Studiengebiet: „Holzindustrie und Waldland" zu gelangen.

Von dort führte die Reise über Västmanland und Dalarna in den Färila socken, den ich mir diesmal durch Radtouren in allen seinen Winkeln zu erschließen gedachte. Dabei fand ich wertvolle Unterstützung und Förderung durch Länsskogsvaktaren Andersson wie aber auch durch die Bauernbevölkerung selbst.

Auch die Waldprobleme Härjedalens durfte ich unter sachkundiger Führung vom Skogsvårdsstyrelsen i Jämtlands län kennenlernen. Quellenmaterial in Östersund ergänzte die eigene Anschauung. Auf holzindustriellem Gebiet hatte ich im Küstenraum Hälsinglands die Anlagen der A. B. Iggesunds Bruk und Marma-Långrörs A. B. besichtigen können, in Edsbyn Ski- und Möbelfabrik. Auch hinsichtlich der Holzindustrie gelang es mir, diese wertvolle eigene Anschauung durch Primärmaterial des Kommerskollegiums zu ergänzen und auszuweiten.

Den Abschluß meiner fast zweimonatigen Reise bildete eine Rundtour durch Småland, wo ich wertvolle Gesichtspunkte für einen Vergleich sowohl in pflanzengeographischer als auch in holzindustrieller Hinsicht gewann.

Viel Arbeit gab es noch zu leisten, als ich mit einem schier unerschöpflich erscheinenden Material, vor allem aber mit einer umfangreichen, unersetzlichen eigenen Anschauung von den Dingen heimkehrte.

Hier möchte ich besonders meinem Lehrer Herrn Professor Dr. W. Brünger danken, der von Beginn an, besonders aber in dieser letzten Etappe der Auswertung, meine Untersuchungen durch Rat und Tat immer aufs neue gefördert und unterstützt hat.

Ein nicht minder warmer Dank gebührt aber auch meinen übrigen Lehrern, vor allem den Lehrkräften des Geographischen Instituts, die mir in Übungen und Diskussionen immer neue Anregungen für die Gestaltung meiner Arbeit gaben, insbesondere Herrn Prof. Dr. A. Kolb als Direktor des Geographischen Instituts und Herrn Prof. Dr. E. Otremba als Direktor der Wirtschaftsgeographischen Abteilung, die mir auch sonst in mancher Weise behilflich waren. Für praktische Unterstützung bei der Durchführung der von Prof. Dr. Brünger angeregten bodenkundlichen Untersuchungen möchte ich Herrn Prof. Dr. W. Großkopf (Bundesanstalt für Forst- und Holzwirtschaft/Reinbek) meinen anerkennenden Dank aussprechen.

In Schweden waren es vor allem Prof. W. William-Olsson, Prof. Th. Streyffert, Prof. C. Malmström und Prof. O. Tamm, die während meines Studienaufenthalts in Stockholm meine Arbeit auch gedanklich weitgehend gefördert haben und denen hier mein besonderer Dank gilt.

Manche Anregung verdanke ich darüber hinaus den zahlreichen Forstmeistern, mit denen ich im Walde und am „grünen Tisch" so manches waldbauliche Problem diskutieren konnte. Für die mir gewährten Einblicke in Holzwirtschaft und Holzindustrie fühle ich mich den Direktoren einer Reihe von Industriebetrieben zu Dank verpflichtet.

Sehr wertvoll war für mich u. a. die Förderung, die mir insbesondere durch die Bibliothek der Forsthochschule Stockholm unter der Leitung von Bibliothekarin Frau H. Malmström zuteil wurde.

Es ist leider nicht möglich, in diesem Rahmen alle diejenigen zu nennen, die in Schweden durch ihr Interesse, ihre Hilfe und Förderung meine Untersuchungen während meines zweimaligen Aufenthaltes im Lande selbst so entscheidend unterstützt haben. So möchte ich hier noch einmal allen Schweden, die in irgendeiner Weise meine Arbeit gefördert haben, meinen Dank aussprechen.

Dieser Dank richtet sich nicht minder an diejenigen, die mir durch ihre großzügige Gastfreundschaft die Arbeit nicht nur angenehm gestalteten, sondern oft überhaupt erst die Durchführung derselben ermöglichten.

Auch den deutschen Institutionen bin ich für ihre wohlwollende Förderung meiner Arbeit zu Dank verpflichtet.

Die Abhandlung wurde im Frühjahr 1952 abgeschlossen und hat der Mathematisch-Naturwissenschaftlichen Fakultät der Universität Hamburg als Dissertation vorgelegen. Eine Vertiefung und Erweiterung der Ergebnisse war mir inzwischen durch nochmaligen kurzen Aufenthalt in Schweden hinsichtlich der Siedlungsverhältnisse des Färila sockens vergönnt. Die dargestellten wirtschaftlichen Verhältnisse entsprechen unverändert dem Stand von 1950/51.

Eine im wesentlichen ungekürzte Veröffentlichung der an Abbildungen und Karten reichen Abhandlung verdanke ich der Initiative der Schwedischen Forstwirtschaft und der großzügigen finanziellen Hilfe durch die Schwedische Holzindustrie (Stiftelsen Gävleborgs och Jämtlands län konjunkturutjämningsfond för det enskilda skogsbruket) und der Universität Hamburg. Zum Schluß möchte ich für die Aufnahme der Arbeit in die Reihe „Hamburger Geographische Studien" meinen verbindlichen Dank sagen.

Hamburg, den 15 März 1956. Helmtraut Hendinger

INHALTSÜBERSICHT

VERZEICHNIS DER ABBILDUNGEN UND FARBKARTEN:

Fotographien sind durch (F) angegeben, Karten und Kartogramme mit (K) gekennzeichnet. Die Fotographien sind, soweit nicht anders vermerkt, ausnahmslos Aufnahmen der Verfasserin aus den Jahren 1950 und 1951.

I. Schweden — das Land der unendlichen Wälder

Eine Landschaftsschilderung

Schweden — das Land der dunklen Wälder, der vielen Seen und weiten Moore! Ein solches Bild schwebt jedenfalls dem Mitteleuropäer vor Augen, wenn seine Gedanken in den Norden unseres Kontinents wandern.

Schonen jedoch, der südlichste Teil dieses Landes, das sich von 55°21' bis 69°04' n. Br. über klimatisch und geologisch sehr verschiedene Gebiete erstreckt, zeigt noch nichts von alledem. Der Landschaftscharakter entspricht dem Dänemarks, ja stellenweise Schleswig-Holsteins. Weite Ackerbauflächen mit zerstreut liegenden, weißgetünchten, strohgedeckten und fast stets von einem kleinen Laubhain umgebenen Einzelhöfen beherrschen die leichtwellige, fruchtbare Kreideebene im Südwesten. Nur hie und da schmiegen sich an den Grenzen der Äcker kleine Buchen- und andere Laubwälder ein.

Erst der NW—SO streichende Urgebirgshorst des 186 m hohen Romeleåsen gibt uns mit seinem relativen Höhenunterschied von ca. 80—100 m einen Vorgeschmack vom Landschaftscharakter weiter nördlich. Stärker hügeliges Gelände erstreckt sich hier mit ausgedehnten Buchenwäldern vor allem an den Hängen im Süden und Südwesten, also im Lee der vom Eise von Norden her überarbeiteten Urgebirgshorste, wo der Blockreichtum einer stärkeren Aufsiedlung im Wege stand. Die Unterschiedlichkeit von Nord- und Südhang dürfte z. T. sekundär durch relief- und bodenbedingte, ungleich starke Abtragung verstärkt worden sein. Weiter nördlich dagegen treffen wir auf ein relativ dichter besiedeltes Land auf einer etwas dickeren, fruchtbareren Moränendecke. Hier wechseln um die Einzelhöfe gruppierte Laubwiesen und Äcker in bunter Folge mit Wäldern und Heiden der Außenflur. Auch die Höhenzüge des Söder- und Linderödsåsen stellen geologisch von Verwerfungen begrenzte Urgebirgshorste dar, die uns noch heute mit ihren ausgedehnten Buchen- und Laubmischwäldern einen wirklichen Begriff von der Laubwaldlandschaft des südlichen Schwedens vermitteln.

Schon früh war der Mensch in diese Landschaft eingedrungen. Von seinen zahlreichen, oft mit viel Mühe und Schweiß angelegten Äckern und Laubwiesen[1]) geben die jetzt zum Teil mitten im Waldlande gelegenen Steinwälle und Steinhaufen ein beredtes Zeugnis.

Heute ist in diesen Gebieten mit Hilfe des Menschen vielfach bereits die Fichte, von Norden her kommend, in den ursprünglichen Laubmischwald eingewandert. Die Fichte — ebenfalls ein Schattenbaum wie die Buche — vermag zum Teil sehr wohl mit letzterer zu konkurrieren. Doch, begünstigt durch das milde maritime Klima und den fruchtbaren, vielfach kalkhaltigen Boden, der bei natürlichen Bedingungen unter Laubwald kein Podsolprofil aufkommen läßt, ist die Buche nach wie vor vorherrschend.

Die weite, fruchtbare Kreideebene von Kristianstad unterbricht diese naturschöne Hügellandschaft. Nordöstlich treffen wir dann bereits die ersten Ausläufer des Wald- und Seenplateaus von Småland.

Kiefernwald, Nadelmischwald aus Kiefer, Birke und Fichte sowie stellenweise

1) Def. der Laubwiese nach Mårten Sjöbeck:
Er schreibt hierzu in seinem Aufsatz „Lövängskulturen i Sydsverige" (Ymer 1933, S. 37): „In der alten Ackerbaukultur Südschwedens bildet die Laubwiese die allgemeine Kulturwiese. Sie ist aus dem Laubwald hervorgegangen, und ihr Kennzeichen ist, daß Laubbäume einen wesentlichen Bestandteil derselben bilden" (übersetzt vom Verf.).
Nirgends in Schweden dürfte die Laubwiese als reine Naturerscheinung aufzufassen sein. In Südschweden konnte sie, wie Sjöbeck mitteilt, bereits überall als Kulturprodukt nachgewiesen werden. So kommt M. Sjöbeck im selben Aufsatz S. 38 zu folgender Definition der Laubwiese: „Unter einer Laubwiese (löväng) verstehe ich somit eine auf der Grundlage eines natürlichen Laubwaldes künstlich geschaffene Wiese" (übersetzt v. Verf.).

reiner Fichtenwald, weite Kiefern- und Callunaheiden, z. T. auf ehemaligen Buchen- und Laubwaldböden, dazwischen oft in Fortsetzung der zahlreichen Seen ausgedehnte Moore, auf denen Brenntorf gewonnen wird, hie und da Laubwälder und in der Umgebung der verstreuten Siedlungen alte, z. T. verwilderte Laubwiesen und kleine, von Lesesteinwällen umgebene Ackerlappen; größere Ackerbausiedlungen meist im Norden der Seen (so am Bolmen, Möckeln und Åspen), wo infolge schnellerer Landhebung stärkere Verlandung statthat, im Gegensatz dazu am Auslauf dieser Seen im Süden meist eine kleine Industrieanlage, ein Sägewerk, das den Holzreichtum nutzt, oder eine Mühle — das ist der Südwesten Smålands, welches sich in seinem Kerngebiet mit dem småländischen Hochplateau deckt. Die durch landwirtschaftliche Nutzflächen mehr oder minder aufgelockerten Randlandschaften Smålands ziehen sich bis an die teils schlickige, teils felsige Küste Hallands und die Silurebene Kalmars und Blekinges hin.

Begleitet von unendlichem Waldland, in dem nur hier und da einmal Birke und Eiche zwischen Kiefern und Fichten auftauchen, erklimmt die Eisenbahn ganz allmählich das småländische Hochland, dessen Kern eine geschlossene Hochfläche in 300—350 m ü. NN bildet. Die Randpartien sind zu einer Schollenlandschaft aufgelockert, deren einzelne Kuppen durch ausgesprochene Höhensiedlungen eingenommen sind. Hier gewahren wir noch heute erhaltene eigentliche Dorfsiedlungen, deren Flur- und Siedlungsbild infolge seiner natürlichen Anpassung an die Morphologie selbst durch die verschiedenen Flurbereinigungen und Umlegungen, die über das ganze Land gingen, nicht zerschlagen wurde (vgl. O. Thaning, 1940 u. M. Sjöbeck, 1946).

Der Nordosten Smålands weist Reste einer stark ausgeprägten Waldweidewirtschaft sowie einer intensiven Laubwiesenkultur mit ausgesprochen artenreichem Pflanzenwuchs auf. Auch der Wald zeigt mit Fichte, Eberesche, Esche, Eiche, Linde, Birke u. a. und einem üppigen Unterwuchs von Sträuchern, Kräutern und Farnen — besonders auf dem von Diabasbetten durchsetzten Quarzitschiefer des Almesåkraplateaus rund um Nässjö — ein anderes Gesicht als in den kargen Sandgebieten des Südwestens.

Nach Osten zu wird die Landschaft immer offener. Eine Knickwallandschaft — ganz ähnlich der schleswig-holsteinischen und dänischen — kennzeichnet die Silurebene von Kalmar. Im Norden geht das småländische Hochplateau mit typischem Nadelwaldbestand aus Fichte und Kiefer und kleinen eingestreuten Ackerbausiedlungen, Säge- und Möbelindustrie, die auf dem Holzreichtum des Landes fußt, in mehr oder minder starkem morphologischen Abbruch in die fruchtbare Ackerbauebene der mittelschwedischen Senke über.

Doch diese Landschaft ist, obschon stark aufgelöst durch größere und kleinere Nutzflächen, doch bereits mehr durch das Zusammenspiel von Ackerbau und Waldwirtschaft geprägt als das südlichste Schonen. Der Wald nimmt bereits große, zusammenhängende Flächen ein.

Im Küstengebiet von Norrköping bis Stockholm, ja bereits im Schärenhof Östergötlands und des Tjust härad im nördlichen Teil der Provinz Kalmar, sind alle Fels- und Bergrücken von Wald eingenommen, wenn es allerdings zum Teil auch recht dürftiger Kiefernwald ist, der sich über die kargen Felsbuckel breitet, die sich in ihrer Physiognomie scharf gegen die dazwischenliegenden, tonreichen Sedimentebenen mit Äckern und Wiesen und vielleicht auch einigen knorrigen Eichen abheben.

Diese tonigen und lehmigen postglazialen Meeresablagerungen gehören zweifellos zu den fruchtbarsten Böden Schwedens und sind folglich für Landwirtschaft und Gartenbau weitgehend in Nutzung genommen.

Sind die fruchtbaren Niederungen zwischen den „Schären"[1]) nur klein, so finden wir dagegen größere, zusammenhängende Ackerbaugebiete rund um die „großen Seen" der mittelschwedischen Senke, die einstmals von dem postglazialen Yoldia-Meer, das Ost- und Nordsee miteinander verband, bedeckt war.

1) ehemalige Schären.

Dort haben sich die alten Kultur- und Handelszentren des eigentlichen Schwedens entwickelt, während die fruchtbaren Gebiete im Süden des småländischen Hochlandes — Schonen, Halland und Blekinge — ja erst 1645 von Dänemark an Schweden abgetreten wurden.

Besonders am Westufer des Vänern (Wenersee), im Gebiet zwischen Vänern und Vättern (Wettersee) sowie in den Silursenken westlich des Hjälmaren und in Östergötland finden wir derartige zusammenhängende Ackerbaugebiete, während die eigentliche Küste, sowohl im westlichen als auch im östlichen Mittelschweden eine typische Schärenküste mit zutage tretenden Felsbuckeln, meist aus Granit oder Gneis, darstellt. Am charakteristischsten ist sie jedoch im Westen — in Bohuslän — ausgeprägt. Dieser Schärencharakter setzt sich in das Innere hinein fort, so in Dalsland wie im Osten auch in Uppland, nur mit dem Unterschied, daß zwischen den „Schären" heute keine Meereswogen mehr ihre Strandmarken in das blanke, gerundete Gestein hineinmeißeln, sondern sich hier statt dessen mehr oder minder fruchtbare sedimentäre Ablagerungen ausbreiten und die nackten Felsen im gemeinsamen Kampf von Klima und Pflanzenwelt allmählich vom Walde erobert werden.

Damit ist aber in dieser Landschaft bereits eine natürliche Verteilung von Wald und landwirtschaftlichen Nutzflächen gegeben. Nördlich der mittelschwedischen Seenlandschaft nähern wir uns mehr und mehr Landschaften mit norrländischen Charakterzügen. Wenn auch die Tal- und Seenlandschaften in Värmland, Dalarna und Bergslagen durchaus noch etwas von den freundlichen Zügen der mittelschwedischen Landschaft an sich tragen, so läßt uns das weite Bergland doch bereits etwas von dem geheimnisvollen Weben in den großen norrländischen Wäldern spüren. Wir empfinden gerade so wie die Menschen der vergangenen Jahrhunderte die Unendlichkeit des nordischen Waldes und werden gefangengenommen von der phantasievollen Stimmung, die das Leben im Walde in sich birgt.

Als lichte, leuchtende Bänder schlängeln sich Flüsse und Seenketten durch ein dunkles Waldland. Auf ihrem Rücken tragen sie in zahllosen Stämmen das „rotglänzende Gold" des schwedischen Waldes hinab zur Küste des Vänern oder auch des Bottnischen Meerbusens, wo es sich dann zu gewaltigen Holzbergen, ja zuweilen zu förmlichen „Holzstädten" ansammeln kann.

Nur hier und da an den Ufern hat der Mensch eine kleine saubere Siedlung mit rotgestrichenen Holzhäusern, grünen Wiesen und zur Erntezeit goldgelb herüberleuchtenden Äckern aus dem dunkelgrünen Waldteppich herausgeschnitten. Man möchte von einem urtümlichen, fast unberührten Waldland sprechen, in dem die Siedlungen nichts anderes als kleine Nischen und Inseln darstellen, die fast verschwinden, wenn unser Auge von einer der höchsten Waldkuppen aus über die weite, in Riedel und Restberge zerschnittene einstige Plateaufläche hinstreift. Ein weites, welliges Waldhügelland breitet sich vor uns aus.

Die reichen Wasserkräfte des Landes, bedingt durch das unregelmäßige Gefälle der Flüsse, werden vor allem in Värmland und im südlichen Teil des morphologisch begrenzten Norrlands seit Jahrhunderten durch Eisen- und Holzindustrie genutzt, die aber in dem unendlichen Waldlande genau so wie die Ackerbausiedlungen fast verschwinden und folglich kaum als störend empfunden werden. Viel eher bilden sie eine willkommene Abwechslung in der eintönigen Schwere des düsteren Nadelwaldes und der beklemmenden Einsamkeit der heimtückischen Moore.

Nur selten bietet der Wald auf ehemaligen Brandflächen, wo üppiger Birkenwuchs und Weidenröschen (Chamaenérion angustifol.) den nitratreichen Boden kennzeichnen, oder auch an Quellen und Seitentälchen gelegen, wo Erlen, Ebereschen und Birken bestandsbildend sind, ein lieblicheres Bild.

Die natürliche Grenze der Eiche ist mit dem Überschreiten der morphologischen Südgrenze Norrlands, die im Westen mitten durch Värmland hindurchführt, um dann in weitem Bogen zur Küste Hälsinglands herumzuschwenken, hinter uns geblieben. Auch die übrigen anspruchsvolleren Laubbäume, wie Hasel, Ulme und Linde, sind nur noch vereinzelt in den Küstenlandschaften Norrlands und auf den fruchtbaren Hyperitstandorten Värmlands anzutreffen. Vom Nordwesten Värmlands setzt sich der typische Nadelwald aus Kiefer, Fichte und Birke in den Bergslagsgebieten Västmanlands, Dalarnas und Upplands fort, wo die jahrhundertealte Eisenindustrie — gebunden an die erzführenden Leptitgebiete — der Landschaft weitgehend ihr eigenes Gepräge aufgedrückt hat, sowohl was Waldnutzung als auch was Siedlungstypen anbetrifft. Aber wenn Kultur und Bevölkerung auch durch den Bergbau geformt wurden, so ist der vorherrschende Charakterzug im Landschaftsbild der Wald geblieben, der, obschon zum Sekundärwald umgeformt, doch nur bei sehr eingehendem Studium vom Primärwald unterschieden werden kann.

Die Silurebene am Siljan-See in Darlarna sowie die Küstenebene Gästriklands und des südlichen Hälsinglands läßt jedoch noch einmal eine stärkere Ausdehnung des Ackerbaus, vielleicht genauer gesagt, der Viehzucht mit Futteranbau und Koppelwirtschaft zu, bevor wir dann in den eigentlichen, großen, zusammenhängenden norrländischen Nadelwald eintauchen. In ihm stellen Ackerbau und Industriesiedlungen nur noch kleine sporadische Inseln dar, teils an ein Seeufer, teils an eine Flußterrasse gebunden.

Erst weiter im norrländischen Binnenland, oberhalb der „marinen Grenze"[1]), wo die lockenden sedimentären Fluß- bzw. Meeresablagerungen fehlen, treffen wir in Härjedalen und den Lappmarken die typische Hang- und Höhensiedlung. Diese ist gebunden an die feinkörnigeren und tonreicheren, weniger ausgespülten und abgetragenen, an großen Felsblöcken armen Moränenablagerungen auf den Bergkuppen und Hochplateaus, die meist aus Granit, Gneis oder Quarzit bestehen. Landwirtschaftlich sind diese Lagen vor allem auch wegen ihrer geringeren Frostgefährdung gegenüber den vielfach versumpften Tälern und Becken bevorzugt.

Doch diese Ackerbausiedlungen hoch oben auf der Höhe, die sich in jahrhundertelanger Tradition weit mehr durch die auf der Waldweide basierende Viehzucht als durch den Getreideanbau ernährten, haben ihre heutige Existenzmöglichkeit vor allem der aufblühenden Waldwirtschaft und Holzindustrie zu danken.

Der Strom — einst Siedlungsleitlinie — erscheint heute als die eigentliche Lebensader der Waldsiedlungen. Er befördert das Holz zur Küste, er liefert mit seinen schäumend über Klippen und Verklüftungen hinabstürzenden Wassermassen die Voraussetzung für gewaltige Kraftanlagen, die überall in Norrland, besonders während der letzten Jahrzehnte angelegt wurden und heute in weiterem Ausbau begriffen sind. Diese natürlichen Energiequellen des kohlenarmen Landes liefern die Voraussetzung für den modernen industriellen Ausbau und den ungeahnten technischen Fortschritt, auf dem Wohlhabenheit und Reichtum der heutigen Bevölkerung sich gründen.

An den Flüssen entlang führen die Landstraßen wie auch die Querverbindungen zwischen Stamm- und Inlandbahn[2]), die heute zum großen Teil elektrifiziert sind. Sowohl Landstraßen als auch Eisenbahnlinien folgen somit nach Möglichkeit den trockenen sub- und fluvioglazil abgelagerten Kiesschotter- und Sandflächen. An den Mündungen und Knotenpunkten der großen Talzüge und daher bedeutender Verkehrs- und Handelswege haben sich Agglomerationen mit zentralen Funktionen herausgebildet. Marktflecken und Städte sind hier entstanden.

Der Wald, der die Hauptverkehrswege Norrlands begleitet, setzt sich infolge der großen Trockenheit der Kies- und Schotterablagerungen größtenteils aus

1) nach Granlund, Högbom u. a.: = höchste Küstenlinie = postglaziale Meeresgrenze = Yoldiagrenze in Süd- und Mittelschweden = Ancylusgrenze in Nordschweden = obere Grenze der marinen Sedimente.
2) Stammbahn: Stockholm — Krylbo — Ånge — Boden — Haparanda.
Inlandbahn: (Kristinehamn) — Mora — Östersund — Hoting — Gällivara.

Kiefernbeständen zusammen, in die Birke eingemischt ist. Auf den Höhen und an den Hängen dagegen herrschen Fichtenwald und Kiefern-Fichten-Mischwälder, die außerdem das bodenmäßig und klimatisch begünstigte, kalkreiche Silurgebiet des Storsjön in Jämtland einnehmen. In jungen Beständen, vor allem wenn sie sich auf alten Brandflächen oder auch vom Menschen gewollten Brandkulturflächen entwickelt haben, ist die Birke mit einem relativ hohen Prozentsatz vertreten.

Im Waldlande selbst stoßen wir auf eine große Zahl von Kreissägen, ohne große Kosten mitten im Walde, also an der Rohstoffquelle, unter einfacher Holzbedachung aufgestellt, im nächsten Monat vielleicht schon an einer anderen Stelle, dann als Zeugen ihrer Tätigkeit einen Bretterhof von verschiedener Größe und einen ansehnlichen Sägemehlhaufen hinterlassend. Hier und da schwelen noch heute, wie in alten Zeiten, die Kohlenmeiler, jedoch meist die Verkehrsgunst von Eisenbahn und Straße nutzend.

An der Küste liegen die großen Exportwerke der Holzindustrie. Fest und stabil sind sie gebaut, zum Teil nach modernsten technischen, hygienischen und sozialen Gesichtspunkten, doch ebenso wie ihre kleinen Schwestern, die Gattersägen im Inlande, zwischen Wald und Wasser eingebettet.

Vor allem an den Mündungen der großen norrländischen Ströme, die den Rohstoff Holz, so billig man es sich nur denken kann, heranführen, haben sich die Exportsägewerke wie auch Sulfit- und Sulfatzellstoffabriken, Holzschliffabriken und andere Neben- und Veredlungsindustrien mit den dazugehörigen Siedlungen und Verladeanlagen konzentriert. Mit ihrem charakteristischen Säureturm springen die Sulfitzellstoffabriken besonders ins Auge, wogegen sich die Anwesenheit einer Sulfatzellstoffabrik durch den typischen, säuerlichen, in unmittelbarer Nähe zum Husten reizenden Geruch kundtut. Ein Sägewerk schließlich nehmen wir vor allem akustisch wahr. Das Kreischen der Sägen, das Quietschen der Hobel sind neben der direkten Lage am Wasser, aus dem die Stämme erst unmittelbar vor dem Zersägen entnommen werden, um dann auf Schrägaufzügen zu den Sägegattern hinaufzuwandern, die charakteristischen Kennzeichen. Typisch sind außerdem die auf dem Dache vorhandenen, silbrig glänzenden Aluminium-Schornsteine (Gebläse der Entlüftungs- und Trocknungsanlagen), die aber auch den Gebäuden der Möbel- und Bautischlerei sowie der Sperrholz- und Faserplattenindustrie eigen sind.

Doch wo liegen nun die Grenzen jenes unendlichen Waldlandes, das an der Küste von einer gewaltigen Holzindustrie überlagert und ergänzt (d. h. integriert) wird? Sie sind genau so wie auch die Grenzen der edlen Laubhölzer vor allem klimatisch bedingt. Dort, wo die Selbstverjüngung des Nadelwaldes gen Westen und Norden infolge zu großer Höhenlage oder der nördlichen Belegenheit nicht mehr gewährleistet ist, beginnt neben der Flaumbirke (Betula pubescens) die Fjällbirke (Betula tortuosa) Platz zu greifen, die sich beide durch ihre meist nach oben strebenden Zweige auszeichnen, im Gegensatz zu der „Hängebirke" (Betula verrucosa)[1]), die meist hängende Zweigspitzen zeigt und im eigentlichen Fjällbirkenwald nicht mehr vorkommt. Auf fruchtbarer Fjällschieferunterlage weisen die hier herrschenden Pflanzengesellschaften noch in großer Höhe einen üppigen Kräuterwuchs von u. a. Blauem (nordischem) Sturmhut (Aconitum septentrionale) auf, der bis über einen Meter hoch werden kann.

Schließlich geht der lichte Birkenwald, unterbrochen von weiten Mooren, in die Mattenlandschaft des Fjälls über, wo nur noch die Rentierherden der Lappen eine geringe Nutzung des Landes auszuüben vermögen. An einzelnen Stellen jedoch ragen bereits vorpostenähnlich die Regionen des ewigen Schnees heraus, die sich in den niederschlagsreichen Höhen des norwegischen Fjeldes jenseits der Grenze weiter ausbreiten und zur Herrschaft gelangen.

1) Bet. verruc. u. Bet. pub. können durch eine Reihe von Merkmalen unterschieden werden: am wichtigsten sind Blattform, Pollen- und Jahressproßausbildung (unbehaart bzw. behaart). Vgl. Arnborg, T. 1949. Bot. syst. Einteilung. Betula alba („Borkentyp") synonym zu beiden (vgl. Deutsche Bot. Ges., 1940).

II. Natur- und Kulturlandschaft in physiognomisch-ökologischer sowie entwicklungsgenetischer Betrachtung unter Berücksichtigung der ihr eigenen Landschaftstypen

Wir begannen unsere Wanderung durch die schwedischen Landschaften im Süden, im heute fast waldlosen, äußersten Südwesten Schwedens, bis wir schließlich hoch im Norden, in der Weite des Fjälls wiederum eine waldlose Landschaft erreichten. Zwischen diesen beiden Extremen der durch den Menschen zerstörten Walddecke im Süden, die er zu einer Kulturlandschaft mit vollkommen neuem, eigenem Gepräge umformen konnte, und der von der Natur bestimmten klimatischen Grenze des Waldes, wo auch die formenden Kräfte des Menschen der Landschaft nicht ihre baumlose Weite und Endlosigkeit zu nehmen vermögen, erstrecken sich die in verschiedenen Abstufungen noch heute durch den Wald bestimmten Landschaften Schwedens.

Doch welche Faktoren sind nun eigentlich entscheidend für eine „Waldlandschaft", welcher Art ist das Zusammenspiel der Vielzahl geographischer Faktoren in der reichen Mannigfaltigkeit der Ausprägung schwedischer Waldlandschaft?

Ausschlaggebend für die Bezeichnung eines Gebietes als Waldlandschaft ist zweifellos die Vegetation, die hier vorherrschend von Baumgesellschaften gebildet wird. Doch die Vegetation ist auf zwei grundlegende naturgeographische Faktoren zurückzuführen: Klima und Boden, die den Standort einer Pflanze maßgebend bedingen.

Die Pflanzengesellschaft, die heute ohne jegliche Einwirkung des Menschen das Landschaftsbild entscheidend bestimmen würde, ist auch hier in Schweden seit dem Einsetzen der modernen Entwicklung nur noch in Relikten, in den sog. Naturparks, in ihrer natürlichen Zusammensetzung erhalten. Unter Ausschaltung aller menschlichen Einflüsse würde bei den augenblicklich herrschenden Naturgegebenheiten das gesamte Schweden von einer Waldnaturlandschaft eingenommen sein, die ihre Grundzüge durch Klima und Boden erhält. Mit Hilfe der infolge extremer Belegenheit noch heute erhaltenen Urwaldreservate und der auch sonst stark an die natürlichen Bedingtheiten gebundenen Landschaft ist eine Rekonstruktion der einstigen Ausgangslandschaft bei dem vor allem in Norrland erst relativ kurzen Umwandlungsprozeß ohne weiteres möglich. Die heutige schwedische, insbesondere norrländische Landschaft dürfte so auch im Gegensatz zur mitteleuropäischen ihrer einstigen Ausgangslandschaft noch sehr nahe kommen.

Im einzelnen weist die Waldnaturlandschaft je nach der geologischen und mineralogischen Gesteinszusammensetzung, Schichtung, Grundwasserführung, Oberflächenform, Hangneigung, dem herrschenden Klein- und Mikroklima, ferner infolge von Waldbränden und Einwirkungen der Tierwelt, einzelner Holzschädlinge sowie des ständigen Konkurrenzkampfes der nach der Eiszeit eingewanderten Pflanzen ein recht differenziertes Gesicht auf. Die erstgenannten Faktoren bestimmen vor allem maßgeblich die Bodeneigenschaften, wirken sich aber wie Oberflächenformen und Hangneigung auch auf das Klein- und Mikroklima aus. In ihrer tatsächlichen Ausprägung auf Baum-, Strauch-, Feld-(= Kraut-) und Bodenschicht sind sie gemeinsam mit der natürlichen Konkurrenzkraft der einzelnen Pflanzen stark an der Bildung von Unterlandschaften in dieser Waldnaturlandschaft in Form von verschiedenen Waldtypen beteiligt, während letztere Faktoren mehr zufälliger Natur sind und nur eine vorübergehende Abwandlung des natürlich bedingten Waldtyps bedeuten können.

In der Fassung des Begriffs „Waldtyp" möchte ich mich weitgehend an A. v. Kruedener (1926) und J. Schmithüsen (1942) anschließen, die beide den Waldtypen (in Schweden: = Soziationen) sowohl wie den ihnen übergeordneten pflanzensoziologischen Einheiten, den Assoziationen, neben ihrer biologischen und forstlichen Bedeutung (vgl. Cajander, Malmström, Tamm, Rubner, Tüxen u. a.) vor allem eine landschaftsprägende Wirkung zuschreiben.

Waldtypen sind für A. v. Kruedener sog. Mikrolandschaften[1]), die „in erster Linie durch Baum- und Strauchflora ihr charakteristisches Gepräge erhalten" (A. v. Kruedener, 1926, S. 151). Auch bei den schwedischen und finnischen Klassifikationen ist das Vorhandensein einer ausgeprägten Baumflora als Voraussetzung anzusehen, wenn diese auch nicht immer die Grundlage der Klassifikation selbst bildet. Auf die grundsätzliche Bedeutung der Waldtypen als Mikrolandschaften weist Arved Schultz in obigem Aufsatz einleitend hin: „Erst diese Mikrolandschaften lassen die aus vielen Mikrolandschaften zusammengesetzten Landschaften verstehen, erst sie ermöglichen das wahre Verständnis des Landes."

1942 greift Schmithüsen diesen Gedanken A. v. Kruedeners und A. Schultz's auf in seinem Aufsatz: „Vegetationsforschung und ökologische Standortslehre in ihrer Bedeutung für die Geographie der Kulturlandschaft." Er sieht die Bedeutung der Pflanzengesellschaften — in unserem Falle also Waldtypen — für die Landschaftskunde vor allem in ihrer Eigenschaft als Glieder und Bestandteile der Landschaft selbst und stellt so für deren Betrachtung ihren Gestaltwert in der Landschaft und ihre ökologische Bindung und Verbreitung im Raume an die Spitze der geographischen Behandlung, im Gegensatz zur allgemein üblichen pflanzensoziologischen Betrachtungsweise, deren vornehmliches Ziel es ist, die Pflanzengesellschaften in ihrem floristischen Gefüge sowie ihrer Ökologie und Syngenese herauszuarbeiten. Hinzu kommen für eine geographische Betrachtung der pflanzengeographische Charakter sowie die Entwicklungsvorgänge und Entwicklungsgeschichte, die aber in ihrer Bedeutung insbesondere für die Landschaftskunde hinter den erstgenannten Aufgaben zurückstehen.

Für die Landschaftskunde ist vor allem die Forderung nach „physiognomisch-ökologischer Ganzheit" hinsichtlich der aufgestellten pflanzensoziologischen Einheiten zu stellen, soweit diese jedenfalls direkt in der geographischen Landschaftsbetrachtung verwendet werden sollen. Da aber, wie Schmithüsen weiter ausführt, die Pflanzengesellschaften in ihrem Artengefüge die gesamte Wirkung der an ihrem Standort zusammenspielenden Kräfte verzeichnen, sind sie sehr wohl für die Unterteilung der Waldnaturlandschaft geeignet. Die Waldtypen sind somit zugleich „ökologische Landschaftseinheiten (Lebensstätten), die ebenso gut durch die in ihnen zusammenwirkenden Standortskräfte wie auch durch die ihnen gemäßen natürlichen Lebensgemeinschaften (Pflanzen- und Tierwelt) wie auch durch die von ihnen der menschlichen Wirtschaft gebotenen Leistungsmöglichkeiten gekennzeichnet werden können" (Schmithüsen, 1942, S. 129).

Bei einer Behandlung der Waldnaturlandschaft kommen gemäß der damit gegebenen Zielsetzung nur die ersten beiden Wege in Frage. Der dritte von Schmithüsen aufgezeigte Weg weist dabei bereits hin auf die in einer Naturlandschaft ruhenden Möglichkeiten der Umformung durch den Menschen zu einer Kulturlandschaft.

Unter einer Kulturlandschaft möchte ich dabei mit N. Creutzburg (1925, S. 46) eine natürliche Landschaft verstehen, „die sich nicht in unberührtem Naturzustande befindet, sondern durch die Eingriffe des Menschen eine ganz bestimmte Beeinflussung der ihr von Natur aus innewohnenden Beschaffenheit erlitten hat, die also ganz oder zum Teil Kulturland geworden ist". Bei der Entwicklung einer Naturlandschaft zur Kulturlandschaft zeigt sich deutlich, daß nicht alle in der Naturlandschaft vorhandenen Elemente gleichmäßig von dem Willen des Menschen erfaßt werden. Wir können die mehr oder minder stabilen Landschafts-

1) Nach C. Troll (1950 in „Studium Generale", H. 4/5) sind der Mikrolandschaft A. v. Kruedeners das „Ökotop" Trolls (1945) sowie die Landschaftszelle K. H. Paffens (1948) gleichzusetzen.

elemente, wie den morphologischen Formenschatz und die Gewässer, von den äußerst labilen Elementen der Pflanzen- und Tierwelt scheiden (N. Creutzburg, 1925, S. 46). Wichtig ist allerdings, dabei im Auge zu behalten, daß es in vielen Gegenden ja eigentlich gerade diese labilen Elemente sind, durch die uns der Charakter einer Landschaft unmittelbar anspricht.

Schließlich treten uns je nach dem Grade der Kulturlandschaftswerdung mehr oder minder in die Augen springende neue Landschaftselemente und -zellen entgegen. Sie bekunden am sichtbarsten den Geist und Willen des Menschen, der hier in die Naturlandschaft gestaltend und formend eingegriffen hat. Einzelhöfe, Hofgruppen und Dörfer, an diese sich anschließend oder auch isoliert gelegene Produktionsstätten, Verkehrswege und Verkehrsanlagen sind je nach dem Entwicklungsstadium der Kulturlandschaft in verschiedener Anzahl und Häufigkeit neben die naturgebundenen Landschaftszellen, hier die Waldtypen, getreten. Zum Teil sind letztere noch unberührt geblieben, zum Teil aber hat der Mensch auch ihnen bereits ein eigenes Gepräge aufzudrücken versucht, sie zu Äckern und Wiesen umgewandelt.

Durch Klima, Boden und Pflanze, d. h. kurz gesagt durch die Waldnaturlandschaft in ihrer verschiedenen Prägung sind dem Menschen jedoch bereits die Grenzen einer möglichen Wandlung des Vegetationsbildes wie auch in gewissem Rahmen die Art der Neugestaltung vorgeschrieben. Genau wie die auf diese Weise in bestimmter Richtung umgeformten Pflanzengesellschaften, deren Platz heute z. T. von Folge- und Ersatzgesellschaften (nach Tüxen, R.), im übrigen aber von den oben genannten neuen Landschaftselementen eingenommen wird, sind auch diese letzteren von labilem Charakter. In den Anfangsstadien einer Kulturlandschaftswerdung können sie ein ganz anderes Gesicht als späterhin zeigen.

„Der Vorgang der Entwicklung zur Kulturlandschaft ist" somit im Grunde genommen „nichts anderes als die Entwicklung des Komplexes der veränderlichen Landschaftselemente" (N. Creutzburg, 1925, S. 46).

Aus diesem in Schweden zum Teil recht diskontinuierlich und noch heute verlaufenden Entwicklungsprozeß zu einer ausgereiften W a l d k u l t u r l a n d s c h a f t möchte ich einige markante S t u f e n herausgreifen, die uns durch die aus ihnen erwachsenen Landschaftstypen in dem heutigen rezenten Stadium der Kulturlandschaftswerdung gleichzeitig nebeneinander entgegentreten. Da aber andererseits diese Stufen entwicklungsgenetisch bedingt sind, möchte ich die Gliederung der heutigen Kulturlandschaft in Waldsiedlungs-, Waldraub-, Waldwirtschafts- und Waldindustrielandschaft in gleichem Maße zeitlich als auch räumlich aufgefaßt wissen. Zwischen diesen vier Stufen treffen wir daher alle nur denkbaren Übergänge von der Waldnaturlandschaft zu einer harmonischen Waldkulturlandschaft. Zunächst erscheint es allerdings zweckmäßig, einmal mehr die extreme Ausprägung der einzelnen Stufen zu betrachten, um dabei zugleich das Augenmerk mehr auf das Grundsätzliche im verschiedenartigen Zusammenspiel aller geographischen Faktoren richten zu können.

Aus dem Vorangegangenen dürfte bereits klar geworden sein, daß in die W a l d s i e d l u n g s l a n d s c h a f t als herrschende Kraft der gesamte für die Waldnaturlandschaft bestimmende Faktorenkomplex eingeht, mitsamt der an ihn gebundenen Landschaftszellen. Hinzu treten als neue, entscheidende Faktoren Bevölkerung und Siedlung und mit ihnen verknüpft die ersten primitiven Formen des Handels und Verkehrs, des Ackerbaus und der Viehzucht.

Die Waldsiedlungslandschaft möchte ich in Anlehnung an die von Schmithüsen (1942) ausgeführten Gedanken vor allem physiognomisch-ökologisch zu erfassen suchen. Allerdings ist dieser von Schmithüsen vorgeschlagene Weg keineswegs neu, wie aus einem Aufsatze A. Hettners (1895) über „die Lage der menschlichen Ansiedlungen" hervorgeht, wo er unter anderem anführt (S. 373): „Die Ansiedlungen ähneln also Organismen, deren Entwicklung von inneren Ursachen abhängt, aber unter ständiger Anpassung an die Umgebung erfolgt. Wir können sie mit Pflanzen vergleichen, die sich nach eingeborenen Gesetzen allmählich aus dem Saatkorn entwickeln, aber in jeder Entwicklungsperiode andere Bedingungen an ihren Standort stellen, die, wenn diese Bedingungen erfüllt werden, kräftig weiterwachsen, wenn sie aber nicht erfüllt werden, verkümmern oder eingehen."

Die von O. Maull entwickelte rodungsgenetische Untersuchungsmethode dürfte bei einer derartigen Betrachtungsweise ein brauchbares Hilfsmittel bilden (O. Maull, 1950). Kennzeichnend für diese von O. Maull dargelegte Methode ist, daß sie die Entwicklungsformen der Kulturlandschaft nicht allein in ihrer Abhängigkeit von der Kulturstufe und deren Träger, sondern zugleich in ihrer Gebundenheit an die Art der Naturlandschaft sieht.

Den ersten Schritt zu einer werdenden Kulturlandschaft stellen die Rodungsinseln dar, die willkürlich oder geplant in das unendliche Waldland hinein vorgeschoben werden. Formenmäßig sind Einzelhof, Hofgruppe, Dorf und Fäbodvall[1]) einschließlich der jeweils dazugehörigen Wiesen und Äcker zu scheiden, wovon in Norrland Hofgruppe und Einzelhof die größte Verbreitung haben. Genetisch sind diese Formen den verschiedensten geschichtlichen Zeiträumen zuzuteilen. Zum Teil haben sie sich auch auseinander entwickelt, wenn die Natur des Landes dies gestattete.

Bezüglich ihrer Lage können wir zwei Hauptgruppen unterscheiden:

a) die Ufer- und Talsiedlungen — gebunden an die sedimentären Ablagerungen eines Sees oder des postglazialen Meeres;

b) die Höhensiedlungen — auf nicht umgelagerter, daher nährstoffreicher, feinkörniger Moräne.

Der Wald selbst interessierte den Menschen zunächst nur indirekt, soweit er nämlich in seiner Holzartenverteilung, seiner Feld- und Bodenschicht Aufschluß gab über Boden- und Grundwasserverhältnisse. Gerade bei diesen Waldbewohnern finden wir nämlich, wie es A. v. Kruedener (1926) beispielsweise für Rußland hervorhebt, einen außerordentlich guten Orientierungssinn für die der Natur innewohnenden Kräfte und Möglichkeiten. In erster Linie folgte der Mensch den Laubwaldgesellschaften, die z. T. von Natur aus licht waren, auf genügenden Nährstoffvorrat, vor allem aber leichte Bearbeitbarkeit hindeuteten, und nahm sie in Besitz.

Inwieweit in Nordeuropa Viehzucht oder Ackerbau die entscheidende Grundlage der Wirtschaft der Frühzeit bildeten, ist noch nicht endgültig geklärt (vgl. Sjöbeck, Frödin u. a.).

Auf Grund der heute noch erhaltenen Restformen der Laubwiesenkultur (vgl. S. 1), deren Ausformung und Belegenheit, der archäologischen Funde, der Namensbildung, der mündlichen und schriftlichen Überlieferungen (vor allem geometrische und Flurbereinigungskarten über „Stor"- und „Lagaskifte")[2]) kann man für Schweden mit großer Wahrscheinlichkeit die Viehzucht als den ursprünglicheren Nahrungszweig ansehen (Sjöbeck, Frödin u. a.).

Während in Südschweden die Laubwiesenkultur (= Steigerung des Heuertrages unter gleichzeitiger Begünstigung der für den älteren Naturalhaushalt wesentlichen Nutzbäume und -sträucher) in Gemeinsamkeit mit der Waldweide als bezeichnend für die Viehzucht gilt, das notwendige Getreide dagegen durch Brandwirtschaft auf den Außenländereien eingebracht wurde, ruhte in Nordschweden die Viehzucht auf dem weit entwickelten Fäbodsystem. Das Brotgetreide wurde auf den nahe der Siedlung belegenen Äckern angebaut oder auch durch Schwenden[3]) auf der Außenflur gewonnen. Letzteres war besonders bei den Finnen allgemein, die im 16. und 17. Jahrhundert vermutlich über Västerbotten und die Ålands-Inseln gen Süden bis nach Värmland und den angrenzenden Gebieten Nor-

1) Fäbodvall: Weide oder Ackerweide mit den dazugehörigen Sennhütten, meist Eigentum mehrerer Bauern eines oder mehrerer Dörfer.

2) Storskifte: meist ohne Aussiedlung durchgeführte Flurbereinigung von 1757 bis ca. 1820/30. Laga skifte: meist mit Aussiedlung verbundene Flurbereinigung von 1827 bis zur Jetztzeit.

3) Schwenden, Schwendewirtschaft = Brandrodungsfeldbau.

wegens sowie nach Södermanland einwanderten (Lönborg 1902, Nordmann 1888) und sich in den weiten Wäldern durch nomadisierende Schwendewirtschaft ernährten.

Die Besiedlung der ausgesprochen menschenleeren norrländischen Waldgebiete geht zurück auf eine Verordnung von 1559 und den Königlichen Erlaß von 1579, der besagt, daß jeder auf dem Boden der Staatswälder Neusiedlungen anlegen darf, wenn sie den Heimatdörfern (bolbyar) nicht zu nahe liegen. Als Anlaß und Ursache der Finneneinwanderung in die schwedischen Wälder sind die innerpolitischen Verhältnisse in Finnland selbst anzusehen (Russischer Krieg, drückende Adelsherrschaft, „Klubbe"-krieg 1597, Mißernte 1601). Bereits am 6. Oktober 1583 fand diese Tatsache für das Formular des „Fastebrev å nya torp, concept för finnar, die eine Torp(=Kätner)siedlung eingenommen und zu bebauen begonnen haben" Berücksichtigung. Die Haupteinwanderung erfolgte von 1590—1630, und zwar aus den finnischen Provinzen Tavastland und Savolaks (Lönborg 1902).

Doch da dies keineswegs im Sinne der Regierung liegen konnte, die vielmehr eine Neukolonisation des bisher in ihren Augen ungenutzten Waldlandes erhofft hatte — zum Vorteil des Staatssäckels und zum Segen des Landes — zwang man die Finnen schließlich zur festen Niederlassung. Bei den gegebenen Klima- und Bodenverhältnissen ließ sich eine feste Niederlassung jedoch nur auf Grund von Waldweide und Schwendewirtschaft verantworten, so mußten diesen finnischen Neubürgern große Waldareale als Existenzgrundlage zugeteilt werden.

Und dennoch waren sie zu klein für die von ihnen gehegte Wirtschaftsform. Auch für diese Neubauern reichte bald das angebaute Getreide (meist Roggen) nicht mehr aus für den eigenen Bedarf. Genau so, wie es in den schwedischen Familien in Norrland schon seit langem üblich war, mußten sie gegen Ende des Winters zu Borkenbrot, Halmbrot, Brot aus Isländisch Moos (Cetraria islandica) u. a. greifen.

Doch auch an Weide und Wiese war Mangel infolge des überwiegend schlechten Bodens rund um das Dorf herum, nachdem sich die Bevölkerung immer stärker vermehrt hatte. Nur durch ausgedehnte Waldweide im Sommer und unter Wahrnehmung jedes „Seggen"moores, jedes Ackerrains, ja jedes Laubbaums nebst der Beweidung der aufgelassenen Schwendeflächen war es möglich, das notwendige Winterfutter für das Vieh zu gewinnen. In diesem Zusammenhange dürfen wir die Entwicklung des Fäbodwesens (= Sennwesen) sehen, das uns mit seiner wehmutvollen Poesie z. T. noch heute erhalten ist. In gewisser Weise ist es mit dem Sennenleben in den Alpen zu vergleichen, andererseits zeigt es aber hier und da auch deutliche Anklänge an die nomadisierende Rentierwirtschaft der Lappen.[1])

Ausgangspunkt der Besiedlung des Waldlandes sowohl in Nord- als auch in Südschweden war zweifellos die Rodungsinsel an der Küste auf fruchtbaren postglazialen Meeresablagerungen. Die Inseln weiteten sich zu größeren Rodungskomplexen mit Buchten und Halbinseln; und schließlich wurde das Rodungsinselstadium weiter in das Innere vorgetragen. In den eigentlichen Waldgebieten des südschwedischen Hochlandes sowie Norrlands hat sich das Inselstadium bis heute erhalten.

Doch wo postglaziale Meeresablagerungen oder Eisstauseesedimente dies zuließen, tritt uns heute in den Flußtälern und den glazial ausgeweiteten Flußbecken in den Kreuzungspunkten der beiden großen Kluftrichtungen ein Netz von Rodungsgassen entgegen. Wir haben es hier mit dem zweiten Stadium des rodungsgenetischen Schemas zu tun, der Rodungsgassenlandschaft, die aber zeitlich durchaus gleichberechtigt neben den Rodungsinseln steht. Soweit es sich um ein Endstadium der Entwicklung handelt, was in Schweden heute meist der Fall ist, ist die Rodungsgasse ausschließlich räumlich, durch die naturgeographischen Verhältnisse bestimmt.

1) Die obige Darstellung der früheren landwirtschaftlichen Verhältnisse in Norrland bezieht sich neben der Benutzung von Archivmaterial und Literatur lokalen Charakters vor allem auf: B. Boethius (1917), G. Berg (1934), J. Frödin (1933) und die Darstellungen verschiedener Verfasser in „Lantmäteriarkivet 1628—1928" (1928).

Auch im Gebiete der Höhensiedlung des südschwedischen Hochlandes treffen wir dieses Rodungsgassenstadium, wofür O. Thaning (Ymer 1940) ein besonders schönes Beispiel im Gebiet von Svinhult anführt. Die morphologische Gestalt hat hier keinerlei Hindernis in den Weg gelegt für eine Ausweitung der Kulturflächen, im Gegenteil: das hier lokal entstandene, weite, in sich geschlossene Hochplateau zwischen zwei Flußläufen ohne stark zerschnittene Hänge hat diese begünstigt. Die Aussiedlung im Zusammenhang mit der Flurbereinigung (Laga skifte) konnte sich hier ungehemmt vollziehen.

Nur wo die fruchtbaren postglazialen, meist tonreichen Sedimente mehr flächenhaft abgelagert worden waren, konnte es zu einer Entwicklung des Waldinselstadiums kommen. Meist sind es von den Meereswogen bearbeitete ehemalige Schären aus Granit oder Gneis, die zwischen den tonreichen Sedimenten die Waldgesellschaft des trockenen Kiefernwaldes noch heute aufweisen. Unter diesen natürlichen Gegebenheiten stellt also das Waldinselstadium genau so wie die Rodungsgassenlandschaft der streckenweise zuweilen tektonisch vorgezeichneten Flußtäler ein Endstadium dar.

Anders liegen die Dinge in den fruchtbaren Silur- und Kreideebenen, die teilweise ebenfalls vom postglazialen Meer bedeckt waren. Die auch hier z. T. noch erhaltenen Waldinseln treten fast ganz hinter der Ackerbaulandschaft zurück, und stellenweise können wir mit Recht bereits von einer zusammenhängenden Rodungsfläche sprechen. Besonders dort, wo sich mildes maritimes Küstenklima mit den fruchtbaren Kreideablagerungen paart, wie um Malmö und Kristianstad, finden wir diese ausgesprochenen Ackerbauebenen. Hier mußte der Wald der Urlandschaft vollkommen zurückweichen und völlig anderen, durch den Menschen eingeführten Pflanzengesellschaften Platz machen. Nur einzelne Rückzugsinseln liegen in und am Rande dieser Ebenen und geben noch heute eine Ahnung von dem, was einst war. Aber auch sie sind nicht unberührte Naturlandschaft. Die jahrhundertelange Schwendewirtschaft hat die ehemaligen Buchenbestände zum großen Teil in Calluna-Heide übergeführt, die heute allmählich nach Verschwinden der Brandwirtschaft dem Walde zurückerobert werden. Doch infolge der eingetretenen Bodendegeneration sind meist nur Kiefer, Fichte und Birke an dieser Wiederbewaldung beteiligt.

Es taucht die Frage auf, inwieweit wir diese Landschaft nicht vielleicht ebenso gut als Waldraublandschaft bezeichnen könnten? Während wir die sekundäre Calluna-Heide ohne weiteres als einen Bestandteil der Waldraublandschaft auffassen dürfen, müssen wir bezüglich der ausgedehnten Rodungsflächen doch sagen, daß hier an die Stelle des Waldes ein durchaus positives Landschaftselement, nämlich die Ackerbauebene mit den ihr eigenen Flur- und Siedlungsformen getreten ist. Fehlen dagegen diese produktiven Pflanzengesellschaften des Landbaus, d. h. sind lediglich die Wälder rücksichtslos genutzt worden, sei es für Weidezwecke, Schiffbau, Pottaschegewinnung, Holzkohle, Sägeholz u. a., so müssen wir die dadurch entstandenen, z. T. noch heute erhaltenen Landschaftsformen der Waldraublandschaft zuordnen, wenn ihre Entstehung auch bereits der historischen Vergangenheit, besonders dem 17., 18. und 19. Jahrhundert angehören dürfte.

Diese angedeutete Raubwirtschaft konnte hier in Schweden, genau so wie in Nordamerika, nur solange ungehindert fortgesetzt werden, bis sich schließlich immer mehr deutliche Spuren des Holzmangels abzeichneten.

Während einige Formen dieser Raubwirtschaft historisch gesehen noch der Waldsiedlungslandschaft angehören, werden diese Typen im wesentlichen bereits durch den Eintritt einer neuen Epoche gekennzeichnet:

die Industrialisierung,

die schließlich zur Ausprägung lokal begrenzter Waldindustrielandschaften führt.

Wiederum greifen neue Faktoren umgestaltend in den vorhandenen Faktorenkomplex ein, der bisher das Gesicht der Waldsiedlungslandschaft bestimmt hatte.

In erster Linie sind es Technik, Handel, Verkehr und rationelle Planung, die der Landschaft ein neues Gepräge verleihen. Doch betrachten wir die Objekte, auf die sie sich erstrecken, so erkennen wir, besonders im weiten Waldlande Norrlands, die Landschaftsgebundenheit dieser Neugestaltung. Der zunächst unermeßlich erscheinende Vorrat an Holz war die Ursache zum industriellen Ausbau an der norrländischen Küste überhaupt. Von nicht minderer Bedeutung aber war die billige Lösung der Transport- und Kraftgewinnungsprobleme mit Hilfe der zahlreichen norrländischen Flüsse auf Grund ihrer günstigen periodischen Wasserführung und Gefälleausbildung.

Durch das Aufblühen von Eisen- und Holzindustrie beginnt der Nadelwald zum ersten Male eigentlichen Wert zu erhalten. Während die ersten Anfänge des Schiffbaus (Bauholz: Eiche) in Südschweden bis in die Wikingerzeit zurückreichen und auch der Bergbau bereits im 15. Jahrhundert in Mittelschweden einige Bedeutung erlangt hatte, vollzieht sich die Eroberung des weiten nordschwedischen Waldlandes erst seit rund 200 Jahren, vor allem im Zusammenhang mit einer ausgedehnten Sägeindustrie. Floßsystem und Wegenetz gewannen seitdem immer mehr an Bedeutung. Mit dem Fortschreiten der Technik war eine bessere Nutzung des Rohstoffes „Holz" möglich.

Parallel mit der angedeuteten Entwicklung der Industrie nach liberalen und rationellen Wirtschaftsprinzipien seit dem Beginn des 19. Jahrhunderts war eine radikale Umwälzung der bisher üblichen landwirtschaftlichen Methoden, wie sie im Rahmen der Waldsiedlungslandschaft bereits erwähnt wurde, im Gange, die der ungeheuer raschen Expansion der Holzwirtschaft zweifellos Vorschub geleistet hat[1]).

Bereits Ende des 18. Jahrhunderts hatte man in Erkenntnis der Unzulänglichkeit der landwirtschaftlichen Methoden und der für eine rationelle Landwirtschaft hinderlichen Zersplitterung der Nutzflächen eine Flurbereinigung in Form der sog. Storskifte, allerding meist noch ohne Aussiedlung, durchgeführt. Zu Beginn des 19. Jahrhunderts empfahl man dann gleichzeitig mehr und mehr den Anbau von Futtergewächsen an Stelle des bisherigen unzulänglichen Getreidebaus. Es gelang dadurch, den Wohlstand der Bauernbevölkerung etwas zu heben, wobei gleichzeitig Waldflächen, die bisher für Waldweide und Brandwirtschaft genutzt worden waren, für die eigentliche Landwirtschaft des Bauern ihre Bedeutung verloren.

Außerdem hatte man, um die Neukolonisation anzuregen, teilweise bereits im 17./18. Jahrhundert, allgemein dann Mitte des 19. Jahrhunderts, eine Aufteilung der bisher gemeinschaftlich genutzten Außenländereien durchgeführt. Für die noch allgemein übliche Wirtschaftsform der Waldweide und Sumpfgrasgewinnung waren die zugeteilten Flächen zwar zu klein, da aber der Futteranbau immer mehr Schule machte, wurde das Waldland für die eigentliche Viehzucht entbehrlich.

Diese beiden Tatsachen der Umstellung der Landwirtschaft sowie die allgemeine Aufteilung der Wälder und das damit verbundene Verfügungsrecht des einzelnen kamen den sich immer mehr steigernden Rohstoffansprüchen der aufblühenden Industrie in ungeahntem Ausmaße entgegen.

Schon im 16./17. Jahrhundert hatte der Staat an den Bergbau für Holzkohlegewinnung sog. Rekognitionswälder[2]) verliehen. Die Bevölkerung hatte jedoch das Recht zur uneingeschränkten Waldweide und daneben zur Entnahme von Holz für den Hausgebrauch in diesen Wäldern behalten. Sie wurde allerdings verpflichtet, die nötige Holzkohle für das betreffende Bergwerk regelmäßig zu liefern, worum es oft Streitigkeiten und Ärger zwischen den Werken und der Bevölkerung gab.

Seit der Mitte des 19. Jahrhunderts begann dann die Holzindustrie mit dem Erwerb sog. langfristiger Abholzungsrechte (z. T. auf 40—50 Jahre), die bald durch den Erwerb der Wälder selbst abgelöst wurden, wobei den Bauern jedoch teilweise

1) Die hier folgende Darstellung bezieht sich auf Archivmaterial sowie u. a. B. Boethius (1917), Lantmäteriarkivet 1628—1928 (1928) und Literatur lokalen Charakters.

2) Rekognitionswald: Wälder, für deren unumschränkte Nutzung eine jährliche Geldleistung (Rekognitionsgebühr) zu zahlen ist, wodurch die Rechte des Staates an diesen Wäldern anerkannt werden sollen.

das Recht zur Waldweide und Holzentnahme für den Hausgebrauch erhalten blieb. Die Bauern, die bei der durchgeführten Aufteilung der Staats- und Allmendwälder ein hinsichtlich der bisherigen Wirtschaftsform zu kleines, hinsichtlich der bereits sich anbahnenden Entwicklung aber meist ein viel zu großes Waldareal zugeteilt bekommen hatten, übersahen meist gar nicht, für welch eine Spottsumme sie ein Vermögen verschenkten. Denn der Wald als solcher, das Holz, hatte bisher ja gar keinen Wert für sie besessen. So konnte sich unter Mitwirkung einer raschen technischen Vervollkommnung und der ungeahnten Weiterentwicklung, besonders in den bezüglich Rohstoff wie auch Export günstig belegenen Küstengebieten, eine ausgedehnte Holzindustrie entwickeln.

Neben die Landschaftszellen der Naturlandschaft sowie der Waldsiedlungslandschaft stellten sich hier meist unvermittelt die Standortstypen der verschiedenen Zweige der Holzindustrie, wie Säge-, Sulfit- und Sulfatzellstoff-, Holzschliff- und Papierindustrie, sowie die mit ihnen verbundenen Arbeitersiedlungen, Städte und Transportanlagen. Genau so wie bei den Siedlungstypen finden sich auch hier verschiedene entwicklungsgenetisch bedingte, räumlich allerdings heute oft durchaus gleichwertige Standortstypen in der Landschaft nebeneinander. — Auch hier ist es möglich, auf Grund der jeweils für den Standort maßgeblichen Kräfte, verschiedene Entwicklungsstufen auszuscheiden, die im wesentlichen durch gleichzeitige Entfaltung und Vorwärtsschreiten der Technik bedingt sind.

Bei einer Analyse der formenden Kräfte leistet uns die Theorie von A. Weber (1909) als die älteste der bekannten, maßgeblichen wirtschaftlichen Industriestandort-Theorien eine wertvolle Hilfe. Doch wie von geographischer Seite besonders N. Creutzburg (1925a) hervorhebt, zielt sie im wesentlichen auf die Bestimmung der „freien Standorte" ab, gibt also eine „Standortbestimmungslehre" (H. U. Meyer-Lindemann, 1951 S. 29 ff). Freilich darf auch der Geograph den wirtschaftlichen Gedanken des Kostenvorteils, der nach A. Weber im wesentlichen auf der Transportlage beruht und durch die Arbeitsverhältnisse differenziert werden kann, nicht unberücksichtigt lassen. Doch wie N. Creutzburg (1925 S. 292) betont, tritt zu diesen rein wirtschaftlichen Gesichtspunkten als oft für die Analyse weit wesentlicher bezgl. der Lokalisierung der Industrie der genetische Gedanke hinzu (= „Standortentwicklungslehre" nach Meyer-Lindemann, 1951).

Doch schließlich ist die Industrie nicht allein als Resultat des Zusammenwirkens von natürlich-technischen und gesellschaftlich-kulturellen Faktoren (Weber, 1909) in Vergangenheit und Gegenwart zu sehen. Sie ist auch selbst wiederum aktiv und schafft sich ihren eigenen Wirkungskreis, d. h. sie bestimmt Fern- und Nahräume und formt sie auf Grund der ihr eigenen Gesetze um. Auch die „Standortwirkungslehre"[1]) kann folglich bei der geographischen Analyse der Industrielandschaft Anregungen geben.

Wir stehen damit aber zugleich vor der Tatsache, daß es heute noch kein einheitliches, für die geographische Analyse brauchbares Schema gibt, das allein und ausschließlich das räumliche Verteilungsbild der Industrie zu erklären vermöchte. Es gilt, nach Möglichkeit von allen Seiten Licht auf den mannigfaltig verwobenen, z. T. schier undurchsichtigen Faktorenkomplex zu werfen. Für den Geographen sind zweifellos die natürlichen Faktoren in ihrer Bedeutung für die Standorte der Industrie innerhalb der Gesamtlandschaft wie auch in den verschiedenen Stadien der Entwicklung von besonderem Interesse. Wenn auch die Naturfaktoren durchaus dominant sein können, so muß den gesellschaftlich-kulturellen Faktoren im Untersuchungsfalle ein gewiß genau so großes Gewicht bezüglich der vorhandenen Erklärungsmöglichkeiten zugeschrieben werden, da nur so das wirkliche Zusammenspiel herausgearbeitet werden kann.

Die früheste Phase der Entwicklung in der Holzindustrie, vielleicht noch als handwerklich zu bezeichnen, war vor allem durch den Reichtum an Holz bedingt. Denn das Vorhandensein des Rohstoffes Holz ist natürlich die erste Voraussetzung für jegliche Art der Holzverarbeitung. Zunächst war überall Holz in nächster Nähe zu bekommen. Solange kreisten die planenden Gedanken des Menschen nur um die Kraftstoffgewinnung und wählten so für die Anlage ihrer Betriebe mit Vorliebe Lagen an kleinen Wasserfällen aus. Da Holz ein sehr sperriges Gut ist und zudem nach der Bearbeitung schonender Behandlung bedarf, blieb man in möglichst großer Nähe der Verbrauchsorte, die ja dann zumeist auch gleichzeitig die notwendigen Arbeitskräfte zu stellen in der Lage waren.

1) nach Meyer-Lindemann, 1951.

Erst durch das Eingreifen gesellschaftlich-kultureller Faktoren im Zusammenhang mit dem Schwinden des Waldes unter gleichzeitiger Steigerung des Bedarfs in den holzarmen Ländern Europas, wie die Aufhebung des Holzexport-Verbots für Norrland, die Aufhebung der Einfuhrzölle für Holzwaren in England, ferner die Entwicklung des Dampfschiffes u. a., war die Möglichkeit zur Ausweitung der Sägeindustrie zu einem Exportunternehmen gegeben. In diesem Augenblick erhielt neben der Rohstoff- und der Kraftstoffquelle die Verkehrslage ein entscheidendes Gewicht.

Es war beschwerlich, das an den Wasserfällen gesägte Holz erst an der Küste auf die eigentlichen Überseedampfer verladen zu können, dazu mit unnötigem Verlust an Quantität und Qualität verbunden. Da war die Errichtung der ersten Dampfsägewerke von einschneidender Bedeutung. Bieten sie doch eine erste Möglichkeit der Lösung von der natürlichen Kraftquelle des Wasserfalls. Die Exportsägewerke wurden an die Mündungen der großen Norrlandflüsse verlegt, wo sich genügend Platz fand, einen reichlichen Sägeholzvorrat zu halten, und dazu das lästige Umladen wegfiel.

Hinsichtlich der niedrigen Kosten der Flößerei wurde die natürliche Bindung an die Flußmündungen immer entscheidender. — Doch auch der Landverkehr entwickelte sich und wurde durch Eisenbahn und Lastwagen vervollkommnet. Im Zusammenhang mit der Preissteigerung des Rohstoffes infolge fortschreitender Rohstoffverknappung gewann der Landverkehr durch ständige technische Vervollkommnung an Konkurrenzfähigkeit. Dadurch wurde die Existenzmöglichkeit der im Binnenlande gelegenen Werke entscheidend gestützt.

Die Elektrifizierung verschob das Schwergewicht unter den Standortfaktoren noch mehr, obwohl auch sie letzten Endes auf die natürlichen Reserven des Landes, nämlich die unendlichen Wasserkräfte, zurückgreift. Die Flößerei, auch auf dem Bottnischen Meerbusen entlang der Küste, nahm der unmittelbaren Rohstoffgebundenheit immer mehr ihre Bedeutung, obwohl der Rohstofffrage als solcher natürlich seit der beginnenden Rohstoffverknappung für die gesamtschwedische Holzindustrie, wie für jedes einzelne Werk in Konkurrenz mit den anderen, eine große Rolle zukommt. Die unmittelbare Verbrauchsorientierung hatte bereits mit dem Beginn der Exportwirtschaft ihre frühere Bedeutung eingebüßt.

Doch im Zusammenhange mit der langsamen Entvölkerung der südnorrländischen Wald- und Ackerbaugebiete im Zuge der Industrialisierung, die sich mit der Ausbildung einer völlig unnormalen Alterspyramide infolge Geburtenrückganges u. a. allmählich auch auf die Industrie selbst auswirkte, ist man heute gezwungen, dem Arbeiterproblem neben der Rohstofffrage ein besonderes Gewicht beizumessen. Allerdings ist es auch gerade der Arbeitsmarkt, der durch gesellschaftlich-kulturelle Faktoren ganz entscheidend mitgeformt wird. Die psychologische Frage wie auch Arbeitslöhne, Wohnungsschwierigkeiten u. a. sprechen ein ausschlaggebendes Wort mit.

Die Waldindustrielandschaft weist mit den ihr eigenen Problemen bereits über ihr eigentliches Gebiet hinaus. Sowohl Rohstofffragen als auch Arbeiterproblem sind nicht innerhalb der physignomisch gegebenen Grenzen der Waldindustrielandschaft zu lösen. Nur in engster Zusammenarbeit mit ihrem „Hinterland", ihrem mehr oder minder natürlichen Einzugsgebiet können diese für das ganze Land wichtigen Probleme geklärt werden. Wir beobachten den deutlichen Prozeß einer Integration der Waldwirtschaftsgebiete durch die Waldindustriezentren.

Mit der immer deutlicher zutage tretenden Rohstoffknappheit, gesehen im Rahmen der bereits überdimensionierten schwedischen Holzgroßwirtschaft, ist es zum eigensten Interesse der Holzindustrie geworden, daß heute im ganzen Lande so zielbewußt wie möglich eine rationelle, auf den biologischen Grundlagen aufbauende Waldwirtschaft und Waldverjüngung angestrebt wird, um dementsprechend den erforderlichen Zuwachs zu erzielen.

Im Waldlande selbst bedeutet dies eine weitere Umgestaltung der Waldsiedlungslandschaft nach einer kurzen, stellenweise geübten Waldraubwirtschaft zu einer unter rationellem Vorzeichen stehenden Waldwirtschaftslandschaft. Doch nicht nur die in der Waldsiedlungsperiode wenig berührte Naturlandschaft mit ihren Waldtypen wurde von dieser Umformung ergriffen, auch die Siedlungen selbst erfuhren einen inneren Strukturwandel. An die Stelle des Ackerbaues und der Viehzucht trat immer mehr die Wald- und Floßarbeit als Haupterwerbsquelle. Die Landwirtschaft wurde in den eigentlichen Waldgebieten zu einem Nebenerwerb herabgedrückt. Die Zahl der Kleinsthöfe überwiegt in weiten Teilen Norrlands. Hinzu tritt die Abwanderung zur Industrie, die für die Waldwirtschaft, vor allem bezüglich der Ausführung pflegerischer Maßnahmen, zu ernsthaften Bedenken Anlaß gibt.

Das Ziel der heutigen Wald- und Holzwirtschaft in Schweden ist zweifellos, auf forstlichem Gebiet zunächst die bestmögliche, rationellste Ausnutzung des Waldbodens auf lange Sicht mit möglichst gleichmäßigem Holzanfall für die industrielle Nutzung zu erreichen, sowie auf holzindustriellem Gebiet eine Reduzierung des Umfangs und der Anzahl der Werke unter Ausbau rationellster Arbeitsmethoden und den Übergang vom Halb- zum Fertigprodukt unter weitgehender Entwicklung der Veredlungsmöglichkeiten anzustreben.

Ein harmonisches Wechselspiel zwischen den verschiedenen wirksamen Faktoren, die insgesamt die Waldkulturlandschaft formen, ist aber bei weitem noch nicht erreicht. Ob es heute, wo neben den technischen auch den äußerst variablen weltwirtschaftlichen wie sozialen und psychologischen Faktoren ein ganz entscheidendes Gewicht zufällt, wie später zu zeigen ist, je zu einem derartigen harmonischen Gleichgewicht der landschaftsformenden Kräfte kommen kann, und damit zur Ausbildung einer „harmonischen Waldkulturlandschaft", die bezüglich des in ihr herrschenden Gleichgewichts mit den mehr oder minder stabilen Formen der Waldnaturlandschaft sowie denen der Waldsiedlungslandschaft zu vergleichen wäre, ist in Frage zu stellen.

Die Dynamik der schwedischen Waldlandschaft war seit dem Aufkommen der Holzindustrie durch immer neue Impulse verschiedenster Art einem unausgesetzten Wandel unterworfen. Diese Tatsache hat die Entstehung eines harmonischen Großlandschaftsraumes weitgehend verhindert und ließ auch kaum Möglichkeiten zur Entwicklung von in sich mehr oder weniger ausgeglichenen Landschaftstypen zu. Soweit nämlich die kleinsten Landschaftseinheiten nicht als Relikte aus früheren Entwicklungsperioden übernommen worden sind, fehlt ihrer Physiognomie das ausgereifte Gepräge.

Erst heute gelingt es allmählich, durch rationelle Planung die Impulse weitgehend einzufangen und zu lenken.

Das gegenwärtige Landschaftsbild Schwedens wird bestimmt durch Überlagerung und Durchdringung alter, weitgehend ausgeglichener Typen mit den gewaltigen Impulsen einer neuen Dynamik, wobei wir eine ganze Skala von unberührten Typen bis zu vollkommen neugestalteten Landschaftszellen antreffen.

III. Färila-Kårböle in Hälsingland als Beispiel einer typischen Waldwirtschaftslandschaft

Die örtliche Ausprägung der Waldkulturlandschaften Schwedens wechselt von Raum zu Raum. Je nach der Zusammensetzung aus den einzelnen Unterlandschaften zeigen sie eine ähnliche oder gänzlich verschiedene Physiognomie. Entsprechend aber verändert sich auch die Art des jeweiligen Zusammenspiels der verschiedensten aufgezeigten geographisch bedeutsamen Faktoren. Doch auch die kleinsten Landschaftseinheiten, die Landschaftszellen, gleichen sich nicht vollkommen, auch sie zeigen ein deutlich örtliches Gepräge.

Färila-Kårböle socken[1]) — belegen am mittleren Lauf des Ljusnan in Hälsingland — erstreckt sich von 61° 36' bis 62° 05' N zwischen dem 15. und 16. Längengrad östlich von Greenwich. Die uns hier entgegentretenden Landschaftszellen gehören vor allem der Waldsiedlungs- und der Waldwirtschaftslandschaft an. Vorherrschend im Landschaftsbilde ist der Wald, dessen Gesamtbild freilich weitgehend von der Waldwirtschaft geformt wird, dessen Untertypen als solche sich aber nur selten wesentlich von denen der Waldnaturlandschaft unterscheiden. Dies beruht im wesentlichen darauf, daß biologische Gesichtspunkte im heutigen Waldbau Schwedens eine bedeutsame Rolle spielen und schon seit langem in Schweden die Waldtypen als Bestands- und Behandlungstypen angewandt werden.

A. Beschreibung der in der heutigen Waldwirtschaftslandschaft ausgeprägten Landschaftszellen

1. Die ursprünglichen und geformten Typen der Waldnaturlandschaft

a) Waldtypen

Landschaftlich fallen zunächst die extremen Pflanzengesellschaften ins Auge, wie z. B. die trockene, an Flechten und zuweilen auch an Heidekraut (Calluna vulg.) reiche, lichte Kiefernheide, als gewisser Gegenpol der frische, dicht geschlossene Fichtenbestand, an dessen Boden ein dichter Moospelz liegt, dem Kräuter und Zwergsträucher fast gänzlich fehlen. Einen Übergang zwischen diesen beiden Typen scheint physiognomisch der Kiefern-Fichten-Mischwald mit einer Bodenschicht[2]) aus Moosen, stellenweise Flechten und einer mehr oder minder dichten Feldschicht aus Halbsträuchern wie Blaubeere (Vacc. myrt.) und Preißelbeere (Vacc. vit. Idea) zu bilden. Ein starkes, eigenes Gepräge zeigen die sumpfigen Wälder, der Birken-Fichten-Sumpfwald meist mit reichem Kräuterunterwuchs, der Kiefern-Sumpfwald, bereits einen Übergang zu den Seggen- und Zwergstrauchmooren darstellend.

Seltener treffen wir frische und feuchte Wälder, die unter einem Fichten- oder Kiefern-Fichten-Mischbestand, der zum Teil durch Birke aufgelockert wird, eine üppigere Krautschicht, meist Farne (Thelypteris Dryopteris = Dryopteris Linneana u. a.), Schattenblume (Majanthemum bifolium), Sauerklee (Oxalis acetosella) u. a. zeigen.

Diese Typen, die bereits auf Grund ihrer Physiognomie markant ins Auge fallen, sollen im folgenden in ihrer artenmäßigen Zusammensetzung und ihrem Schichtenaufbau geschildert werden[3]).

---

1) socken = Kirchspiel; da hier aber zwei Kirchdörfer: Färila und Kårböle, wurde bewußt von einer Übersetzung Abstand genommen.

2) Auch in der deutschen Literatur wird die sog. Bodenvegetation oder Bodenflora in zwei Schichten aufgegliedert, nämlich Kraut- und Moosschicht (v. Hornstein, Tüxen u. a.) Die Bezeichnung der Krautschicht als Feldschicht ist hier schon insofern richtiger, da in ihr nicht nur Kräuter, sondern auch Zwergsträucher in großem Umfange eingehen, wobei letztere in Schweden häufig alleinherrschend sind. Die Bezeichnung der untersten Vegetationsschicht als Moosschicht muß ebenfalls fallen, da sie in Schweden ebenso häufig von Flechten eingenommen wird. Dieser Tatsache dürfte der Name „Grundschicht = Bodenschicht" Rechnung tragen.

3) Diesen Schilderungen konnte ich weitgehend eigene Beobachtungen zugrunde legen, wobei hinsichtlich einer gewissen Verallgemeinerung der Vergleich mit einschlägiger Literatur (so T. Lagerberg, T. Arnborg, C. Malmström, O. Tamm u. a.) wertvolle Hinweise geben konnte.

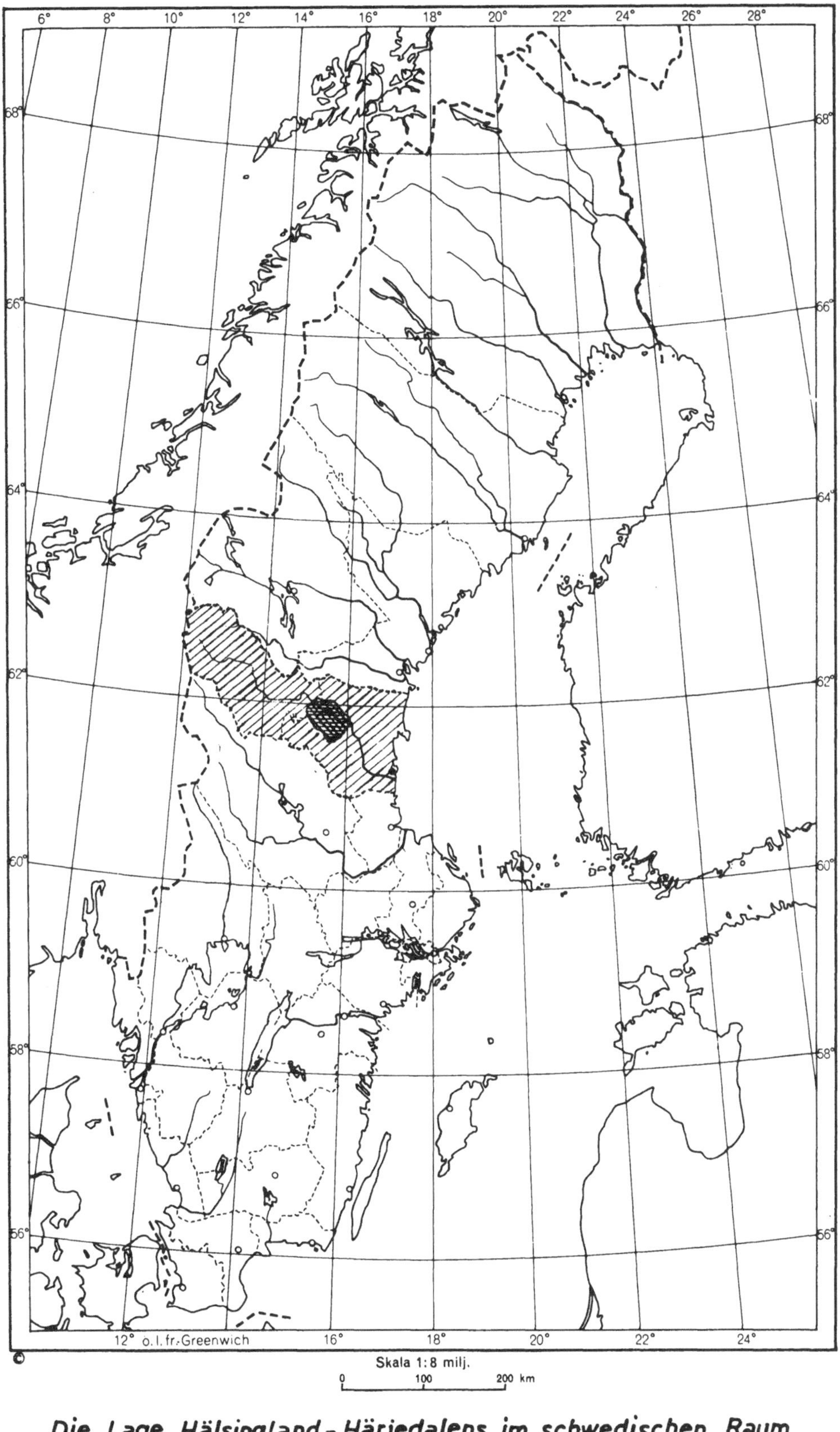

Die Lage Hälsingland-Härjedalens im schwedischen Raum (mit dem Färila socken)

Abb. 1

Die sehr trockene, flechtenreiche Kiefernheide

Lichte Kiefernbestände, unter denen nur selten Birke und Fichte einwandern und eine Strauchschicht fehlt, sind für diesen Typ kennzeichnend. Dennoch auftretende Fichten zeigen meist nur einen sehr kümmerlichen Spitzentrieb. Die Feldschicht besteht, so sie überhaupt ausgebildet ist, aus Heidekraut (Calluna vulg.). Zuweilen findet man auch die Krähenbeere (Empetrum hermaphrod.), Preißelbeere, seltener Blaubeere oder auch Rauschelbeere (Vacc. uliginosum, auch Sumpfheidelbeere genannt). Setzt sich die Feldschicht, wie es häufiger der Fall ist, nur aus sehr lichten Calluna-Beständen zusammen oder fehlt sie ganz, so wird die grauweißliche Bodendecke der Flechten im Landschaftsbilde herrschend. Auf den ersten Blick erscheint diese Flechtendecke als völlig einheitlich. Doch schauen wir genauer hin, so offenbart sich uns eine Vielfalt an wundersamen Formen. Beherrschend sind die Rentierflechten Cladonia rangiferina und silvatica. Sie bilden dichte, graue und gelblich-weiße Matten, in denen wir hier und da kleine und größere Flecken der hübschen, feinverzweigten, rundspitzigen, buschähnlichen Fensterflechte, Cladonia alpestris, treffen. Letztere wird heute vielfach zu Kranzdekorationen verwendet und so von einem Teil der Bevölkerung auch gewerbsmäßig in Kisten gesammelt, die man im Sommer und Herbst zuweilen am Straßenrande, leer oder zum Abholen bereit, fern von jeglicher Behausung stehen sieht. Häufig kommt auch die braune, bänderähnliche, mehr oder minder regelmäßig ausgebildete, gabelähnlich geteilte Islandflechte, Cetraria islandica (Isländisch Moos), vor, die früher, wie schon erwähnt, häufig zum Brotbacken und als Viehfutter verwendet wurde. Noch eine Reihe weiterer Flechten ließe sich aufzählen, die wir fast immer in der oft knochentrockenen Flechtenmatte antreffen. Nach längerem Suchen entdeckt man fast stets auch mehrere Moosarten, die sich allerdings oft um Stubben und vermodernde Stämme herum sammeln, wo Feuchtigkeit und Nährstoffgehalt größer sind, so Pleurozium Schreberi, Dicranumarten sowie Polytrichum juniperinum und piliferum. Bisweilen kann ein mosaikartiger Teppich entstehen, in dem die Flechten vor allem auf den offenen Flecken zwischen den Bäumen mit vorzugsweise Heidekraut (Calluna vulg.), die Moose dagegen unter den Bäumen mit Preißelbeere (Vacc. vit. Id.) und Blaubeere (Vacc. myrt.) vorherrschen.

Kiefern, Flechten und Heidekraut sind also die für diesen Waldtyp kennzeichnenden Pflanzen, die alle in ihrer Physiologie sowie in ihrem äußeren Bau Anpassungserscheinungen an große Bodentrockenheit zeigen. Da gerade die oben beschriebenen Pflanzengesellschaften vielfach die Vegetation der fluvioglazialen Talschotter und Åser ausmachen, andererseits aber letztere mit großer Vorliebe seit altersher für den Landverkehr genutzt werden, gibt der heute mit starkem Umfange betriebene Ausbau und Neubau von Straßen und Wegen vielfach Gelegenheit, einen Blick auf den zugehörigen Bodentyp dieser trockenen Pflanzengesellschaft zu werfen. Ein Vorteil also, der sich bei keiner anderen Pflanzengesellschaft in gleicher Weise bietet. Wenn sich auch in der Moräne des Höhengebiets unter Kiefern-Fichten-Mischwald derartige Aufschlüsse entlang der erst in jüngster Zeit gebauten Waldautowege finden, so dennoch nicht so bequem zugänglich und nicht so zahlreich.

Auf den Åsern und Talschottern ist das Profil meist podsolartig, wenn auch meist nicht in seiner vollen Schärfe ausgebildet. Die Rohhumusschicht ist oft nur 1—2 cm mächtig, meist aus Flechtenresten gebildet und entsprechend bröckelig, ohne inneren Zusammenhalt. Die Bleicherde zeigt gewöhnlich, wenn sie nicht infolge der Hangneigung, d. h. verstärkter Abtragung, u. U. ganz fehlt, eine Dicke von 1—3 cm und meist graue Farbe infolge von Humusbeimischungen (vgl. O. Tamm, 1935). Der Anreicherungshorizont ist farblich meist sehr wenig ausgeprägt, d. h. Eisen- und Humusausscheidungen fehlen fast ganz, zuweilen zeigt er eine Mächtigkeit von etwa 10—20 cm, um dann langsam in die Unterlage (C-Horizont) überzugehen, die entweder aus steinigem Grobkies, sandigem oder steinigem Kies oder auch gröberen oder feineren Sanden bestehen kann und u. U. eine deutliche Schichtung aufweist.

Der dichte Fichtenwald mit pelziger Moosdecke

Einen sehr starken physiognomischen Gegensatz zur lichten Kiefernheide stellt der dichte, dunkle Fichtenwald dar, bei dessen spärlichem Licht, begünstigt durch die starke Feuchtigkeitshaltung dieses Waldtyps, sich eine pelzige Moosdecke ausbilden kann. Die Kiefernheide verbirgt uns nichts von ihrer nackten, nüchternen Wirklichkeit, ja zuweilen können wir geradezu von Dürftigkeit sprechen; im Fichtenwalde fühlen wir uns dagegen wie im Märchenwald, wie in einem Zauberwald, wo tausenderlei Geheimnisse uns umweben.

Wie also schon der Name sagt, ist die Fichte als Schattenbaum in dieser Waldgesellschaft herrschend. Nur sehr selten treffen wir einzelne Kiefern, die aber im Bestande kaum auffallen. In diesen sehr dichten Beständen ist eine Strauchschicht nicht ausgebildet. Auch die Feldschicht fehlt fast völlig. Schwacher Lichteinfall und infolge geringer Verdunstung gesteigerte Luftfeuchtigkeit bilden hier das ideale Mikroklima für die Ausbildung eines dicken, weichen Moospolsters, das alle Unebenheiten, Steine, Felsblöcke, Baumstümpfe sowie alte, langsam vermodernde Baumstämme liebevoll einhüllt. Durch einen solchen Bestand zu wandern, ist oft, besonders an den Nordhängen, geradezu halsbrecherisch. Klüfte und Zwischenräume zwischen Steinen und Baumwurzeln werden vollkommen verdeckt durch solch ein dickes Moospolster. Doch tritt man fehl, so sackt man unbarmherzig bis zu den Knien ein.

Zunächst erscheint uns dieser Moosteppich durchaus als eine Einheit, doch bei näherem Zusehen offenbart sich auch hier ein Wunderwerk der Natur. Fast wie Filigran mutet das glänzende, gelblich-olivgrüne Hylocomium splendens an. Es besteht aus einem Sprossensystem, wo jeder Sproß aus dem darunterliegenden, horizontal gerichteten Zweig herauswächst und in sich doppelt verzweigt ist, so daß das Ganze wie ein feines Netzwerk wirkt. Dazwischen entdecken wir fast immer auch Pleurozium Schreberi, das sich durch seinen durchgehenden, unregelmäßig verzweigten Hauptstamm auszeichnet, der besonders am unteren Teile zuweilen eine rötliche Färbung aufweist. Seltener, in niedrigeren Partien, trifft man das hübsche, regelmäßig ausgebildete Kammoos, Ptilium crista castrensis, das an einen doppelseitigen Kamm oder wohl auch an eine Feder erinnert. Oft finden wir in dem weichen Moospolster verschiedene Dicranum-Arten, u. U. auch Polytrichum commune und Lebermoose, an feuchten Stellen zuweilen einzelne Sphagnazeen.

Die Rohhumusdecke ist in diesem Bestande meist sehr mächtig, u. U. 5—20 cm, infolge der durch die geringe Verdunstung herabgesetzten Umsetzung. Je nach dem Untergrunde ist die Bleicherde mehr oder minder mächtig ausgebildet. Sie kann bis zu 10—12 cm und mehr anwachsen. Der B- oder Anreicherungshorizont ist an seiner dunklen Farbe ebenfalls deutlich erkennbar. Je nachdem in welchem Grade Eisen- bzw. Humusausfällungen stattgefunden haben, ist das Bodenprofil als Eisenpodsole, als Eisenhumuspodsole oder Humuspodsole zu bezeichnen. Auf Felsboden kann es allerdings nicht zur Ausbildung eines derartigen Profils kommen. Hier ist meist nur eine Entfärbung der obersten Gesteinsrinde als Wirkung der sich reichlich bildenden Humussäure festzustellen.

Was diesen Typ vom frischen Fichten-Vaccinium myrtillus-Hylocomium-Typ unterscheidet, ist die größere Dichte des Baumbestandes. Lichtet man diesen Bestand auf, so wandern sehr bald Blaubeere (Vacc. myrt.), Linnéa borealis[1]) wie auch der Wachtelweizen (Melampyrum pratense) und der Siebenstern (Trientalis europaea) ein. Der ökologische Unterschied ist also nicht sehr groß, der physiognomische aber immerhin recht deutlich und einprägsam.

Der frische Kiefern-Fichtenmischwald mit Vaccinium-Feldschicht und Moosen

In dieser Waldgesellschaft scheinen auf den ersten Blick Kiefer und Fichte vollkommen gleichberechtigt nebeneinander zu stehen. Bezüglich der Lichtver-

1) Linnéa borealis ist ein kriechender Halbstrauch mit immergrünen Blättern. Meist sitzen zwei Blüten an einem Stengel. Die Blüten selbst sind weiß und innen zartrot gestreift.

Abb. 2. **Trockene, flechtenreiche Kiefernheide** auf einem Åsrücken südlich des Ljusnan in der Nähe des Laforsen. Rechts eine kleine Fichtendeile (Åsgrube) (Färila socken)

Abb. 3. **Knochentrockene Flechtendecke** mit Cladonia alpestris, Cladonia rangiferina, Krähenbeere (Empetrum hermaphroditum) sowie einzelnen Heide- (Call. vulg.) und Preißelbeerbüschen (Vacc. vit. Id.). Unterlage: Felsgestein (Gneis) am Ufer des Ljusnan (Färila socken)

Abb. 4. **Dichter Fichtenwald** mit pelziger Moosdecke, die Steine, Baumwurzeln und alte Baumstümpfe einhüllt. Im Fichtenbestand sind einige Kiefern eingestreut. NW-Hang des Valläsen (Färila socken)

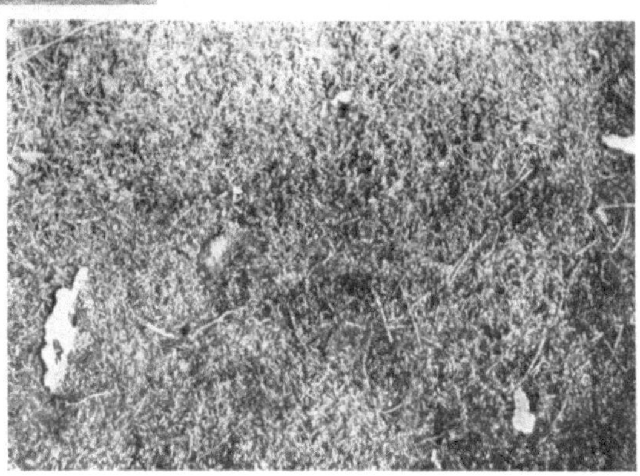

Abb. 5. **Weiches Moospolster** mit Hyloc. splendens, Pleurozium Schreberi, Ptilium crista castrensis, Dicranumarten, Barbilophozia lycopodioides u. a. Lebermoosen. Unterlage: großblockige Moräne mit guten Feuchtigkeitsverhältnissen am NW-Hang des Valläsen s. o. (Färila socken)

Abb. 6. **Frischer Kiefern-Fichtenmischwald.** An lichteren Stellen Strauchschicht aus Eberesche (Sorbus aucuparia), Faulbaum (Rhamnus Frangula) u. a. Nördlich vom St. Öjungen (See), Färila socken

Abb. 7. **Dryopterisreiche Feldschicht** mit Blaubeere (Vacc. myrt.) und vor allem Thelypteris Dryopteris; Hylocomium splendens, Pleuroz. Schreberi, Ptilium crista castr. und Dicranumarten in der Bodenschicht — unter Fichtenbestand, in den einige Kiefern eingemischt sind. Unterlage: Fluvioglaz. Sedimente am NO-Fuß des Vallåsen (Färila socken)

Abb. 8. **Bruchartiger Birken - Erlensumpfwald** an einer Bachschlenke mit üppigen Kräutern und Farnen. Am Messuån, Färila socken

Abb. 9. **Moorartiger Kiefernsumpfwald** in der Nähe des Enån zwischen Finneby und Enskogen (Färila socken)

hältnisse sowie der Bestandesdichte steht dieser Typ zwischen den beiden bisher geschilderten. So ist hier neben der Zwergstrauchschicht auch meist eine Strauchschicht aus Ebereschen, Birken[1]), Wacholder (Juniperum commune), zuweilen Faulbaum (Rhamnus Frangula) und anderen Büschen ausgebildet, die mit ihrer bunten Laubfärbung sowie ihren roten und schwarzen Früchten im Herbst eine reizvolle Abwechslung im dunkelgrünen Nadelwalde darstellen.

Die Zwergstrauchschicht zeigt neben Blaubeere (Vacc. myrt.) als Hauptart mehr oder minder zahlreich beigemischt: Preißelbeere, Siebenstern, Thelypteris Dryopteris, Wachtelweizen und Schattenblume (Majanthemum bifolium) u. a.

Die Bodenschicht wird genau so wie bei dem Dickmoostyp vorzugsweise aus Hylocomium splendens und Pleurozium Schreberi gebildet, aufgelockert durch Dicranumarten und an feuchten Stellen unterbrochen durch Polytrichum commune. Ferner treffen wir Ptilium crista castrensis (Kammoos) und das Lebermoos Barbilophozia lycopoides.

Das Bodenprofil ist meist ein Eisenpodsol oder auch ein Eisenhumuspodsol, meist in ähnlicher Weise ausgebildet, wie es bei dem vorhergehenden Typ bereits beschrieben wurde. Die Unterlage besteht meist aus schluff- oder lehmhaltiger Moräne, die mehr oder minder steingebunden sein kann. Ausreichende Feuchtigkeit, gesichert durch Klima- und Bodenverhältnisse, gehört zu den Hauptbedingungen für die Ausbildung dieses wie auch des vorigen Waldtyps. Hangneigung und -richtung spielen dabei natürlich eine wesentliche Rolle.

Der Dryopteris-reiche Fichten- und Fichten-Kiefernmischwald

Reine Fichtenbestände sowie Mischbestände aus Kiefern und Fichten sind kennzeichnend für diesen Typ, der ebenso wie der vorige meist Eberesche, Birke u. a. in der Strauchschicht zeigt. Das, was uns diesen Typ als etwas Besonderes erscheinen läßt, ist die üppige Verbreitung von Thelypteris Dryopteris, einem Farnkraut mit lichtgrünen, glatten Blättern, die auf einem langen Schaft aufsitzen und doppelt gefiedert sind.

Dazwischen treffen wir mehr oder minder reichlich Blaubeere und andere Beerenreiser, zuweilen eine große Anzahl anspruchsvollerer Kräuter, wie Sauerklee (Oxalis acetosella), Buschwindröschen (Anemone nemorosa), neben den eigentlichen Rohhumuskräutern, wie Waldwachtelweizen (Melampyrum silvaticum), Nickendem Wintergrün (Pyrola secunda), Siebenstern, Schattenblume, Goldrute (Solidageo virgaurea), Haarsimse (Luzula pilosa) und Drahtschmiele (Deschampsia flexuosa).

Die Bodenschicht setzt sich vor allem aus Hylocomium-Moosen zusammen, unter denen das kräftige Mullmoos, Hylocomium triquetrum, häufiger auftritt. Hinzu kommen Dicranum- und Polytrichum-Arten, ferner das Kammoos, Ptilium crista castrensis.

Das Bodenprofil ist gewöhnlich ein mehr oder weniger ausgebildetes Podsolprofil, in dem die Rohhumusschicht von 3—10 cm Mächtigkeit variieren kann. Entsprechend ändern sich auch die Mächtigkeiten von Bleich- und Anreicherungshorizont. Der Untergrund besteht meist aus schluffhaltiger, u. U. stark steingebundener Moräne oder auch aus postglazialen Schluff- und Staubablagerungen unterhalb der marinen Grenze.

Gute Feuchtigkeitsverhältnisse gehören zur offensichtlich wichtigsten Voraussetzung für die Entstehung dieses Typs. So treffen wir ihn oft an geneigten Hängen mit relativ hochliegendem, beweglichem Grundwasser. Auch an Nordhängen, wo das Grundwasser u. U. niedriger liegen kann, infolge herabgesetzter Verdunstung aber stets erhöhte Feuchtigkeit herrscht, tritt dieser Typ auf und zeichnet

1) in jüngeren Beständen auch in der Baumschicht.

sich fast stets durch gute Zuwachsleistungen und gut gewachsene Stämme bei normal geschlossenem Bestand aus. Ausgewachsene Stämme von 20 m Höhe und mehr sind keine Seltenheit.

Das Birken-Fichtentälchen

In fast ermüdender Monotonie erstrecken sich trockene Waldgesellschaften über die weiten Schotterflächen parallel zum Ljusnan. Doch plötzlich ein völlig anderes Bild! An die Stelle dürftiger Kiefernheide tritt eine äußerst üppige und wüchsige Waldgesellschaft aus Birken, Fichten und Erlen mit Schneeball (Viburnum opulus) und Traubenholunder (Sambucus racemosa) sowie Weidenbüschen, Farnkräutern, Spiréa (Filipendula Ulmaria) und zahlreichen anderen Kräutern und Gräsern. Beim Nähertreten offenbart sich die Ursache dieses plötzlichen, unvermuteten Vegetationswechsels: Ein kleiner Bach springt hurtig von Stein zu Stein. Er garantiert den kraftstrotzenden Pflanzengesellschaften am Ufer die genügende Feuchtigkeit, bringt ständig neue, gelöste Nährstoffe heran und sorgt für geregelten Sauerstoffhaushalt im Boden, der für den Ablauf der Bodenprozesse unbedingt notwendig ist. Die Zersetzung der Rohhumusdecke wird beschleunigt, die Nitrifizierung erfolgt wesentlich rascher. Somit können auch die Nährstoffe der Rohhumusdecke, die u. U. sogar mullartigen Charakter annehmen kann, weit mehr von den Pflanzen ausgenutzt werden.

Unter den Kräutern treffen wir vor allem reichlich Spiréa (Filipendula Ulmaria) und Waldstorchschnabel (Geranium silvaticum). An Farnkräutern sind vorwiegend Thelypteris Phegopteris und Matteuccia Struthiopteris vertreten. Die meist breitblättrigen Gräser gehören im allgemeinen zu der Familie der Cyperazeen (Halbgräser — Scirpus- und Carex-Arten). Außerdem finden sich einige Zwergsträucher, so die Sumpfheidelbeere und Blaubeere sowie Preißelbeere an trockneren Stellen am Fuße der Baumstämme. Doch fallen sie mengenmäßig kaum ins Auge.

Die Bodenschicht bilden Moose, unter denen Prachtexemplare von Hylocomium splendens, Hylocomium triquetrum und Polytrichum commune zu finden sind. Außerdem können wir Mnium- und Brachythecium-Arten wie u. U. auf tonigschluffigem Boden auch Bryum pallens wahrnehmen. Auf vermodernden Baumstämmen treffen wir Dicranum fuscescens, Barbilophozia lycopod., Webera nutans und dazwischen Cladonia fimbriata, eine sog. Becherflechte.

Der bruchartige Birken-Fichtensumpfwald

Diese Gesellschaft ähnelt zwar in vielem der soeben geschilderten. Auch hier ist die oft messerscharfe Grenze gegen einen trockenen Kiefernheidebestand kennzeichnend. Doch der Wuchs der Fichten und Birken ist bei weitem nicht so frohwüchsig wie bei dem eben geschilderten Typ. Meist zeigen die Fichten sogar starken Bartflechtenbehang. Sträucher fehlen hier ganz, abgesehen von einigen Ebereschen- und Espensprößlingen.

In der Feldschicht ist neben Kräutern, wie Geranium silvaticum u. a. vor allem das feine Filigrannetz von Waldschachtelhalm (Equisetum silvaticum) herrschend, das von weitem gesehen fast wie ein duftiger, graugrüner Schleier wirkt.

Sumpfheidelbeere (Vacc. uliginosum) sowie Halbgräser (z. B. Kugelsegge — Carex globularis) können stellenweise überwiegen. Neben den Hylocomium-Moosen sind in der Bodenschicht Sphagnazeen und Polytrichum commune zahlreich vertreten.

Der moorähnliche Kiefernsumpfwald

Der lichte, nicht gerade sehr wüchsige Kiefernbestand vermittelt uns bereits ein Gefühl für die Einöde der weiten norrländischen Moore. Am Rande der Zwergstrauchmoore ist diese äußerst dürftige Pflanzengesellschaft mit einer Untervegetation von Kugelseggen (Carex globularis) und anderen Seggenarten, Zwergsträuchern — wie Sumpfheidelbeere, Blaubeere, Heidekraut — letztere vor allem auf den von Torfmoosen aufgebauten Bülten, wo sich gleichzeitig die günstigste

Abb. 10. **Birken-Fichtentälchen** an einer gefällereichen Strecke des Messuån. Färila socken

Abb. 11. **Kahlschlag mit Weidenröschen** (Chamaenerion angustifolium) (s. S. 21). (Bollnäs socken)

Abb. 12. **Überbrannte Kahlfläche** mit reichlichem Graswuchs (Deschampsia u. a.) im Höhengebiet von Hamra Kronopark (Los socken)

Abb. 13. Am **Öjeforsen** (s. S. 22), Färila socken

Abb. 14. Ein kleiner **Kolksee** im Felsengebiet des **Laforsen.** Langsam faßt die Vegetation Fuß (vgl. S. 22). Färila socken

Abb. 15. Blick auf den **Ängratörn,** der nach H. v. Eckermann (1936 S. 137) in einer Verwerfungslinie liegt, die von NNW nach SSE verläuft und mit der kaledonischen Faltung in Verbindung stehen dürfte. Im Vordergrund typische Verlandung mit Wollgras u. a. (vgl. S. 23), Färila socken

Abb. 16. Am **Lindstasjön,** einem der vielen Seen im Färila socken (s. S. 23)

Entwicklungsmöglichkeit für die jungen Kiefernpflänzchen bietet, sowie der Moltebeere[1]) (auch Multe-, Torf-, Schell-, Zwergmaulbeere genannt, lat. Rubus Chamaemorus) charakteristisch. Neben Sphagnum kommen Polytrichum und zuweilen auf den Bülten auch Flechten und Hylocomium-Moose vor.

Durch Entwässerung kann evtl. eine immerhin ganz beachtliche Holzproduktion erreicht werden. Erfolgt sie nicht, so werden die Kiefern kaum mehr als 3—4 m hoch und sterben schließlich ab. Nährstoffvorrat und Sauerstoffzufuhr sind in diesen Böden schlecht, da das Grundwasser stets sehr hoch steht und meist kaum beweglich ist. Das zutage tretende Grundwasser zeigt infolge von Eisenauflösung durch die Humussäuren eine meist rostbraune Färbung.

Der Kahlschlag mit Weidenröschen

Es ist ein wunderschönes Bild, wenn man im Sommer auf einer Wanderung aus dem dunklen Fichten- oder Fichten-Kiefernmischwald heraustritt in eine Lichtung und plötzlich vor sich ein weites Feld mit rosaroten Weidenröschen (Chamaenérion angustifolium) sieht, das leise im Winde hin- und herwogt.

Wagen wir es, in diesen oft über 1,20 m hohen „Bestand" einzudringen, so stellen wir fest, daß hier vor gar nicht langer Zeit ein recht produktiver Fichten-Kiefernmischwald gestanden haben muß, gerade so wie er drüben am Waldrande zu sehen ist. Es taucht die Frage auf, ob sich denn auf jedem Kahlschlag das Weidenröschen einstelle[2]), was wir aber bereits auf Grund der Beobachtungen innerhalb des Färila sockens[3]) verneinen können. Nur dort, wo die Umsetzung in der Rohhumusdecke besonders gut ist, d. h. wo unter anderem für nordschwedische Verhältnisse die Nitrifikation relativ rasch vonstatten geht, stellt sich Chamaenérion angustifolium ein als sog. stickstoffanzeigende Pflanze.

Um eine befriedigende Verjüngung des Waldes zu erzielen, muß der Mensch allerdings auch hier nachhelfen, sonst können sich die jungen Pflänzchen in dem dichten „Chamaenérionwald" infolge des ständigen Konkurrenzkampfes kaum entwickeln.

Die Kahlfläche mit reichlichem Graswuchs

Sowohl auf den Kahlschlagflächen als auch vor allem auf den Brandkulturflächen der Höhengebiete herrscht zwischen Baumstümpfen in Büscheln oder Rasen die Drahtschmiele (Deschampsia flexuosa). Im Sommer und Herbst sind die Flächen mit ihrer strohgelben Farbe, in die sich auf den Brandflächen das Schwarz der verkohlten Baumstümpfe mischt, weithin kenntlich. Dazwischen gewahren wir bereits kleine Kiefernpflänzchen, die infolge natürlicher Verjüngung oder auch Saat hier Fuß fassen konnten, hie und da einige junge Birken. Die Weite solcher kahlen Brandflächen der Höhengebiete, auf denen sich u. U. noch einige alte, verkohlte Baumreste finden, die gespenstisch gen Himmel ragen, hat besonders an nebelverhangenen Tagen etwas Bedrückendes, Beklemmendes an sich. Man fühlt sich der Gewalt der Natur erbarmungslos ausgeliefert, man vermißt plötzlich den Schutz, der einen im Walde so selbstverständlich umgibt.

b) Flußlandschaft

Durch das bunte Mosaik der Waldgesellschaften schlängeln sich Flüsse und Ströme. Im großen gesehen schmiegen sie sich in das unendliche Waldland als ein Teil desselben ein. Doch letztlich hat auch die Flußlandschaft ihre eigenen charakteristischen Züge, die besonders deutlich werden, wenn man, von der Landstraße kommend, den Wald in Richtung auf den Strom durchwandert.

---

1) Die Moltebeere (Rubus Chamaemorus) gehört zur Gattung der Rosazeen. Sie hat einen bis zu 20 cm lang werdenden Stengel, nierenförmige, flache, handzipflige Blätter mit gesägtem Rand. Aus den einzeln stehenden, weißen Blüten entwickeln sich orangegelbe Steinfrüchte, die genau wie bei der Himbeere zu einer Sammelfrucht verwachsen sind. In Deutschland kommt die Moltebeere nur als Eiszeitrelikt in Pommern und Westpreußen vor (Meyers Lexikon, Bd. X. Sp. 631, 1929). In Norrland bedeckt sie zuweilen ganze Sümpfe und ist eine begehrte, vitaminreiche Zukost für die Bevölkerung („Apfelsine Norrlands").

2) Chamaenérion angustifolium gehört in Mitteleuropa auf Grund der hier günstigeren allgemeinen klimatischen Voraussetzungen zu einer der ersten Kahlschlagpflanzen.

3) Färila socken = Färila-Kårböle (Kommune).

Man wundert sich über das geheimnisvolle Rauschen in den Wipfeln. Aber war es denn soeben nicht windstill gewesen? Fragend wandern die Augen an den blanken Kiefernstämmen empor. Wunderlich — sie bewegen sich kaum. Über eine trockene Bodenvegetation aus Flechten, Heidekraut und Preißelbeere hinweg folgen wir dem Rauschen und Raunen im Walde, das immer deutlicher wird. Und plötzlich stehen wir am Ljusnan, der sein Wasser hier in den Stromschnellen des Öjeforsen tosend über Gerölle und Felsen hinwegbrausen läßt. Gut ist die schleifende Wirkung des mit Sand beladenen Wassers an der Stromlinienform der ausgekolkten Felsen im Untergrunde zu erkennen. Inmitten des Flusses besiedeln Birke und Kiefer die aus fluvioglazialen Sedimenten aufgebaute Inselgruppe (Förteckning över Sveriges Vattenfall Bd. 2 Nr. 48 Ljusnan; 1919). Südöstlich der größten Insel vollführt der Fluß, gehemmt durch anstehendes Gestein, eine scharfe Biegung nach Nordosten.

Um beim Frühlingshochwasser eine Verwilderung des Floßholzes zu verhindern, ist am südöstlichen Prallufer eine Schutzmauer angelegt worden. Im Nordosten hat der Fluß in beständiger Nagearbeit einen charakteristischen Steilabfall in den fluvioglazialen Schottern und Feinsanden geschaffen, der mit seiner spärlichen Birken- und Kiefernvegetation hell zu uns herüberleuchtet. Davor liegen die großen ausgespülten Blöcke aus Granit und kambrosilurischem Gestein, vor allem Quarzit, die mit dem Eise z. T. sogar aus dem Fjällgebiet Härjedalens bis hierher transportiert wurden.

Noch wilder und urwüchsiger tritt uns die Landschaft am Laforsen — dem größten Wasserfall des Ljusnan — entgegen. Hier ist es anstehendes Gestein, und zwar Granit, in das sich die gewaltigen Wassermassen des Ljusnan eingeschnitten haben. Die so zwischen den steilen Ufern entstandenen Wasserfälle und Stromschnellen haben eine totale Fallhöhe von ca. 21,4 m auf 0,8 km Flußstrecke (Förteckning över Sveriges vattenfall Bd. 2 Nr. 48). Auf den dazwischen liegenden Inseln tritt der nackte Fels zutage.

Im wesentlichen den im Gestein vorgezeichneten Klüften folgend, hat der Laforsen sich zurückgearbeitet. Besonders deutlich wird dies im nördlichen Teil des Stromes, wo sich infolge starker Zerklüftung ein Felstor ausbilden konnte. Blickt man durch dieses Tor hindurch, so läßt sich sehr gut die Fortsetzung der Hauptverklüftungslinie (SSO—NNW) auf dem gegenüberliegenden Ufer wahrnehmen.

Besonders interessant ist dieser nördliche Teil des Laforsen durch seine langsame Besiedlung mit den verschiedensten Pflanzen. Algen sind die Pioniere — sie bereiten den Boden, d. h. besorgen die ersten chemischen Umsetzungen in dem durch Spaltenfrost gelockerten Gestein. Ihnen folgen de Flechten. Ist für eine gewisse Wasserspeicherung gesorgt, so siedeln sich bald Moose und Gräser an. In dem so geschaffenen Humuspolster nimmt dann eines Tages ein kleiner Kiefernsame mutig den Kampf mit dem Dasein auf. Fest umklammert der wachsende Baum die Granitfelsen. In jede nur vorhandene Kluft senkt er seine Würzelchen hinab, lockert das Gestein, und in gemeinsamer Arbeit mit anderen Lebewesen trägt die Kiefer zur langsamen Bodenbildung bei.

Ist das Humuspolster besonders dick und feuchtigkeitshaltend, so versucht auch die Fichte Fuß zu fassen. Doch im allgemeinen steht sie in der Besiedlung von felsigem Granitstein hinter der Kiefer zurück. Nur die Birke vermag erfolgreich mit der Kiefer zu konkurrieren, wobei aber stets der reichliche Zugang an Samen aus der Umgebung von der einen oder anderen Holzart ausschlaggebend ist.

Auf höherem Niveau haben sich in ausgekolkten Felsen kleine, stille Idylle ausbilden können, Seen, in denen sich die Kiefern als Vorposten der Besiedlung durch die Pflanzenwelt spiegeln. Ihre Wuchsform ist zwar weit von dem entfernt, was ein Forstmann sich wünschen würde, aber desto eindringlicher berichten sie von dem beharrlichen Kampf, den sie hier als Vorposten des Waldes zu führen haben.

Der südliche Teil des Laforsen gibt noch heute ein Bild von der gewaltigen Kraft der in die Tiefe tosenden Wassermassen. Feiner Staub — bestehend aus Millionen von Wassertröpfchen — liegt über der weißschäumenden Gischt.

Oberhalb des Falles wirkt der von der Technik erfüllte Mensch, hier wird in zäher und harter Arbeit ein Kraftwerk geschaffen, das in Zukunft die Wassermassen für Wirtschaft und Verkehr nutzen wird. Unsere Blicke folgen dem Ljusnan talabwärts gen Südwesten. Nach Überwindung einiger Stromschnellen, über die er grollend hinwegpoltert, zieht er wieder still und friedlich seine Bahn, genau so wie vor dem Eintritt in die gewaltige Naturszenerie des Laforsen. Ja, hie und da läßt der am Laforsen so wilde Fluß im Zusammenhang mit der ständigen postglazialen Landhebung sogar liebliche Uferwiesen entstehen, oft unterbrochen durch Altwässer. Zuweilen kommt es bei der Einmündung der Nebenflüsse zur Ausbildung fruchtbarer Überschwemmungswiesen (Deltabildungen).

c) Seenlandschaft

Dem Ljusnan fehlen auf seinem Lauf durch den Färila socken die sonst für fast alle Norrlandströme wie auch für den Ljusnan selbst so charakteristischen seenartigen Erweiterungen des Flußbettes. Dennoch ist das Gebiet keineswegs arm an Seen. Viele der dem Ljusnan oder auch dem Voxnan (größter Nebenfluß des Ljusnan) zustrebenden Waldbäche und Flüsse nehmen ihren Ursprung in größeren oder kleineren Seen oder durchfließen dieselben. Soweit die Wasserführung der Bäche wie auch die Größe der Seen dies zulassen, stehen auch letztere im Dienste der Floßwirtschaft, die sich allerdings im wesentlichen auf die längsten und wasserreichsten Nebenflüsse sowie den Ljusnan selbst beschränkt.

Im Sommer kann man das rege Leben und Treiben nur ahnen, das sich im Frühjahr und Vorsommer am Lindstasjön abspielen mag, sich aber vor allem vor dem Bau der Straße Färila—Edsbyn alljährlich abwickelte. Heute hat der Straßenverkehr teilweise bereits das Erbe der Flößerei angetreten.

Läßt man den Blick über die weite glitzernde Wasserfläche schweifen, so gewahrt man, daß das Seenufer sich durch langsame Verlandung auszeichnet, die zweifellos beeinflußt wird durch die stete postglaziale Hebung des Landes. Am Ufer wachsen wetterharte Kiefern als Vorposten des auf der großblockigen Toteismoräne stehenden Kiefernbestandes mit einer Bodenbedeckung von Flechten und Heidekraut, in die stellenweise Moose und Preißelbeere eingestreut sind.

Zum Seeufer hin senkt sich das Gelände nur sehr langsam. Dieser unbestimmte Übergang zwischen Wasser und Land wird noch betont durch die Gerölle und Felsblöcke, die sich in das seichte Seebecken vorschieben. Blaugrüne Hügelketten begrenzen den Horizont, so daß man die Unendlichkeit des dahinter liegenden Waldlandes nur ahnen kann.

An den Verlandungsufern der Seen, wie man es z. B. gut ausgeprägt am Nordufer des Ängratörn findet, hat sich meist eine kräftig entwickelte Flora angesiedelt. Hochwüchsige Seggen, Dyschachtelhalm (Equisetum fluviatile), neben Schilf (Phragmites communis — besonders auf lehmigen Gyttja- oder Dyböden), Seesimse (Scirpus lacustris) und Wollgras (Eriophorum angustifolium), sind fast immer vertreten. Dann und wann finden sich, besonders in ruhigen Buchten und kleineren Seen, auch gelbe oder weiße Seerosen.

Neben derartigen größeren Seen trifft man — besonders in den durch vermutliche Toteisablagerungen gekennzeichneten Gebieten — abwechselnd mit Mooren und großblockiger Moräne zahlreiche kleine Seen. Ein typisches Gebiet dieser Art ist ein etwa 2 km breiter Streifen parallel zum Ljusnan im NW von Kårböle, wobei allerdings in Frage zu stellen ist, ob wir es hier nicht vielmehr mit Rückzugsformen eines im breiten Tal des Ljusnan liegenden Zungengletschers (vgl. Querriegel zwischen den einzelnen kleinen Seen) zu tun haben dürften. Eine Reihe dieser Seen werden vom Skålån durchflossen, die anderen liegen abseits. Es ist ein Gewirr von bewaldeten Kuppen und wassererfüllten Mulden. Die kleinen Waldseen halten unser Auge sogleich gefangen durch eine klare, scharfe Spiegelung der am Ufer stehenden Kiefern, Birken und Fichten, was ihnen zweifellos einen besonderen Reiz verleiht.

Einem ganz ähnlichen Typ begegnet man auf den eigentlichen Höhengebieten. Die kleinen Wald- und Mooraugen sind hier in sehr rascher Verlandung begriffen, so daß man heute oft kaum mehr glitzernde Wasserflächen gewahrt, wo der Landmesser vor rund 50 Jahren einen ganz stattlichen See auf der Karte vermerkte.

d) Moorlandschaft

Nur schwer sind die kleinen Seen des Höhengebiets von den sie umgebenden Mooren zu trennen. Sind es doch eigentlich nur zwei verschiedene Stadien im selben Entwicklungsprozeß. Oft fristet die Kiefer bereits ein kümmerliches Dasein. Seltener dagegen trifft man Birke und Fichte, die mit dem sauerstoffarmen Standort weit schlechter fertig werden. Auffallend ist die Bültenbildung, die sich über das ganze Moor hinweg fortsetzt. Während die Bülten meist von Widertonmoos (Polytrichum) und vor allem Torfmoos (Sphagnum) gebildet und mit Vorliebe von Heidekraut (Calluna vulg.), Sumpfheidelbeere (Vacc. uliginosum), Zwergbirke (Betula nana) und auch Kiefer besiedelt werden, wachsen dazwischen nur Sumpfgräser. Stellenweise, wo noch das Wasser zwischen den Halmen glitzert, fehlen die Bülten ganz.

Die Moorlandschaft entbehrt des natürlichen Liebreizes, der jede Seenlandschaft auszeichnet. Sie ist voller Schwermut, Ernst und Einsamkeit. Betrachtet man die verkrüppelten, mit schwarzen Flechten behangenen Kiefern, die bereits vollkommen ihr Nadelkleid verloren haben, mit ihren dürren Ästen mahnend gen Himmel weisend, so möchte man fast von einer „sterbenden" Landschaft sprechen, ein Eindruck, der an regen- und nebelverhangenen Tagen noch verstärkt wird.

Der wechselnde Ursprung — durch Verlandung eines Sees, durch Versumpfung von zuvor trockenem Boden auf Grund veränderter Grundwasserverhältnisse (z. B. infolge des Dammbaus eines Bibers, von dessen Tätigkeit beim Straßenbau zwischen Digerkölen und Gebbarnfäbodar die typisch bearbeiteten Baumstümpfe als Zeugen freigelegt werden konnten) oder auch auf Böden, die von Beginn an hohes Grundwasser besitzen bzw. durch fließendes Wasser feucht gehalten werden — gibt, gemeinsam mit der vielfach möglichen Entwässerung und der damit in Verbindung stehenden Gewinnung von produktivem Waldboden, Anlaß dazu, daß die Moortypen sowohl in Verbindung mit den Seenlandschaften zu betrachten sind als später auch im systematischen Zusammenhange mit den Waldtypen noch einmal behandelt werden sollen.

Physiognomisch-ökologisch teilt man die in Frage stehenden Pflanzengesellschaften allgemein in Zwergstrauchmoore, Seggenmoore und Bruchmoore auf. Diese Gliederung findet sich auch bei T. Lagerberg (1928 S. 296 ff.), an dessen Beschreibung der Moorgesellschaften ich mich im folgenden anlehne.

Die Zwergstrauchmoorgesellschaft (Bultenmoor)

Die Bodenschicht besteht vorwiegend aus Sphagnummoosen, die zum großen Teil stark bültenbildend sind. Besonders zu erwähnen ist Sphagnum fuscum, das feste, gewölbte Hügel mit glatter Oberfläche bildet; zuweilen tritt auf diesen Bülten Pleurozium Schreberi, Rentierflechte und auch Isländisches Moos (Cetraria islandica) auf. An Kräutern siedeln sich auf den Bülten Sonnentau (Drosera rotundifolia) und die Moltebeere (Rubus Chamaemorus) mit ihren orangegelben, himbeerähnlichen Früchten an, ferner Halbgräser, Wollgras (Eriophorum vaginatum) und einige andere Seggenarten.

Das Hauptkennzeichen dieser Moore sind jedoch die auf den Bülten auftretenden Zwergsträucher, die zur Unterscheidung von Untertypen verwendet werden können. Hierher gehören Porst (Ledum palustre), Heidekraut (Calluna vulgaris), Tranbeere (Vaccinium oxycoccus), Gagelstrauch (Myrica gale), Rosmarinheide (Andromeda polifolia). Zuweilen fehlen auf den Bülten Zwergsträucher, dafür tritt reichlich Wollgras auf. (Die in Südschweden reichlich auftretende Glockenheide (Erica) fehlt hier völlig infolge klimatischer Verhältnisse).

Die Seggenmoorgesellschaft

Auch hier bilden Sphagnummoose die Bodenschicht. Doch meist sind es mehr feuchtigkeitsliebende Arten, die ebene Matten bilden (z. B. Sphagnum papillosum).

Abb. 17. Ein kleines **Moorauge,** im Vordergrund Zwergbirke. Zwischen Tandsjöborg und Fågelsjö (Los socken)

Abb. 18. An einer **Quellnische** im Gebbarnwald. Üppige, krautreiche Bodenvegetation und alte z. T. flechtenbehangene Fichten sind kennzeichnend für die hier herrschende Sumpfgesellschaft. Färila socken

Abb. 19. **Moorlandschaft** nördlich der Stugusjöar, im Hintergrund der Felosen. Nur ein schmaler Steig aus ein paar Bohlen führt über das Moor hinweg. Färila socken

Abb. 20. Die **Moltebeere,** eine typische Pflanze schwedischer Moorgesellschaften (Rubus Chamaemorus — s. S. 21). Die Aufnahme zeigt eine Einzelstudie an einem Hangmoor auf dünner Moränendecke über anstehendem Granit am N-Hang des Kerstaberget. Außer der Moltebeere finden sich Sumpfheidelbeere, Blaubeere, Krähenbeere, ferner Seggen und Sumpfmoose. Färila socken

Abb. 21. **Bultenmoorvegetation:** Bulte selbst aus Sphagnazeen aufgebaut (Sphagnum magellanicum, Sphagnum nemoreum). Die angeschnittene Bulte erhebt sich etwa 30 cm über die sie umgebende Seggengesellschaft (Hammer zum Vergleich). Auf den Moospolstern selbst haben sich neben Kiefern vor allem Sonnentau (Drosera rot.), Zwergbirke (Betula nana), Heide (Call. vulg.), Krähenbeere (Emp. Herm.), Sumpfheidelbeere (Vacc. ulig), Rosmarin (Andromeda polif.) und auch Preißelbeere (Vacc. vit. Id.) angesiedelt. Sogar einige Flechten, wie Cladonia rangiferina und silvatica, sind eingewandert. Zwischen den Moospolstern Sumpfgräser, u. a. Eriophorum-, Scirpus- und Carex-Arten. Lage: untere Terrasse am Südufer des Ljusnan bei Lassekrog (Färila)

Abb. 22 **Strangmoor** (vergl. S. 25) zwischen Tandsjöborg und Fågelsjö (Los socken)

Die Feldschicht setzt sich aus Halbgräsern (Carex casiocarpa sowie inflata), Wollgras (Eriophorum vaginatum), Simsen (Scripus austriacus), und Kräutern, Sonnentau (Drosera rotundifolia) und Fieberklee (Menyanthes trifoliata), sowie zuweilen Zwergsträuchern (z. B. Rosmarinheide = Andromeda polifolia) zusammen.

Die Bruchmoorgesellschaft

Hierher gehören Torfbodengesellschaften, bei denen eine Bodenschicht völlig fehlt oder aber mehr nährstoffordernde Moose (Braunmoose = Amblystegium-Arten) oder gewisse nicht bültenbildende Weißmoose (z. B. Sphagnum subsecundum oder Sphagnum Warnstorfii) herrschend sind.

Für die Ausscheidung verschiedener Untertypen ist die Zusammensetzung der Feldschicht maßgebend (z. B. Seggenbruchmoore, Scirpus trichophorum-Bruchmoore, Schachtelhalmbruchmoore). Im Zwergstrauchbruchmoor treten vor allem Rosmarinheide, Gagelstrauch und Zwergbirke auf sowie niedrige Weidenbüsche. Schließlich kann auch das Bruchmoor einen Baumbestand tragen, der sich dann meist aus Flaumbirke (Betula pubescens), Erle, Weide und Faulbaum (Rhamnus frangula) zusammensetzt.

Hinsichtlich des Vorkommens der verschiedenartigen Sumpfgesellschaften ist, genau wie bei den Waldgesellschaften, nur höchst selten Gleichheit über eine größere Fläche hinweg festzustellen. Meist ist es auch hier ein mosaikartiges Nebeneinander auf engem Raum. Diese mosaikartige Mischung ist aber in keiner Weise regellos.

In Norrland, außerhalb des Kalkgebietes von Jämtland, sind es vor allem die Plateaumoore, die unser Interesse auf sich lenken und auch im Färila socken zahlreich vertreten sind. Kennzeichnend für diese Moore ist ein ebenes oder sogar etwas konkaves Profil, dessen Randzone in der Regel von einer Zwergstrauchmoorgesellschaft mit u. U. lichtem Baumwuchs eingenommen wird. Dahinter folgen dann Halbgras-(Seggen-)Sumpfgesellschaften von wechselndem Charakter, meist Seggen- oder Wollgrasgesellschaften, die zuweilen große Flächen bedecken können. Im Innern finden sich u. U. noch offene Wasserflächen, die dann meist von hochwüchsigen Seggenbüscheln umgeben sind (u. a. Flaschen- und Drahtsegge).

Eine sehr häufige Ausbildungsform der norrländischen Plateaumoore besteht in einer direkten Kombination von Halbgrassumpfgesellschaften mit Zwergstrauchmoorgesellschaften, indem erstere den niedriger gelegenen Boden bedecken und als „Flarken" bezeichnet werden, über die sich die Zwergstrauchmoorgesellschaften als Bülten oder Stränge gleich Inseln erheben, zuweilen gleichmäßig über die Mooroberfläche verstreut.

Diese Moorkomplexe, die Cajander allgemein als „Aapamoore" bezeichnet (1913), sind für das nordskandinavische Nadelwaldgebiet typisch. Bei mehr oder minder horizontaler Mooroberfläche sind die Bulten nahezu „isodiametrisch" (C. Troll, 1944 S. 640) über das Seggenmoor verteilt. Bei geneigter Oberfläche kommt es jedoch zur deutlichen Ausbildung von Strängen senkrecht zur Gefällsrichtung, wie ich besonders schön an dem mir zur Einsichtnahme zur Verfügung gestellten Luftbildmaterial aus dem Raum nördlich von Kårbole feststellen konnte. Das flächenmäßige Verhältnis von Strängen und Flarken kann dabei sehr unterschiedlich sein. Für die Stränge ist dabei stets ein steilerer Abfall nach außen charakteristisch, was mit ihrer Bildungsweise unmittelbar in Zusammenhang steht. C. Troll bezeichnet die Strangmoore in Anlehnung an frühere Arbeiten (G. Andersson & Hesselman, 1907; A. Tanttu, 1915; A. K. Cajander, 1913; V. Auer, 1920) als „klimatische Frostbodenform leichtgeneigter Mooroberflächen im borealen Klima (Nadelwaldklima)" (1944 S. 640) und gibt dann folgende Zusammenfassung der Anschauungen über ihre Entstehung: „Die Voraussetzung für die Strangmoore ist also ein starker Wechsel von winterlichem Bodenfrost und sommerlichem Tauen, sie sind eine echte Frostbodenform, aber im Gegensatz zu den Palsen ohne Dauergefrornis. Die Vorgänge selbst, die auf der geneigten Oberfläche zur Ausbildung der Stränge und Flarken führen, sind z. T. physikalischer, z. T. biologischer Natur. Das Gleiten des Torfes spielt sich unter Wirkung von wechselndem Eisdruck und Schmelzwasserdurchtränkung ab, kann also als Solifluktion aufgefaßt werden. Die Pflanzenwelt paßt sich an die so entstehenden Standortunterschiede an und schafft ihrerseits durch die Bildung der verschiedenen Torfarten Grundlagen für die morphologische Trennung in Stränge und Flarken" (S. 641).

Bei stärkerer Neigung und auf ständig grund- oder quellwasserüberströmten Böden entwickeln sich Hang- und Quellmoore, die sowohl von Zwergstrauchmoorgesellschaften als auch bei reichlichem Wasserzufluß von typischer Bruchvegetation eingenommen werden können.

Doch nicht nur die verschiedenen Bruch- und Moorgesellschaften bilden ein buntes Mosaik auf engem Raum, auch Wald- und Moortypen wechseln ihrerseits in bunter Folge, in enger Anpassung an die im wesentlichen eiszeitlich überformte Relief- und Bodengestaltung. Wald- und Moortypen sind somit nur zwei verschiedenartige Bestandteile ein und derselben Landschaft, nämlich der weiten Waldplateaulandschaft Norrlands.

2. Die Zellen der Waldsiedlungslandschaft

Hier in diesem Waldlande schmiegen sich auch Siedlungen und Kulturflächen vollkommen in die Naturlandschaft ein.

Aus dem reichen Formenschatz an Siedlungstypen kann es nur gelten, einige charakteristische Beispiele herauszugreifen. Da wir es im Färila socken natürlich mit den verschiedenen Stadien einer Rodungslandschaft zu tun haben, erscheint mir die Maull'sche Terminologie (1950) der Rodungsinsel, Rodungsgasse, Waldinsel und Rodungs- oder Feldlandfläche als recht brauchbar.

In einem Waldland wie Schweden ist die Anwendung obiger Begriffe in gewisser Weise eine Maßstabsfrage.

Stehen wir zu ebener Erde, so empfinden wir die Ackerbau- und Wiesenlandschaft rings um Storbyn, Lillbyn, Svedja und Hyttebo als Waldinsellandschaft, wenn nicht gar als Rodungsfläche; nur noch hie und da sowie am Rande des Horizontes sehen wir Waldhügel. Blicken wir dagegen vom 200 m höher gelegenen Aussichtsturm des Vallåsen gen Süden, so möchten wir dies Gebiet gleichsam nur als große Rodungsinsel aufgefaßt wissen, durch schmale Waldstreifen von kleineren derartigen Inseln getrennt. Die erstere Auffassung als Waldinsellandschaft aber wird zweifellos bestärkt, wenn wir einmal hinausfahren zu einem Einzelhof mitten in dem großen, unendlichen Wald, obgleich das Gebiet in seinen Ausmaßen durchaus nicht den Maull'schen Beispielen gewachsen ist. Damit zeigt sich allerdings auch zugleich die Relativität dieser ganzen Begriffsbildung, die daher auch kein absolutes Maß, sondern nur ein anschauliches Hilfsmittel einer genetischen Formenbeschreibung sein kann und soll.

Eine weitere Frage ist, wie man den Begriff „Rodungsgasse" auffassen darf; ist er als lediglich genetische Form zu verstehen? — Dann spielt er für die Betrachtung des Färila sockens keine Rolle. Vertritt er dagegen eine schmale, langgestreckte Rodungsform schlechthin, so sind sehr wohl praktische Beispiele innerhalb des Färila socken zu finden. Da es mir hier in erster Linie auf eine Formenbeschreibung und weniger auf eine Rodungsgenetik ankommt, möchte ich den Begriff in letzterem Sinne fassen.

a) Rodungsinseln

Inselartig stieß der Mensch einst in das große, unbekannte Waldland vor. Rodungsinseln sind in den weiten Wäldern des Färila socken auch noch heute die charakteristische Siedlungsform. Hier zunächst einige recht typische Beispiele:

Kårböleskog — eine Höhenrodungsinsel

Mühselig ist der Weg mit dem Fahrrade nach Kårböleskog, das mit seinen 435,4 m rund 200 m oberhalb von Kårböle, in einer Entfernung von 10 km, an der Landstraße Kårböle—Los liegt, die bei Kårböle von der großen Fernverbindungslinie Ljusdal—Röros (Norwegen) gen Süden abbiegt. In vielen Windungen führt die Straße hinauf. Die Kiefernheide, charakteristisch für das Tal des Ljusnan wie auch des Ängraån, lassen wir bald hinter uns. Mischwald von Kiefer und Fichte, z. T. auch reiner Fichtenbestand von frischem Vacciniumtyp, begleiten uns. Dann führt unser Weg eine Strecke über ebenes Gelände; zu beiden Seiten Moor, Krüppelkiefern, am Rande Birke, eine kleine Sumpfwiese, bis wir wieder in den Wald kommen. Ein kurzer, stärkerer Anstieg — dann öffnet sich der Fichten- und Laubnadelmischwald aufs neue, und vor uns liegt ein mit viel Fleiß beackertes Höhenplateau: eine Ackerbauinsel (von über 20 ha Feldlandfläche) mitten im weiten Waldlande, in ihrer erhöhten Lage einen einmaligen Rundblick auf die Waldhügellandschaft rundherum gestattend. Infolge ihrer Höhenlage ist sie wegen der Temperaturumkehr gegen Frost besser geschützt als die sie umgebenden Tallagen, auch der Boden ist hier oben reicher an Feinbestandteilen, da er weniger der Abtragung und Ausspülung unterlag als an den Hängen. Das Ackerland liegt um die Höfe gruppiert und ist sowohl gegen das Waldland als auch gegen die Höfe selbst durch Zäune abgegrenzt. Eine lichte Birkenallee führt zu den auf der höchsten Kuppe belegenen Höfen. Es sind einige geschmackvolle ältere Bauten im Blockhausstil darunter. Die Wirtschaftsgebäude sind heute meist ersetzt durch Scheunen und Ställe modernen Stils — meist befinden sich Stall und Scheune in ein und demselben Gebäude, unten der Stall, die Scheune darüber mit einer gesonderten, schrägen Auffahrt, wie wir sie bei uns u. a. im Schwarzwald und im Allgäu finden. Alte, kräftige Ebereschen künden von der jahrhundertelangen Kultur hier droben im Walde.

Erholsam wirkt der weite Blick über Berge und Täler auf den Wanderer, er genießt die wohltuende Stille und Einsamkeit. Für den Waldbauern jedoch hat dieses Idyll auch seine beschwerlichen Seiten. Wenn auch die Verkehrslage sich grundlegend verändert hat und ganz und gar nicht mehr mit der von vor 100 Jahren vergleichbar ist, so lebt er doch noch immer fern von der Welt Getriebe, fern von den Lustbarkeiten und Freuden, aber auch fern von dem Verderb unserer Zeit. Diese Menschen, hart geworden in dem Kampf mit der Natur, geprägt durch die Einsamkeit der langen Winternächte, sind beseelt von einer unvergleichlichen Gastfreundschaft, die sie jedem Menschen ohne Arg entgegenbringen. Und bald plaudern sie bei einem Täßchen Kaffee von ihren Sorgen und Nöten, von ihrer Wirtschaft, und mit einigem Stolz erzählen sie von ihren Vorfahren, die hier als erste das Land urbar machten.

Lönborg (1902) nimmt Kårböleskog (u. a.) als Finnensiedlung an. Die Auswertung der „Segerstedts samlingar" (1838) hingegen ergibt keineswegs eindeutige Resultate (nach Durchsicht der Verfasserin 1954): Nr. 20, S. 88:

„Weder ich noch irgend jemand anders hier kann Auskunft über die Einwanderung von Finnen nach Färila geben. Hier gibt es Waldgebiete sowie Siedlungen (Dorfgebiete): Risarf, Lillskog und Tjernwall, die „Finnwälder" oder „Finngegenden" genannt werden. Aber weder Orts- noch Personennamen erinnern dort in irgendeiner Weise an finnischen Ursprung, sondern dieselben sind allesamt echt schwedisch, ebensowenig hat die Bevölkerung hier andere Sitten als im übrigen „socken".

J. L. Ekström, Pfarrer, Färila (Übersetzung durch Verf.)

In diesem Bericht wird also Kårböleskog nicht als Finnensiedlung genannt, auf der Karte der Finnensiedlungen im Gefleborgs Län tritt es nicht in Erscheinung. Hingegen ist Kårböleskog auf der Übersichtskarte über die Verbreitung der Finnen in Schweden mit hinzugerechnet worden.

Meines Erachtens dürften die im Gebiet noch erhaltenen finnischen topographischen Bezeichnungen durchaus auf Besiedlung und Erschließung durch Finnen hindeuten. Wie aus dem Vergleich mit anderen nachgewiesenen Finnensiedlungen hervorgeht, sind finnische Personen- und Dorfnamen nur in den seltensten Fällen erhalten, sie können daher keinesfalls als absolutes Kriterium angewendet werden. Eine eindeutige Bestätigung erfährt die so begründete Annahme von Kårböleskog als Finnensiedlung zweifellos durch die Zusammenstellung des Pfarrers J. H. Schaefer (1694) über die von ihm im Katechismus geprüften Finnen. Allerdings sind die Namen auch hier durchweg schwedisch, obwohl Schaefer einleitend sehr deutlich darlegt, daß die christliche Unterweisung der Finnen in deren Muttersprache durchgeführt werden müsse. Außer Kårböleskog (mit 11 Personen = einer Familie) und Tjernwall (mit 17 Personen = vier Familien) werden von Schaefer als im heutigen Färila

socken gelegene Finnensiedlungen aufgeführt: Lillskogen (mit 11 Personen = drei Familien), Risarfven (mit 14 Personen = drei Familien).
Ob allerdings Kårböleskog ebenfalls wie die drei anderen Finnensiedlungen Lillskogen, Risarfven und Tjernwall schon bereits 1639 bestanden hat, erscheint zumindest fragwürdig, da es nicht möglich ist, Kårböleskog eine der 12 geometrischen Zeichnungen über Finnensiedlungen von Olof Tresk (1639) zuzuordnen. Außerdem dürfte auch Schaefers Spezifikation 1694 mit lediglich einer Familie in Kårböleskog fast zwei Menschenalter später auf eine Besiedlung nach 1639 hindeuten. Erst 1713 wird Kårböleskog erstmalig im Grundbuch (Jordebok) erwähnt und zwar als zu Karswall (Loos socken) gehörige Herdstelle („rök"). Noch 1704 wird Karswall eigentümlicherweise mit nur einer Herdstelle aufgeführt, allerdings mit derselben Grundsteuer von $2^1/_2$ öreskatt wie 1713. Es ist aber durchaus wahrscheinlich, daß Kårböleskog schon bereits im ausgehenden 17. Jahrhundert fest besiedelt war, dies der Obrigkeit aber noch nicht bekannt war.

Es waren demnach Finnen, die sich schließlich nach jahrzehntelanger nomadisierender Schwendewirtschaft hier vor gut 300 Jahren auf Geheiß des Königs seßhaft machten. Um ihren Hof herum schufen sie durch Schwenden, Herauslesen der Steine und Düngung Daueräcker. Der Bedarf an Roggen wurde weiterhin durch die Schwendewirtschaft gedeckt; diese hat parallele Erscheinungen in der Reutbergwirtschaft der deutschen Mittelgebirge sowie in der Brandrodungswirtschaft der noch unentwickelten Waldländer in fast allen Teilen der Erde. Zunächst brannte man den Wald ab, säte dann Getreide, meist Roggen. Nach zweimaliger Ernte war der Boden erschöpft, so daß man ihn im nächsten Jahr nur noch als Futterwiese nutzen konnte. Nach weiteren drei bis fünf Jahren wurde das Land dem freien Spiel der Naturkräfte überlassen. Nach einigen Jahren hatte sich schließlich ein Jungbestand von Birken und Kiefern gebildet, soweit die noch heute für diese Waldsiedlungen übliche Waldweide den aufkommenden Pflanzen durch Viehverbiß nicht zu stark zugesetzt hatte.

Die Schwendewirtschaft ist heute zugunsten der weit rentableren Holzwirtschaft vollkommen aufgegeben worden, wobei allerdings eine Unzahl von Erlassen und Gesetzen mitgewirkt haben.

Die Waldweide dagegen ist für die Viehzucht neben den zahlreichen, verstreut liegenden Waldwiesen mit insgesamt rund 100 ha (1904) noch heute von ganz entscheidender Bedeutung. Soweit der Wald inzwischen an eine Aktiengesellschaft verkauft wurde, sicherte man sich fast immer die Brennholzentnahme und das Recht zu unbeschränkter Waldweide durch eine besondere Klausel.

Doch weder die Viehzucht mit durchschnittlich vier Kühen pro Hof, mit einer täglichen Milchleistung von 10—12 l je Kuh, noch der Anbau von Gerste, Hafer und Kartoffeln — letztere eigentlich ausschließlich für den eigenen Bedarf — sowie ein wenig Klee und Futterpflanzen können bei den heutigen Lebensansprüchen die Existenzgrundlage für die sieben Familien von Kårböleskog bieten. Dies wird besonders deutlich, wenn wir bedenken, daß sich zur Zeit der „Landnahme" nur ein einziger Hof fand, der Mitte des 18. Jahrhunderts bereits etwa dasselbe Dauerackerland inne hatte (s. Abb. 23) und dennoch seine Getreideproduktion überwiegend durch Schwendewirtschaft in dem weiten, ihm vom Staat zuerkannten Waldareal von etwa 3500 ha erzielte. Verschwindend klein nimmt sich in diesem weiten, von Kiefernwald (Tall skog) und Fichtenbeständen (z. B. Granåsen) sowie Mooren (myren) und Seen (sjön) eingenommenen Gebiet die eigentliche Acker- und Wiesenfläche aus (s. Abb. 25).

Wie aus den Beschreibungen zu diesen beiden Karten hervorgeht, war 1750 das diesem „Kronohemmanet" zugehörige Waldareal vermessen worden. Bei der Waldaufteilung 1856 behielt Kårböleskog sein gesamtes Waldland, ja es bekam sogar noch ein kleines Stück hinzu. Jedoch erst im Zusammenhang mit der „Laga skifte" können wir uns einen Überblick verschaffen über die Hofteilungen und Abtretungen, die innerhalb der vergangenen 150 Jahre stattgefunden haben.

Unter den 12 verschiedenen Besitzern (darunter bereits zwei Aktiengesellschaften), die wir 1904 in den Akten der „Laga skifte" als Grundeigentümer der Gemarkung „Kårböleskog" verzeichnet finden, können wir neben einem Beispiel direkter Erbteilung mit Höfen von je etwa 50 ha Waldland, 0,3 bis 0,8 ha Acker-

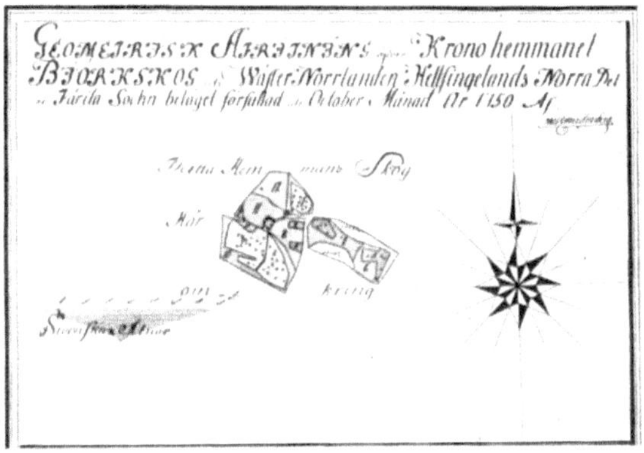

Abb. 23. Die **Ackerbauinsel Kårböleskog** im Jahre 1750 (vgl. S. 27). Reproduktion aus dem Kgl. Lantmäteristyrelsens Arkiv in Stockholm

Abb. 24. Bauernhof in Kårböleskog, im Vordergrund ein sog. „härbre", der der Aufbewahrung von Getreide u. a. dient

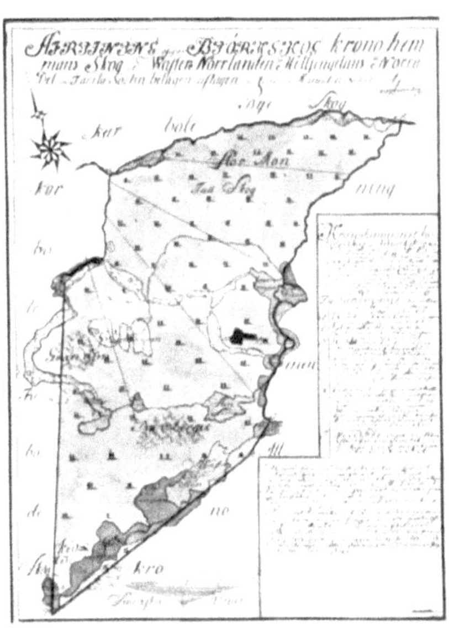

Abb. 25. Der gesamte Besitz, insbesondere Wald- und Moorflächen, vom Kronohemmanet Kårböleskog im Jahre 1751. Die eigentliche Rodungsinsel ist schwarz eingezeichnet (vgl. Abb. 23). Reproduktion aus dem Kgl. Lantmäteristyrelsens Arkiv in Stockholm

Abb. 28. **Tjärnvall** — heute verlassen und verfallen, nur Schafe weiden hier den Sommer über. Einst lag hier auf dem Hochplateau eine blühende Finnensiedlung. — Weit schweift der Blick über die umliegenden Höhen. Färila socken

Abb. 29. Blick vom Kerstaberget auf Kårsjön (links) und **Kårböle** (rechts). Färila socken

Abb. 30. Blick auf den ältesten Teil **Kårböles** in der Niederung des Skålån. Wiesen und Äcker sind durch einen Zaun vom Walde abgetrennt. Im Hintergrund der Kerstaberget

Abb. 31. Alte Mühle am Skålån, in der Blockhausbauweise errichtet. Im Hintergrund die Kirche von Kårböle

land und 0,2 bis 2,6 ha Wiese einerseits und einem Hof von 5 ha Ackerland mit allein 632 ha Wald andererseits, einen zu diesem Erbenkomplex (A) parallel geordneten Hof (C) mit 1115 ha Waldland und 6 ha Ackerland sowie 47 ha Wiese ausscheiden.

Von einem zweiten, zu diesem Erbenkomplex parallel geordneten Hof (B) ist, nachdem offenbar der größte Teil des ursprünglichen Besitzes, nämlich 804 ha Wald, 4,2 ha Acker und 19,2 ha Wiese, an Källskärs Aktiebolag (Sägewerk) verkauft worden war — wahrscheinlich wohl schon in den neunziger Jahren — nur ein kleinerer Hof von 96,8 ha Wald, 1,1 ha Acker und 2,7 ha Wiese übriggeblieben. 1912 erfolgte die Abtrennung eines kleineren bäuerlichen Eigentums vom Besitz der Aktiengesellschaft von insgesamt 30,9 ha, davon 24,5 ha Waldland — eine sehr charakteristische Erscheinung für die Waldbesitzgeschichte der Aktiengesellschaften, die wir überall in Norrland wiederfinden. Zum Teil wurde sie gefördert durch die staatliche Gesetzgebung im Anfang des 20. Jahrhunderts, die eine Stützung der ländlichen Bevölkerung bezweckte.

Erst 1938 jedoch fand hier die notwendige, vom Staate seit langem befürwortete Abtrennung eines größeren Waldareals von 249 ha aus dem Gebiet der A.-B. (= Aktiengesellschaft) statt, die dem Bauernhof die unbedingt notwendige wirtschaftliche Festigung geben sollte. Gleichzeitig ging der restliche Waldbesitz von 554,25 ha Waldland in den Besitz der heutigen Marma-Långrör-A.-B. über.

Dieselbe ist heute außerdem Besitzerin zweier großer Waldgrundstücke innerhalb der Gemarkung von zusammen etwa 600 ha, die 1904, zur Zeit der Laga skifte, noch unter dem Namen der Marma-Sågverks-A.-B. geführt wurden, wobei letztere im entwicklungsgenetischen Zusammenhang mit der Marma-Långrör-A.-B. steht. Ein weiteres Waldgrundstück von etwa 140 ha hatte die Marma-Sågverks-A.-B. vom Hofe C im Jahre 1914 erworben.

Vom restlichen Gebiet des ehemaligen Hofes C wurde ein kleinerer Teil von 169 ha, davon 149 ha Wald, also ein durchaus existenzfähiger Hof abgetrennt, bevor das restliche Areal von insgesamt 937,94 ha (davon 917,35 ha Waldland) 1941 einer Erbteilung verfiel, wobei mehrfach reine Waldgrundstücke abgetrennt wurden.

Der 1904 vorhandene große Hof aus dem Erbenkomplex A von 655 ha verfiel zusammen mit einem kleineren Hof von 55 ha bereits 1923 einer Erbteilung, wobei Höfe mit im Durchschnitt 90—100 ha Waldland, 0,25—1,39 ha Acker und 0,4—4,03 ha Wiese entstanden[1]).

So liegt hier ein buntes Bild der Waldbesitzentwicklung vor uns, an dem sich gewisse allgemeingültige Entwicklungstendenzen abzeichnen.

Im wesentlichen lassen sich dabei vier verschiedene Stadien unterscheiden:

1. Stadium: Der ursprüngliche Hof erhielt bereits 1750 zur Befriedigung von Schwendewirtschaft und Waldweide ein sehr großes Waldland rund um den Ackerbesitz herum. Die Notwendigkeit zur Ausbildung einer Fäbodwirtschaft fehlt infolgedessen.

2. Stadium: Aufteilung des Acker- und Wiesenlandes infolge der Bevölkerungszunahme im Anfang des 19. Jahrhundert in Verbindung mit verbesserten Agrarmethoden und einer allmählichen Inwertsetzung des Waldlandes als Holzproduktionsstätte.

3. Stadium: Eintritt der Aktiengesellschaften in das Wirtschaftsleben des Dorfes, zunächst durch Erwerb langfristiger Abholzungsrechte, später durch Aufkauf von Waldländereien, begünstigt durch die für die Bauernbevölkerung rasche und hohe Inwertsetzung ihres Waldbesitzes, den sie bisher mehr oder minder als wertlos angesehen hatte.

1) Bei der obigen Darstellung der Besitzverhältnisse konnte ich mich weitgehend — genau so wie auch bei den folgenden siedlungsgeographischen Betrachtungen aus dem Raume des Färila socken — auf mir vom „Lantmäterikontoret i Gävle" sowie von „Rikets generallantmäteriet" (Stockholm) freundlichst zur Bearbeitung zur Verfügung gestelltes Archiv- und Kartenmaterial stützen.

4. Stadium: Abtrennung des eigentlichen Ackerlandes von den Wäldern der Aktiengesellschaften und auf Grund der Gesetzgebung später auch Rückgabe eines angemessenen Waldareals, ohne daß hier ein Bauernhof bei den kargen Boden- und schlechten Klimaverhältnissen kaum existieren kann.

Kårböleskog erhält seine heutige Existenzmöglichkeit in wirtschaftlicher Hinsicht sowie auch seine Existenzberechtigung bezüglich der in einer solchen Rodungsinsel auftretenden sozialen Probleme allein durch die Waldwirtschaft, wobei der Wald sowohl als Besitz (Kapitalanlage) als auch als Arbeitsstätte eine bedeutende Rolle spielt.

Nach E. Thorén, dem Landmesser dieses Gebiets, hat Kårböleskog heute 30 Einwohner, die sich auf fünf Bauernhöfe verteilen, von denen zwei ein Ackerareal von jeweils 5—7,5 ha besitzen, wozu insgesamt für beide 449 ha Wald kommen. Weitere 3 Bauernhöfe mit einer Ackerfläche von weniger als 2 ha haben ein Waldareal von zusammengenommen 634 ha Wald (nach Thorén). Diesem bäuerlichen Waldanteil von insgesamt 1083 ha (nach Thorén, 1950) stehen rund 1300 ha reinindustrielle Waldgebiete gegenüber (Stand von 1941, Jordbok „Färila socken"), während der Rest von über 1000 ha in nichtbäuerlichem Privatbesitz liegt, wie man auf Grund der Angaben Thoréns unter Hinzuziehung des Archivmaterials wohl annehmen darf.

Das bauerneigene Waldareal ist trotz des Verkaufs einzelner Gebiete an die Holzindustrie noch immer beträchtlich und somit auch das Einkommen aus den jährlichen Abholzungen. Hinzu kommt der Arbeitsverdienst in den Wäldern der Aktiengesellschaften, vor allem im Winter. Auf fast jedem Hof hält man daher für den winterlichen Holztransport 1 bis 2 Pferde. Außerdem packt man selbst mit zu beim Holzfällen. Das Einkommen aus den landwirtschaftlichen Produkten ist demgegenüber unerheblich, zumal fast alles, was erzeugt wird, in der eigenen Wirtschaft verbraucht wird, ja meist noch zugekauft werden muß, vor allem Getreide.

Schwierigkeiten bieten sich hier vor allem bezüglich der Verjüngung des Waldes. Denn fast das ganze Gebiet liegt ja bereits oberhalb der 400-m-Linie, und größere Bergkomplexe überschreiten sogar die 500-m-Linie, was ja zusammen mit der nördlichen Belegenheit doch schon eine erhebliche Klimaverschlechterung hinsichtlich des Waldwuchses bedeutet. Die Samenjahre sind seltener, da die extremen Witterungslagen sich bereits weit strenger auswirken. Für den keimenden Samen ist besonders die infolge hoher Feuchtigkeit häufig stärker ausgebildete Rohhumusdecke beschwerlich. In dem nach vernünftigen Prinzipien durchgeführten Abbrennen hat man ein äußerst geeignetes Mittel, evtl. in Verbindung mit Pflügen des Bodens, das Wuchsbett für die kommende Waldgeneration so günstig wie möglich zu bereiten.

In sozialer und psychologischer Hinsicht ist für die Weiterentwicklung der Siedlung Kårböleskog die heute immerhin bereits leidliche Verkehrsverbindung von nicht zu unterschätzendem Wert. Gerade, wenn wir unser Augenmerk auf die Entvölkerung ähnlicher Siedlungen richten, können wir die volle Bedeutung des Verkehrsfaktors ermessen, der psychologisch eine ungemeine Rolle spielt, wenn volkswirtschaftlich gesehen auch selbst bei schlechterer Lagerung dieses letztgenannten Faktors mit Rücksicht auf das Waldarbeiterproblem noch lange kein Grund vorliegen würde, eine solche Siedlung aufzugeben.

Tjärnvall — eine Wüstung

Ein charakteristisches Beispiel für die Entvölkerung des Waldlandes haben wir in Tjärnvall vor uns. Auch hier eine alte Finnensiedlung[1]) auf einem etwas ausgedehnteren Höhenplateau oberhalb der 400-m-Linie!

Die älteste Karte stammt aus dem Jahre 1639 (Olof Tresk). Die Kartenbeschreibung nennt den Namen „Kjällwald". Daß es sich dabei wirklich um die Siedlung Tjernwall handelt, dürfte durch die verblüffende Ähnlichkeit der beiden Karten von 1639 und 1778

1) vgl. Anmerkung zu Kårböleskog.

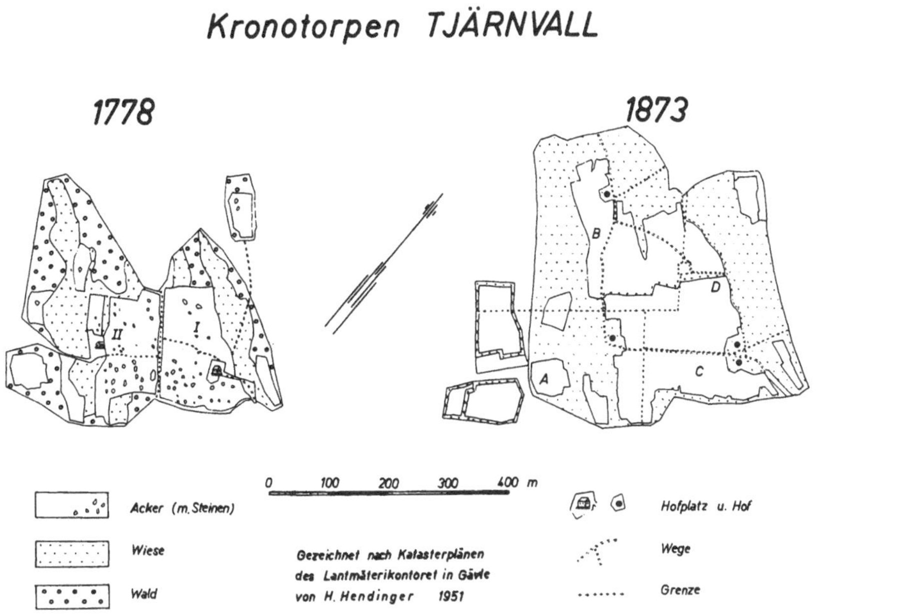
Kronotorpen TJÄRNVALL
1778
1873
I
II
A
B
C
D
0
100
200
300
400 m
Acker (m. Steinen)
Wiese
Wald
Gezeichnet nach Katasterplänen des Lantmäterikontoret in Gävle von H. Hendinger 1951
Hofplatz u. Hof
Wege
Grenze

Abb. 26

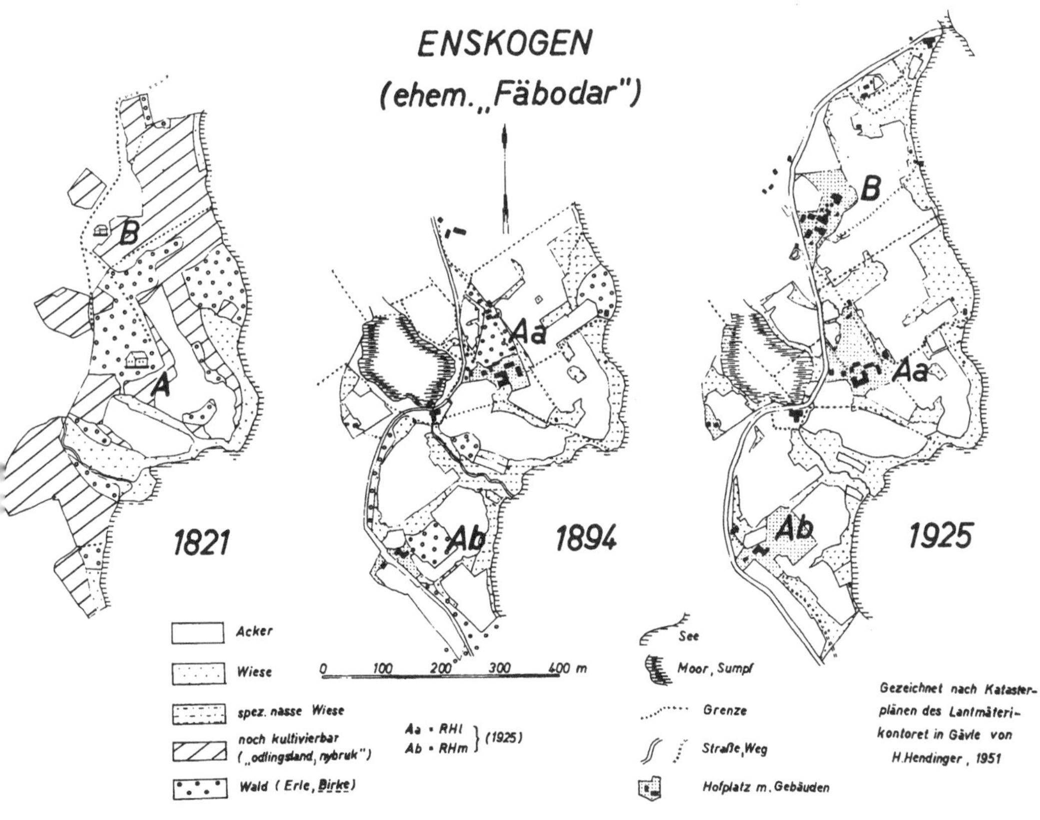
ENSKOGEN
(ehem. „Fäbodar")
B
A
1821
Aa
Ab
1894
B
Aa
Ab
1925
Acker
Wiese
spez. nasse Wiese
noch kultivierbar („odlingsland, nybruk")
Wald (Erle, Birke)
0
100
200
300
400 m
Aa = RHl
Ab = RHm
(1925)
See
Moor, Sumpf
Grenze
Straße, Weg
Hofplatz m. Gebäuden
Gezeichnet nach Katasterplänen des Lantmäterikontoret in Gävle von H. Hendinger, 1951

Abb. 27

belegt werden. Auf beiden Karten treten uns nämlich in der gleichen Lage zwei Höfe entgegen (besser wohl Herdstellen), deren Äcker durch Steinreichtum gekennzeichnet werden. Mit Berücksichtigung der Spezifikation von Schaefer 1693/94, bei der für Tjernwall vier Familien mit insgesamt 11 Personen genannt werden, muß eine zunächst naheliegende Deutung als Erbteilungshöfe abgelehnt werden (vgl. auch die Lage der eigentlichen Bauernhöfe). Vermutlich haben wir hier also eine ursprüngliche Doppelsiedlung vor uns.

Im Laufe von 100 Jahren entstanden aus den 1778 vorhandenen zwei Höfen vier Bauernhöfe, wie es in der Laga-skifte-Karte von 1873 festgehalten wurde (Abb. 26). Inzwischen war es gelungen, das Ackerreal wie auch das Wiesenland durch Rodung ein wenig zu vergrößern, allerdings durchaus nicht entsprechend der Bevölkerungszunahme. Das gesamte Acker- und Wiesenland einschließlich der bebauten Fläche beträgt 1873 ca. 55 ha. Das zu den vier Höfen gehörige Waldland ist ziemlich gleichmäßig verteilt und schwankt zwischen 192 und 215 ha pro Hof.

Bereits 1891 und 1893 erwarb die Marma-Sågverks-A.-B. insgesamt 135,76 ha Waldland vom Hofe C (s. Abb. 26/1873), d. h. rund $^3/_5$ des Waldbesitzes von diesem Hof. 1897 wurde ein kleines Stück von 1 ha vom Hofe D abgetrennt, und 1905 übernahm dieselbe Aktiengesellschaft den ganzen Hof mit insgesamt 230,5 ha, davon 16,4 ha Acker und Wiese. Auch vom Hof B erwarb die Marma-Sågverks-A.-B. bereits 1882 und 1897 etwa $^9/_{10}$ des gesamten zugehörigen Waldareals. 1926 wurden 2 ha Acker und Wiese vom Hofe A für eine Arbeitersiedlung abgetrennt. Der letztgenannte Hof war neben dem Hofe C der einzige, der noch ein wirtschaftlich hinreichendes Strukturgefüge besaß.

Bei dem geringen Ackerareal, das sich bei allen Höfen unterhalb der 5-ha-Grenze hielt, konnte hier früher, ebensowenig wie in Kårböleskog, der Ackerbau der Träger der Waldbauernwirtschaft sein. Diese Rolle kam vielmehr der Viehzucht zu, die sich auf die rund um Tjärnvall herum in schier unendlicher Weite sich erstreckenden Wälder stützte. Daß das zugeteilte Waldareal bei Tjärnvall jedoch wesentlich kleiner ausgefallen war als bei Kårböleskog, mag z. T. aus der Tatsache heraus zu erklären sein, daß Tjärnvall für die ausgedehnte Fäbodwirtschaft der Bauern aus den „hembyarna" ein weit bedeutsamerer Konkurrent sein mußte, als dies für Kårböleskog gegenüber Kårböle zutraf, das ja zudem ganz am Rande von Färila-Kårböle liegt.

Wie es sich bereits durch die Jahreszahlen für den Erwerb ausgedehnterer Waldflächen durch die Holzindustrie kundtut, trat Ende des 19. Jahrhunderts auch in Tjärnvall die Waldwirtschaft immer mehr in den Mittelpunkt des täglichen Lebens. Und dennoch — 1940 verließen die letzten Waldbauern, oder vielleicht besser gesagt „Waldarbeiter", Tjärnvall. Um so mehr zu verwundern, als hier bereits eine eigene Schule bestanden hatte!

Was hat nun zu einer derartigen Entwicklung geführt? — Die tiefer liegende Ursache dürfte zweifellos der frühe Verkauf der Wälder an die Holzindustrie sein, so daß diesen Höfen bei dem kleinen, wenn auch relativ guten Ackerareal auf die Dauer das ökonomische Rückgrat fehlen mußte. Hinzu kam aber als wesentlicher Faktor, daß der Waldweg, der in Korskrogen von der Hauptstraße abzweigt und über Veckebo nach Tjärnvall führt, zwar nicht gerade schlecht, aber immerhin beschwerlich, über 20 km lang und zudem eine Sackgasse ist. In Tjärnvall fühlte man sich am Ende der Welt angelangt! Transporte vom und ins Dorf kamen zu teuer; andererseits gestatteten Boden- und Klimaverhältnisse aber auch keine eigenständige Wirtschaft.

So war die verkehrsungünstige Lage wie auch die psychologische Beeinflussung in Tjärnvall zweifellos stärker, als sie hinsichtlich des Waldarbeiterproblems wünschenswert sein konnte.

Nachdem der Wald, der allein eine dauerhafte Stütze für die dortige Bevölkerung hätte sein können, an die Holzindustrie verkauft worden war, konnte das Schicksal Tjärnvalls kaum mehr aufgehalten werden.

Kårböle — eine Talrodungsinsel

Der inselartige Charakter dieses Dorfes, das an dem einstigen „Pilgrimsvägen" nach Drontheim liegt, offenbart sich besonders deutlich, wenn wir von der Ostseite des Kerstaberget nach Kårböle hinüberblicken (Abb. 29). Zunächst gleitet unser Blick hinweg über die in der Sonne gleißende Wasserfläche des Kårsjön, an den sich dann weiter östlich, beiderseits des Skålån, die Acker- und Wiesenflächen Kårböles anschließen.

Ringsherum dehnen sich unendliche Wälder, Kuppen und Täler einhüllend, so daß sich uns die Morphologie dieses Landes, die Gliederung in zwei verschiedene Rumpfflächen, wovon die ältere weitgehend durch die Arbeit des Wassers und Eises in Riedel und Restberge zerlegt wurde, nur in ganz groben Zügen offenbaren kann.

Steigen wir nun hinab, so sind wir erstaunt über die immerhin recht ausgedehnten Wiesen- und Ackerflächen. Zu unserer Verwunderung erkennen wir, daß das Dorf, obwohl so nahe beim Ljusnan gelegen, in seiner wirtschaftlichen Entwicklung nicht an den Ljusnan, sondern vielmehr an den kleinen Wildbach des Skålån und die Lage an der großen Pilgerzugstraße gebunden war. Dies wird vielleicht noch deutlicher durch Betrachtung der „Storskiftes"karte von 1805 (Abb. 32), die 7 Höfe zeigt, die sich alle um die infolge von Überschwemmungen mehr oder minder fruchtbaren Böden am Ausfluß des Kårsjön gruppieren. Die Kirche lag damals noch auf einem Terrassenriedel nahe des Skålån. Sie dürfte auf eine sehr alte Opferkirche an derselben Stelle zurückreichen.

Die „Storskifte" wurde hier im Vergleich mit den „hembyar" sehr spät durchgeführt, was mit der abseitigen Lage gerechtfertigt werden konnte. Zudem hatte sich Kårböle damals zur Abtretung einiger Wiesenstücke bereit erklärt, worauf sich die „hembyar" zufrieden gaben (nach „Konceptbok År 1945", J. D. F. 26/1944 Nr. 52). Wie aus dem Grundbuch (jordbok) hervorgeht, fanden sich in Kårböle ursprünglich drei Höfe, die dann bei der Storskifte aufgeteilt wurden. Auch hier taucht die Frage auf, haben wir es mit Erbteilung oder ursprünglicher Ansiedlung zu tun? Aus dem mangelhaften vorliegenden Material ist es hier noch weniger möglich als bei Tjärnvall, irgendwelche stichhaltigen Schlüsse zu ziehen. Da aber auch im Gebiet der „hembyar" dieses „Dreigespann" sehr häufig als Siedlungsform zur Zeit der Storskifte auftaucht, möchte ich der letzteren Annahme den Vorzug geben.

Eine andere Frage ist, wo haben diese drei Höfe ursprünglich gelegen? — Die Höfe F und D dürfen wohl auf Grund ihrer Lage zum Wiesen- und Ackerland sowie ihrer Wegelage als Stammhöfe anzusprechen sein. Bei den Höfen A und B jedoch muß es offen bleiben, welcher von beiden der ältere ist.

Wie aus der Storskifteskarte hervorgeht, hatte man schon damals versucht, sich die Wasserkraft des Skålån durch Mühlen und Wehre nutzbar zu machen. Später wurde hier, als man im Skålån Holz flößte — alte morsche Pfähle zeugen heute noch von einer Floßrinne, die wohl zuletzt um 1870 herum genutzt wurde — ein Sägewerk angelegt, das aber schließlich an die Mündung des Skålån in den Ljusnan verlegt wurde, wo sich heute noch Zeugen von dieser einstigen handwerklichen Vorstufe der Holzindustrie finden.

Bereits 1833 war auf dem gegenüberliegenden Ufer eine Getreidemühle erbaut worden, die, seitdem sie 1915 umgebaut worden war, noch heute für den bäuerlichen Besitzer eine hübsche Nebeneinnahme bedeutet.

Ein paar Meter weiter oberhalb liegt eine Schmiede, welche die Wasserkraft nur noch indirekt zur Erzeugung von elektrischer Energie nutzt.

Statt des Wassersägewerks arbeitet heute eine Kreissäge, die bedeutend leistungsfähiger und beweglicher ist. Schmiede und Kreissäge befinden sich in Händen derselben Besitzer. In Verbindung mit einer Schlittenwerkstatt (für den Holztransport) haben wir hier eine sehr glückliche Kombination einer zeitlich sehr verschiedenen Beanspruchung von Arbeitskräften vor uns.

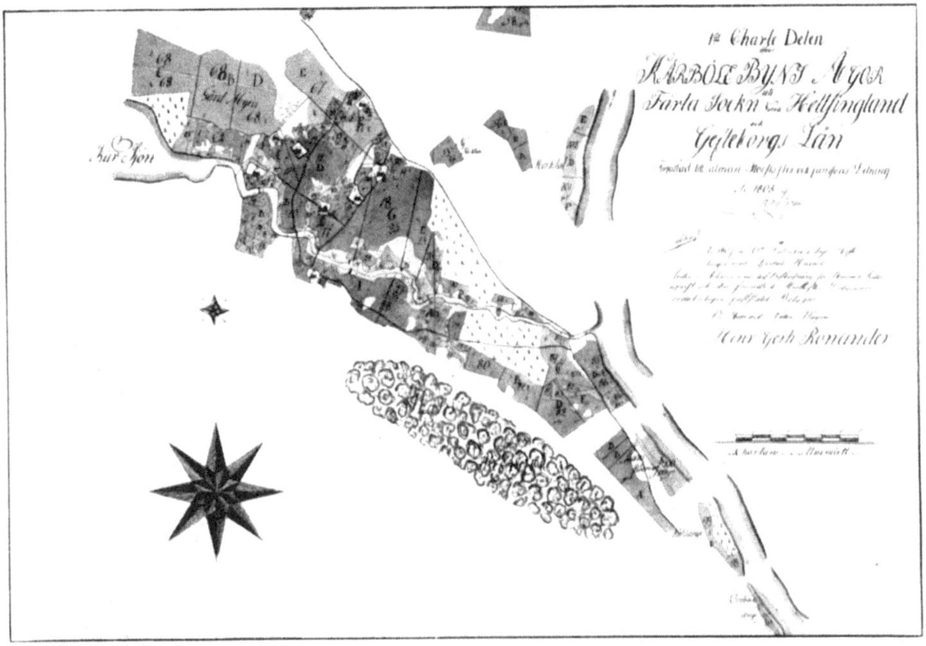

Abb. 32. **„Storskiftes"-Karte von Kårböle** (1805) (Reproduktion aus dem Kgl. Lantmäteristyrelsens Arkiv in Stockholm)

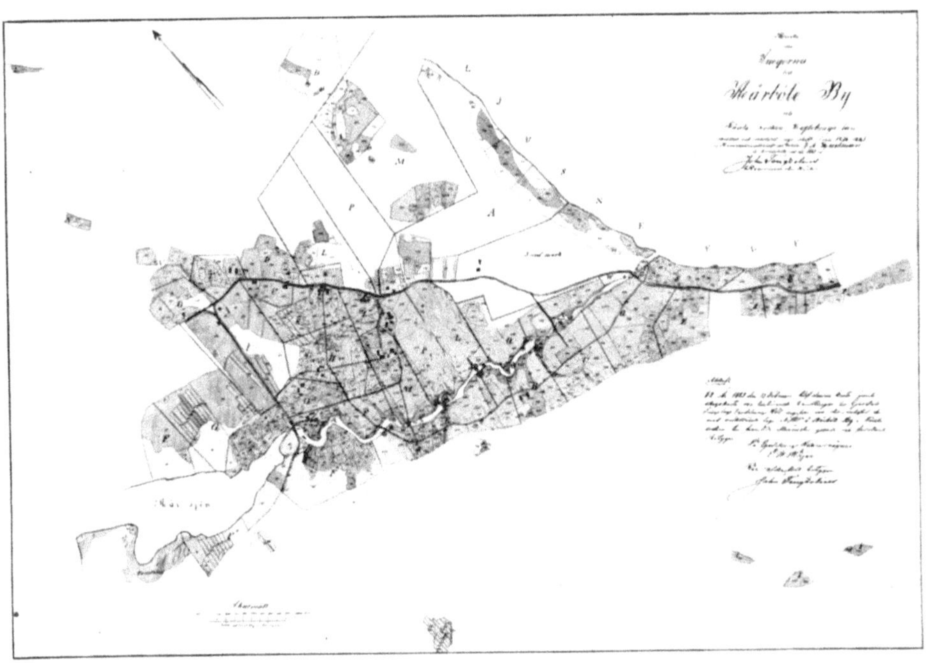

Abb. 33. **„Laga skiftes"-Karte von Kårböle** (1883) (Reproduktion aus dem Kgl. Lantmäteristyrelsens Arkiv in Stockholm)

Abb 34. **Messubodfäbodarna** — das landwirtschaftliche Ergänzungsgebiet von Kårböle. Wiesen und Ackerland sind mit Schwarz eingetragen. (Laga skiftes-Karte 1883: Reproduktion aus dem Kgl. Landmäteristyrelsens Arkiv in Stockholm)

Abb 35. Ein kleines sommerliches Idyll am Messubodsjön. Beachte die schindel- und moosgedeckten Blockbauten sowie die Art des Zaunes. Färila socken

Kreissäge	— Konjunktur: Ende Mai bis August
Schlittenherstellung	— Beginn: Ende August/Anfang September Hochkonjunktur: vor Weihnachten
Holzhauerarbeit	— Januar bis März
Schmiede	— Ausbesserungsarbeiten das ganze Jahr über

In ähnlicher Weise gilt diese jahreszeitlich glückliche Kombination des Bedarfs an Arbeitskräften auch für die landwirtschaftlichen Betriebe. Denn infolge der weiten umliegenden Wälder und des relativ auch heute noch sehr großen eigenen Waldbesitzes ist der winterliche Bedarf an Holzhauern und Holzfuhrleuten groß.

Interessant ist es, einmal die Belegenheit der Wälder ins Auge zu fassen, die zu ein und demselben Hof gehören. Es offenbaren sich dabei sehr eindringlich die Gesichtspunkte, die für die im Zusammenhang mit der Laga skifte 1883 durchgeführte Aufteilung des Waldlandes von ungefähr 9000 ha auf mehr als 15 Höfe maßgebend waren. Zunächst einmal mußten alle Bauern nicht nur das ihnen auf Grund ihrer Acker- und Wiesennahrung zustehende Waldareal erhalten, sondern dasselbe mußte zudem zu gleichen Anteilen aus schlechteren und besseren Waldländereien bestehen. Auch die Belegenheit zum Hofe mußte berücksichtigt werden. Man teilte so das ganze bisher gemeinschaftlich genutzte Waldland vor der Teilung in zwei große Komplexe ein und teilte auf ihnen lange Streifen ab, deren Länge nach der Gesamtbegrenzung des Komplexes und deren Breite durch die Acker- und Wiesennahrung eines jeden Bauern bestimmt war. Diejenigen Bauern, die bei dem ersten Komplex am günstigsten weggekommen waren, ihr Waldland z. B. direkt hinter dem Hof zu liegen hatten, mußten bei dem zweiten Komplex mit einer extremen Lage ihres Anteils zufrieden sein.

Betrachten wir die Lage der von den Bauern bis einschließlich 1934 an die Aktiengesellschaften verkauften Waldländereien, so zeichnen sich auch hier sehr charakteristische Züge ab. Von einigen vollständigen Verkäufen ganzer Grundstücke abgesehen, konzentrieren sich die Industriewälder auf die Südwestecke, die im Verhältnis zum Dorfkern zweifellos besonders exzentrisch gelagert ist. Die Führung des allgemeinen Wegenetzes ist freilich hierbei von nicht zu unterschätzender Bedeutung gewesen, denn günstig gelegene Wälder behielten die Bauern zumeist.

Die heute noch in Bauernhand befindlichen Wälder sind prozentual gesehen groß, sind aber als wirtschaftliches Rückgrat für die nur mit einem relativ kleinen Ackerareal ausgestatteten Bauernhöfe (2 Höfe mit 5—7,5 ha, 9 Höfe mit 2—5 ha, 11 Höfe mit weniger als 2 ha, nach Thorén) unbedingt notwendig.

Die Waldwirtschaft bildet somit auch den entscheidenden Erwerbszweig, demgegenüber die anderen Tätigkeiten praktisch nur eine jahreszeitliche Ergänzung darstellen.

Verkehrslage und Holzwirtschaft haben um die Kirche herum eine Verdichtung der Besiedlung bewirkt, wenngleich der Zuwachs der Bevölkerung auch relativ langsam vor sich geht (Gesamteinwohnerzahl 1950: 312 Einwohner).

Im Vergleich mit Kårböleskog wird deutlich, daß zwar beide ihre Existenzgrundlage in der Waldwirtschaft haben, Kårböle aber infolge seiner günstigeren Verkehrslage auch die günstigeren Entwicklungsmöglichkeiten besitzt und so auch bereits kräftige Ansätze zur Entwicklung von Handel und Handwerk aufweist.

Messubodfäbodarna — eine Uferrodungsinsel mit periodischer Besiedlung

Als die Existenzgrundlage Kårböles jedoch noch die Landwirtschaft bildete, war ein wirtschaftlicher Ergänzungsraum für das relativ dicht besiedelte Kårböle unerläßlich. Wiesen und Äcker konnten mit knapper Not den menschlichen und tierischen Winterbedarf befriedigen. So ergab sich die Notwendigkeit, das Vieh im Sommer vom Dorfe fernzuhalten.

Am Messubodsjön, etwa 10 km westlich von Kårböle gelegen, fand man einen geeigneten Platz, wo man mit dem Vieh den Sommer über bleiben konnte. Es entstanden Sennhütten, Ställe und Milchkammern in reicher Zahl. 16 Höfe waren hier ursprünglich vertreten. Nur bei wenigen ließ die Größe des zugeteilten Stückchen Landes die Anlage eines kleinen Ackers zu. Jedem Bauern gehörte außerdem innerhalb der Senngemeinde ein kleineres Stück Waldland. Doch diese Tatsache bedeutete in keiner Weise irgendwelche Beschränkung der Waldweide auf den eigenen Waldbesitz. Das Vieh streunte und streunt heute noch überall dort herum, wo es seine Nase hinführt. Besonders das Waldweideröschen ist als Futter sehr beliebt.

Wie alt die Fäbodwirtschaft hier am Messubodsjön ist, ist schwer zu sagen. Eine der Bäuerinnen, die noch heute zur Sommerzeit ihr Vieh aus Kårböle hierher treiben — zur Zeit sind nur noch vier Höfe daran beteiligt — meinte, daß die Messubodarna aber ganz sicher so alt seien wie der in ihrer Sennhütte verwahrte Butterlöffel, in den die Jahreszahl 1643 eingeschnitzt ist. Jedoch hat im Zuge der Modernisierung der Landwirtschaft die eigentliche Sennerei aufgehört. Man buttert heute nicht mehr selbst, man kocht auch keinen „mesost" und keine „messmör"[1]) mehr.

Statt dessen hat man infolge der günstigen Verkehrslage die Möglichkeit, die Milch mit dem kombinierten Last- und Personenkraftwagen, der täglich zwischen Sveg und Ljusdal verkehrt, heim nach Kårböle zu schicken. Dort wird ein Teil für den eigenen Bedarf zurückbehalten, da den Sommer über der gesamte Viehbestand der besagten vier Bauern von je etwa 4—8 Kühen hier draußen weilt. In der besten Zeit, nach der Kalbung, gibt jede Kuh täglich etwa 12—15 l Milch, so bleibt im allgemeinen noch ein recht erheblicher Überschuß, der dann zur Meierei geht.

Versuchen wir nun eine genetisch-strukturelle Einordnung der Messubodfäbodar in einen der beiden Typen, die Frödin (1950) als

a) den westschwedischen,

b) den ostschwedischen Typ bezeichnet!

Zweifellos gehört dann die oben beschriebene Sennwirtschaft zum ersten Typ, der vor allem geeigneten Boden zur Kultivierung voraussetzt, während der ostschwedische Typ nach Frödin lediglich durch Stallungen für das Vieh gekennzeichnet ist, keine Heugewinnung aufweist und so auch keine Verwendung für den anfallenden Dung hat. Letzterer wird daher ins Dorf gefahren. Genau so wie man den kultivierten Boden der Laubwiese seit altersher mit einem Zaun umgab, müssen wir auch beim westschwedischen Fäbodtyp die Einzäunung als ursprünglich voraussetzen, als Schutz gegen Viehverbiß u. a., während der ostschwedische Typ offen ist.

Ebenso wenig aber wie die funktionale Struktur der Fäbodwirtschaft sich gegenüber den Forderungen der modernen Landwirtschaft erhalten konnte, vermochte die wehmutvolle Poesie dieser Fäbodar bei einer derartigen verkehrsgünstigen Lage fortzubestehen. Geblieben ist lediglich das landschaftliche Idyll mit seinen sauberen Blockhäusern, mit Äckern und Wiesen, reizvoll eingebettet zwischen See- und Waldlandschaft (Abb. 35).

b) Rodungsgasse

Das Dorf Föne

Auch das alte schwedische Dorf in den erweiterten Talgebieten unterhalb der marinen Grenze hat inmitten des unermeßlichen Waldlandes seinen Ursprung genommen aus einer Rodungsinsel.

1) Für einen deutschen Leser zu beschreiben, was man sich unter „mesost" oder „messmör" vorzustellen habe, dürfte zwecklos sein, solange er diese landschaftseigenen Produkte der schwed. Fäbodwirtschaft nicht selbst auf der Zunge geschmeckt hat! (mesost = Molkenkäse; messmör = Molkenbutter).

Wenden wir unsere Betrachtung zunächst dem Dorf Föne zu, das zwar zu den „hembyar" gehört, jedoch etwas abseits von den übrigen Dörfern in die Mulde des Fönesjön zwischen den Gneismassiven des Ygsbobergs, des Stortjärnbergs, des Holbergs und des Vallåsen eingesenkt liegt. Der Wasserspiegel des Sees liegt in 167 m Höhe über dem Meere, die Felder und Wiesen Fönes entsprechend einige Meter höher. Sedimentäre postglaziale Ablagerungen bedingen eine natürliche Fruchtbarkeit des Landes.

Die ältesten Höfe liegen auf einem kleinen, flachen Hügelrücken. Heute sind es nur noch vier Höfe, die sich hier eng aneinder schmiegen und den Eindruck einer stärkeren gemeinschaftlichen Bindung erwecken (Abb. 38). Vor der Durchführung der Laga skifte (Flurbereinigung, verbunden mit Aussiedlung) waren es acht Höfe, die hier dichtgedrängt nebeneinander lagen, die z. T. allerdings wohl aus Erbteilungen hervorgegangen waren. Damals sorgte eine Sägemühle am Fönesjön für den nötigen Hausbedarf an Schnittholz, die aber heute durch eine Kreissäge ersetzt ist.

War zur Zeit der Storskifte (erster Versuch einer Flurbereinigung) das Dorf noch inselartig auf die Seemulde beschränkt, wie deutlich aus der Karte des John Edvall (Abb. 36) aus den Jahren 1783—84 hervorgeht, so setzte danach als Folge der Zusammenlegung der Ackerstücke eine immer stärkere Zersplitterung des Besitzes durch Erbteilung ein. Neue Waldgebiete wurden, soweit dies möglich war, zu Wiese und Acker umgebrochen (auf der Storskifteskarte bereits als „nybruk", „odling" oder „odlingsmark" angegeben). Eines der Kinder siedelte vom väterlichen Hof nach dorthin über und baute sich ein eigenes Heim.

So entstand nach und nach, eng angelehnt an die durch die Natur vorgezeichneten Grenzen, eine Rodungsgasse entlang des Föne- wie auch des größeren Hol-Baches. Aber nur für kleine Äcker und Wiesen war Raum. Eine um so wertvollere Ergänzung stellten die fruchtbaren Wiesen des Deltas dar, das der Holbäcken in jahrhundertelangem Wirken aufgeschlickt hat.

Doch weder Wiesen- noch Ackerland konnten innerhalb der Landwirtschaft die Existenzgrundlage für die seit der Zeit der Storskifte gewaltig angewachsene Bevölkerung bieten. Ohne die Fäbodwirtschaft mit der ausgedehnten Waldweide wäre die Existenz der Waldbauern weder zur Zeit der Storskifte, aber noch viel weniger nach der gewaltigen Bevölkerungszunahme in der Mitte des 19. Jahrhunderts denkbar gewesen. Erst in Verbindung mit der Laga skifte (Flurbereinigung mit Aussiedlung), von der insbesondere auch das alte Dorf Föne hart betroffen wurde, setzte eine Rationalisierung des Landbaus ein (Abb. 37). Und schließlich mußte die Fäbodwirtschaft als historisch überkommene, fast romantische Wirtschaftsform der nüchternen und rationelleren Waldwirtschaft Platz machen.

Föne gehört heute mit 510 Einwohnern (nach Thorén 1950) zu den volkreichsten Dörfern in Färila-Kårböle. Es trägt mit seinen 72 Höfen, gegenüber 18 zur Zeit der Storskifte, betont kleinbäuerlichen Charakter. Es findet sich nämlich nur noch ein Hof, der nach Thorén als „Vollbauernhof" (basjordbruk) zu bezeichnen wäre. 23 Höfe fallen in die Gruppe der Kleinbauernhöfe, während die übrigen 48 Höfe nur noch den Charakter von Kleinsiedlerstellen tragen (nach Thorén: stödjordbruk).

Daß bei einer derartig hohen Bevölkerungszahl natürlich eine Gesamtwaldmenge von 2868 ha verschwindend klein ist (vgl. Kårböleskog ungefähr 3000 ha), dürfte klar auf der Hand liegen. Zumal, wenn wir berücksichtigen, daß über zwei Drittel des Waldes in der Hand der Voll- und Kleinbauern liegt, bleibt für die übrigen praktisch nur noch Wald für den Hausbedarf.

Sozial gesehen müssen wir daher die letzteren als Waldarbeiter betrachten. Weder Landwirtschaft noch Waldbesitz können für sie das ökonomische Rückgrat sein. Sie sind infolgedessen sehr stark von der jeweiligen Konjunkturlage in der Holzwirtschaft abhängig, aber andererseits auch nur noch in sehr geringem Grade an Grund und Boden gebunden, so daß bei ihnen wohl in Krisenzeiten der Holzwirtschaft mit einer größeren Landflucht gerechnet werden muß.

Im Zusammenhang mit dem starken Bevölkerungswachstum, besonders zu Beginn des 19. Jahrhunderts, gilt es, noch eine andere interessante Erscheinung einmal näher zu beleuchten:

Die Entwicklung der Fäbodar zur festen Niederlassung

Föne hatte seit altersher seine Fäbodar, Waldweidegebiete und Sumpfwiesen hauptsächlich auf der Nordseite des Ljusnan. Über die trockenen Flußschotter am Nordufer des Ljusnan, meist mit Kiefern-Flechten-Calluna-Heide bestanden, wurde das Vieh im Frühjahr zunächst zum Nybovall fäbod, Gammelvallen und Sundvallen getrieben. Es ist anzunehmen, daß diese einst die Rolle der sog. „hemfäbodar" spielten, die man auf der Heimwanderung im Herbst noch einmal aufsuchte, um das Gebiet um das Dorf herum und vor allem das Stallfutter solange wie nur irgend möglich zu schonen. Etwa um Mittsommer langte man dann wohl schließlich mit den Kühen bei den „långfäbodar" an. Vermutlich suchte man abwechselnd Enskogens Fäbodar, Nybovallen und Gammelbovallen fäbodar, Långsnåret fäbodar u. a. auf. Doch das Land um die beiden Enskogsseen war so fruchtbar, daß bereits Ende des 18. Jahrhunderts sich einer der tatkräftigen Söhne aus Föne entschloß, hierher überzusiedeln. Ein kluger Entschluß! Denn der Stammhof, der zu dem alten Dorf Föne gehörte, konnte kaum geteilt werden, solange man auf ökonomische Tragfähigkeit auf rein landwirtschaftlicher Basis bedacht sein mußte. Und ungerodetes, gleichermaßen fruchtbares Land gab es im Gebiet der „hembyar" kaum mehr.

Enskogshemmanet

Der kleine Waldhügel, am Westufer des Sees belegen, umgeben von Wiesen und Verlandungssümpfen, war aber auch wirklich wie geschaffen für eine Hofanlage.

Den Bauernhof selbst baute man in den durch die sommerliche Waldweide bereits aufgelockerten Birkenwald hinein.

Auf der Karte von 1821 (Abb. 27), die bei der Storskiftes"teilung gezeichnet worden war, ist ein beträchtliches Areal als „nybruk" und „odlingsland" bezeichnet, Boden, der auf Grund seiner natürlichen Eignung gerade kürzlich kultiviert worden ist bzw. noch unter den Pflug genommen werden soll.

Doch genau so, wie der als Acker taugliche Boden durch die tonigen sedimentären Ablagerungen des postglazialen Fjords vorgezeichnet war, so die Wiesen durch die Verlandung der Seen im Zusammenhang mit der stetigen Landhebung.

Mit Mühe und Fleiß wurde das Ackerland durch Umpflügen des noch kultivierbaren Bodens immer mehr vergrößert. Verdoppelt, ja beinahe verdreifacht hatte es sich, als 1894 der Besitz an die beiden Söhne aufgeteilt wurde. Die Wiesenfläche ist auf der zugehörigen Karte unterteilt in Sumpf- und Trockenwiesen, wodurch sich natürlich sehr schön die Geländeverhältnisse widerspiegeln. Der Wald ist ganz und gar auf ein kleines Dreieck nordwestlich des alten Hofes zurückgedrängt worden. Auch der neue Hof hat zwischen seinen Äckern und Wiesen nur ein sehr kleines Waldstück.

Der eigentliche Wald, den Enskogshemmanet bei der Teilung der „utskogar" in Verbindung mit der allgemeinen Waldaufteilung („afvittring") 1853/54 zugeteilt bekam, liegt vielmehr in mehreren Stücken westlich und nordwestlich des Stammhofes. 1894 wurde er zwar nicht flächenmäßig, jedoch dafür wertmäßig in zwei gleiche Teile geteilt. Beim Stammhof verblieben 102,8 ha, der neue Hof erhielt 117,4 ha Wald. Acker und Wiese beliefen sich für beide auf je etwas über 10 ha.

Doch schon nach kurzer Zeit traten wesentliche Änderungen in den Besitzverhältnissen ein. A.-B. Iggesunds Bruk[1]) erwarb den gesamten Besitz des abgetrennten Hofes. Die landwirtschaftliche Nutzfläche wurde verpachtet. Auch vom Stamm-

1) A.-B. = Aktiebolag = Aktiengesellschaft.

Abb. 36. **Föne zur Zeit der Storskifte** (1783/84). Der Hof Föne Nr. 8 ist durch Umrandung besonders hervorgehoben (vgl. S. 36, Föne Nr. 8 ist Stammhof zu Enskogshemmanet)

Abb. 37. **Föne zur Zeit der Laga skifte** (1925). Die Grenzen der Höfe, die aus dem einstigen Hof Föne Nr. 8 hervorgegangen sind, wurden wie oben gezeichnet
(Abb. 36 u. 37: Reproduktion aus dem Kgl. Lantmäteristyrelsens Arkiv in Stockholm)

Abb. 38. Blick auf **Föne** mit dem Stortjärnberget. Von den acht dicht beieinander liegenden Höfen zur Zeit der Storskifte sind nur noch vier vorhanden. Heustadel und Trockenstangen sind in dieser Landschaft typisch. Färila socken

Abb. 39. Blick vom Vallåsen auf das westliche Föne mit Kleinbauernhöfen und Siedlerstellen und vielen kleinen Heustadeln. Am Nordhang des Vallåsen (Vordergrund) Fichtenwald; im Hintergrund das breite Tal des Ljusnan, Waldhügel in der Ferne

Abb. 40. **Enskogshemmanet,** der Stammhof Aa auf einer kleinen Anhöhe am unteren Enskogssjön. Über acht verschiedene Gebäude gehören zu dem Hof. Die Mühle links ist gemeinsames Eigentum. Färila socken

Abb. 41. Auf dem Hof: Links das eigentliche dreiteilige Wohnhaus. Rechts die Sommerwohnung — beides sind Blockbauten, die die Art der Konstruktion deutlich erkennen lassen. Die kleinen Vorlauben sind typisch fürs norrländische Holzhaus

hof gelang es dieser Aktiengesellschaft schließlich, den größeren Teil des Waldlandes zu erwerben, gerade noch rechtzeitig, bevor der direkte Erwerb von Bauernwäldern durch Schutzgesetze verboten wurde. Dem Stammhof verblieb ein Waldareal von 32,8 ha.

Doch da die Abtrennung im Zusammenhange mit den Schutzgesetzen späterhin in Frage gestellt wurde, mußten sämtliche Faktoren, die für und wider einen Walderwerb der Industrie in diesem Falle sprachen, genauestens untersucht werden, um schließlich die Kaufverträge, die 1901 und 1903 abgeschlossen worden waren, legalisieren zu können. Das wichtigste Ergebnis ist zweifellos, daß die abgetrennten Waldflächen auf Grund ihrer Größe, Produktion und Belegenheit durchaus als selbständige Waldgrundstücke anzuerkennen sind und auch die Holzproduktion des dem Stammhof verbleibenden Waldanteils noch größer ist als der reine Hausbedarf.

Interessant ist in diesem Zusammenhange vielleicht noch eine Bemerkung im Kaufbrief von 1901: „Der Verkäufer hat das Recht, während der nächsten zwei Jahre von dem verkauften Grundstück stehendes und gefälltes Holz zu holen, das jetzt getrocknet ist" (d. h. also praktisch, den Brennholzbedarf zu befriedigen — übersetzt vom Verf.).

Betrachten wir das heutige westliche Ufer des unteren Enskogssjön, so sehen wir, daß auch nördlich des obigen Stammhofes seit der Storskifte sich ein stattlicher Hof entwickelt hat. Außerdem ist das südöstliche Ufer des oberen sowie auch das nordöstliche Ufer des unteren Enskogssjön von kleineren Bauernhöfen, besser gesagt Kleinsiedlerstellen, und Waldarbeiterhäusern eingenommen. Das zu diesen Siedlungen gehörige Waldareal ist unbedeutend, so daß wir Enskogen als Ganzes betrachtet am besten als Waldarbeiterdorf bezeichnen.

Von nicht zu unterschätzender Bedeutung ist die gut ausgebaute Straße, die durch Fährverkehr mit der Hauptfernverkehrslinie Ljusdal—Sveg verbunden wird, der aber wohl bald durch eine Brücke über den Ljusnan, im Zusammenhang mit dem Bau des Laforsen-Kraftwerks, abgelöst werden wird. Im Norden erreicht die Straße bei Ramsjö den Anschluß an die Haupteisenbahnlinie (Stockholm)—Ljusdal—Ånge—(Boden).

c) Waldinsellandschaft

Kommen wir von der Küste her, so haben wir um Färila herum die letzte große Ackerbaumulde auf dem Wege zum Fjäll vor uns. Diese Tatsache verleitet zweifellos dazu, diese relativ fruchtbare Ebene als Rodungsfläche aufzufassen. Doch ist es nicht vielmehr eine Waldinsellandschaft? — Denn wenn auch Feld- und Wiesenflächen zweifellos das Landschaftsbild beherrschen, so ist doch der Wald als Birken-, ja sogar als Nadelwald stets in kleinen Inseln eingestreut.

Eine andere Frage ist dann die der Begrenzung der Waldinsellandschaft, die durch ihre Unregelmäßigkeit und ihren Buchtenreichtum zweifellos manche Schwierigkeiten bietet.

Der Kernpunkt der Siedlung, Färila Kyrkbyn (= Kirchdorf) oder auch Storbyn genannt, ist zusammen mit Lillbyn, Svedja und Hyttebo auf jeden Fall als Waldinsellandschaft zu bezeichnen. Schwieriger ist die Einordnung von Yg und Ytteryg, Kilbo und Stocksbo. Blicken wir vom Vallåsen hinab auf die weite Beckenebene, erfüllt mit postglazialen schluffigen und sandigen Sedimenten, liegt es nahe, Stocksbo wie auch Yg, Ytteryg und Kilbo als rodungsgassenähnlich an die Waldinsellandschaft angegliederte Großbuchten aufzufassen. Auch Valla, nördlich des Ljusnan hauptsächlich auf schluffig-sandigem Material aufgebaut, möchte ich mit zur Waldinsellandschaft hinzunehmen. Ygsbo dagegen glaube ich infolge seiner abgeschiedenen Lage genau so wie auch Håvra, Björsjö und Näsberg als Rodungsinsel auffassen zu können. Das nördliche und südliche Veckebo möchte ich zusammen mit Ed genau so wie das durch den Vallåsen abgetrennte Föne als buchtenreiche Rodungsgassenlandschaft gelten lassen.

So ist es also das Gebiet südlich des Vallåsen, das im folgenden als sog. Waldinsellandschaft (Abb. 44) noch näher beleuchtet werden soll. Zunächst fällt die deutlich parallele Richtung der eingelagerten Waldinseln zum Ljusnan ins Auge, was den Gedanken einer eventuellen morphologischen oder bodenbedingten Abhängigkeit zweifellos nahelegt. Der Boden ist es auch in der Tat, der an einzelnen Stellen die Erhaltung des Waldes bedingte. Nur am steilen Flußufer können wir von einer mehr oder minder morphologischen Ursache reden. Bei der Kirche dagegen dürfen wir wohl eine åsartige Bildung vermuten, die hier eine gröbere Kornstruktur, die für Landbau nicht mehr geeignet ist, bedingt. Diese åsartige Bildung setzt sich in kennzeichnender Ausprägung fort bis nach Yg und Ytteryg, wo sie in bedeutend markanterer Weise das Westufer des Ygsjön begleitet und hier tatsächlich auch der morphologischen Form nach als Ås anzusprechen ist (Abb. 43).

Auch die Niederungssenke des Svartån bedingte eine Erhaltung von Wald mitten zwischen Feldern und Wiesen. Doch treffen wir auf dem Schottermaterial der Åser meist Kiefer, so treten uns hier in dem sumpfigen, jedoch relativ nährstoffreichen Gelände vor allem Laubbäume, wie Erlen, Weiden und Birken, entgegen.

Interessant ist es, gerade für die ja heute am stärksten entwickelte Waldinsellandschaft einmal einen Vergleich der heutigen Verhältnisse mit dem Siedlungsbild zur Zeit der Storskifte durchzuführen, was uns in den Karten des Johan L. Edvall (1783—85) erhalten ist (Abb. 45). Hierbei dürfte sich unter anderem sehr gut die Abhängigkeit der Entwicklung, d. h. im wesentlichen die Begünstigung durch Natur- und Lagefaktoren, zeigen.

Betrachten wir zunächst die Verteilung zur Zeit der Storskifte, so müssen wir feststellen, daß für Storbyn, Lillbyn und Svedja bereits ein deutlich sichtbarer Siedlungszusammenhang besteht. Doch von einer Waldinsellandschaft können wir bei der damals noch vorhandenen Siedlungszentrenbildung und der zudem weit geringeren Bevölkerungszahl nicht sprechen. Die drei erwähnten Dörfer bilden vielmehr eine buchtenreiche Rodungsinsel. Wenn man den genetischen Gesichtspunkt mit heranzieht, kann man vielleicht von einer Rodungsgasse sprechen. Hyttebo, Stocksbo, Yg und Ytteryg sind noch völlig isolierte Rodungsinseln. Auch Valla müssen wir zu damaliger Zeit trotz seiner nahen Belegenheit mit Rücksicht auf die Verkehrsverhältnisse — nur mittels einer Fähre konnte man über den Ljusnan gelangen — sowie auf die soziale und wirtschaftliche Lage der Zeit, denn noch haben wir es in diesen ländlichen, fruchtbaren Gegenden mit dem Stadium der Selbstversorgung zu tun, zu den Rodungsinseln zählen.

Werfen wir einen kurzen Seitenblick auf die übrigen Siedlungen im Gebiet der „hembyar"! Håvra liegt genau wie Ygsbo vollkommen isoliert mitten im Walde. Ed dagegen scheint infolge des bereits sehr großen Siedlungsraumes von Veckebo schon damals rodungsgassenähnlich an Veckebo angegliedert zu sein. Veckebo, damals noch nicht administrativ zweigeteilt, weist abgesehen von zwei kleinen Hofgruppen deutlichen Einzelhofsiedlungscharakter auf.

Föne dagegen, mit etwa der gleichen Hofzahl wie Veckebo, zeigt eine bedeutend stärkere Zusammendrängung des Siedlungsraumes. Vor allem fällt die Häufung der Höfe am Fönesjön auf. Nach Westen, in Richtung gegen den Ljusnan vorgeschoben, finden sich mehrere Kätnerstellen, die aber im Zusammenhang mit der Storkifte sehr bald Selbständigkeit erlangten.

Vergleichen wir nun mit dem heutigen Bild der Siedlungsverteilung an Hand der von E. Thorén gezeichneten Karte über die „Hembyarna" (1950)! In erster Linie wollen wir dabei natürlich die zur Diskussion stehende Waldinsellandschaft in ihrer obigen Begrenzung betrachten (s. Karte der Siedlungsverteilung).

Auffallend ist zunächst die sehr erhebliche Erweiterung des Siedlungsgebietes sowie das Zusammenwachsen der verschiedenen Inselgebiete zu einer flächigen Waldinsellandschaft, was voll zum Ausdruck kommt, wenn wir das Acker- und Wiesenareal mit berücksichtigen. In Stocksbo und Hyttebo ist die Erweiterung des Siedlungsraumes vor allem nach Südwesten bzw. Südosten vorgenommen worden, indem hier die Siedlungsgrenze auf Kosten des Waldes in mehr oder minder ge-

Abb. 42. Blick auf den **Ygsjön** mit **Yg** und **Ytteryg,** links im Hintergrund der Ygsklack. Die um den Ygsjön gruppierten Dörfer sind als rodungsgassenähnlich angegliederte Großbuchten der Waldinsellandschaft (vgl. Abb. 44) aufzufassen

Abb. 43. Aufschluß in einem **Åsrücken** südwestlich des Ygsjön bei Ytteryg (vgl. S. 38). Färila socken

Abb. 44. Die **„Waldinsellandschaft"** hat ihren Namen nur zu Recht im Vergleich mit den kleinen Rodungsinseln des Waldhügellandes. Hier — von einer anderen Warte her gesehen — erscheint sie selbst lediglich als große Rodungsinsel. Blick vom Vallåsen (348,2 m) gen Süden auf Storbyn, Lillbyn, Svedja, Hyttebo und Stocksbo

schlossener Front so weit wie möglich vorgeschoben wurde. Gefördert wurde diese Entwicklung durch die sedimentären Talablagerungen des Gårdsjöån und des Sånghusån. Bezüglich der vorhandenen Ausbaumöglichkeiten waren diese jungen Siedlungen[1]) zweifellos gegenüber den alten Kerngebieten um Storbyn und Lillbyn bevorzugt. Svedja[2]) dürfte zwar dem Namen nach ebenfalls eine Ausbausiedlung sein, ihrer Lage nach ist sie aber wahrscheinlich älter als die anderen beiden Dörfer. Storbyn und Svedja blieb nur die Möglichkeit, nach Westen und Osten so weit wie möglich vorzudringen. Für Svedja bot im Westen das Höhenplateau des Vekåsen zudem ein natürliches, recht deutliches Hindernis. In diesem Zusammenhange dürfen wir die von der Dorfgemeinschaft Svedja aus weit in das Waldland vorgeschobene Siedlung Näsberg sehen, wo sich an den Ufern des Gårdsjöån fruchtbareres Land fand, obgleich dieselbe heute landwirtschaftlich kaum eine größere Rolle spielt. In Näsberg haben wir zugleich das jüngste Beispiel einer Ausbausiedlung innerhalb des Färila socken vor uns. Noch vor gut 150 Jahren herrschten hier nur Wälder und Sümpfe — heute trifft man eine stattliche Anzahl von Kleinbauernhöfen und Kleinsiedlerstellen, die ihrem funktionalen Charakter nach allerdings besser als Waldarbeitersiedlungen zu bezeichnen sind. Am günstigsten waren die Entwicklungsbedingungen vielleicht in Yg und Ytteryg, auf dem fruchtbaren Boden an den Ufern des Svartån sowie rund um den Ygsjön herum.

Neben der ungeheuren Ausdehnung des Siedlungsraumes innerhalb von gut 150 Jahren fällt aber vor allem die starke Streuung der Höfe ins Auge. Nur an ganz wenigen Stellen läßt sich eine stärkere Konzentration wahrnehmen. Im übrigen wird die Landschaft beherrscht von einem sehr weitmaschigen Siedlungsnetz, dem eine organisch-genetische Gliederung fehlt. Für die Erklärung dieser Erscheinung ist natürlich eine ganze Reihe von Tatsachen anzuführen.

Am bedeutendsten dürfte jedoch die mit weitgehender Aussiedlung verbundene Durchführung der „Laga skifte" in den Jahren 1904—1925 gewesen sein. Hierdurch wurden zu einem sehr späten Zeitpunkt[3]) die bereits 100 und 150 Jahre zuvor entwickelten Grundsätze für eine rationelle Landwirtschaft sehr radikal verwirklicht, ohne Rücksicht auf die inzwischen eingetretenen starken Veränderungen in der Struktur von Land- und Waldwirtschaft sowie auf das erforderliche Zusammenspiel beider. Die Dorfgemeinschaft wurde durch diese Maßnahmen zersprengt, zugleich alle soziologischen Bindungen, wenn nicht gerade gelöst, so doch stark gelockert zugunsten einer Überbetonung des Individuums.

Das Ergebnis ist das heute vorliegende Siedlungsbild, das sich nun natürlich schwer wieder rückgängig machen läßt. Allerdings hat eine eigentliche Konzentration von Bauernsiedlungen im mittel- oder süddeutschen Sinne, aber auch in süd- und mittelschwedischer Ausprägung, im Zusammenhang mit Relief-, Boden- und Wasserverhältnissen in Norrland auch selbst vor der Umsiedlung kaum vorgelegen. Dominierend war im Färila socken, wie überall in Norrland, seit altersher die Hofgruppe von 2,3 bis zu 6 Höfen. Nur hie und da bildete sich in jüngerer Zeit durch Teilung und Neusiedlung ein mehr oder minder lockerer räumlicher Zusammenschluß von etwa 10 bis 12 Höfen. Folglich hat die Durchführung der Laga skifte im Inneren Norrlands auch nicht die radikale, umwälzende Wirkung gehabt wie in Mittel- und Südschweden.

In jüngster Zeit hat sich nun neben der landwirtschaftlichen Einzelhofsiedlung (Streusiedlung) eine deutliche Bevölkerungskonzentration um gewisse verkehrswichtige Punkte herum ausgebildet. Diese Schwergewichtsbildung steht im Zusammenhange mit der wachsenden Bedeutung der Waldwirtschaft im Färila

1) Siedlungen auf **-bo** dürften nach allgemeiner schwedischer Auffassung zum größten Teil jünger sein als diejenigen auf **-byn** in der näheren Umgebung. Vielleicht haben sie sich direkt aus alten Fäbodarn (Sennhütten) der Stammdörfer entwickelt? Aus „bodarna" wurde dabei im Volksmunde „bo" (vgl. J. Frödin, 1929). Daß eine derartige Entwicklung auch im Färila socken stattgefunden hat, konnte am Beispiel von Enskogshemmanet ja bereits gezeigt werden. War Enskogen nur das letzte Glied in einer langen Reihe?

2) [svedja = das Land schwenden] — vermutlich auf Schwendeland!?

3) Königliche Verordnung zur Durchführung der „Laga skifte": 1827.

socken, die sowohl Handel als auch Verkehr befruchtete. In erster Linie liegen an diesen Stellen die Verwaltungsgebäude, die öffentlichen Einrichtungen, Gasthäuser, Geschäfte und handwerklichen Betriebe. Das größte dieser Siedlungszentren, das in seiner Bedeutung über den lokalen Bereich hinausgeht, liegt natürlich in der offenen, durchgängigen Waldinsellandschaft und umfaßt größere Teile von Storbyn, Lillbyn sowie Svedja[1]). Es lehnt sich an an die Kirche und an die Abzweigungen der Straßen nach Edsbyn und Föne—Tallåsen von der Fernverkehrslinie Ljusdal—Sveg—Drontheim.

Ein kleineres derartiges Konzentrationsgebiet liegt bei Ygskorset, ebenfalls im Bereich der Waldinsellandschaft, während das dritte Gebiet, Korskrogen, bereits hart an der Grenze gegen Veckebo liegt und physiognomisch zu diesem hinzugerechnet werden kann.

Herrschen in den landwirtschaftlichen Siedlungen durchaus noch die alten, überkommenen Hausformen, meist naturfarbene, dunkle (teergestrichene) oder rotbraune[2]) Holzhäuser mit weißgestrichener Fensterverschalung vor, so treffen wir in den Gebieten mit „Tätort"-Charakter[3]), die einer allgemeinen Bauplanung unterliegen, keine landschaftsgebundene Bauweise mehr. Backstein-Bauten wechseln mit fabrikmäßig hergestellten, meist weiß oder hellgelb gestrichenen Holzhäusern, die kaum noch ihre baustoffmäßige Verwandtschaft mit dem alten norrländischen Bauernhaus verraten. Form, Bedachung und Raumaufteilung sind völlig anders geworden. Kaum noch finden sich, selbst auf Block- und Holzhäusern alten Stils, Schindel- oder gar Rundholz- und Moosdächer. Auch in alten Höfen sind sie heute meist durch Dachziegeldeckung ersetzt worden. Der so kennzeichnende Vorbau (förstugukvist), oft reich mit Schnitzwerk und Malerei verziert, ist in einfacherer Form oft auch von den modernen Holzhäusern nachgeahmt worden, während die alte, traditionsgebundene Dreiteilung des Hauses in Alltags- und Festtagsstube mit der dazwischen liegenden Kammer modernen Forderungen weichen mußte.

Unter dem Einfluß der Technik und der damit verbundenen Modernisierung hat auch der norrländische Mensch die Bindung an die uralte Tradition mehr und mehr verloren. So wird er mit starkem, aktivem Willenseinsatz schließlich eine völlige Um- und Neugestaltung der Waldsiedlungslandschaft in allen ihren Einzelzellen bedingen. Die heute bereits als „überkommen" zu wertenden Siedlungsformen werden modernen mit genormten Gepräge Platz machen. Doch wenn auch der Wille des Menschen ihnen entscheidende Züge aufprägt, so sind auch sie gleichzeitig, wenn auch nur in weiterem Sinne, als Ausfluß der Landschaft, ihrer Entwicklung und Entfaltung zu verstehen.

So weist auch die Waldinsellandschaft als die dritte in Färila-Kårböle ausgebildete rodungsgenetische Siedlungsform ihr vollkommen eigenes Gesicht auf, nicht nur landschaftlich-physiognomisch, sondern auch strukturmäßig. Und doch ist auch sie selbst, im Vergleich mit den großen Ackerbauebenen Schwedens, nichts als eine Rodungsinsel, eingebettet in das weite Waldhügelland.

Die bisher geschilderten Landschaftszellen zeigen deutlich, wie die aus dem natürlichen Reichtum des Landes erwachsene Waldwirtschaft insbesondere der Waldsiedlungslandschaft eine neue Richtung der Entwicklung gegeben hat. Daß wir aber nicht von einer völligen Umschmelzung der Waldsiedlungslandschaft zu einer Waldwirtschaftslandschaft, sondern zum großen Teil vielmehr von einer Überlagerung der ersteren durch die letztere sprechen müssen, liegt wesentlich in dem Zwittercharakter der Färila-Landschaft selbst begründet. Zerfällt sie doch deutlich in eine Talmulden-Ackerbauregion und eine ausgesprochene Waldhöhenregion.

---

1) s. Karte der Siedlungsverteilung im Gebiet der „Färila hembyarna".

2) der „rotbraune" Farbanstrich wird mit sog. Falun-Rot, einem beim Kupferbergbau in Falun gewonnenen Nebenprodukt, hergestellt.

3) Def. von „Tätort": „Ein dichtbevölkerter und dichtbebauter Ort (über 200 E.), dessen Bevölkerung zu überwiegendem Teil einem nicht-landwirtschaftlichen Erwerb nachgeht" (übersetzt nach Folkräkningen 1940 S. 35 und W. William-Olsson, 1946)

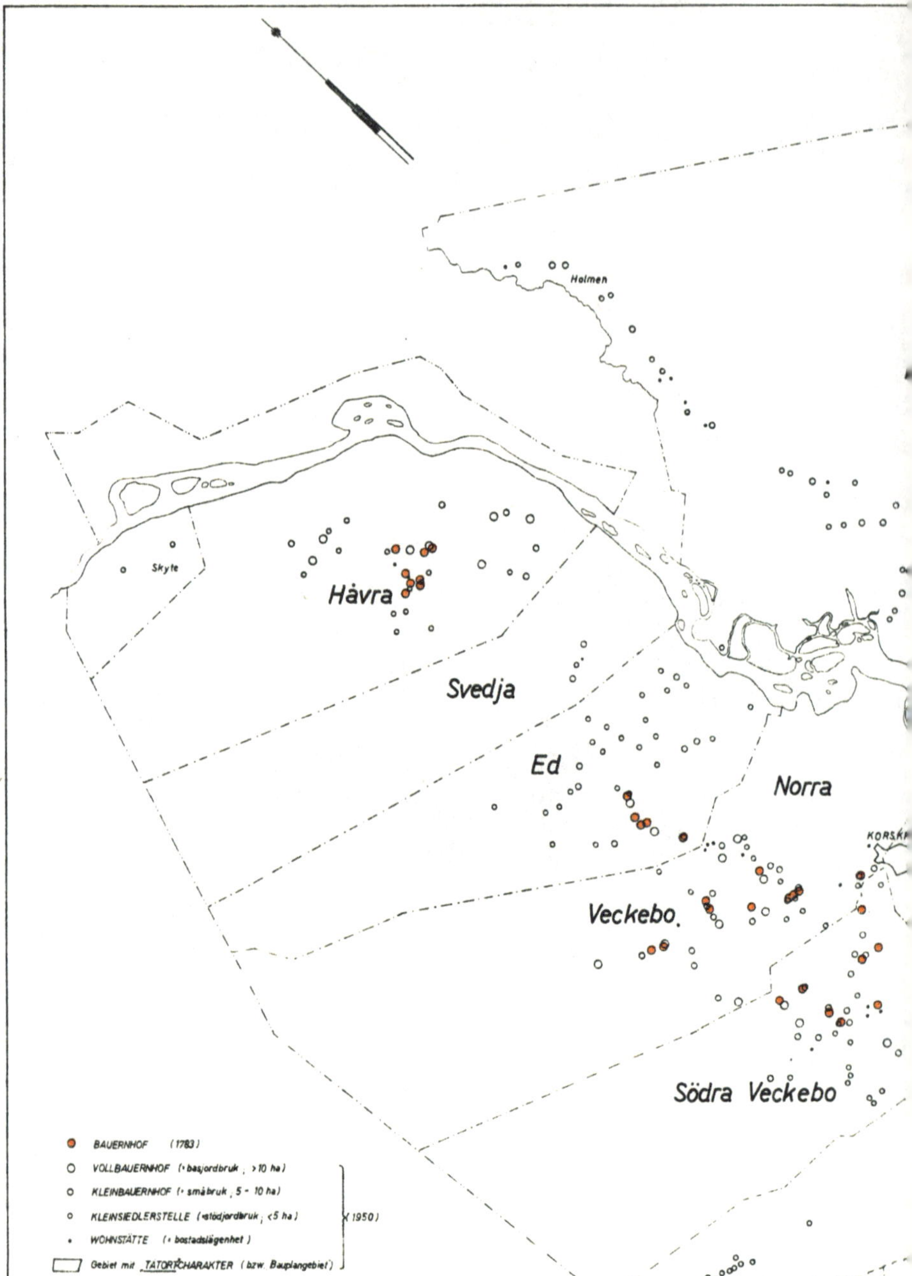

Karte der Siedlungsverteilung
im Gebiet der
„Färila hembyarna"
Vergleichende Darstellung der Verhältnisse von 1950
und derer vor der ersten Flurbereinigung 1783
(Storskifte)

För publicering godkärd i rikets allmänna kartverker
den 28 april 1953

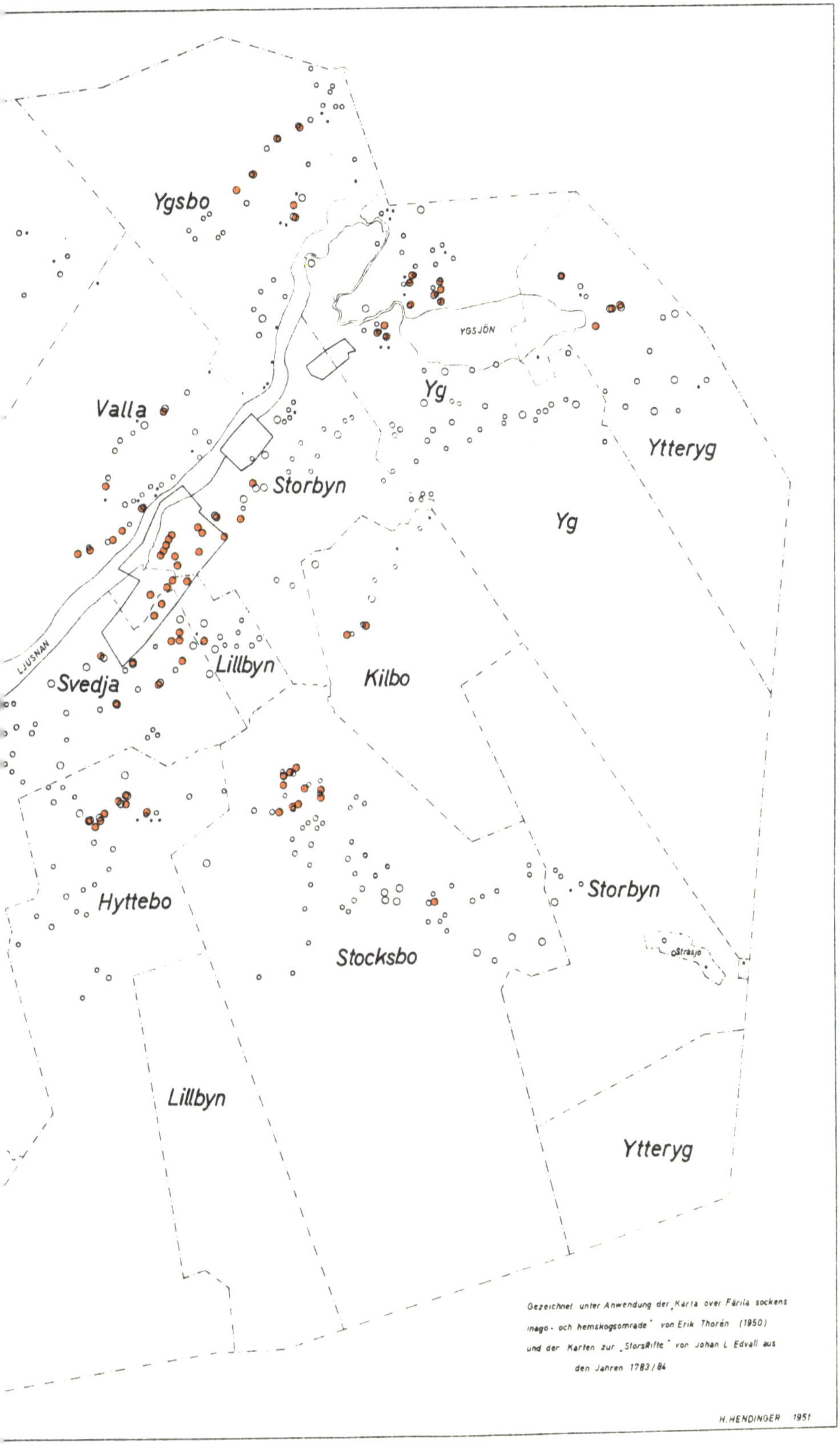
Ygsbo
YGSJÖN
Yg
Valla
Ytteryg
Storbyn
Yg
LJUSNAN
Svedja
Lillbyn
Kilbo
Storbyn
Hyttebo
Strasjö
Stocksbo
Lillbyn
Ytteryg
Gezeichnet unter Anwendung der „Karta över Färila sockens
inago- och hemskogsomrade" von Erik Thorén (1950)
und der Karten zur „Storskifte" von Johan L Edvall aus
den Jahren 1783/84
H. HENDINGER 1951

Doch um Waldwirtschaft zu betreiben, braucht man Menschen: Holzfäller, Fuhrleute, Waldarbeiter u. a. Diese Arbeitskräfte findet man im Tale; dort ist man froh, den Winter über einen Nebenerwerb zur Ergänzung der knappen Ackernahrung zu haben. Da die Waldwirtschaft ihrerseits den Hauptarbeitskraftbedarf im Winter hat, bedeutet dies eine glückliche Ergänzung von Landwirtschaft und Waldwirtschaft.

3. Die Vorposten zur Waldindustrielandschaft

Die Waldwirtschaft soll und kann kein Selbstzweck sein. Hinter ihr steht die Holzindustrie[1], die ihre Schwerpunkte an der Küste hat, aber in kleinem Maßstabe bereits in den Färila socken mit Kreissägen, Gattersägewerken und Tischlereiweıkstätten hereinreicht. Die beiden Zellen, die am meisten ins Auge fallen und außerdem in ihrer Bedeutung bereits weit über den Färila socken hinausreichen, sind Gattersägewerk und Kreissägen, von denen im folgenden zwei markante Beispiele beschrieben werden sollen.

a) Ygs ångsåg[2]) — ein Gattersägewerk

Das Gattersägewerk in Ytteryg, das obige Bezeichnung führt, ist schon über 60 Jahre alt. In den 80er Jahren des vorigen Jahrhunderts wurde es an derselben Stelle, wo es noch heute steht, nämlich am und auf dem am Ygsjön entlang ziehenden Ås, als Dampfsägewerk erbaut. Es liegt an der Mündung des flößbaren Svartån in den Ygsjön. Das herangeflößte Holz — heute spielt allerdings auch der Lastwagentransport bei der Heranschaffung eine wesentliche Rolle — kann infolge der direkten Belegenheit am See bis zum Augenblick des Versägens unter Wasser gehalten werden, was die Qualität des Holzes durch Verhinderung von Rißbildung erhöht. Eisenbahnanschluß fehlt. Erst in etwa 15 km Entfernung erreicht man die Bahnstation Ljusdal, wo das Schnittholz dann vom Lastkraftwagen auf die Eisenbahn umgeladen werden kann. Die Rohstofflage ist nicht ungünstig. Aber da durch den Svartån nur ein relativ geringer Teil der Rohware herangebracht werden kann, ist das Werk auch hierin heute weitgehend auf den Lastwagentransport angewiesen, was die Gesamtproduktionskosten natürlich nicht unbeeinflußt läßt.

Die Energie wird noch heute, genau so wie früher, mit Hilfe der Dampfmaschine gewonnen, die größtenteils mit Sägeabfällen beheizt werden kann. Daneben dient Elektrizität als Kraftquelle.

Die technische Ausstattung besteht aus zwei Gattern (Rahmen), einem Kantwerk sowie einer Hobelbank. Das Holz wird sortiert und dann, wie schon erwähnt, direkt aus dem See mittels eines Schrägaufzuges zu den Sägegattern geleitet. Das Versägen erfolgt jahreszeitlich getrennt nach der ungleichen Empfindlichkeit von Fichte und Kiefer gegen Bläueschäden. Von der Bläue wird besonders die Kiefer befallen, allerdings können die Pilze erst angreifen, wenn das Holz längere Zeit ganz oder teilweise aus dem Wasser herausgeschaut hat und so einen gewissen Austrocknungsgrad erreicht hat, der bei entsprechender Lufttemperatur ein günstiges Mikroklima für die Entwicklung und Vermehrung der Pilze bedingt[3]). Da

1) in weitestem Sinn, einschließlich Papier- und Zellstoffindustrie.

2) ångsåg = Dampfsägewerk.

3) vgl. T. Lagerberg, Lundberg u. E. Melin (1927).

aber eine völlige Durchfeuchtung nicht immer gewährleistet ist, verarbeitet man daher die gefährdetere Kiefer zuerst, im Frühjahr, während die Fichte unbeschadet bis zum Sommer im See liegen kann.

Das Problem der Abfallverwertung wird infolge der ungünstigen Lage zur Eisenbahn und zur übrigen Holz-, insbesondere Zellstoffindustrie, noch heute nach altbewährtem Prinzip gelöst. Sägemehl und Sägespäne wandern auf einem fließenden Band in den Dampfheizkessel, der übrige Abfall wird auf Loren verladen, die ihn zu einem einige 100 m entfernten, ausgedehnten Holzabfallager bringen, wo später mit diesem Abfall Kohlenmeiler errichtet werden.

Der „Bretterhof" (= Schnittholzlager) befindet sich im Westen, auf der anderen Seite des hier entlangziehenden Ås. Zum Teil hat man die trockengelegten Ufer des Öjarstjärn hierzu herangezogen. Nur ein geringer Teil des zur Zeit gesägten Holzes wird zu Hobelwaren weiter verarbeitet. Der größte Teil (ca. 90 %) geht ungehobelt an Holzgroßhändler in Schonen, die das Holz zum Teil bis nach Holland exportieren.

Nur schwer ist die Bedeutung der einzelnen Standortsfaktoren für Entstehung, Entwicklung und Erhaltung gerade dieses eigentlich ja äußerst extrem belegenen Sägewerkes zu ermessen. Ziehen wir zunächst einmal die Meinung von H. Wik heran, der in seiner Arbeit: „Norra Sveriges sågverksindustri från 1800 - talets mitt fram till 1937" (1950 S. 143) die Dampfsägewerke um die Jahrhundertwende in vier Gruppen gliedert:

1. Sägewerke an den großen und mittleren Flußmündungsbuchten oder in deren unmittelbarer Nähe
2. Übrige Sägewerke an der Küste
3. Sägewerke an den Eisenbahnlinien
4. Übrige Sägewerke

Wir müssen also Ygs ångsåg mit H. Wik (S. 148) in Gruppe 4: „Übrige Sägewerke" eingliedern, die (ebenfalls nach Wik) im übrigen zu diesem Zeitpunkt noch fast ausschließlich auf Hälsingland konzentriert sind. Unter diesen über 20 Werken gehört Ytteryg (= Ygs ångsåg) zu den drei hinsichtlich ihrer Produktion größten. Im allgemeinen kann man bei allen diesen Werken eine deutliche lokale Rohstoffgebundenheit feststellen (Wik, 1950 S. 150), was eine Veredlung vor dem Abtransport auch hinsichtlich der Transportkosten rechtfertigt. Doch auch diese Begründung ist nach Wik im Falle Ytteryg nicht hinreichend. Hatten wir doch im vorangegangenen Abschnitt über die Waldinsellandschaft, in die wir Yg und Ytteryg eingliedern wollten, ja auch selbst bereits die relative Offenheit der Landschaft und ihren betont landwirtschaftlichen Charakterzug festgestellt.

So müssen wir also hier hinsichtlich einer Erklärung des Standorts unsere Zuflucht zur privaten Initiative nehmen. Aber trotzdem bleibt noch ungeklärt, wieso es gerade diesem Werk dann möglich war, seinen Betrieb bis heute aufrecht zu erhalten, obwohl im Laufe der zwanziger und dreißiger Jahre so viele, zum großen Teil weit günstiger belegene Werke dem Untergang geweiht waren?

Die ausführliche Diskussion dieser letzteren Frage möchte ich mir vorbehalten, da sie sich später in einem größeren Rahmen weit leichter behandeln, wenngleich allerdings selbst dann kaum lösen lassen wird.

Im jetzigen Augenblick ist natürlich die Lage dieses Gattersägewerkes, entsprechend der Konjunkturlage der gesamten Holzindustrie, gut, ja bezüglich der Rohstofflage vielleicht sogar günstiger als bei manchem anderen gleich großen Werk in bezüglich des Exports günstigerer Verkehrslage.

Problematisch ist dagegen die Arbeiterfrage. Es ist z. B. im Juli/August 1951 nicht möglich gewesen, zu den etwa 30 in dem Sägewerk beschäftigten Arbeitern noch einen Köhler anzustellen, da alle übrigen arbeitsfähigen Leute der Umgebung es vorzogen, bei den dort weit günstigeren Löhnen als Holzhauer in den Wald zu gehen. Auch die eingehende Diskussion dieser Frage möchte ich in größerem

Zusammenhange aufnehmen und daher noch verschieben. Ich möchte hier nur schon hinweisen auf die Konkurrenz bezüglich der Arbeitskräfte zwischen Waldwirtschaft einerseits und Holzwirtschaft andererseits, die freilich durch die augenblickliche Hochkonjunkturlage noch besonders zugespitzt wurde und überdies vor allem in ausgesprochenen Waldwirtschaftsgebieten, zu denen wir aber auch den Färila socken trotz seines gegensätzlichen Charakters rechnen müssen, zum Ausdruck kommt.

b) Die Kreissäge

Verlangt ein Gattersägewerk einen mehr oder minder gleichmäßigen Betrieb das ganze Jahr hindurch, so ist eine Kreissäge infolge des weit geringeren in ihr investierten Kapitals weit mehr an Konjunkturlagen, periodische Rohstoffbeschaffung u. a. anpassungsfähig. Ja, sie ist eigentlich nicht einmal an einen festen Standort gebunden. Man kann sie also stets da einsetzen, wo sich sowohl die Heranschaffung des Rohstoffs als auch der Abtransport der Holzschnittware am günstigsten stellt, wobei beides im allgemeinen mit dem Lastkraftwagen erfolgt. Häufig treffen wir die Kreissägen mit einem kleineren oder größeren Bretterhof umgeben, gekennzeichnet durch einen großen Sägemehlhaufen sowie oft nur eine kleine Holzhütte, die die Säge gegen Unbilden der Witterung schützen soll.

Die Kreissägen wurden früher mit Ölmotor, heute allerdings werden sie meist elektrisch betrieben. Ihren Holzbedarf decken sie innerhalb von Färila-Kårböle, z. T. aus eigenen Wäldern, d. h. praktisch genommen dann, wenn der Kreissägebetrieb mit einem Bauernhof gekoppelt ist.

Über die Hälfte des verarbeiteten Holzes ist Kiefer, das übrige zumeist Fichte. Laubhölzer, vor allem Birke, daneben Espe, betragen höchstens 5—10 % des Gesamtverbrauchs. Birkenholz geht zum großen Teil in die Schifabriken in Edsbyn und Tallåsen.

Die durchschnittliche Gesamtproduktion einer Kreissäge beträgt etwa 20 000 Kubikfuß (etwa 520 cbm)[1]), wobei zu berücksichtigen ist, daß sich die eigentliche Arbeitsperiode auf 3—4 Monate zusammendrängt. Sie erstreckt sich von April bis Juli, nur höchst selten wird noch im August gesägt. In dieser kurzen Arbeitssaison sind durchschnittlich etwa 6—10 Mann in einem Kreissägebetrieb beschäftigt.

Das Schnittholz, das zunächst in Bretterhöfen gestapelt wird, ist heute nach zahlreichen technischen Verbesserungen der Kreissägen mit dem der Gattersägen durchaus qualitativ konkurrenzfähig. Zum größten Teil geht es durch die Vermittlung von Holzgroßhändlern ins Ausland, nur etwa 40 % der Produktion wird im Inland bzw. im Färila socken selbst weiter verarbeitet.

Das Arbeiterproblem besteht für die Kreissägen in weit geringerem Maße als für die Gattersägewerke. Denn mit ihrem saisonbedingten Arbeitskraftbedarf im Frühjahr und Vorsommer in direktem Anschluß an die Holzfällperiode passen sie sich weit besser als letztere in den allgemeinen Jahreslauf der Waldwirtschaft ein. Außerdem ist der Betrieb häufig mit einem Bauernhof verbunden und der Arbeitskraftbedarf des einzelnen Betriebes kleiner, so daß sich auch in Verbindung mit der Landwirtschaft weit eher ein Austausch und Ausgleich durchführen läßt.

In der ihr eigenen Physiognomie ist die Kreissäge ein recht typischer Bestandteil des heutigen Landschaftsbildes in Färila-Kårböle Trotz ihrer im Verhältnis zu den Gattersägewerken geringen Produktion spielt sie sowohl für die Bevölkerung des Färila socken als auch schließlich für die Holzwirtschaft des gesamten Landes eine bedeutsame Rolle.

---

1) 1 Kubikfuß = 0,02617 Kubikmeter.

B. Die Dynamik des Färila socken im Lichte der Waldwirtschaft

Nach Erörterung der für die Färila-Landschaft grundlegenden Landschaftszellen wäre es nun möglich, eine Einordnung derselben in das Gesamterscheinungsbild zu geben, aus der Mannigfaltigkeit der Typen ein gewissermaßen augenblicksbestimmtes Mosaikbild zu entwerfen.

Doch eine Landschaft ist nicht allein durch das ihr eigene Ordnungsgefüge (Struktur) der kleineren Landschaftseinheiten, der Landschaftszellen und letztlich der Landschaftselemente zu erfassen. Sie wird durchwebt von einer inneren Dynamik. Und innerhalb dieser Dynamik der Waldwirtschaftslandschaft können ganz andere Faktorenverbindungen tragende Bedeutung erlangen als in den kleinen Landschaftszellen. Neue funktionale Zusammenhänge erhalten landschaftsgestaltende Wirkung.

Es ist also an Stelle einer lediglichen Einordnung in das Strukturgefüge der Landschaft eine dynamische Zusammenschau der einzelnen Landschaftszellen unter neuen, gestaltenden Leitgedanken anzustreben.

Im Hinblick auf das bisher Gesagte dürften derartige Gedanken vor allem waldwirtschaftlicher Natur sein. Denn in der heutigen Landschaft des Färila socken ist es die Waldwirtschaft, die alle Landschaftstypen durchpulst, sie umgestaltet, aus dem Verbande der lebensfähigen Typen ausschaltet oder ihnen neue Daseinsberechtigung gibt.

Es soll nun im folgenden versucht werden, mit Hilfe der für die Waldwirtschaft wesentlichen Faktoren ein dynamisch-strukturelles Bild der Landschaft des Färila socken zu entwickeln.

1. Die Waldverbreitung in Abhängigkeit von den natürlichen und kulturellen Faktoren

Zunächst sind es die Grundzüge der Waldverbreitung überhaupt, die den dynamischen Charakter der Waldwirtschaftslandschaft weitgehend formen.

In einem Gebiete wie dem Färila socken, in dem der Wald mit 91 500 ha (produktiver Waldboden) zusammen 74 % der Gesamtfläche von 122 500 ha einnimmt, ist es am geschicktesten, zunächst die nicht bewaldeten Gebiete auszuscheiden. Neben den Kulturflächen (5 %) und den zahlreichen Seen und Flußläufen (ebenfalls 5 %) sind es vor allem weite Moore (15 %), die fast überall in das Waldland eingestreut sind. Hinzu kommen dann schließlich noch Wege, kahle Felsgesteine u. a. mit insgesamt ca. 1 %[1]).

Das Häufungsgebiet der landwirtschaftlichen Siedlungsfläche liegt im Osten[2]) des socken in engster Anpassung an die fruchtbareren postglazialen Meeressedimente unterhalb der 200-m-Linie. Oberhalb dieser Linie, die etwa 40—50 m unter der sog. marinen Grenze verläuft, finden wir nur noch größere und kleinere Rodungsinseln, wie sie im vorangegangenen Kapitel geschildert wurden. Die meist glazial bedingten Seen liegen ebenfalls oberhalb der marinen Grenze Sie unterbrechen den unendlichen Wald bereits in weit stärkerem Maße als die eingeschalteten Rodungsinseln. In ihrer Ausdehnung noch bedeutsamer sind jedoch die Moore. Zwar fallen sie ihrem physiognomischen Charakter nach nicht als gegensätzlich zum produktiven Waldland auf. Sie können vielleicht sogar als negativ extrem ausgebildeter Wald bezeichnet werden. Aber für die Waldwirtschaft selbst haben sie keinerlei Bedeutung. Nur sehr wenige Moorgebiete eignen sich nämlich auf Grund ihres Nährstoffcharakters für die Entwässerung und Umwandlung zu produktivem Waldboden.

1) Obige Arealangaben wurden dem „Skogsvårdsplan över Färila socken" entnommen (1950 S 13)

2) vgl Siedlungs- und verkehrsgeographische Übersichtskarte des Färila socken

Eine besondere Konzentration vermoorten Geländes läßt sich in den westlichen Höhengebieten oberhalb der 400-m-Linie wahrnehmen, was mit den infolge der Höhenlage reichlicheren Niederschlägen, aber auch mit der hier zum Teil lehmigen, relativ undurchlässigen Moränendecke sowie mit der mehr oder minder plateauartigen Ausformung des Geländes in Zusammenhang stehen dürfte. Auch in den wahrscheinlich von Toteis erfüllt gewesenen Becken[1]) sowie in den Tälern auch unterhalb der marinen Grenze, z. T. gebunden an alte Flußschlingen (Korsmyren bei Korskrogen), sind Vermoorungen nicht selten, doch zeigen sie für die Entwässerung meist günstigere Voraussetzungen. Zu den größten, zusammenhängenden Moorflächen ist zweifellos Skrottmyren, das südöstlich Näsberg belegene Näsmyren und das auf der westlichen Hochfläche oberhalb 400 m belegene Sandåsmyren[2]) zu rechnen.

Die bewaldeten Gebiete ergeben sich auf diese Weise als Komplementär- oder Restflächen zu den bisher aufgezählten Gebieten.

So können wir also sagen, daß außerhalb des mehr oder minder geschlossenen Siedelgebietes unterhalb der 200-m-Linie im äußersten Osten und des vermoorten Höhenplateaus im Westen der Färila socken von Wald eingenommen wird, nur hier und da von Seen, Mooren und Rodungsinseln unterbrochen. Das heißt also, daß hier die für den Färila socken insgesamt errechnete Bewaldungsdichte[3]) von 74 % auf etwa 85—90 % ansteigt, zumal wenn wir bei der Berechnung dieses Ausdrucks die Wasserflächen unberücksichtigt lassen.

Doch wie ist es nun mit dem waldwirtschaftlichen Wert dieses zunächst recht einheitlich erscheinenden Waldlandes bestellt?

Da sind vor allem Holzarten-, Altersklassen- sowie Produktionsklassen[4])-Verteilung von nicht zu unterschätzender Bedeutung, die im folgenden näher beleuchtet werden sollen.

2. Holzartenverteilung

Die 1947 vom Gävleborgs Skogsvårdsstyrelsen[5]) durchgeführte Waldtaxierung ergibt etwa folgendes Bild:

Von den fünf ausgeschiedenen Gruppen der Holzartenverteilung, nämlich: reine Kiefernbestände, reine Fichtenbestände, Nadelmischwälder, Laubnadelmischwälder und Laubwälder, nehmen die reinen Kiefernwälder bereits 34 % der gesamten Waldfläche ein. Die am zweitstärksten vertretene Gruppe ist die der Laubnadelmischwälder mit 29 %. Dann folgen die Nadelmischwälder mit 24 %. Die Fichtenwälder dagegen machen nur 12 % der Waldbestände aus, wogegen die Laubwälder mit knapp einem Prozent kaum noch der Erwähnung wert sind.

Doch neben der prozentualen Verteilung, die vor allem bei größeren Planungen von Bedeutung ist, muß die Waldwirtschaft auch die räumliche Verteilung der einzelnen Holzarten berücksichtigen. Auf diese Weise lassen sich nicht nur Aufschlüsse über die Abhängigkeit der einzelnen Holzarten von Klima und Boden gewinnen, sondern auch ihre wirtschaftliche Nutzungsmöglichkeit kann nur so einigermaßen richtig beurteilt werden.

1) vgl. S. 23.
2) myr = Moor.
3) = Bewaldungsprozente = Waldprozente.
4) = Bonität.
5) Name der provinzialen Forstverwaltung.

An Hand eines von mir auf Grund des Primärmaterials der oben erwähnten Taxierung entworfenen Kartogramms möchte ich die Probleme der Holzartenverteilung zunächst für die Kiefernreinbestände entwickeln.

Über die Richtlinien und Grundlagen der Taxierung[1]) sowie die vorgenommene kartogrammäßige Auswertung des Primärmaterials:

Färila socken ist zum Zwecke der Taxierung, die das Ziel hatte, den Zustand der Wälder sowie den Arbeitskraftbedarf in der Waldwirtschaft innerhalb der nächsten 10 Jahre zu untersuchen, in drei Holzabtriebsgebiete eingeteilt worden (Abb. 46).

I = das direkte Einzugsgebiet des Ljusnan mit 72 000 ha produktivem Waldland

II = das Einzugsgebiet des Voxnan (größter Nebenfluß des Ljusnan) mit 13 000 ha produktivem Waldland

III = ein inmitten von Färila-Kårböle gelegener, zu Ljusdals socken gehöriger Waldkomplex von 7000 ha

Die Untersuchung wurde als kombinierte Linien- und Probeflächentaxierung durchgeführt. Zu diesem Zweck wurde eine Schar von parallelen Linien mit jeweils 2 km Abstand in nahezu NO-SW-Richtung über den Färila socken gelegt. Insgesamt waren es 25 Linien, auf denen im Abstand von 200 m je zwei Probeflächen mit dem Radius r = 5 m festgelegt wurden, die erste jeweils nach 180 m, die zweite nach 200 m Entfernung von der letzten Probefläche.

0 180 200 380 400 m

Alle 180-m- und 200-m-Punkte, die nicht auf produktivem Waldboden (z. B. auf Wasser, Moor, Kulturland) lagen, wurden übersprungen.

Sowohl längs der Linien als auch auf den Probeflächen wurden waldbauliche Beobachtungen gemacht. Alter, Bonität (= Produktionsvermögen des Waldbodens), Schlußgrad, Bestandsform, Holzartenmischung, Samenklasse und Qualität wurden aufgenommen. Ferner wurden Aufzeichnungen über die frühere Behandlung und die in Zukunft (in den nächsten 10 Jahren) notwendigen Maßnahmen, wie Kahlschlagsäuberung, Kulturmaßnahmen, Durchholzungen, Verjüngungsschläge u. a., durchgeführt.

Gleichzeitig erfolgte eine Schätzung des Holzvorrats (Kubikmasseschätzung) sowie eine Untersuchung von Probebäumen hinsichtlich Alter (Bohrung!), Brusthöhendurchmesser, Höhe über dem Boden, Radienzuwachs innerhalb der letzten 10 Jahre und Borkenmächtigkeit.

Bei all diesen Schätzungen und Eingruppierungen wurden die Aufzeichnungen getrennt nach den drei Hauptbesitzgruppen eingetragen:

1. Industrie-(Aktiengesellschaften)
2. Bauern- und andere Privatwälder
3. Staatswälder, kirchliche und übrige allgemeine Waldungen.

Genau wie die vom Skogsvårdsstyrelsen herausgegebene kleine Schrift „Skogvårdsplan över ....“ möchte auch ich nicht versäumen zu betonen, daß Waldschätzungen im allgemeinen keine exakten Resultate liefern können und sollen, sondern dieselben nur in engeren oder weiteren Grenzen der Wirklichkeit entsprechen, auf Grund der angewandten Schätzungsmethode. Dies gilt selbstverständlich auch für die hier von mir ausgewertete Taxierung. Es ergibt sich zunächst überhaupt die Frage, inwieweit das Taxierungsmaterial zu einer kartogrammäßigen Darstellung auf topographischer Unterlage geeignet ist?

Bei der relativen Dichte der Taxierungslinien[2]) ist das Material aber nach meinen eigenen Beobachtungen doch schon recht gut verwendbar, die „große Linie“ in der Verbreitung der Holzarten wie auch Altersklassen im gesamten Färila socken aufzuzeigen, wenn auch eine Interpretation einer solchen Darstellung auf Grund der in ihr eingehenden Zufälligkeiten nur bei guter Kenntnis der Landschaft selbst, unter Hinzuziehung der anderen Landschaftselemente, durchgeführt werden sollte.

Die jeweiligen Probeflächen mit Kiefer, Fichte etc. sind so zu beiden Seiten der (wegen der besseren Übersichtlichkeit nicht eingezeichneten) Taxierungslinien angeordnet, daß die 180-m-Probefläche und die 200-m-Probefläche, auf die (unsichtbare) Taxierungslinie bezogen, senkrecht übereinander stehen und zu derselben gleichen Abstand haben.

Die gleichzeitige Darstellung der jeweiligen Höhenlage durch Höhenschichten und Höhenlinien unter Berücksichtigung der Reliefenergie gibt zunächst die

1) in Anlehnung an die Erläuterungen zum „Skogsvårdsplan över Färila socken“ (1950 S. 7 ff.).

2) vgl. Reichswaldtaxierung: $6^2/_3$ km.

VERBREITUNG DER KIEFER
im Färila socken
nach dem Primärmaterial der lokalen Waldtaxierung
des „Skogsvårdsstyrelsen i Gävleborgs län"
aus dem Jahre 1947
0 1 2 3 4 5 6 7 8 9 10 km
H. HENDINGER 1951

Abb. 46

Möglichkeit, die Kiefernreinbestände einmal in ihrer Abhängigkeit von Morphologie, Boden und Klima zu behandeln, wobei die beiden letzteren in ihrem lokalen Charakter ebenfalls stark von der Morphologie des Geländes abhängig sind (Abb. 46).

Verfolgen wir den Verlauf der 300-m-Linie, so fällt uns die außerordentliche Konzentrierung der Kiefernbestände unterhalb dieser Linie ins Auge. Betrachten wir diese Gebiete näher, so lassen sich praktisch drei verschiedene Verdichtungsbereiche unterscheiden: zunächst das Gebiet direkt unterhalb der marinen Grenze, gebunden an die physiologisch trockenen Flußschotter und Sande, besonders am linken Ufer des Ljusnan sowie in der fjordähnlichen Bucht des Enån. Zum großen Teil handelt es sich um fluviatil umgelagertes glaziales Material, seltener um fluvioglazial gebildete Åser. Neben der Bodenart dürften aber auch die im Verhältnis zu den Höhengebieten geringeren Niederschläge von nicht zu unterschätzender Bedeutung sein[1]). Ein zweites Gebiet einer stärkeren Häufung von Kiefernreinbeständen treffen wir entlang des Vannilån-Gårdsjöån, der an seinem unteren Lauf allerdings von Siedlungen, fruchtbaren Wiesen und Bruchwäldern begleitet wird. Die Kiefern finden sich daher hier vor allem oberhalb der 200-m-Linie bis heran an die marine Grenze. Diese Bestände konzentrieren sich also augenscheinlich ebenfalls auf das im postglazialen Meer abgesetzte, z. T. allerdings auch bereits fluvioglazial abgelagerte Schottermaterial (Åsbildungen), das in seiner physiologischen Wirkung vollkommen mit dem des Ljusnan-Tals zu vergleichen ist. Ein drittes Gebiet liegt praktisch oberhalb des Wirkungsbereichs des postglazialen Meeres, den wir erst etwas unterhalb der überall ungleich hohen marinen Grenze, bei etwa 230 m ansetzen dürfen. Es handelt sich um das seen- und moorreiche Gebiet des Skålån[2]) nordwestlich Kårböle, wo die Kiefer auf dem grobblockigen und sandigen Boden ebenfalls über weite Gebiete der herrschende Baum ist.

Die weiten Hochflächen aber, vor allem oberhalb von 400 m, entbehren der Kiefernreinbestände fast ganz, so das Horemmen-Borrberget-Plateau, das Digerkölenplateau sowie das ausgedehnte Restplateau um Tjärnvall, das durch die Senke des Ängratörn von dem übrigen Hochplateauland ziemlich scharf abgetrennt wird. In seiner ungefähren Erstreckung läßt es sich durch die 300-m-Linie, noch richtiger vielleicht, wie es bei der Anlegung der Höhenschichten erfolgte, durch die 333-m-Linie umgrenzen, wobei ringsherum die fast überall vorhandenen, relativ steilen Hänge ins Auge fallen.

Bei der Verfolgung der Begrenzungslinien dieses im Untergrund aus Gneisen aufgebauten Restblocks tritt eine deutliche Parallelität mit den im Gestein kleinräumig häufig auftretenden Kluftrichtungen heraus[3]). Es scheint offensichtlich zu sein, daß diese im Gestein entstandenen Kluftsysteme sicherlich die kleinräumige Anlage des Flußnetzes weitgehend mitbestimmt, zumindest aber die präglaziale Talbildung beeinflußt haben dürften. Ob und inwieweit wir auch großräumig die vorhandenen Kluftsysteme für die Anlage der schwedischen Flußläufe verantwortlich machen können, oder ob hier nicht vielmehr die allgemeine Abdachungsrichtung das entscheidende Moment war, ist m. W. noch ungeklärt, zudem in dem hier verfolgten Zusammenhang belanglos.

Auffallend ist allerdings, daß auch der Höhenzug im Westen des Färila socken denselben in einer der Hauptkluftrichtungen durchzieht. Auch hier finden sich nur relativ wenige Kiefernreinbestände. Nur in den Gebieten zwischen Digerkölen und Borrberget, die relativ reich an Seen und Mooren sind, und in dem moorigen Gebiet unterhalb der 400-m-Linie zwischen den Seen „Mångsjö" und „Dåasen" sowie rund um den Fageråskölen herum kommen sie auf wenig geneigtem Gelände etwas häufiger vor.

---

1) vgl. Niederschlagsdiagramme von Föne u. Johannisberg.

2) bzgl. der morpholog. Erklärung s. S. 23.

3) vgl. Flußlandschaft S. 22.

Schließlich ist noch das Gebiet um den Lindstasjön erwähnenswert, wo sich auf dem ebeneren Gelände mit meist sehr grobblockiger, sandiger Moräne ebenfalls weite Kiefernbestände, meist Kiefern-Flechten-Calluna-Heide, ausbreiten. Im Tale des Björknäsbäcken nordöstlich des Gällsjön hingegen dürfen wir wohl fluvioglaziale Schotterablagerungen annehmen.

Eine ähnliche Erklärung wie für die Kiefernvorkommen um den Lindstasjön herum dürfte auch für die Kiefernreinbestände um den Storsjön, im nördlichsten Zipfel des Färila socken, geltend zu machen sein.

Es liegt auf der Hand, daß man heute, nachdem etwa 50 Jahre einer ständig sich steigernden Waldpflege[1]) und annähernd 100 Jahre einer holzwirtschaftlichen und waldwirtschaftlichen Nutzung der Wälder Norrlands und somit auch des Färila socken verflossen sind, bei einer Erklärung der gegenwärtigen Verhältnisse keinesfalls die kulturellen und waldwirtschaftlichen Einflüsse unberücksichtigt lassen darf. Doch möchte ich die Bedeutung dieser Einflüsse erst in einem späteren Zusammenhange erörtern und mich hier zunächst auf ein Aufzeigen der mehr oder minder naturgeographischen Bedingtheit der Holzartenverteilung beschränken.

Hierzu ist noch zu bemerken, daß die in der Natur häufiger zu beobachtende Erscheinung einer Gebundenheit der Hauptholzarten an gewisse Hangrichtungen in dem vorliegenden Verteilungsbild der Kiefer offenbar kaum in Erscheinung tritt. Sowohl in SW- als auch in NO-Lagen treffen wir Kiefernreinbestände, wenn auch die SW-Lagen etwas häufiger zu sein scheinen, da hier zweifellos die direkte Sonneneinstrahlung die Boden- und Luftfeuchtigkeit herabsetzt und so die sonst im allgemeinen bezüglich des Wasserhaushalts begünstigten Hanglagen, die dann weder zu naß noch zu trocken sind, hier physiologisch trocken wirken können.

Betrachten wir die Verbreitung der F i c h t e n r e i n b e s t ä n d e (Abb. 47), denen ja arealmäßig gesehen mit nur 12 % eine weit geringere landschaftliche und holzwirtschaftliche Bedeutung zukommt! Auch die Konzentrationsgebiete sind lange nicht so scharf heraustretend wie bei der Kiefer. Dennoch können wir sagen, daß die 300-m-Linie auch hier eine ganz brauchbare Abgrenzung eines an Fichtenreinbeständen armen und eines an Fichtenvorkommen reicheren Gebietes gibt.

Diesmal ist es gerade umgekehrt wie bei der Kiefernverbreitung. Die „Anreicherungsgebiete" liegen oberhalb, die „fichtenleeren" Gebiete und einzelne Streuvorkommen dagegen unterhalb der genannten Grenzlinie. Behandeln wir zunächst die Streugebiete! Teilweise sind sie an schluffiges Material, meist sandig, lehmartig, das unterhalb der höchsten Küstenlinie postglazial, submarin abgelagert wurde, gebunden. Häufiger aber sind diese Vorkommen morphologisch bedingt. Sowohl Relief, Exposition als auch Nährstoff- und Wasserhaushalt des Bodens sind bedeutsam. Am Nord- und Ostabhang des Sandberget und des Skommarsberget, südlich des Björån gelegen, ist z. B. vor allem die sonnengeschützte Lage ausschlaggebend, d. h. also größere Feuchtigkeit, hinzu kommt das fließende Grundwasser und damit gekoppelt auch eine bessere Zufuhr an gelösten, für die Wurzeln aufnehmbaren Nährstoffen.

Auch in den kleinen Seitentälern des Ljusnan, die mit ihren feuchten Fichtenwäldern mit meist kräftigem Kräuterunterwuchs, z. T. gemischt mit Laubbäumen und Sträuchern, eine willkommene Abwechslung in den eintönigen Kiefernheiden der trockenen Schotterflächen des Ljusnan darstellen, spielt das fließende Wasser als Träger der für die anspruchsvollere Vegetation notwendigen Nährstoffe die Hauptrolle.

Unterhalb der 300-m-Linie haben wir es infolgedessen im allgemeinen auch mit ausgesprochen wüchsigen Beständen zu tun, die hinsichtlich der Verjüngung meist recht gut gestellt sind.

---

1) 1903 Gründung des Skogsvårdsstyrelsen, Erlaß entsprechender Schutzgesetze, Gründung der Forstversuchsanstalt 1902.

VERBREITUNG DER FICHTE
im Färila socken
nach dem Primärmaterial der lokalen Waldtaxierung
des „Skogsvårdsstyrelsen i Gävleborgs län"
aus dem Jahre 1947
0 1 2 3 4 5 6 7 8 9 10 km
H. HENDINGER 1951

Abb. 47

Im völligem Gegensatze dazu stehen die Bestände oberhalb der 400-m-Linie, obgleich hinsichtlich der Selbstverjüngung bereits die 300-m-Linie als die höhenklimatische Grenze, jedenfalls hier in Schweden bei einer nördlichen Breite von bereits 62° N, aufgefaßt werden kann (T. Arnborg, 1949 S. 430)[1]).

Am wüchsigsten sind auch hier die Bestände in Hanglage, womöglich in N- oder NO-Exposition, wie wir sie zum Beispiel nordöstlich des Loftkölen, des Högkölen, des Långåberges und des Stora Uggeberges, alle im südlichen Teil des Färila socken gelegen, sowie an den Hängen des Digerkölen, Borrberget, Ämmersberget u. a. finden. Doch je höher wir kommen, desto schlechter wird auch der Wuchs. Immer häufiger begegnen wir der schlanken, mit einem schwarzen Flechtenflor überzogenen „nordischen" Fichte, bei der Spitzentriebe und Seitenzweige nur noch kümmerhaft ausgebildet sind. Bestände stehen hier, die 200—300 Jahre alt sind, die längst reif zur Abholzung wären, oft schon überreif geworden. Z. T. hat man auch die besten Stämme bereits herausgeschlagen. Lückenhafte Restbestände breiten sich vor uns aus, von denen man zunächst wohl meinen möchte, daß sie ja vielleicht der Verjüngung dienen könnten. Doch die an die Höhenlage geknüpften Humusverhältnisse, meist unzersetzter Rohhumus, in Verbindung mit den schwierigen klimatischen Bedingungen, wie zu kurze Vegetationszeit, geringe Wärme, hohe Niederschläge, starker Feuchtegehalt der Luft, lassen, nachdem der Mensch einmal willkürlich in den Gleichgewichtszustand eingegriffen hat, kaum eine Selbstverjüngung zu. So muß der Mensch hier heute durch geeignete Maßnahmen nachhelfen, wie wir später noch näher sehen werden.

Solche problematischen Verhältnisse finden wir vor allem in den auf der Karte mit einem Gitternetz überzogenen Höhengebieten oberhalb der 433-m-Linie sowie auf den weiß gelassenen Rest-Plateaus, wo die Moränendecke relativ mächtig, oft reich an Schluff- und Tonbestandteilen ist und so auch ihrerseits noch zu einer Verschlechterung der Wasserverhältnisse durch Stauung, Versumpfung usw. beiträgt. Drei Hauptgebiete sind zu nennen: 1. zwischen Horemmen und Borrberget, 2. um den Digerkölen und 3. um und zwischen Storkölen und Fageråskölen. Der südliche Teil des Färila socken ist dagegen mit seiner etwas geringeren Höhe, vor allem aber stärkeren Reliefenergie weit günstiger gestellt.

Während die reinen Laubwaldbestände mit 1 % Arealanteil praktisch bedeutungslos sein dürften, sind die vorhandenen Laubnadelmischwälder wie auch die Nadelmischwaldbestände für Landschaft und Waldbau von nicht zu unterschätzender Bedeutung. Doch bei ihnen dürfte eine alleinige Berücksichtigung der Verbreitung kaum eine brauchbare Unterlage zur Diskussion ihrer natürlichen und kulturellen Abhängigkeit geben. Denn bei meinen Wanderungen und Fahrten durch den Färila socken ist mir immer wieder die starke Veränderung der Holzartenmischung je nach der Altersklasse aufgefallen, besonders aber gilt dies für die an Laubbäumen, vor allem an Birke reichen Bestände. Sie schienen mir vorwiegend unter den Beständen der jüngeren Altersklassen vertreten zu sein, eine Beobachtung, die sich in dem Taxierungsmaterial des Gävleborgs läns skogsvårdsstyrelsen in vollem Maße bestätigte.

So möchte ich hier nun eine Betrachtung der Waldbestände auf Grund ihrer Altersklassenverteilung, in sich gegliedert nach Holzarten, anschließen. Ich habe meine Untersuchungen auf die jungen, d. h. die Bestände der I. und II. Altersklasse, und die hiebreifen, alten Bestände, die unter die beiden Altersklassen VI und VII+[2]) fallen, beschränken können, da vor allem sie die prinzipiellen Züge des Waldbaus zeigen und sich im übrigen die Bestände mittleren Alters, d. h. der III., IV. und V. Altersklasse, in den Grundzügen ihrer Verbreitung und Bedingtheit ja dann auch mehr oder weniger von selbst ergeben.

1) Anwendung dieser Grenzlinie im Waldbau der A.-B. Iggesunds Bruk — s. Norrlands skogsv. Förb. exkursion till Hälsingland 1949 in N.Sk.T. 1949 S. 442.

2) Altersklasse I = 0—20 Jahre, II = 20—40 Jahre, . . . VII = älter als 120 Jahre.

3. Die Altersklassenverteilung

Wenden wir uns zunächst der Ausbreitung der Jungbestände (I. und II. Altersklasse) zu, so fällt sofort der sehr hohe prozentuale Anteil der Laubnadelmischwälder und Laubwälder ins Auge (Abb. 48). Von der Altersklasse I nehmen sie 42 %[1]), von der Altersklasse II 60 % ein. Sie sind oberhalb der 300-m-Linie offensichtlich stärker vertreten, wenn ihre Streuung auch über den ganzen Färila socken hinwegreicht. Wollten wir ihr Vorkommen mit den jeweils herrschenden Boden- und Klimaverhältnissen in Zusammenhang bringen, so dürfte ein solches Beginnen bei diesen jungen Beständen nur einen recht geringen Erfolg versprechen, die wirkliche Bedingtheit aufzudecken.

Wir müssen vielmehr zunächst diejenigen Faktoren berücksichtigen, die voraussichtlich auf die natürliche Verjüngung der verschiedenen Holzarten einen entscheidenden Einfluß auszuüben vermögen.[2]) Da steht an erster Stelle der mögliche Vorrat an entwicklungsfähigen Samen, der abhängig ist vom Verhältnis der Vegetationsperiode zu der für die Samenreife benötigten Zeit und dem Auftreten der damit verbundenen sog. Samenjahre, von der eventuellen Besamung aus Nachbargebieten oder durch Samenbäume auf der Fläche selbst. Von weiterer Bedeutung ist die Güteklasse des Samens hinsichtlich seiner Konkurrenzfähigkeit und der später zu erwartenden Wuchsform.

Doch nicht nur bezüglich des Samenvorkommens, der Beschaffenheit und Güte sind Forderungen zu stellen. Auch der Boden, insbesondere die Humusdecke, muß für den keimenden Samen besondere Voraussetzungen erfüllen. Besondere Bedeutung kommt neben dem Wasserhaushalt vor allem dem Stickstoffhaushalt zu; denn Stickstoff benötigt die Pflanze unbedingt. Zwar enthält auch der sauerste Rohhumus Stickstoff, aber nicht in einer für die Pflanzenwurzeln aufnehmbaren Form. Erst wenn ein Waldbrand diesen unendlich langsam vor sich gehenden Zersetzungsprozeß in der Rohhumusdecke gewaltsam beschleunigt, setzt die gewünschte Nitrifikation ein, und die anfliegenden Samen können sich entwickeln.

Da der Mensch nun heute in der Lage ist, einen absichtlich erzeugten Waldbrand aber auch gleichzeitig in eine gewünschte Richtung zu lenken, ist es möglich, ganz entsprechend auch den Zersetzungs- und Nitrifikationsprozeß in der Rohhumusdecke durch mehr oder minder starkes Überbrennen nach Wunsch zu regulieren.

Auf den gebrannten Flächen läßt man im allgemeinen einige Samenbäume zurück, soweit der Samenanflug nicht von den benachbarten Beständen gesichert erscheint. In diesem Samenkonkurrenzkampf, der nun auf der günstigen Bodendecke einsetzt, weist die Birke infolge ihres kräftigeren und reichlicher anfallenden Samens einen weiten Vorsprung gegenüber Kiefer und Fichte auf, deren Samenjahre seltener sind (O. Heikinheimo, 1915).

Begünstigt wird die Birke außerdem durch den relativ stickstoffreichen Boden, den sie besonders liebt, und durch den starken, ungehinderten Lichteinfall, der die Assimilationstätigkeit dieses Lichtbaums zweifellos anregt, während die Fichte mehr den Halbschatten liebt und schon deshalb in den jungen Beständen nicht recht gedeihen will.

Diese Gesichtspunkte müssen wir also unbedingt mit berücksichtigen, wenn wir das reichliche Auftreten der Laubnadelmischwälder innerhalb der ersten und zweiten Altersklasse (0—40jährige Bestände) richtig werten und erklären wollen.

Fehlen allerdings Birken in der Nähe und ist zudem genügend Kiefernsamen vorhanden, so wird besonders auf ärmeren, trockneren Böden ein Kiefernjungbestand, u. U. ganz ohne jegliche Laubbeimischung, aufkommen.

Vielfach ist man heute, um bessere Wuchstypen wie auch einen geschlosseneren Bestand zu erzielen, bereits zur Saat von Kiefern übergegangen. Damit schränkt man willkürlich den natürlichen Vorsprung der Birke hinsichtlich der

1) aus „Tabeller tillhörande Skogsvardsplan . . ." (Manuskript von K. Sotter 1947), insbesondere Tabelle 6.
2) vgl. hierzu O. Heikinheimo 1915, O. Eneroth 1931 u. 1934.

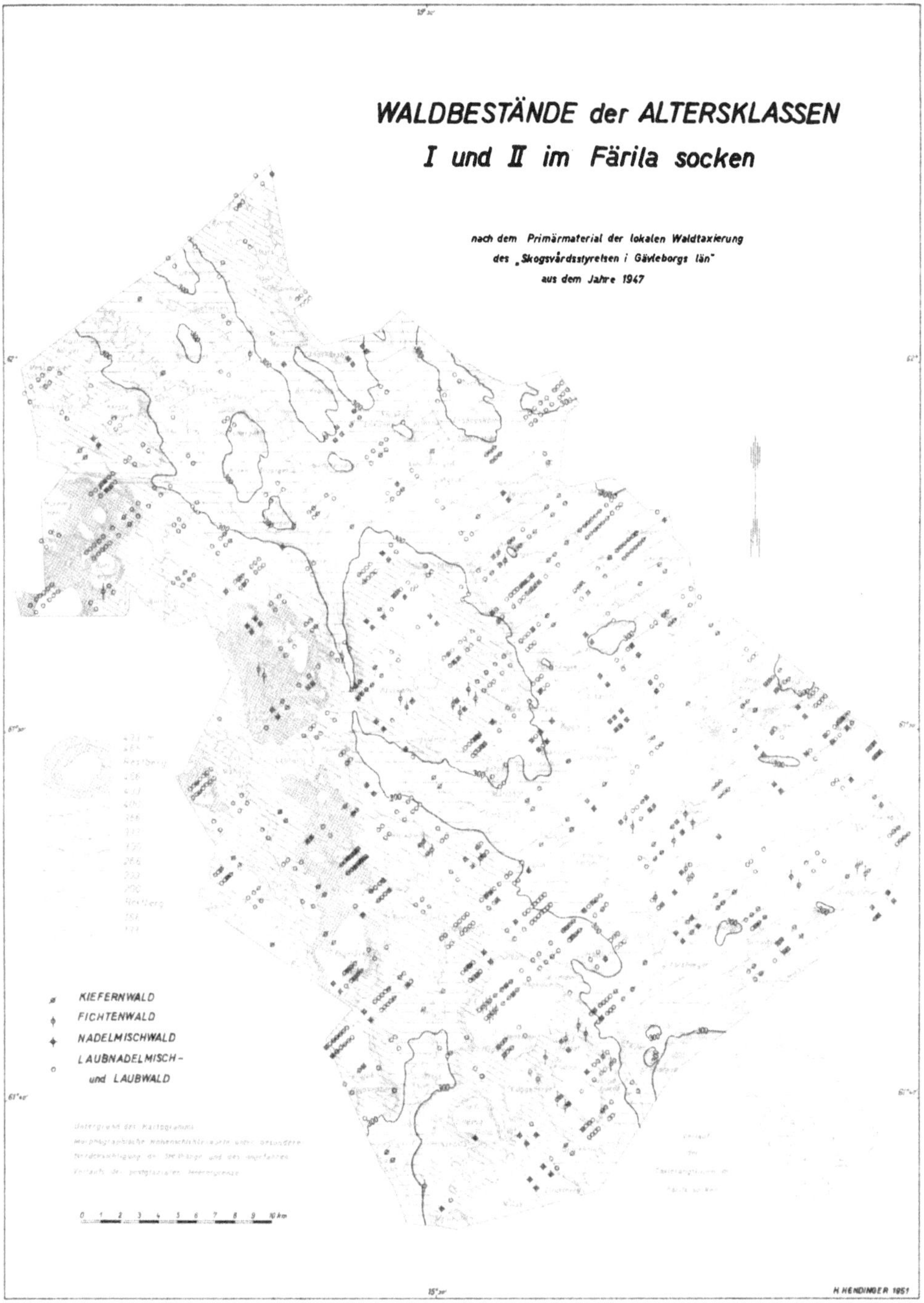
WALDBESTÄNDE der ALTERSKLASSEN
I und II im Färila socken
nach dem Primärmaterial der lokalen Waldtaxierung
des „Skogsvårdsstyrelsen i Gävleborgs län"
aus dem Jahre 1947
KIEFERNWALD
FICHTENWALD
NADELMISCHWALD
LAUBNADELMISCH-
und LAUBWALD
0 1 2 3 4 5 6 7 8 9 10 km
H. HENDINGER 1951

Abb. 48

Verjüngung ein. Man wird daher kaum eine stärkere Laubbeimischung erwarten können.

Wieweit überhaupt in den norrländischen Wäldern eine stärkere Laubbeimischung förderlich und wünschenswert ist, wie man es früher annahm, wird heute von verschiedenen Seiten bereits in Frage gestellt.

Man hat die stark austrocknende Wirkung der Birke erkannt, die besonders auf jenen hinsichtlich des Wasserhaushalts extrem gestellten, trockenen Böden negative Folgen hat. Außerdem hat man festgestellt, daß die Düngewirkung des Laubes für den Gesamtnährstoffhaushalt des Waldes auf den fast stets mit einer Feld- und Bodenschicht ausgestatteten, z. T. mit einer mächtigen Rohhumusdecke bedeckten norrländischen Böden eine weit geringere ist, als man zunächst angenommen hatte.

In diesem Zusammenhange dürfte es nun interessieren, die Holzartenverteilung innerhalb der ersten und zweiten Altersklasse einmal gegenübergestellt zu sehen[1]):

Tabelle 1:

	I		II	
	%	ha	%	ha
Kiefernwald	35	3 040	11	1 342
Fichtenwald	2	174	6	732
Nadelmischwald	20	1 740	21	2 560
Laubnadelmischwald	42	3 650	60	7 320
Laubwald	1	87	2	244
	100	8691	100	12 198

Da die Flächen bei einer derartigen Aufteilung, die rechnerisch-theoretisch natürlich durchaus mit dem statistisch gewonnenen Material vorgenommen werden kann, bereits zu klein sind, um auf Grund des vorliegenden Taxierungsnetzes noch genaue Werte zu liefern, haben obige Flächenangaben keine absolute Gültigkeit; denn der statistische Fehler wird größer als 1 %. Sie dienen daher lediglich der relativen Vergleichsmöglichkeit. Es heben sich jedoch gewisse Grundzüge der Holzarten- und Altersklassenverteilung auf diese Weise sehr charakteristisch heraus.

Die Kiefernjungbestände z. B. entfallen zu über zwei Dritteln auf die I. Altersklasse, wofür zweifellos die intensivere und bewußtere Waldpflege seit 1930, vor allem in den industrieeigenen Wäldern, als Erklärung herangezogen werden kann. Dort wurde durch Saat, teilweise auch Pflanzung, die Kiefer aus holzwirtschaftlichen Gründen begünstigt.

Wieweit man aus dem größeren Anteil der Fichtenwälder in der II. Altersklasse bereits gültige Schlüsse ziehen darf, ist wegen der geringeren Größe des Areals in Frage zu stellen. Zweifellos ist anzunehmen, daß durch die ersten Durchholzungen der Jungbestände im Alter von 20—30 Jahren mancher Birken-Fichtenmischbestand auf feuchtem Boden zu einem Fichtenreinbestand umgestaltet wurde.

Verwunderlich ist dann aber der größere Anteil der Mischwälder, besonders der Laubmischwälder in der II. Altersklasse. Sie legen ein beredtes Zeugnis davon ab, daß man zu jener Zeit der Birke eine große Bedeutung für den Nährstoffhaushalt zumaß. Da aber gerade diese Wälder vielfach oberhalb der 300-m-Linie, ja oft oberhalb der 400-m-Linie liegen, muß hier auch wiederum die bessere natürliche Verjüngungsmöglichkeit der Birke durch dichtere Folge der Samenjahre usw. gegenüber Kiefer und Fichte angeführt werden.

Ein ganz anderes Bild bieten die Waldbestände der Altersklassen VI und VII+, d. h. Wälder von 100—120 Jahren und darüber (Abb. 49). In ihnen repräsentieren sich die **haubaren Bestände**, aus denen ein großer Teil des jährlichen Einschlags entnommen wird.

1) nach „Tabeller tillhörande skogsvårdsplan . . . (Manuskript von K Sotter 1947) und „Skogosvårdsplan . . ." 1950.

Laubnadelmisch- und Laubwälder treten hier vollkommen zurück. Denn die Birke ist mit ihrer wesentlich kürzeren Umtriebszeit von nur 70—80 Jahren schon längst aus diesen Wäldern verschwunden. Junge Birken aber haben in diesen alten Beständen infolge Licht- und Nahrungsmangels (Wurzelkonkurrenz) kaum nennenswert Fuß fassen können.

Entsprechend überwiegen nun also Kiefern-, Fichten- und Nadelmischwaldbestände. Die Fichtenbestände konzentrieren sich vor allem auf die drei großen Höhenplateaus im westlichen Gebiet des Färila socken oberhalb der 400-m-Linie.

Ziehen wir auch hier die prozentuale Verteilung auf beide Altersklassen bei der Erklärung zu Rate[1]):

Tabelle 2:

	VI		VII+	
	%	ha	%	ha
Kiefernwald	47	4 370	45	4 900
Fichtenwald	12	1 120	26	2 840
Nadelmischwald	31	2 880	23	2 510
Laubnadelmischwald	10	930	6	650
Laubwald	—	—	—	—
	100	9300	100	10 900

Es ergibt sich ein auffallend hoher Fichtenwaldanteil in der Altersklasse VII+, der nach Angaben des Skogsvårdsstyrelsen i Gävleborgs län vor allem durch Restbestände verursacht wird, die aber in einer normalen Altersklassenverteilung gar nicht vorkommen dürften. So ist also ein großer Teil der Fichtenreinbestände aus Nadelmischwäldern durch willkürliche Entnahme der dimensionstauglichsten Kiefern unter Zurücklassung der schwächeren, teilweise unterdrückten Fichten entstanden, was in gewisser Weise durch den höheren Anteil der Nadelmischwälder in der VI. Altersklasse belegt wird. Bei der abgelegenen Höhenlage konnte sich eine Nutzung des schwachen Stangenholzes infolge der hohen Kosten des Abtriebs kaum lohnen, solange Holz anderwärts noch im Übermaß vorhanden war und man daher auch noch nicht an eine Waldpflege, vor allem nicht in solch entlegenen Gebieten, dachte.

Vom heutigen Standpunkt muß man natürlich auf schnellste Abwicklung (schwed. avveckling) derartiger Bestände drängen, die wir in ihrem Landschaftscharakter als Reste einer Waldraublandschaft bezeichnen können. Bei dem energischen Wirken der industriellen Waldverwaltungen sowie des Skogsvårdsstyrelsen dürften derartige Bestände aber selbst im entlegensten Teil des Färila socken bald der Vergangenheit angehören und sich an ihrer Stelle produktiver Jungwald entwickeln.

Die in beiden Altersklassen herrschenden Kiefernbestände scheinen zum größten Teil an die trockneren Standorte der fluvio- und postglazialen Flußschotter und Sande des Ljusnan, des Enån, Sånghusån, Gårdsjöån und Ängraån gebunden zu sein.

Die Nadelmischwälder dagegen kommen praktisch, von den Talschottergebieten abgesehen, überall vor, wenn sie sich allerdings auch mit Vorliebe an Hängen oder in kleinen Talmulden mit bewegtem Grundwasser ausbilden. Auch ein Teil der heutigen Kiefernbestände dieser hiebreifen Wälder dürfte früher zu den Nadelmischwäldern gehört haben. Im Zuge einer rationellen Waldpflege wurden hier bei Durchholzungen in den letzten beiden Jahrzehnten vor allem die entwicklungsfähigen Kiefernstämme belassen, um auf diese Weise den Wertzuwachs des Bestandes noch zu steigern. Denn gut gewachsenes Holz grober Dimensionen wird natürlich stets am besten bezahlt, besonders heute, da die meisten solcher Bestände bereits abgeholzt sind.

1) vgl. Fußnote S. 51

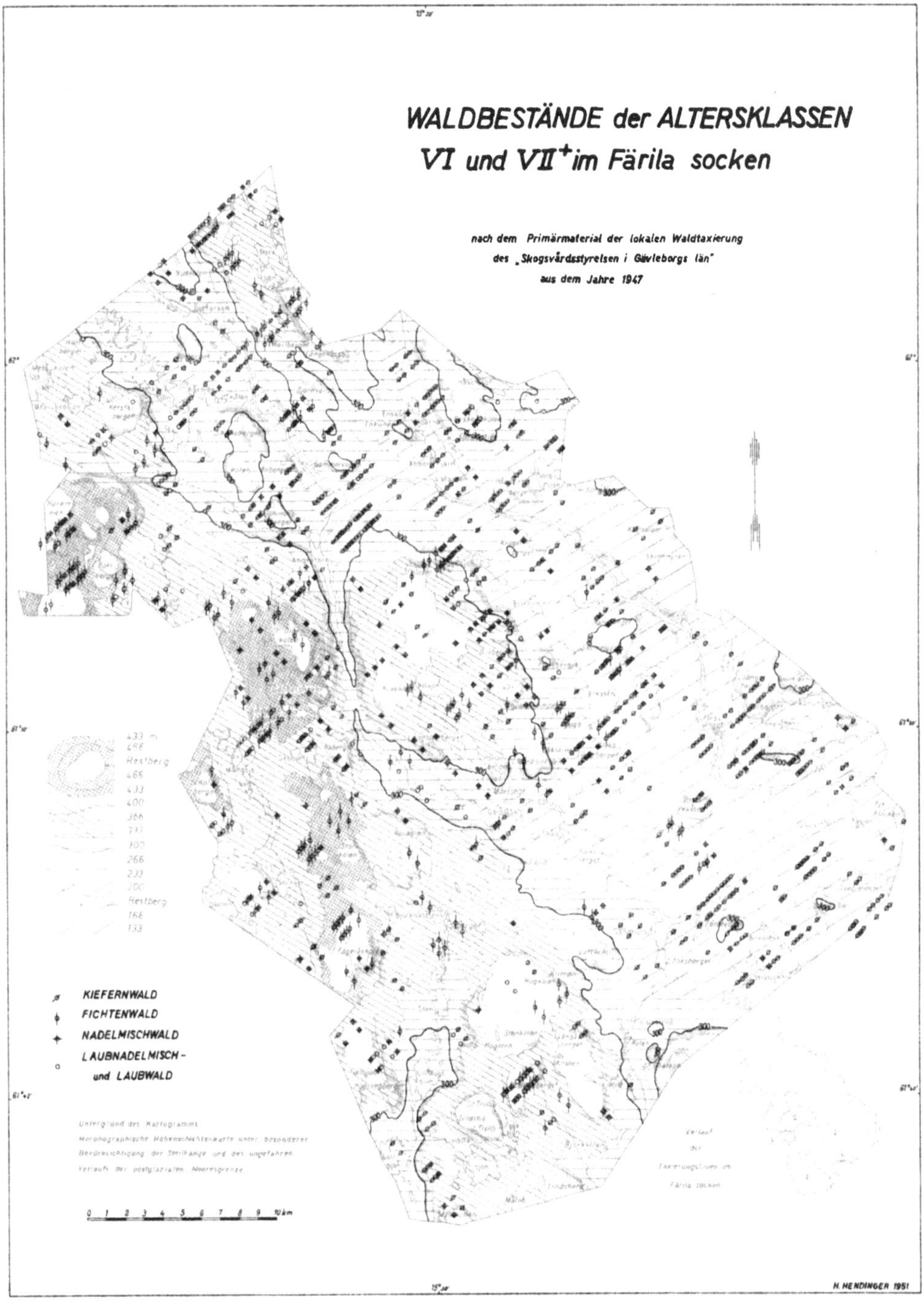
WALDBESTÄNDE der ALTERSKLASSEN
VI und VII+ im Färila socken
nach dem Primärmaterial der lokalen Waldtaxierung
des „Skogsvårdsstyrelsen i Gävleborgs län"
aus dem Jahre 1947
KIEFERNWALD
FICHTENWALD
NADELMISCHWALD
LAUBNADELMISCH- und LAUBWALD
0 1 2 3 4 5 6 7 8 9 10 km
H. HENDINGER 1951

Abb. 49

Vergleichen wir nun einmal das Verbreitungsbild der Alsterklassen VI und VII+ mit dem der Altersklassen I und II, so wird noch etwas anderes deutlich. Wir stellen nämlich fest, daß in einigen Räumen weder die ältesten, hiebreifen Bestände noch Jungbestände in entsprechendem Maße vertreten sind. Hier sind vor allem folgende Gebiete zu erwähnen: das Moor- und Seengebiet im Bereich des Skålån nordwestlich von Kårböle, das mittlere Tal des Ängraån sowie das Gebiet südlich davon, das Tal des Björknäsbäcken mit dem Gebiet des Lindstasjön und das Flußgebiet des Vannilån und Gårdsjöån. Schließlich wäre noch das Gebiet der „Hemskogarna" rings um die Dörfer herum zu nennen.

Aus dem Taxierungsmaterial geht hervor, daß alle diese Gebiete heute weitgehend von Beständen der Altersklassen III—V bedeckt werden, d. h. also 40- bis 100jährigen Beständen. Praktisch würde dieser Tatbestand also bedeuten, daß in der Zeit einer ausgedehnten Raubwirtschaft vor der und um die Jahrhundertwende herum hier die Haupteinschlagsgebiete gelegen haben. Betrachten wir die verkehrsmäßige Belegenheit, so bestätigt die günstige Lage zu den flößbaren Bächen und Flüssen diese Annahme.

Zweifellos ist es das Holz, was heute in erster Linie das Augenmerk unseres menschlichen Denkens auf sich lenkt. So steht für einen Forstwirt zur gröberen Orientierung und Planung stets die Holzartenverteilung im Mittelpunkt. Der Mensch hat begonnen, in das natürliche Verteilungsbild einzugreifen und es unter seine rationelle, betriebswirtschaftliche Auffassung zu stellen. Doch bei aller wirtschaftlichen Planung dürfen wir die biologischen Voraussetzungen und Bedingtheiten des Waldes nicht unbeachtet lassen. Der Waldtyp gibt uns in dieser Hinsicht in seiner mehr oder minder harmonischen Gebundenheit an Boden, Oberflächenformen und Wasserführung einen wertvollen Fingerzeig.

4. Die Waldtypen in ihrer natürlichen und waldwirtschaftlichen Bedingtheit und ihre Bedeutung für den Waldbau

Mannigfach ist das Bild der Waldgesellschaften, das sich uns im Färila socken darbietet. Zwar sind es im Gegensatz zu Mitteleuropa und Südschweden ja eigentlich nur noch drei verschiedene Holzarten, die bestandsbildend in Norrland auftreten, nämlich Kiefer, Fichte und Birke. Dennoch ist die Waldlandschaft, wie wir gesehen haben, örtlich stark verschieden.

Die Wuchsformen der Bäume sowie die Bestandsdichte wechseln oft unmittelbar, und im selben Augenblick haben wir auch bereits eine völlig veränderte Bodendecke vor uns. Sowohl Feld- als auch Bodenschicht sind, wie wir früher an verschiedenen Bodenaufschlüssen (S. 17 ff.) feststellen konnten, weit mehr als die einzelnen Baumarten an die verschiedenen Bodeneigenschaften gekoppelt. Nährstoffgehalt und Wasserhaltung, d. h. Bodenfeuchtigkeit, spielen dabei eine ganz besondere Rolle, die, wie bei den Beschreibungen der einzelnen Pflanzengesellschaften (S. 17 ff.) bereits hervortrat, in korrespondierender Weise durch die reine Anwesenheit wie auch die mehr oder minder starke Häufigkeit gewisser Charakter- oder Leitpflanzen gekennzeichnet werden.

An den Waldbäumen selbst zeichnen sich Nährstoffgehalt und Wasserhaltung nur in den extremen Fällen durch die herrschende Holzart als solche ab. Meist sind diese für den Waldbau entscheidenden Faktoren nur indirekt am Zuwachs sowie an der Wuchsform wahrnehmbar.[1])

So konnten in Schweden genau so wenig wie in Finnland die Baumarten zur Grundlage einer forstlichen Waldtypenklassifizierung gewählt werden. Diese natürliche Grundlage bot sich vielmehr in der jeweiligen Zusammensetzung der Boden- und Feldschicht. Auf ihr bauen so auch fast alle der neueren schwedischen

1) vgl. hierzu die Arbeiten von Cajander, A. K. und Eneroth, O.

Arbeiten sowie ein größerer Teil der älteren nordischen Forscher auf dem Gebiet der Waldtypenforschung auf.

Nachdem C. Malmström (1949 S. 8 ff.) erst kürzlich einen sehr ausführlichen Bericht[1]) über die Entwicklung der Waldtypenlehre im nordischen Raume einschließlich ihrer verschiedenen Definitionen und Systeme im Rahmen der Biologie und Forstwirtschaft gegeben hat, soll nun in diesem Zusammenhange vor allem die für die Landschaftskunde wesentliche Frage Beachtung finden, inwieweit diese Systeme einer physiognomisch-ökologischen Behandlung gerecht werden.

Dabei ist zunächst festzuhalten, daß für die Physiognomie einer Waldgesellschaft zweifellos der Baumbestand eine nicht fortzudenkende, bestimmende Erscheinung darstellt; die Ökologie des Waldes dagegen findet ihren Ausdruck weit mehr in der Prägung und Formung der Boden- und Feldschicht (Cajander, zuletzt 1943; Eneroth, 1931 und 1936).

In der schwedischen Waldtypenliteratur können praktisch zwei große Gruppen von Waldtypensystemen unterschieden werden. Die einen betrachten die Waldtypen biologisch-physiognomisch und erfassen so als wesentlichen Bestandteil im Waldtyp auch die Holzart, die anderen dagegen sehen in den Waldtypen ökologische Standortseinheiten, die in erster Linie für Waldbau und Bonitierung geeignet sein sollen, bei denen aber eine mehr oder minder starke Bindung an eine bestimmte Holzart, wie sie z. T. in Mitteleuropa gegeben ist, im ganzen gesehen fehlt.

Nicht ganz unwesentlich ist es, in welchen geographischen Breiten die Waldtypensysteme aufgestellt wurden und wie große Gebiete sie jeweils umfassen; denn je nachdem wechseln einerseits Artenreichtum und Häufigkeit der einzelnen Pflanzen, andererseits aber auch die mögliche Anzahl der Variationen in der Ausbildung von verschiedenen Pflanzengesellschaften.

Literarischer Überblick über Waldtypenlehre und -systeme:

Da eine eingehende Darlegung der Entwicklung der schwedischen und nordischen Waldtypenlehre in deutscher Sprache fehlt, sehe ich mich genötigt, zunächst eine möglichst objektive Darstellung des für unsere Zwecke zur Verfügung stehenden Materials zu geben.

Unter der ersten Gruppe, die die pflanzengeographisch-topographische wie auch biologisch-physiognomische Seite betont[2]), dürften hier die Untersuchungen von R. Hult und A. Nilsson neben den aus dem Rahmen der Arbeit der Forstlichen Versuchsanstalt hervorgegangenen Gliederungen (den von Hesselman 1906 dargelegten, in der Värmlandtaxierung 1910—14 und bei der ersten Reichswaldtaxierung angewandten Einteilungen) und den Arbeiten von Lagerberg (1928) und Malmström (1929) besonderes Interesse verdienen.

Der finnische Botaniker R. Hult hat innerhalb seines Untersuchungsgebietes insgesamt 11 Pflanzengesellschaften mit einer ausgebildeten Baumschicht unterschieden:

1. Pineta cladinosa (Kiefern- und Flechtenformation)
2. Abiegna hylocomiosa (Fichtenwald-Formation)
3. Abiegna sphagnosa (Fichtensumpfwald-Formation)
4. Pineto-betuleta cladinosa (Kiefern-Birken-Flechtenformation)
5. Pineto-betuleta hylocomiosa (Kiefern-Birken-Moosformation)
6. Abiegno-betuleta (Fichten-Birkenformation)
7. Betuleta muscosa (Birken-Moosformation)
8. Alneta hylocomiosa (Erlenwald-Formation)
9. Betuleta equisetosa (Birken-Schachtelhalm-Formation)
10. Betuleta geraniosa (Birken-Kräuter-Formation)
11. Betuleta menyanthosa (Birken-Fieberklee-Formation).

Im Gegensatz zu H. v. Post charakterisiert Hult seine Formationen ausschließlich auf Grund ihrer Vegetation.

---

1) Neben C. Heimburger 1934, T. Arnborg 1943, V. T. Aaltonen 1948.

2) Hierher sind zu rechnen (z. T. nach Malmström 1949): Hampus von Post (1862), J. P. Norrlin (1871) R. Hult (1881, 1885), Albert Nilsson (1895, 1902), Hesselman (mit Forstliga försöksanstalten: 1936, 1909; 1912), Forstliga försöksanstalten im Zusammenhang mit „Värmlandtaxierung" (1914), C. Malmström und O. Tamm (1927), C. Malmström (1929), T. Lagerberg (1928), C. Malmström (1931).

Während also Hults Gliederung von rein botanischen bzw pflanzensoziologischen Gesichtspunkten geleitet war, hatten Albert Nilsson u. K.G.G. Norling (1895) bereits das Ziel, an die erhaltenen botanischen Einheiten ein eingehendes Studium der Verjüngung sowie der Entwicklungstendenzen anzuschließen.

Bei dem Klassifizierungssystem, das Albert Nilsson 1902 aufstellte, treten dann die ökologischen Gesichtspunkte des „Nährstoffhaushalts im Boden“ in den Vordergrund. Nilsson kommt auf diese Weise zu folgender Gliederung der Nadelwälder.

I. Heidenadelwälder
   1. Heidekiefernwald (Flechtenkiefernwald / = Kiefernheide / und Mooskiefernwald umfassend)
   2. Heidekiefernfichtenwald
   3. Heidefichtenwald (Flechtenfichtenwald / = Fichtenheide / und Moosfichtenwald)

II. Wiesennadelwälder (krautreiche Nadelwälder)
   1. Wiesenkiefernwald
   2. Wiesenkiefernfichtenwald
   3. Wiesenfichtenwald

III. Sumpfnadelwälder
   1. Sumpfkiefernwald
   2. Sumpfkiefernfichtenwald
   3. Sumpffichtenwald

IV. Moornadelwälder
   1. Moorkiefernwald
   2. Moorkiefernfichtenwald
   3. Moorfichtenwald

Aus den hierzu gegebenen Erläuterungen geht hervor, daß Nilsson diese Gliederung sowohl auf Grund des verschiedenen Feuchtigkeitsgrades als auch des verschiedenen Nährstoffgehalts gewonnen hat.

Nährstoffarm sind die Gruppen I und IV, nährstoffreicher sind II und III. Zu den trockenen Typen zählen vor allem die ersten beiden Typen der Gruppe I; den dritten Typ und die gesamte Gruppe II müssen wir dagegen zu den frischen Waldtypen rechnen, während Gruppe III und IV ohne Zweifel den feuchten und nassen Typen angehören.

Die in älterer Zeit von der Versuchsanstalt angewandte Waldtypeneinteilung, die von H. Hesselman 1906 dargelegt und beschrieben wurde, gliedert in Nadelwälder, Laubwälder und Callunaheiden. Diese drei großen Gruppen werden weiter untergliedert:

I. Nadelwälder
   1. Die Kiefernheide
   2. Moosreiche Kiefernwälder
   3. Nadelmischwald
   4. Reiner Fichtenwald
   5. Der krautreiche Fichtenwald
   6. Fichtentälchen (grankäl)
   7. Der parkartige (grasreiche) Fichtenwald
   8. Versumpfte Fichtenwälder

II. Laubwälder
   1. Buchenwälder
   2. Eichenwälder
   3. Laubwiesen
   4. Birkenwälder

III. Calluna — Heiden

Bei der Värmlandtaxierung 1910—14[1]) sowie bei der ersten Reichswaldtaxierung 1923 bis 1929 wird dann folgendes recht klar gegliederte und vor allem auch leicht verständliche System angewandt[2])

T_1 = Flechtenreicher Kiefernwald
T_2 = Moosreicher Kiefernwald
T_3 = Krautreicher und grasreicher Kiefernwald
T_4 = Versumpfter Kiefernwald
G_2 = Moosreicher Fichtenwald
G_3 = Krautreicher Fichtenwald
G_4 = Versumpfter Fichtenwald
L_2 = Moosreicher Laubwald
L_3 = Krautreicher Laubwald

(nach SOU 1932 : 6)

1) wurde als Probetaxierung zur späteren Reichswaldtaxierung durchgeführt
2) T = Tall = Kiefer; G = Gran = Fichte, L = Löv = Laub(holz)

So erhielt man damals das erste Mal einen Überblick über die Arealverteilung der verschiedenen Waldtypen auf die einzelnen Bonitäten (Produktionsklassen) innerhalb Schwedens.

Bei den später (seit 1924 entwickelten Waldtypeneinteilungen von Tamm, Malmström, Hesselman u. a. tritt dann die Bedeutung der Waldbäume als Einteilungsgrundlage bereits immer mehr zurück gegenüber der kennzeichnenden Bodenvegetation, die, wie man inzwischen erkannt hatte, die ökologische Bedingtheit des Waldtyps weit besser und eindringlicher zeigt.

Doch dürften diese letzteren Arbeiten wohl bereits, wenn auch in geringem Maße, von der Cajanderschen Waldtypenlehre beeinflußt worden sein. Diese hat in mehr oder minder starkem Grade wohl bei allen zu der zweiten Gruppe zu rechnenden Waldtypensystemen Pate gestanden, und es mag daher eine genauere Darstellung der Cajanderschen Gedanken wünschenswert erscheinen.

A. K. Cajander, der als finnischer Botaniker und Waldforscher 1909 seine bekannte Arbeit „Über Waldtypen" herausgab, griff die pflanzentopographische Betrachtungsweise J. P. Norrlins auf, für die der Standort als Träger einer gewissen Wüchsigkeit den natürlichen Ausgangspunkt bildete (nach C. Malmström, 1949, S. 15).

Das Ziel seiner Untersuchungen aber ist nicht mehr eine Vegetationsbeschreibung, sondern bei ihm steht die praktische Anwendbarkeit der Waldtypen als Bonitierungsklassen im Mittelpunkt.

Für eine derartige Klassifizierung schien Cajander die Baumschicht von nur sehr zufälligem Charakter zu sein. Doch er erkannte, daß auch die vorhandene Feld- und Bodenschicht kein absoluter Ausdruck der Standortseigenschaften ist, sondern von der Bestandesdichte sowie vom Alter des Baumbestandes beeinflußt wird. Hieraus folgte für Cajander die Notwendigkeit, bei einer Klassifizierung von sog. Normaltypen auszugehen. Seine Definition des Waldtypenbegriffs lautet daher folgendermaßen (1921 S. 17):

„Zu ein und demselben Waldtyp werden alle Waldungen gerechnet, deren Vegetation sich im angehenden Haubarkeitsalter und bei annähernd normalem Geschlossenheitsgrad des Baumbestandes durch wesentlich gemeinsame Artzusammensetzung und denselben ökologisch-biologischen Charakter auszeichnet, sowie alle diejenigen, deren Untervegetation sich von der eben definierten nur in solchen Hinsichten unterscheidet, die — z. B. infolge des verschiedenen Alters des Baumbestandes, Durchhauung, Einführung einer anderen Holzart usw. — nur als vorübergehend oder zufällig, jedenfalls nicht als bleibend zu betrachten sind. Bleibende Unterschiede bedingen einen neuen Waldtyp, wenn die Unterschiede signifikant genug erscheinen, oder einen Untertyp, wenn die Unterschiede weniger wesentlich, aber doch von Bedeutung sind."

Cajander, der sein System auf Untersuchungen in Deutschland und Finnland gründete, führte die Gliederung nach pflanzensoziologischen Gesichtspunkten unter Berücksichtigung aller in einem „Waldtyp" vorhandenen Pflanzen der Bodenvegetation (Feld- u. Bodenschicht) durch, wobei die Namensgebung nach gewissen Charakter- oder Leitpflanzen erfolgte. In seinem 1921 (S. 28—38) veröffentlichten Schema hat er im wesentlichen die Charakterpflanzen der Feldschicht zur Namensgebung herangezogen. Nur in zwei Fällen, im Dickmoostyp und im Cladinatyp ist aus dem Namen bereits die charakteristische Bodenschicht zu ersehen. Die einzelnen Typen faßt Cajander in drei Gruppen zusammen.

I. Gruppe der Hainwälder	1. Sanicula-Typ (ST) 2. Aconitum-Typ (AT) 3. Vacc.-Rubus-Typ (VRT) 4. Oxalis-Majanthemum-Typ (OMaT) 5. Farntyp (FT) 6. Geranium-Dryopteris-Typ (GDT)
II. Gruppe der frischen Wälder	1. Oxalis-Myrtillus-Typ (OMT) 2. Pyrola-Typ (PyT) 3. Myrtillus-Typ (MT) 4. Dickmoostyp (HMT) (Hylocomium-Myrtillustyp)
III. Gruppe der Heidewälder	1. Vaccinium-Typ (VT) 2. Empetrum-Myrtillus-Typ (EMT) 3. Calluna-Typ (CT) 4. Myrtillus-Cladina-Typ (MClT) 5. Cladina-Typ (ClT)

Mit den so ausgeschiedenen Waldtypen glaubt Cajander, nicht nur ein brauchbares System für eine einfache Bonitierung der Wälder gefunden zu haben, sondern zugleich sieht Cajander auch die Anwendbarkeit der Waldtypen für Waldbau und Verjüngungsprobleme. Von Cajanders Schülern sind neben Cajanders eigenen Arbeiten zahlreiche Untersuchungen über die Waldtypen und deren Anwendungsmöglichkeiten als Bonitierungsklassen sowie als Grundlage für Waldbau, Verjüngung, Brandkultur u. a. durchgeführt worden.

Im benachbarten Schweden allerdings hatte man Cajander zunächst abgelehnt, zumal, nachdem man gesehen hatte, daß für die besonders in Mittel- und Südschweden weit komplizierteren Verhältnisse eine Bonitierung auf Grund der Waldtypen, was ja der Hauptzweck Cajanders gewesen war, nicht in Frage kommen konnte. Und der weite norrländische Raum rückte ja erst ganz allmählich in den Mittelpunkt des Interesses einer geregelten Waldpflege.

Für die zweite große Gruppe von Waldtypensystemen war es jedoch trotz aller anfänglichen Anfechtungen A. K. Cajander, der mit seinen grundlegenden Gedanken bahnbrechend gewirkt hat.

Unabhängig von derartigen, rein praktischen Zielsetzungen wie bei Cajander entstanden schon in den zwanziger Jahren Gliederungen der Waldtypen auf Grund der Boden- und Feldschicht, die wir aber wegen ihres — wenn auch latenten — ökologischen Charakters gemeinsam mit der Einteilung Cajanders bereits zur zweiten großen Gruppe von Waldtypensystemen rechnen wollen.

In diesem Zusammenhange ist vor allem C. Malmström zu nennen, dessen System (1926), wie er selbst sagt (1949 S. 19), ein rein botanisches ist, dessen Charakterarten allein auf Grund der Vegetation bestimmt sind. „Doch auch ein solches System wird unweigerlich — obgleich indirekt — mehr oder minder ein Ausdruck für gewisse ökologische Verhältnisse sein" (Malmström, 1949 S. 19 — übersetzt vom Verf.). Doch behält Malmström hier, wie auch in späteren Arbeiten, noch immer die Holzart als gliederndes Moment neben Feld- und Bodenschicht bei. (So auch O. Tamm 1927 u. 1929).

Erst in seinem 1949 aufgestellten „Waldtypenschema für praktisch forstliche Zwecke im oberen Norrland" fällt die Holzart bei der Benennung der Waldtypen endgültig weg (1949 dt. Zusammenfassung S. 227). Für die Aufstellung dieses Systems nennt Malmström zwei wesentliche Grundsätze (1949 dt. Zusammenfassung S. 227): „Die Typen müssen leicht zu erkennen sein und sie müssen einen klar ersichtlichen waldbaulichen Wert dadurch haben, daß sie gewisse mehr augenfällige ökologische Zusammenhänge zum Ausdruck bringen."

C. Malmström gelangte so zur Aufstellung folgenden Waldtypenschemas (verkürzt und zusammengefaßt nach Malmström, 1949 S. 227—29 vom Verf.): s. Tabelle 3.

Mit diesem Waldtypenschema ist auch innerhalb der Arbeit der Forstversuchsanstalt der Schritt von der rein botanischen Klassifizierung in pflanzensoziologische Soziationen (= Untergruppen der Assoziationen) zu einer mehr oder minder zweckdienlichen Waldtypeneinteilung vollzogen worden, eine Entwicklung, die in dem von O. Eneroth 1936 aufgestellten Schema bereits in aller Klarheit deutlich wird.

Der Waldtypenbegriff Eneroths lehnt sich an den Cajanders an, wie aus Eneroths eigenen Ausführungen deutlich hervorgeht. Das 1931 und 1934 bei seinen „Verjüngungsstudien in Lappland" angewandte System dagegen erinnert noch sehr an das Schema der Forstversuchsanstalt von 1926. Auf Grund seiner Auffassung der Waldtypen als ökologische Standorteinheiten war für Eneroth, wie er selbst 1936 äußert, allerdings die Notwendigkeit gegeben, sowohl eine weitere Gruppe der feuchten Waldgesellschaften als zwischen den frischen und den eigentlichen Sumpfwäldern stehend auszuscheiden[1]) als auch die sehr heterogene Gruppe der flechtenreichen Wälder aufzugliedern. Diese umfaßte nach Eneroth (1936 S. 3) bisher sowohl solche Bodenvegetationstypen, die waldtypentrennend im Cajanderschen Sinne sind, als auch solche, die mehr oder minder ephemären Charakter tragen und auf der Geschlossenheit des Baumbestandes beruhen.

In demselben Aufsatz (1936) diskutiert Eneroth eingehend das Problem der Bonitierung mit Hilfe der Waldtypen, wie es Cajander angestrebt hat. Als unbedingt zu berücksichtigenden Faktor führt Eneroth (1936 S. 10) die Höhenlage an, die nämlich erwiesenermaßen für den Baumbestand weit bedeutsamer ist als für die Bodenvegetation. „Derselbe Waldtyp vertritt z. B. in Norrland in verschiedenen Höhenlagen ganz deutlich nicht dieselbe Bonität" (Eneroth 1936 S. 10, übersetzt v. Verf.). Auch die u. U. ausgebildete Bodenschichtung führt Eneroth als sehr bedeutsam an. Denn dann reichen oft die Baumwurzeln in eine völlig andersartig beschaffene Schicht als die Wurzeln der Boden-

1) wurde von C. Malmström 1929 ebenfalls durchgeführt!

Waldtypenschema nach C. Malmström

Flechtenwaldtypen (L)

Extreme Flechtenwälder (Ll)	Flechtenwälder (Lm)	Flechtenwälder mit Sumpfmoosen (Ls)

Zwergstrauchwaldtypen

Zwergstrauchwälder mit Flechten (Rl)	Zwergstrauchwälder (Rm bzw. Ru)	Zwergstrauchwälder mit Sumpfmoosen (Rs)

Waldtypen mit niedrigeren Kräutern (LÖ)

Mooswälder mit niedrigeren Kräutern und mit Flechten (LÖl)	Mooswälder mit niedrigeren Kräutern (LÖm bzw. LÖu)	Mooswälder mit niedrigeren Kräutern und mit Sumpfmoosen (LÖs)
Cornus-Wälder mit Flechten	Cornus-Wälder	Cornus-Wälder mit Sumpfmoosen
	Majanthemum-Wälder	Majanthemum-Wälder mit Sumpfmoosen
	Dryopteris-Wälder	Dryopteris-Wälder mit Sumpfmoosen
	Mooswälder mit Gräsern und niedrigeren Kräutern	

Waldtypen mit höheren Kräutern (HÖ)

Mooswälder mit höheren Kräutern (HÖm bzw. HÖu)	Mooswälder mit höheren Kräutern und mit Sumpfmoosen (HÖs)
Geranium-Wälder	Geranium-Wälder mit Sumpfmoosen
Aconitum-Wälder	Aconitum-Wälder mit Sumpfmoosen

Sumpfwaldtypen (S)

Hochmoorartige Sumpfwälder (S moss)	Zwergstrauchwaldartige Sumpfwälder (S Rs)	Niedermoorartige Sumpfwälder (S kärr)

Tabelle 3

vegetation. Eneroth, 1936 S. 11: „So viel wird jedenfalls deutlich, daß die Waldtypen für Bonitierungszwecke in irgendeiner Weise mit der Höhenlage kombiniert werden müssen und daß man auf geschichteten Böden nicht dieselbe Anwendbarkeit für ein derartiges Bonitierungsverfahren erwarten darf wie auf ungeschichteten" (übersetzt vom Verf.).

Eneroth selbst sieht folglich die Bedeutung der Waldtypen vor allem auf den anderen Gebieten des Waldbaus, weit mehr jedenfalls als auf dem Gebiet der Bonitierung. Besonders hebt Eneroth die Bedeutung der Waldtypen bezüglich der Verjüngung hervor, was auch Cajander bereits andeutete. Denn die Artenzusammensetzung der Bodenflora sowie der Zustand der obersten Humusschicht bestimmen weitgehend die Verjüngungsmöglichkeit eines Waldtyps, d. h. die Konkurrenzfähigkeit der jungen Keimlinge mit dem Mutterbestand und den Pflanzen der Bodendecke.

Doch auch bezüglich der Verjüngungsprobleme hält Eneroth eine Kombination der Waldtypen, die für ihn zugleich Ausdruck des Wasserhaushalts sowie des Nährstoffvorrats des jeweiligen Standortes (= Wuchsplatz) sind, mit der betreffenden Höhenlage für unerläßlich, was aber im allgemeinen mit Angabe der Höhenlage über dem Meeresniveau befriedigend erfüllt werden kann.

Im selben Aufsatz versucht Eneroth (wie schon früher Heimburger 1934, S. 62) als erster für Schweden eine einfache schematische Darstellung des Zusammenhanges der Waldtypen mit Wasser- und Nährstoffhaushalt des Bodens zu geben. In den nachfolgenden Jahren wurde dieses Schema in unveränderter oder etwas veränderter Form vielfach übernommen, so insbesondere von E. Ronge und T. Arnborg.

Von den sich eng an O. Eneroth anschließenden Systemen soll hier dasjenige von T. Arnborg diskutiert werden.

Arnborgs System (1943 S. 38), das mit einer fast vollkommen analogen Aufgliederung auch in den Aufsatz „Det nordsvenska skogstypsschemat" (= das nordschwedische Waldtypenschema; Arnborg,[1]) 1945 S. 7) eingeht, unterscheidet sich von Eneroths, außer hinsichtlich der Anordnung, vor allem durch die Zusammenfassung des Flechten-Zwergstrauchtyps mit der primären Flechtenheide zum scharfen Zwergstrauchtyp sowie durch die Ausschließung des Dryopteris-Cladoniatyps, dem keine praktische Bedeutung zukommt. Die Dryopteris-Serie wird als Dryopteris-Zwergstrauchserie bezeichnet und die krautreiche Serie in eine Kräuter-Zwergstrauchreihe und eine Kräuterreihe untergliedert. Die bei Eneroth angegliederten, aber unaufgeteilten Sumpfwaldtypen teilt Arnborg nach dem Nährstoffhaushalt in vier Gruppen; die bei Eneroth zugeordnete Serie der Bruch- und Moorgesellschaften schließt Arnborg aus.

In zwei Schemen gibt Arnborg 1943 den Zusammenhang seiner Waldtypenbezeichnungen mit den zugehörigen Feldschicht- und Bodenschichtgesellschaften. Die auftretenden bestandsbildenden Baumarten finden in seinem Schema selbst keine Berücksichtigung.

Genau so wie Eneroths System müssen wir auch Arnborgs System als ein ökologisches ansehen, das sich aber weit mehr als das System Eneroths mit dem 1949 von Malmström für Västerbotten veröffentlichten parallelisieren läßt.

Um das für unsere Zwecke, d. h. für eine physiognomisch-ökologische Gliederung brauchbarste System herauszufinden, das sowohl die physiologische als auch die ökologische Bedeutung genügend berücksichtigt, müssen wir unser Augenmerk auf beide Gruppen richten.

Die mögliche Einordnung der Waldtypen nach Wasser- und Nährstoffhaushalt ist ausschlaggebend für die Brauchbarkeit der beiden Systeme von Malmström und Arnborg hinsichtlich einer ökologischen Gliederung der Waldtypen in Norrland, wobei ich dem Arnborgschen Schema im Hinblick auf unsere gleichzeitig angestrebte physiognomische Gliederung mit seiner anschaulichen Hauptgruppierung der Typen nach dem Charakter der Feldschicht den Vorzug geben muß. Denn die spezielle Ausprägung der Feldschicht fällt weit unmittelbarer physiognomisch ins Auge als die der Bodenschicht, die, sobald eine Feldschicht ausgebildet ist, was aber bei den allermeisten Typen der Fall ist, fast vollkommen zurücktritt.

Auf Grund meiner Beobachtungen in Hälsingland - Härjedalen erscheint es mir angebracht, dem extremen Flechten-Zwergstrauchtyp auch hinsichtlich des Nährstoffhaushalts eine extreme Stellung gegenüber der übrigen Zwergstrauchreihe im Schema zu verleihen. Mit den Schrägstrichen soll hier, genau so wie bei den Sumpfwaldtypen und den von mir in Anlehnung an Eneroth in das Nähr-

1) bzw. 1947a (2. Aufl. zu 1945).

stoffschema eingeordneten Bruch- und Moortypen, angedeutet werden, daß die Unterordnung bezüglich des Nährstoffhaushalts keine absolut gültige darstellt, sondern in weiten Grenzen schwanken kann.

Wie ich bereits eingangs hervorgehoben hatte, müssen wir für ein physiognomisch-ökologisches System, wie wir es hinsichtlich einer waldlandschaftlichen Gliederung zweifellos anzustreben haben, neben der Untervegetation (Feld- und Bodenschicht) auch der Baumschicht den ihr gebührenden Platz einräumen. Wir werden bei jeder Beschreibung von Waldtypen zugleich auch eine Beschreibung des betreffenden Baumbestandes zu geben haben.

In diesem Zusammenhange taucht die Frage auf, ob denn nicht die Möglichkeit besteht, mit Vorteil eines der älteren Systeme anzuwenden, die ja doch zum größeren Teil sowohl die Holzartenzusammensetzung als auch die Bodenvegetation berücksichtigen.

Brauchbar dürfte die Gliederung Hults sein, die aber doch gegenüber der Übersichtlichkeit und Klarheit der Gliederungen Eneroths, Malmströms und Arnborgs zurückstehen muß.

Nilsson, der seine Großgliederung in Heideserie, Wiesenserie, Bruchserie und Moorserie auf Grund ökologischer Gesichtspunkte durchgeführt hat, faßt bei der Untergliederung nach der dominierenden Holzart zu sehr verschiedene ökologische Untergruppen zusammen, als daß wir uns ihm bei dem heutigen Stand der Forschung ohne Bedenken anschließen könnten.

Bei dem von der forstlichen Versuchsanstalt angewandten, von Hesselman 1906 dargelegten Waldtypensystem ist die Bezeichnung und Untergliederung auf Grund sehr verschiedenartiger Gesichtspunkte durchgeführt. Sowohl Bodenschicht, Feldschicht als auch Baumschicht in ihrer verschiedenen Prägung treten bei der Typenbildung abwechselnd als kennzeichnend in Erscheinung.

Das bei der Reichswaldtaxierung (1923—29) angewandte, zwar sehr leicht faßliche System muß hinsichtlich einer ökologischen Gliederung als zu grob erscheinen. Denn die Baumschicht spielt ja, wie wir bereits eingangs festlegten, nur eine untergeordnete ökologische Rolle, so daß wir dann vom ökologischen Standpunkt aus nur vier Gruppen, nämlich den flechtenreichen, den moosreichen, den kraut- und grasreichen und schließlich den sumpfigen Typ zu unterscheiden haben.

Auch Malmströms frühere Arbeiten berücksichtigen bei der Waldtypengliederung u. a. die Holzart, jedoch scheint mir, daß diese Gliederungen hinsichtlich Klarheit und Übersichtlichkeit hinter seinem 1949 aufgestellten System zurückstehen, das von einem einheitlichen Gliederungsgedanken geformt worden ist.

In den z. T. auf Malmströms früheren Arbeiten aufbauenden Gliederungen von Lagerberg, Tamm und Malmström selbst erhält die Holzart immer mehr nur noch untergliedernden Wert in dem Schema der Waldtypen.

Hinsichtlich der kausal-ökologischen Gliederung verbinden die neuesten Arbeiten von Malmström (1949) und Arnborg (1945) beide in genialer Weise Übersichtlichkeit, Klarheit und ökologisch-waldbauliche Zweckmäßigkeit. Da Arnborg in seiner Hauptgruppierung die physiognomisch bedeutsamere, augenfälligere Zusammensetzung meines Erachtens mehr in den Mittelpunkt der Betrachtung und der Namensgebung rückt als Malmström, möchte ich ersterem für unseren geographischen, waldlandschaftskundlichen Zweck den Vorzug geben.

Daß man sich jedoch sehr davor hüten muß, dieses oder jenes System als grundsätzlich richtig anzusprechen, hat bereits Enroth (1936)in aller Schärfe betont. Da Eneroths Äußerung durchaus mit meiner eigenen Auffassung auf Grund von Beobachtung und Erfahrung übereinstimmt, möchte ich sie hier in freier Übersetzung wiedergeben (1936, Sonderdruck S. 17):

„Auf Grund der Tatsache, daß sowohl der Wasserhaushalt als auch der Nährstoffvorrat selbstverständlich in verschiedenster Weise abgestuft werden können, kann man in analoger Weise auch eine gröbere und feinere Einteilung in Waldtypen durchführen, ohne daß man berechtigt ist zu sagen, die eine sei richtiger als

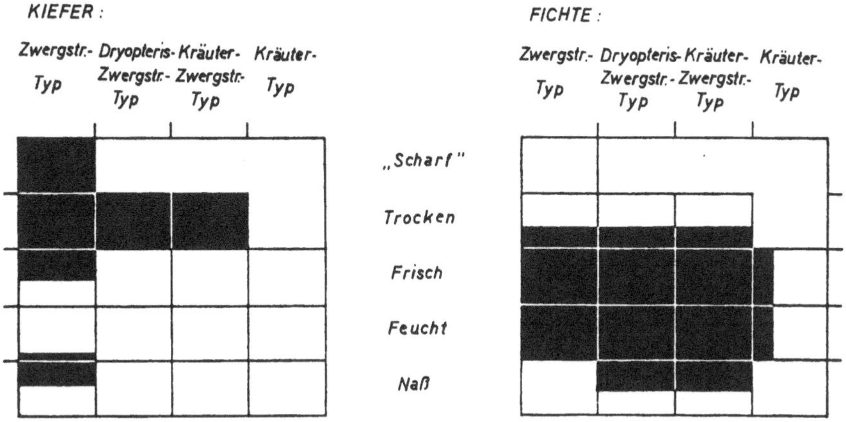

Abb. 50. Hauptverteilung der natürlichen Verjüngung von Kiefer und Fichte (dunkle Fläche) [1] auf die verschiedenen Waldtypen (aus Arnborg 1945 bzw. 2. Aufl. 1947 S. 16). In dieser Zuordnung liegen zugleich Hinweise für eine mögliche pflanzensoziologische Gliederung nach dem System Braun-Blanquets in Pinetum, Picetum und Betuletum.

[1] ╳ in der Natur nicht auftretend

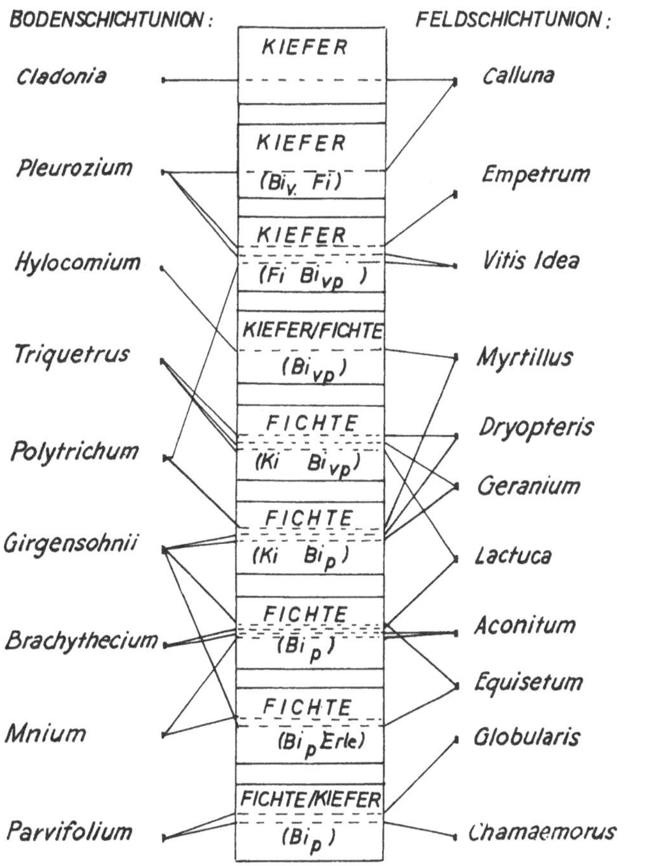

Abb. 51. Die häufigsten Kombinationen von Feld- und Bodenschichtunionen in den Nadelwäldern Nordschwedens und ihre dominanten und subdominanten (in Klammern) HOLZARTEN (nach T. Arnborg 1950 S. 13)
Ki = Kiefer; Fi = Fichte; Bi = Birke: v. = Bet. verrucosa, p. = Bet. pubescens.

die andere — natürlich vorausgesetzt, daß beide Einteilungen das beschreiben, was sich wirklich auf dem Boden findet."

Mit Arnborgs Waldtypengliederung haben wir zweifellos im Hinblick auf die Ökologie auch für den nach den räumlichen Zusammenhängen forschenden Geographen ein durchaus befriedigendes System vor uns. Die Forderung der Landschaftskunde nach gleichzeitiger Darstellung der äußeren Physiognomie können wir infolge des ökologisch zweckmäßigen vollkommenen Ausschlusses des Baumbestands mit diesem System nicht befriedigen.

Die älteren Gliederungen dagegen, die dieser äußeren Physiognomie hinsichtlich der ausgebildeten Baumschicht weit mehr gerecht zu werden vermochten, müssen wir heute wegen der ökologisch mangelhaften und z. T. unklaren Darstellung für die Beschreibung zugleich auch forstlicher Waldtypen ablehnen.

Wollen wir trotzdem im Rahmen einer geographischen Betrachtung neben der Ökologie auch die Physiognomie in ihrem vollen Umfange erfassen, so bleibt uns nur die Möglichkeit, die Arnborgschen Typen in Untertypen nach der vorkommenden Holzart aufzugliedern, d. h. ein volles System mit Berücksichtigung der Baumschicht aufzustellen, oder aber uns im Hinblick auf die Klarheit und Durchsichtigkeit des Schemas auf das Aufzeigen der jeweiligen Zuordnungsmöglichkeiten des Baumbestandes im Zusammenhang mit den „Waldtypen" im klassischen Sinn zu beschränken.

In Hinsicht auf die Rolle der „Waldtypen" in Waldbau und Waldwirtschaft, die ja in einer Waldlandschaft von größter Bedeutung sind, wo aber gerade der mehr zufällige Charakter der Baumschicht in großen Teilen der Wälder deutlich wird, möchte ich den zweiten Weg gehen und hier die allgemeineren Zusammenhänge zwischen Waldtyp (im klassischen Sinn) und den zugehörigen Baumbeständen an Hand zweier Darstellungen nach T. Arnborg aufzeigen (Abb. 50/51).

Die erste gibt einen Überblick über die Hauptverteilung der natürlichen Verjüngung von Fichte und Kiefer innerhalb der Waldtypen des aufgestellten Schemas (vgl. Arnborg 1945 S. 16).

Die andereDarstellung zeigt den Zusammenhang zwischen Boden- und Feldschichtunionen einerseits und Holzart andererseits (Arnborg 1950 S. 13).

Nun bleibt uns als letztes noch die Parallelisierung der einleitend beschriebenen, im Färila socken hauptsächlich auftretenden Waldgesellschaften mit dem gewonnenen Waldtypensystem.

Die sehr trockene, flechtenreiche Kiefernheide müssen wir zu den extremen Zwergstrauchtypen rechnen, Übergangstypen können zuweilen dem trockenen Zwergstrauchtyp angehören.

Der dichte Fichtenwald mit pelziger Moosdecke gehört zweifellos zu den frischen Zwergstrauchtypen und ist mit Arnborgs Hylocomium- oder Dickmoostyp zu parallelisieren.

Der frische Kiefern-Fichtenmischwald mit Vaccinium-Feldschicht und Moosen fällt ebenfalls in die Gruppe der frischen Zwergstrauchtypen, wogegen der Dryopteris-reiche Fichten- und Fichten-Kiefernmischwald zur nährstoffmäßig besser gestellten Gruppe der Dryopteris-Zwergstrauchwälder gehört und im allgemeinen ein Glied der frischen Wälder darstellt.

Das Birken-Fichtentälchen weist eine reichere Vegetation auf, die zugleich auf größeren Nährstoffreichtum deutet. Meist können wir diese Pflanzengesellschaft in den frischen bis feuchten krautreichen Zwergstrauchtyp einordnen, zuweilen auch in den feuchten Kräutertyp.

Der bruchartige Birken-Fichtensumpfwald gehört im allgemeinen zur Gruppe der niedermoorartigen Sumpfwälder, der moorähnliche Kiefernsumpfwald dagegen meist zur Gruppe der hochmoorartigen Sumpfwälder (nach Malmström, 1949 S. 227).

Der Kahlschlag mit Weidenröschen (Epilobium angustifolium) kann den Waldbeständen der Dryopteris-Zwergstrauchreihe zugeordnet werden, die Kahlfläche mit reichlichem Graswuchs dagegen im allgemeinen den nährstoffmäßig schlechter gestellten Typen der Zwergstrauchreihe.

Die Waldtypenverteilung auf Grund durchgeführter Untersuchungen und Beobachtungen soll im folgenden die statthaften Grenzen aufzeigen, innerhalb derer der Mensch entscheiden darf, in welcher Richtung sich der neue Bestand entwickeln soll. Leider liegt keine statistische Untersuchung in derselben Art wie die der Holzartenverteilung vor. Hier steht nur die 1942 durchgeführte Reichswaldtaxierung zur Verfügung, von der acht Linien den Färila socken von SW nach NO schneiden, also mehr oder minder senkrecht zum Hauptflußlauf des Ljusnan. Für diese acht Linien habe ich mit Hilfe der barometrischen Höhenmessungen, die während der Untersuchungen durchgeführt wurden, Höhenprofile in Richtung der Taxierungslinien gezeichnet, um auf ihnen den Zusammenhang zwischen fast allen wesentlichen Taxierungsmerkmalen darzustellen (vgl. Abb. 53).

Bei der jüngeren Reichswaldtaxierung, die in Färila-Kårböle als zu Gävleborgs län gehörig 1942 durchgeführt wurde, fand sowohl eine Linientaxierung als damit verbunden auch eine Probeflächentaxierung zwecks näherer Analyse des Waldlandes statt. Der Abstand der parallelen Taxierungslinien betrug $6^2/_3$ km. Es ist daher klar, daß für einen kleinen Raum wie den Färila socken kaum eine statistische Auswertung des Materials in Frage kommt. Die Linientaxierung dürfte in diesem Zusammenhang keine brauchbaren Ergebnisse liefern.

Anders steht es mit den Probeflächen-Protokollen, die sich eingehend einer Beschreibung der Standorts- und Bestandsverhältnisse widmen. Die Probeflächen lagen entlang der Taxierungslinien, und zwar im Abstand von ca. 300 m (6 Doppelprobeflächen auf 2 km mit einem Radius von 4,607 m). Das Areal zweier solcher Probeflächen, die als Einheit bezüglich der Aufzeichnungen behandelt wurden, belief sich auf $133^1/_3$ qm (SOU 1947 : 36, S. 31—32). Die Taxierungslinien wurden je nach den lokalen Verhältnissen, d. h. den Wege- und Geländegegebenheiten, von SW nach NO bzw. umgekehrt begangen.

Neben Altersklasse (åldersklassfördelning), Bonität (bonitet enl. Jonson), Haubarkeitsalter (bzw. Bestandsalter = huggningsklass), Bestandsform (beståndsform), Holzartenverteilung (trädbestånd), den waldbesitzlichen Verhältnissen (ägargrupp) sind in den Probeflächen-Protokollen auch Angaben über Höhenlage (höjd ö. h.), Windrichtung (vindexposition), Hangneigung (marklutning), Bodenvegetation (Feld- und Bodenschicht sowie Leitpflanzen; schwed. vegetationsklassifikation, bottenskikt, fältskikt, ledväxter), Schlußgrad (slutenhetsgrad), Holzqualität (mit Hilfe des „kvistighetsgrad") sowie Bestandsentwicklung (beståndshistorik) enthalten. Die Eintragung erfolgte auf übersichtlichen Vordrucken, von denen ich ein Beispielblatt beifügen möchte (Abb. 52).

Welche Angaben sollten nun in erster Linie ausgewertet werden? Hinsichtlich der Physiognomie mußten es in erster Linie Elemente der Bestandsbeschreibung, hinsichtlich der Ökologie Standortsfaktoren sein. Da das Hauptziel war, die Waldtypen mittels dieser Probeflächentaxierung in ihren natürlichen Zusammenhängen und waldbaulichen Möglichkeiten zu erkennen, mußte zunächst die Zuordnung der einzelnen Bestände zu gewissen (im wesentlichen Arnborgschen) Waldtypen erfolgen.

Dabei konnte die Vegetationsklassifikation, in Zweifelsfällen ergänzend die Holzartenzusammensetzung und der Schlußgrad, wertvolle Unterlagen bieten. Mit Hilfe von SOU 1947 : 36; S. 152/53 war es möglich, ein leichtfaßliches Schema der jeweiligen Zuordnung auf Grund des Vegetationscharakters zu entwickeln. Das auf den „Waldtypenprofilen" abgebildete Waldtypenschema entspricht dem in Tabelle 4 dargestellten. Eine Untergliederung des frischen Zwergstrauchtyps war besonders aus physiognomischen und waldbaulichen Gesichtspunkten heraus wünschenswert.

Die Darstellung der Waldtypen erfolgte in entsprechend abgewandelten Kreissymbolen auf Höhenprofilen. Die übrigen Angaben über Altersklassen, Bestandsform, Schlußgrad, Holzart einerseits und Windexposition, Hangneigung und -richtung und Bonität andrerseits waren infolge ihrer bereits für die Darstellung brauchbaren zahlenmäßigen Aufschlüsselung und der fehlenden Komplexheit bedeutend leichter zu bearbeiten und ober- bzw. unterhalb der Profillinie in derselben Spalte wie der entsprechende Waldtyp einzutragen.

So vermag diese „Waldtypenprofil"darstellung, wie ich sie genannt habe, zum ersten Male einen gleichzeitigen, aber doch noch übersichtlichen Eindruck aller wesentlichen Faktoren für Standort und Ausprägung der Waldtypen zu vermitteln. Durch Abdecken

PROVYTEPROTOKOLL

Kalmark	Åldersklassfördelning i tiondelar*) I < 20 år	II 21—40 år	III 41—60 år	IV 61—80 år	V 81—100 år	VI 101—120 år	VII—VIII 121—160 år	IX + 161 + år
			10					
Kol. 14	15	16	17	18	19	20	21	22

*) Undervåxt, överståndare och fröträd ingå ej i denna arealfördelning.

Ytans beskrivning jämte därtill hörande träd omfattar endast del av ytan i tiondelar (kol. 11):

1	2	3	4	5	6	7	8	9

För Norrbottens läns kustland:
Svårföryngrad skog (26: ¹²/) (ej för allmän skog)
Fri skog .... (26:)

Ifylles å kontoret:
Län, länsdel: 11/9
Flodområde: 2
Avsättningsläge 0 ¹²/₁ 1 2 3 4 5 6

Taxeringslinje nr 180
2 km nr 738
Provyta nr V: 1 2 3 4 Ö: 1 2 ~~3~~ 4

Grupp för bonitering enl. försöksanst:s bon. Angives för skogsmark (exkl. huggn. kl. A) samt trädbevuxna berg och myrar.
~~I~~ (1) II (2) III (3)

Höjd ö. h. (enl. barom.) 170 Klockslag 14⁰⁰
Korrigerad höjd 180 (27: 7)

Uppgifter från arealexteriören	Kol. & code
Bonitet enl. Jonson	12:
~~I~~	2
III	3
IV	4
V	5
VI	6
VII	7
VIII	8
(IX) Fjällbarrskog	9
Från arealexteriören avvikande bonitet:	13:
Huggningsklass	23:
A kal	0
A trädbevuxen	1
B	2
~~C~~	3
D 1 ¹)	5
D 2	6
D 3	7
E	8 9
Från arealexteriören avvikande huggn. klass:	
Trädbestånd utom för h. kl. A (kal)	24:
Tallskogar	1
~~Granskogar~~	2
Barrblandskogar	3
Bland. barr- och lövskogar: barr = löv	4
överv. barr	5
överv. löv	6
Lövskogar	7

Ägargrupp: (ej f. inägojord)
Obestämd (25 : 0)
Allmänna { Kronoskog (25 : 1) Övriga (25 : 2)
~~Enl. karta~~ Konstaterad å marken
~~Enskilda~~ { Aktiebolag (25 : 3) ~~Övriga~~ (25 : 4)

Ägoslag: ~~Skogsmark~~ (26 : 1) Hagmark (26 : 2) | Inägojord (26 : 3) Övrig mark Fjäll (26 : 9) | Berg (26 : 4) Myrar (kol. 26) Div. mark (26 : 8) | 5. rismosse 6. starrmosse 7. kärr | odikad (28 : 1) dikad | nyligen utförd { omföring till skogsmark { att förvänta (28 : 2) ej att förvänta (28 : 3) | äldre { omföring till skogsmark { att förvänta (28 : 4) ej att förvänta (28 : 5)

För skogsmark och hagmark:

Vindexposition: ~~Ingen~~, mindre stark, stark, extra stark. N. E. S. W. {(nära havet); (mot fjället). annan orsak.
kol. & code 28:— ¹¹/ ¹²/ 28:1 2 3 4 29:11 29:12

Marklutning: 0—5°, 6—10°, ~~11—20°~~, 21—30°, 31°— ~~N.~~ E. S. W.
kol. & code 29:0 1 2 3 4 30:1 3 5 7

Vegetationsklassifikation (kol. 31):
1. ~~Fastmark~~. 2. *Avdikad torvmark.—Torvmarkers växtsamhällen:* Sumpskogar: 3. egentliga. 4. mosseaktiga. 5. kärraktiga.

Betespåverkade { Bottenskikt: saknas, renlav, korall-lav, ~~friskmarksmossor~~, sumpmossor. Fältskikt: saknas, ~~ris~~, örter, gräs. Dom. ris: ~~blåbär~~, lingon, ljung, kråkbär, mjölon.

32: 2
33: 11/1

Inom [ ] angives ledväxternas förekomst med: 1 = enstaka < ¹/₁₆ 2 = tunnsådd — strödd = ¹/₁₆—¹/₄ 3 = riklig — ymning = ¹/₄—1

För huggnkl. A (kal.): förekomst över ¹/₄ av kruståtel, mjölke, hallon, örnbräken

34	
35	

Ledväxter: 0 saknas, 12 midsommarblomster [ ], 9 blåsippa [ ], 8 stormhatt [ ], 7 övr. högörter [ ], 6 högv. ormbunkar [ ] (ej örnbräken)
11 ~~Dryopteris~~, 5 Linnæana [1], 4 bönskornell [ ], 3 vitsippa [ ], 1 ~~ekorrbärsört~~ [1], 2 övriga ~~lågörter~~ [2]
Övr. högörter = tolta, älggräs, Paris o. Trollius. „ lågörter = Oxalis, stenbär, smultron o. Pyrola.

Kvistighetsgrad:
a) Ej bedömd på grund av { höjd < 5 m. ~~annan orsak~~
b) Medeldiam. > 15 cm { 5 m stocklängd: Kvist.gr.: 1 2 3
„ < 15 cm { Grenvarv vid 3¹/₂ m: Kvist.gr.: 1 2 3 Torrkvist Grönkvist enl. fig.

Slutenhetsgrad (kol. 37).

A kal	0,3	0,4	0,5	0,6	~~0,7~~	0,8	0,9	1,0	1+

7

Beståndsform utom för h. kl. A (kal.)	36
~~Likåldrig~~	1
Tvååldrig	2
Fleråldrig	3
Restskog	4

Beståndshistorik.
Uppkomstsätt (anges för ungskog under 10 år vid brh.) (kol. 39):
0. ~~ej bedömd~~,
1. självsådd, 2. kulturskog; { ej, något (11), starkt (12) } skadad genom betning.
Tidigare huggningar: 0. ej verkställd, 1. röjningsgallring, (2. stavagransröjning), 3. ~~gallring~~, 4. föryngringshuggning. (kol. 40)
Tillstånd i övrigt (kol. 41) { 1. ~~tillfredsställande~~ 2. mindre tillfredsställande 3. otillfredsställande } På grund av endera (kol. 42) { 1. försumpning 2. stavaskogskaraktär 3. olämpligt trädslag el. härstamning 6. snöbrott 7. skogseld under senaste 10 åren 8. övriga skador
Åtgärdsförslag: a) dikning { erforderlig, ~~ej erforderlig~~ } b) byggesröjning { erforderlig, möjligen erforderlig, ~~ej erforderlig~~ } c) huggning { erforderlig, ej erforderlig } a, ~~b~~
Grantorka { ~~ej bedömd~~ 0, 1, 2, 3, 4.
Antal torra träd ≥ 15 cm (inom provytan)

Kol.	Code
43	

Kontroll å kontoret:	
1. Teknisk kontroll	
2. Nedräkning av stamlista	
3. Kontroll av d:o	
4.	
5.	
6.	

Plantförekomst.
Angives endast för huggningsklasserna A, B (endast plantskog), D:2, D:3 och E (endast trasbestånd) samt restskog. Förekomma inga plantor, angives 0; skall planträkning ej företagas, korsas tabellen.

Antal plantor intill 5 av varje slag:

Trädslag	1:a ytan −2	2—8	8—13	2:a ytan −2	2—8	8—13
höjd i dm för tall						
tall						
gran			~~X~~			
björk						

Stamlista

Träden prickas med stående prickning i övre vänstra hörnet av varje ruta utom beträffande undervåxt, överståndare och fröträd för vilka liggande prickning i nedre högra hörnet tillämpas. Förekomma inga träd å ytan, angives 0. Å ytor, där uppräkning av stamantalet ej skall företagas (å fjäll, tomt, trädgård m. m.) korsas stamlistan.

Antal provträd	Diam klass	tall t	tall s	gran t	gran s	björk³) subalp. björk t	s	asp t	s	al t	s	övriga t	s	Vrak³) t	s	Summa ⁴)
	0—			卌 卌 卌 III		I				I		I				21
	2,5—			卌 II						I						8
t = totalt s = därav stämpl.																
	5—			II	I					II	I					4
	7,5—															
	10—			I												1
	12,5—			I												1
	15—			I												1
I	17,5—			I												1
I	20—			II	I											2
I	25—			I												1
	30—															
I	35—	—	—													1
	40—															
	45+															
	S:a	1		34		1				4		1				41

Härjämte extra provträd | 1 |

²) Endera korsas i förekommande fall.
³) Bedömda vid linjetaxeringen.
⁴) Här antecknas för D:3 vid etappvis huggning ¹/₂ eller ¹/₃.

Datum 18/9 1942.
Lag nr 1 Lagledarens sign. F. A.

Rikskogstaxeringsnämnden, bl. F 4. April 1941. 400 bl. à 50 st.

¹) Här antecknas förväntad årsringsbredd uttryckt i procent av medeldiametern.

Abb. 52

Feuchtigkeitsgrad	Nährstoffvorrat			
	Genügend	Gut	Reichlich	Üppig
„Scharf“ (extrem trocken)	Extremer Flechten- zwergstrauchtyp [Ll, Lm, Ls] (Pinetum)			
Trocken	Trockener Zwergstrauchtyp [Rl] (Pinetum bet.)	Trockener Dryopt.- Zwergstrauchtyp [LÖl] (Pinetum u. Picetum)	Trockener Kräuter- Zwergstrauchtyp [Höu] (Picetum bet.)	
Frisch	Frischer Zwerg- strauchtyp [Rm, Ru] (Pinetum u. Picetum)	Frischer Dryopt.- Zwergstrauchtyp [LÖm] (Picetum bet.)	Frischer Kräuter- Zwergstrauchtyp [Höm] (Picetum bet.)	Frischer Kräutertyp [Höm] (Beluletum)
Feucht	Feuchter Zwergstrauch- typ [Rs] (Picetum)	Feuchter Dryopt.- Zwergstrauchtyp [LÖs] (Picetum bet.)	Feuchter Kräuter- Zwergstrauchtyp [Hös] (Picetum bet.)	Feuchter Kräutertyp [Hös] (Betuletum)
Naß	Moorartige Sumpfwälder [S] (Pinetum)	Eigentliche Sumpfwälder [SRs] (Picetum bet.)		Bruchartige Sumpfwälder [S] (Betuletum u. Alnetum)
Extrem naß	Zwergstrauchmoore	Seggenmoore		Bruchmoore

Tabelle 4: Waldtypenschema in Anlehnung an T. Arnborg (1945 bzw. 1947a)

[ ] gibt die Parallelisierung mit dem Waldtypenschema von C. Malmström (1949).
( ) gibt die mögliche Zuordnung zur pflanzensoziologischen Gliederung nach dem System Braun-Blanquets — eingetragen nach Durchsicht von C. Malmström, 1949 Beilage 1 : S 139 – 181 und des Primärmaterials von R. Tüxen aus dem Jahre 1950.

einzelner im Augenblick bei der Betrachtung störender Faktoren ist zudem die Möglichkeit gegeben, die Abhängigkeit von einem Faktor über die ganze Länge des Profils hinweg zu verfolgen.

Untersuchen wir zunächst die Waldtypenprofile als solche, so scheint uns die einzige Gesetzmäßigkeit in einer auffallenden Regellosigkeit zu liegen. Erst der Vergleich der verschiedenen Profile führt trotz der ja tatsächlich vorhandenen Lückenhaftigkeit (alle 300 m eine Probefläche) unter Heranziehung von Klima und Boden zu brauchbaren Erkenntnissen.

Betrachten wir das Waldtypenprofil Nr. I, so bleibt unser Blick hängen an der extrem trockenen Calluna-Flechtenheide mit jungen Kiefernbeständen vom Schlußgrad 5—8 und der Höhenbonität 6, offenbar also auf gering fruchtbarem Boden der von subglazialen Schmelzwässern abgelagerten Schotter und Sande (Strecke Nr. 770).

Die nach NO hin folgenden Probeflächen zeigen an Dryopteris reiche Zwergstrauchwälder im Wechsel mit Vacc. myrtillus- und den etwas trocknerer Vacc. vitis Idea-Typen. Wir treffen hier vor allem Fichtenreinbestände von meist mittlerer Bestandsdichte, bzw. Nadel- oder Laubnadelmischwälder. Dem Alter nach müssen die Bestände vorwiegend zu den jüngeren gerechnet werden, was infolge ihrer verkehrsgünstigen Belegenheit in der Nähe der Siedlungen, noch innerhalb des Gebietes der „hemskogarna", durchaus erklärlich erscheint. Die Bonitäten sind durchweg als mittelgut (4—5) zu bezeichnen, abgesehen von einer Sumpfwaldprobefläche, die eine dementsprechend niedrigere Bonität (8) aufweist. Unter den Mischwaldbeständen sind zwei- und dreischichtige Baumbestände nicht selten.

Eine Abhängigkeit von der Hangneigung und Lage kann in dem bisherigen Zusammenhang nur schwerlich geltend gemacht werden. Verfolgen wir das bedeutend kuppigere Gelände südwestlich der „hemskogar"! Hier bieten sich in buntem Wechsel Moor, Sumpfwald, feuchte Zwergstrauchwälder, frische Vacc.-myrtillus-Wälder, üppigere Dryopteris-betonte Wälder und sehr dürftige, trockene Kiefern-Calluna-Flechtenheiden.

Besonders häufig ist die Aufeinanderfolge von dürftigen Kiefernheiden in nur wenig erhöhter Lage und Mooren oder Sumpfwäldern in den Senken, die feuchtigkeitsstauend wirken.

Verlockend nahe liegt die Annahme, daß die SW-Hänge sicher trockenere Waldtypen zeigen werden als die NO-Seiten der Hügel und Berge. Wenn diese Annahme auch sehr häufig in der Natur bestätigt wird — so hier auf der 2-km-Strecke 754 —, können jedoch sehr viele Faktoren variierend einwirken, so daß diese Art der Verteilung zwar häufig, aber durchaus nicht notwendig eintreten wird.

Altersklasse, Schlußgrad und Holzart greifen variierend in die Expositionsverhältnisse ein und gestalten das Klein- und Mikroklima nach ihren eigenen Gesetzen um. Schließlich muß die Bodenart sowie der Bodentyp Berücksichtigung finden, um die Bedeutung beurteilen zu können, die u. U. der Hangneigung und -lage zukommt.

Beim Waldtypenprofil III (Abb 53) treten uns am Gårdsjöån und Ljusnan extrem trockene (= scharfe) und trockene Typen entgegen. Kiefernbestände sind hier charakteristisch mit meist guter, normaler Geschlossenheit, mittlerer Bonität (4—5), am Gårdsjöån (Nr. 768/770) von mittlerem Alter, am Ljusnan (Nr. 780/82) dagegen herrschen junge Bestände vor. Im übrigen treffen wir vor allem Vacc.-Myrtillus-Typen mit Nadel- oder Laubnadelmischwald, stellenweise auch Fichtenbeständen. In Senken treten, besonders oberhalb von 300 m, Vermoorungen auf. Bonitäten und auch Waldtypen deuten an den stärker geneigten Süd- und Osthängen auf bessere Wuchsbedingungen bez. Boden und Mikroklima.

Betrachten wir Waldtypenprofil V, so haben wir ein Profil vor uns, in dem ausgesprochen trockene Typen fast fehlen. Selbst am Ljusnan sind Schotterböden infolge stärkerer Reliefierung kaum ausgebildet. Feuchte und sumpfige Typen sind zahlreich vertreten, besonders auf dem weiten Hochplateau des Digerkölen.

WALDTYPENPROFIL III im Färila socke

(Teil der „TAXIERUNGSLINIE 280")

nach dem Primärmaterial der Reichswaldtaxierung im Gävleborgs län vom Jahre 1942

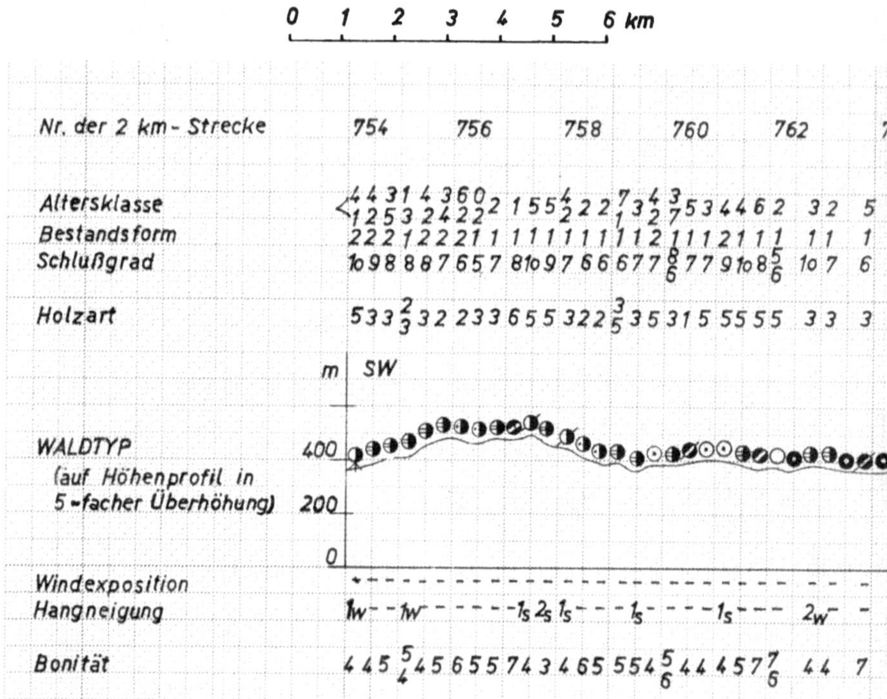

WALDTYPENSCHEMA :

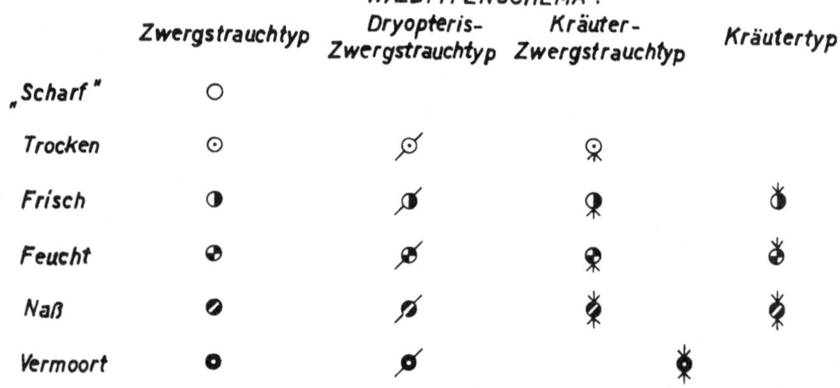

ALTERSKLASSE:
≤20 Jahre: 1
20–40 " : 2
. . . .
≥160 Jahre: 9
Kahlschlag : 0

BESTANDSFORM:
einschichtig : 1
zweischichtig: 2
mehrschichtig: 3
Restbestand: 4

Schlußgrad:
in Zehnteln

HOLZART:
Kiefernwald : 1
Fichtenwald : 2
Nadelmischwald: 3
Laubnadelmischw.:
Nadel- = Laubh.: 4
" > " : 5
" < " : 6
Laubwald : 7

BONITÄT:
Abstufung nach
T. Jonson
in 9 Klassen

WINDEXPOSITION:
gering : –
minder stark: 2
stark : 3
extra stark : 4

HANGNEIGUNG:
0 – 5° : –
6 – 10° : 1
11 – 20° : 2
21 – 30° : 3
> 31° : 4

mit Angabe
der
Himmelsrichtung

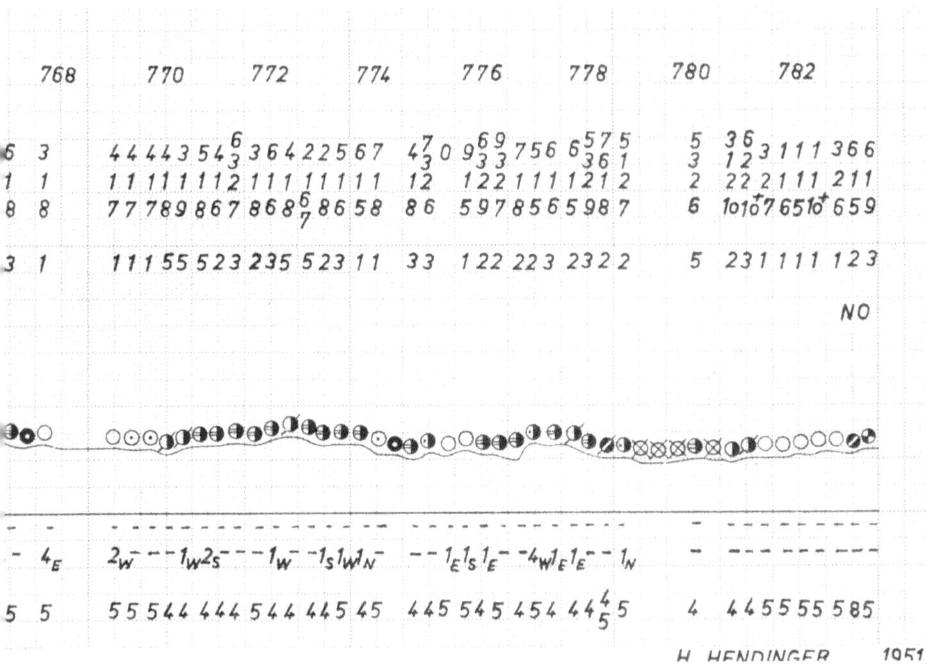

ʼypen zum frischen
wergstrauchtyp

. myrt.-Typ ◐

. vitis Idea-Typ ◑

etrum-Typ ⊖

nthemum-Typ ◐

er Hylocomium-Typ ◑

ung, Acker, Wiese ⊠

Der Verlauf der Reichswaldtaxierungslinien (1942)

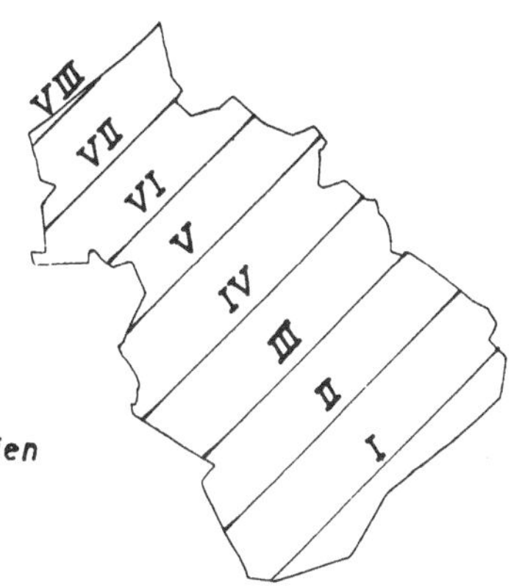

Abb. 53

Sehr markant ist der Taleinschnitt südlich vom Ängratörn — vermutlich eine morphologisch alte Talbildung entlang einer Verwerfung (vgl. hierzu die Ausführungen H. v. Eckermanns, 1936). An seinen Hängen herrschen fruchtbarere Typen, die aber zu beiden Seiten des Tales gleichen Charakter tragen.

Profil VIII gehört nur mit seiner linken Hälfte noch in den Färila socken, im Nordosten reicht es schon nach Ytterhogdals socken (Jämtlands län) hinein. Auf den Höhen wie auch im Tal des Ljusnan und Skålån sind trockene Typen dominant; sie tragen Kiefernwald. In Hanglagen haben wir fruchtbarere Typen, meist Laubnadelmischwälder.

Eine natürliche Gebundenheit der verschiedenen Waldtypen wird in allen Profilen deutlich. Wir sehen, wie sie einerseits an Altersklasse und Bestandsdichte, andererseits an die Holzart gebunden sind. Wir können ferner eine gewisse Parallelität zur Bonität (Holzertragsklasse) sowie eine starke Abhängigkeit von der Hangneigung und stellenweise auch der Hangrichtung wahrnehmen.

Doch auch die klimatischen Gegensätze, die stark an die jeweilige Höhenlage gekoppelt erscheinen, spielen eine wesentliche Rolle. Für den Wald sind vor allem die Niederschläge von Bedeutung, besonders die vorsommerlichen Regenfälle im Mai und Juni, als wasserspeicherndes Element für die oft trockenen Frühjahrsmonate aber auch die Mächtigkeit der winterlichen Schneedecke, d. h. der Niederschlag der Monate November—März. Über die verschiedene Ausprägung der Klimaverhältnisse in Tal- und Höhengebieten liefern die Niederschlagskurven (17jährig) von Föne (175 m ü. NN) und von Johannisberg (510 m ü. NN) in 5 km Entfernung vom Digerkölenplateau Aufschluß. Deutlich zeigen diese beiden Reihen, daß sowohl die 17jährigen Mittelwerte von Johannisberg über denen von Föne liegen, als auch die absoluten sommerlichen Maxima bedeutend extremer ausgebildet sind.

Geringer sind die Unterschiede im Temperaturverlauf, der seine Bedeutung für den Wald vor allem mit der 6°-Temperaturgrenze erhält, die nach O. Langlet für die Vegetationsperiode der Nadelbäume bestimmend ist (vgl. O. Tamm, 1948/III S. 16/17 u. 22). Für den Färila socken können als repräsentativ wiederum Johannisberg für die Höhengebiete und für die Talgebiete das im benachbarten Järvsö socken in der Nähe der Kirche belegene Stenegård herangezogen werden (sog. Normalwerte, entnommen aus Thorén 1950):

Tabelle 5.	Johannisberg	Stenegård (134 m ü. NN)
Januar	— 7,7	— 7,6
Februar	— 7,0	— 6,1
März	— 3,3	— 2,6
April	+ 0,6	+ 1,7
Mai	+ 6,2	+ 7,4
Juni	+ 10,8	+ 12,4
Juli	+ 13,8	+ 15,3
August	+ 11,8	+ 13,8
September	+ 7,7	+ 8,9
Oktober	+ 1,8	+ 3,6
November	— 4,0	— 2,1
Dezember	— 6,9	— 6,2
Jahr	+ 2,0	+ 3,1
Vegetationsper. der Nadelbäume nach O. Langlet (für 1934—43)	14. 5.—27.9. (137 Tg.)	2. 5.—3. 10. (154 Tg.)

Während bei den Sommertemperaturen deutlich die unterschiedliche Höhenlage in Erscheinung tritt, scheint dieselbe im Winter von geringerer Bedeutung zu sein. E. Thorén (1950) nennt als Grund hierfür eine in gewissem Grade stattfindende Temperaturumkehr, wobei er als besonders prägnantes Beispiel als kältesten Ort in Färila-Kårböle Ängra an der Mündung des Ängraån in den Ljusnan angibt und nicht etwa die westlichen Höhengebiete.

Neben den direkten Niederschlags- und Temperaturwerten kommt vor allem den Verdunstungsverhältnissen und der relativen Luftfeuchtigkeit eine erhebliche Bedeutung für die Ausbildung des Waldes und der Waldtypen zu. In Schweden ist nach Hesselman (1931) die Humiditätszahl, berechnet nach Martonne als $\frac{N}{T+10}$ (N = mittlerer Jahresniederschlag; T = mittlere Jahrestemperatur), zur angenäherten Erfassung dieses komplizierten Sachverhalts recht brauchbar.

Nach Angabe von B. Halden (1938) zeigte Johannisberg 1934—37 mit 836 mm durchschnittlichem Jahresniederschlag den größten Jahresniederschlag im norrländischen Waldland; entsprechend hoch lag auch die Humiditätszahl, sie betrug 64 bzw. 67, Werte, die wir sonst nur im Innern Hallands und in Fjällnähe wiederfinden. Das Talklima um das östliche Siedlungsgebiet Färilas ist wesentlich trockener. 1911—20 betrug die durchschnittliche jährliche Niederschlagsmenge, wie Halden angibt, in Föne 521 mm, die entsprechende Humiditätszahl ergibt sich zu 38—43.

Doch die Einordnung dieser Jahre (1934—37) in den allgemeinen Niederschlagsverlauf zeigt deren maximale Stellung im Gesamtbilde. Daher erscheint es angebracht, auf Grund des inzwischen auch für die erst 1934 eingerichtete Wetterstation Johannisberg vorliegenden 17jährigen Mittelwerts der Niederschläge und des Normalwertes der Temperatur (die übrigens weit geringeren Schwankungen unterworfen sein dürfte) obige Werte noch einmal zu ermitteln. Der Durchschnittsjahresniederschlag in Johannisberg beläuft sich auf 705,1 mm, die Humiditätszahl ergibt sich dementsprechend zu 59. Für Föne beträgt der Durchschnittsniederschlag für dieselbe Periode 584,2 mm, entsprechend die Humiditätszahl unter der Annahme einer mittl. Jahrestemperatur wie in Stenegård (3,1° C) rund 45.

Wir sehen also, daß sich über längere Perioden hinweg die in einzelnen Jahren zuweilen scharf ausgeprägten Klimagegensätze mehr ausgleichen und also eine Zuordnung der Waldmoorhöhengebiete zum Niederschlags- und Humiditätstyp des Fjällgebiets doch nicht ganz gerechtfertigt sein dürfte. Auf Grund der soeben durchgeführten Berechnungen muß der westliche Färila socken dem „stark humiden" Gebiet (Humiditätszahl 50—59) nach Tamm zugeordnet werden und entsprechend der trockenere östliche dem „mäßig humiden" Gebiet (Tamm 1948/III S. 41).

Wie sich in dem stark humiden Höhengebiet die flächenmäßige Verteilung der Waldtypen gestaltet, zeigt sehr gut eine von T. Arnborg gegebene Darstellung des Gebbarnwaldes (Abb. 55). Hier sieht man, was wir bei den Waldtypenprofilen leider nicht wahrnehmen konnten, die allmählichen Übergänge zwischen den einzelnen Waldtypen (T. Arnborg, 1947 S. 415).

Im selben Höhenplateau hatte ich Gelegenheit, in etwa 470 m ü. NN eine Bodenprofilaufnahme zu machen[1]):

Der Aufschluß liegt am unlängst gebauten „Gebbarvägen", sozusagen zwischen Wald und Moor, auf schwach geneigter Hochfläche mit Exposition gegen SW. Der stockende Waldtyp ist ein trockener Zwergstrauchtyp mit zweischichtigem Bestand, in der herrschenden Schicht Kiefer, untergeordnet Fichte. Der Boden besteht aus ziemlich blockiger und steiniger Moräne (Block- und Steingehalt 3 nach Tamm), meist gebildet aus Augengneisen und Graniten. Der Bodentyp ist infolge der ebenen Lage ein relativ reifes Eisenpodsolprofil (Tabelle 6).

Die Humusauflage, vorwiegend aus Flechten und Nadelstreu gebildet, nach schwedischer Terminologie als „Mår", einer Zwischenform von Rohhumus und Mull (Aaltonen, 1948 S. 23) zu bezeichnen, ist mit 2 cm sehr dünn. Die Anreicherung von Austauschkalk ist im Vergleich mit dem C-Horizont erheblich. Kohlereste deuten auf früheren Waldbrand. Der Bleicherdehorizont A_1 ist sehr markant ausge-

1) Die Analysen wurden unter freundlicher Hilfe und Anleitung der Bodenkundlichen Abteilung der Bundesanstalt für Forst- und Holzwirtschaft in Reinbek durchgeführt.

Monatliche
NIEDERSCHLAGSMENGEN

in
FÖNE / Hälsingland
(175 m ü. NN)

von
1934 – 1950

Zum Vergleich daneben die 17-jährigen Mittelwerte

10 mm

Monatliche
NIEDERSCHLAGSMENGEN

in
JOHANNISBERG
(510 m ü. NN)
in Hälsingland

von
1934 – 1950

Zum Vergleich daneben die 17-jährigen Mittelwerte

10 mm

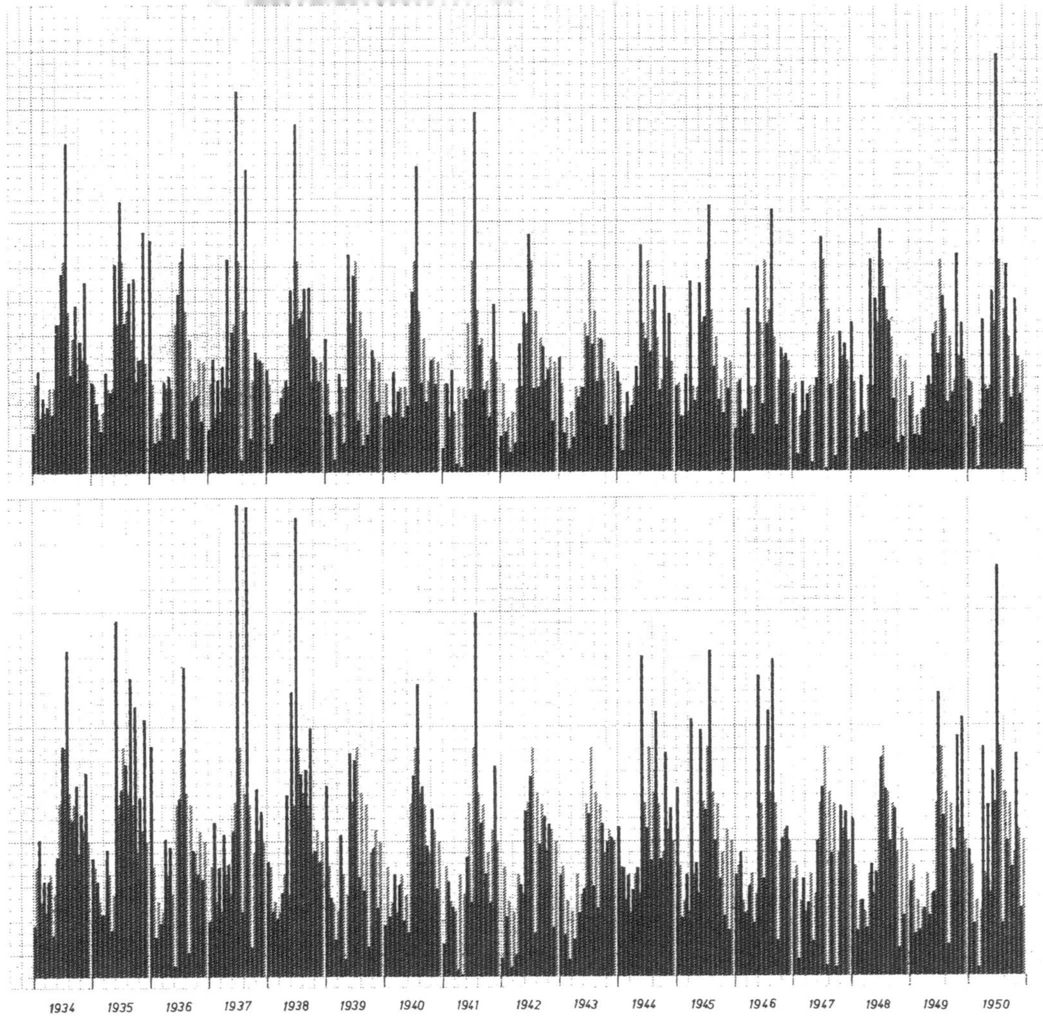

Abb. 54

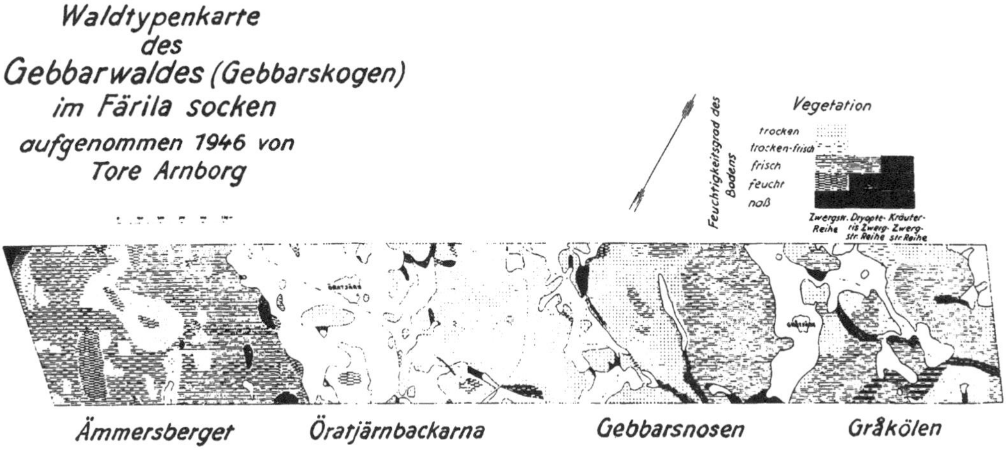

Reproduktion aus T. Arnborg, 1947 S. 415

(Moore sind weiß gelassen worden)

Abb. 55

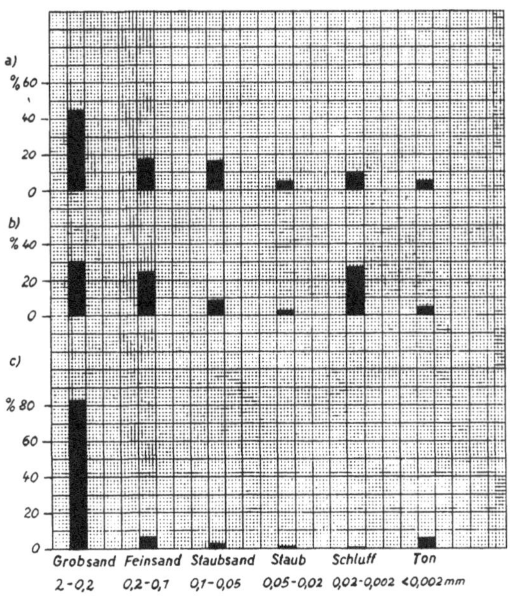

Kornstrukturdiagramme
verschiedener Waldböden

Abb. 56a-c

bildet, er ist durchschnittlich 6—8 cm mächtig. An Feinwurzeln eines Senkers und größeren eingelagerten Steinen reicht er tiefer, bis zu 20 cm. Zum Teil hat eine Rindenbleichung und Verwitterung der Gesteinsoberflächen stattgefunden. Humusauflage und Bleicherde werden von groben und feinen Wurzeln durchsetzt. Dann folgt der bis zu 40 cm mächtige Orterdehorizont (B), der aber locker und feuchtigkeitsdurchlässig ist. Er enthält kaum noch Wurzeln. Die größte festgestellte Wurzeltiefe liegt in 80 cm Tiefe, wo aber der B-Horizont allmählich deutlich in den C-Horizont übergeht. Der pH-Wert ist um über eine Zehnerpotenz gegenüber der sauren Humusauflage gestiegen, während der für die Pflanze zugängliche sog. Austauschkalk eine deutliche Abnahme von der A_0-Schicht bis zum C-Horizont zeigt. Die Gesamtanreicherung von Kalk in der Streu beträgt demnach ungefähr das 18fache des Primärkalkes (Depotwertes)[1]). Letzteres dürfte zum Teil durch die infolge des Waldbrandes stattgehabte Aschenanreicherung zu erklären sein. Das Korngrößenbild des C-Horizonts, d. h. der Unterlage, zeigt relativ wenig feinste Bestandteile. Allein über 40 % werden von Grobboden (Kiese) eingenommen. Die Struktur des Feinbodens dürfte an beiliegender Skizze (Abb. 56a) sichtbar werden[2]). Der oben beschriebene Boden ist als ziemlich blockreiche, grusig-sandige Moräne (nach Tamm 1948) zu bezeichnen, der insbesondere infolge seiner Korngrößenstruktur physiologisch trocken wirkt, wobei Niederschläge (vgl. Niederschlagskurven) durchaus in ausreichendem Maße vorhanden sein dürften und sowohl pH-Wert als auch Austauschkalk auf eine mineralogisch und chemisch günstige Zusammensetzung deuten.

Tabelle 6:

Horizont	Mächtigkeit	pH[3])	Austauschkalk
A_0	2 cm	4,36	0,1783 %
A_1	6—8 cm stellenweise 20 cm	4,80	0,0135 %
B	ca. 40 cm	5,46	0,0103 %
C	—	5,53	0,0104 %

Die in den Höhenlagen herrschenden Klima- und Bodenverhältnisse stehen ganz allgemein gesehen in starkem Gegensatz zu denen der Tallagen. Dort sind es besonders die physiologisch noch weit trockneren Sande und Kiese der Åser und Schotterfluren, die unser Augenmerk auf sich lenken. Auf diesen Standorten ist die Kiefer heimisch mit Calluna vulgaris in der Feld- und Cladonia in der Bodenschicht. Die Kornanalyse eines solchen geschichteten Sandes am Nordufer des Ljusnan brachte über 70—80 % Grobsand mit Beimischung feinerer Bestandteile.

Ein anderer interessanter Aufschluß — vermutlich an einem sog. „Rullstensås" am Südhang des Vallåsen im Tal des Ljusnan, ca. 170 m ü. NN — zeigt eine Art Kuriosität: In die geschichteten Sande (Kornstrukturbild Abb. 56c) liegt eingelagert Schluffsand mit ca. 15 % Kies und Steinen (Kornstrukturbild des Feinbodens Abb. 56b).

Das Bodenprofil an dieser Stelle ist ein sehr schwach ausgeprägter Podsol:

Tabelle 7:

Horizont	Mächtigkeit	pH	Austauschkalk
Streu	1 cm		
A_0	2 cm	ca. 4,0[4])	
A_1	1,5— 2 cm	ca. 4,2	
B	8—10 cm	ca. 5,2	
C_1	30—35 cm (Schluff, dazw. Steine bis zu 8 cm ⌀)	5,96[5])	0,0134 %
C_2	(geschichtete Sande)	6,14	0,0239 %

1) von W. Großkopf 1950 eingeführter Begriff.
2) Bestimmung der Korngröße durch übliche Siebung und kombinierte Pipett- und Spülmethode (nach Kopecky u. Kraus).
3) Die hier angegebenen pH-Werte wurden durch elektrolytische Messungen im Laboratorium gewonnen.
4) Feldmessung mit Helliges Pehameter.
5) elektrolyt. Messung.

Doch auch im Vegetationsbild findet diese Schluffeinlagerung ihren Niederschlag. Herrscht ringsum der trockene Kiefernflechtenwald, so ist hier ein feuchterer Fichten-Vacc.-Myrtillustyp herrschend, wo Flechten fehlen, an deren Stelle Moose treten und neben Vacc. Myrtillus besonders Vacc. vitis Idea durch üppigen Fruchtansatz (9 Beeren an einem Stengel) auffällt. Die hier siedelnde Fichte ist von gutem Wuchs. In vollem Einklang mit diesem relativ zur Umgebung üppigen Vegetationsbild stehen die hohen pH-Werte von 5,96 im Schluff bezw. 6,14 im Sand und die Werte an Austauschkalk von 0,0134 (Schluff) und 0,0239 % (Sand). Der höhere Anteil an Austauschkalk im Sande dürfte evtl. auf sekundäre Verdichtung infolge des durch den darüber lagernden Schluffsand gewissermaßen ausgeglichenen Wasserhaushalts zurückzuführen sein.

Der hier beobachtete plötzliche, unmittelbare, lokalbeschränkte Wechsel des Vegetationsbildes findet sich auch in anderen Flußabschnitten und Seitentälern des Ljusnan wieder. So konnte ich ein ähnliches Bild z. B. einige 100 m entfernt vom Laforsen, südlich des Ljusnan wie auch im Tal des Ängraån an der Straße Kårböle—Kårböleskog feststellen. Jedesmal dürfte es sich hierbei um åserartige Bildungen[1]) handeln, in die diese kleinen, fruchtbaren Dellen eingesenkt sind. Während Kiese und Sande subglazial bzw. submarin abgelagert und geschichtet worden sind, verdanken nach schwedischer Anschauung die kleinen Dellen, die sog. Åsgruben, dem Toteis ihre Existenz, das an feinen Bestandteilen wie aber auch an Steinen und groben Kieseln relativ reicher sein dürfte als die subglazialen Schmelzwässer.

In engem Zusammenhang mit den norrländischen Bodenverhältnissen steht die Ausbildung des Wurzelsystems bei Kiefer und Fichte. Während die Fichte genau wie bei uns ein Flachwurzelsystem zeigt, ist die Kiefer durchaus nicht immer eine Tiefwurzlerin mit einer ausgeprägten Pfahlwurzel. Vielfach haben wir ein Herzwurzelsystem, aber auch ausgeprägte Flachwurzelteller können vorkommen (vgl. Aaltonen 1920). Stets lassen sich dabei enge Wechselbeziehungen zwischen Pflanze und Bodenart sowie Bodenprofil wahrnehmen. Einige Photographien mögen die lokale, räumlich gebundene Ausprägung zeigen (s. Abb. 57—59).

Es ist klar, daß die Waldtypen, wie ich in Übereinstimmung mit Eneroth, Cajander u. a. schon einleitend betonte, in ihrer Standortgebundenheit von nicht zu unterschätzendem Wert für den Waldbau sind. Die Probleme des Waldbaus sind vielseitig, vor allem betreffen sie die extremen Waldtypen. Stets ist die Ausschaltung der Wurzelkonkurrenz, eine günstige Beeinflussung des Stickstoffhaushalts, vor allem bei mächtiger Rohhumusdecke, bei der Verjüngung anzustreben. Vernünftiges Abbrennen (bei dünner Humusdecke lediglich Überbrennen), das vor allem seit den 30er Jahren von der Industrie angewandt wird, sowie Bodenbereitung sind wertvolle Hilfsmittel.

Oberhalb der 300-m-Linie tut man besser daran, zur Saat zu greifen, als Jahre oder gar Jahrzehnte lang auf eine ausreichende natürliche Besamung zu warten, die sich nur selten zur Zufriedenheit einstellt. (Über Besamungsverhältnisse s. O. Heikinheimo 1915). Denn es werden dann doch meist Nachpflanzungen notwendig, wenn man Wuchsform und Holzqualität nicht gefährden will (s. Welander 1938). Nur ein normal geschlossener Bestand garantiert bei gutem Genotyp und geeigneter Provenienz auch eine gute Holzqualität.

Besonders heikel ist dieses Problem bei der Kiefer, die nach Möglichkeit zu Schnittholzqualität heranwachsen soll. Astknubben, die in das Holz einwachsen, setzen die Qualität und damit den wirtschaftlichen Wert herab. Man bevorzugt so von vornherein Kiefern mit schmaler Kronenform, die nur sehr dünne Seitenäste bilden. Diese Kiefernform ist an spezifisch norrländische Provenienz gebunden, sie kommt in Südschweden und Mitteleuropa nicht vor (Bezeichnung als Pinus silvestris lapponica — vgl. Malmström 1949 S. 120).

1) vgl. A. Blomberg 1895; E. Granlund und G. Lundquist 1942.

Abb. 57 u. 58. Zwei typisch ausgebildete Kiefern-Hangwurzelsysteme am Abhang der oberen Schotterfläche des Ljusnan bei Valla. Sowohl ausgeprägte Flachwurzelteller mit sehr kräftigen, weitverzweigten Wurzeln als auch das für die Kiefer in Mitteleuropa

als charakteristisch angesehene Pfahlwurzelsystem sind in engster Anpassung an die natürlichen Gegebenheiten (Hanglage und physiologisch trockenen Boden) gleichzeitig ausgebildet. Färila socken

Abb 59. Flachwurzelsystem mit Feinwurzelsenkern einer Fichte auf postglazialen sedimentären Feinsand- und Schotterablagerungen. Am Waldrand von Valla (Färila socken)

Abb. 60. Blick auf eine etwa 4 ha große Kahlschlagfläche mit einigen Samenkiefern (Art Schirmschlag). Typische Trockenholzaufstellung. Im Hintergrund Nötberget. Am Kerstaberget, Färila socken

Abb. 61. Noch immer wird, wie in uralter Zeit, besonders in den Höhengebieten des Färila socken die Waldweide ausgeübt, ein Recht, das den Bauern auch bei Verkauf der Wälder an die Aktiengesellschaften der Holzindustrie erhalten blieb. Wenn der waldbauliche Schaden im allgemeinen nicht so groß ist, wie oft angenommen wird, so ist die Waldweide einer natürlichen Verjüngung in jedem Fall hinderlich. Kårböleskog, Färila socken

Abb. 62. Etwa 17jähriger Selbstverjüngungsbestand aus Birke und Kiefer, in dem die Fichte einzudringen versucht, auf 1928 entwässertem und 1933 gebranntem Torfboden. Früher war hier Sumpfwald mit alten, flechtenbehangenen Fichten. Da zu reichlich Samenbirken belassen worden waren, beträgt der heutige Anteil der Birke 60—70 %. Bei Agvallen, Färila socken

Angaben zu Abb. 62 u. 63 aus „Program till Norrlands Skogvårdsförbunds exkursion till Hälsingland den 20—21 juni 1949"

Abb. 63. Etwa 17jähriger Bestand (frischer Zwergstrauchtyp) auf podsolierter, steiniger Moräne in einer Höhe von ca. 325 m ü. NN. In den feuchteren Partien wie hier dominiert die Birke, die teilweise unter dem Schneedruck stark gelitten hat. In anderen Teilen ist die Kiefer vorherrschend. — 1928 Abholzung eines Restbestandes, 1932 Bodenbrandkultur, 1934 Saat mit Kiefer und Fichte (9:1), 1939 Abholzung der Überhälter. Bei Agvallen, Färila socken

PROBLEME DES WALDBAUS II

Im Höhengebiet oberhalb des 400-m-Niveaus kann man kaum auf Selbstverjüngung des Waldes rechnen. Z. T. gilt sogar schon die 300-m-Linie als Grenze der wirtschaftlich rentablen Selbstverjüngung. Doch erst in den eigentlichen Höhengebieten oberhalb von 400—500 m setzen die eigentlichen Verjüngungsschwierigkeiten ein. Saat oder Pflanzung nach Brandkultur, auch u. U. Bodenbereitung, heißt hier die Alternative.

Abb. 64. 1947 durchgeführte Pflanzung mit zweijährigen Kiefernpflänzchen auf trockenem Calluna-Flechtentyp mit Vacc. vitis Idea und Vaccinium myrtillus, ferner Deschampsia flexuosa. Mittlere Kiefer im Vordergrund heute (1951) 70—80 cm hoch (Gebbarskogen, ca. 450 m ü. NN, Färila socken)

Abb. 65. Einjährige Kiefernpflänzchen auf 1949 gebranntem trockenem Zwergstrauchtyp. Abstand der Saatflecken ungefähr 1,3 bis 1,5 m. Gebbarskogen — ca. 450 m ü. NN — Färila socken

Abb. 66. Nur auf genügend offenen Flächen wie hier vermag sich auf den mageren Sand- und Schotterböden im Tal des Ljusnan eine ausreichende Verjüngung einzustellen. Sind zudem durch einen Waldbrand noch zusätzliche Nährstoffe mobilisiert worden, so gedeiht die Kiefer zuweilen recht üppig. Als Zeugen eines Waldbrandes gewahren wir hier noch heute alte verkohlte Baumstümpfe. Einige Bäume haben den Waldbrand offensichtlich überstanden, wie die gerissene Borke am unteren Teil des Stammes der beiden Bäume im Vordergrund rechts und links beweist. Im Tal des Ljusnan oberhalb des Öjeforsen, Färila socken

Abb. 67. 15—16jähriger Kiefernsaatbestand — fast an den Stockausschlag der Laubhölzer erinnernd — auf trockenem bis frischem Preißelbeertyp mit Vacc. vit. Id., Vacc, myrt., Hylocomium-Arten, Flechten und stellenweise Sphagnazeen. Birke fehlt hier fast völlig. Der Bestand ist kräftiger entwickelt als der am selben Standort durch Selbstverjüngung entstandene. Bei Hybo, Ljusdals socken

Abb. 68. Seit 23 Jahren wartet man hier schon auf Selbstverjüngung mit Hilfe der belassenen Samenkiefer. Auf dem grasreichen Boden haben sich bis heute keine Kiefernpflanzen eingefunden, aus denen sich ein brauchbarer Kiefern-Jungbestand entwickeln könnte. Auf der anderen Seite des Waldpfades, der zugleich die Grenze zwischen verschiedenen Besitzern angibt, hat man die Selbstverjüngung von Birke und Kiefer durch Bodenbrandkultur tatkräftig gefördert und eine recht befriedigende Produktion erzielt. Bei Agvallen, Färila socken

Abb. 69. Ebenso wichtig wie eine positive Nutzung des produktiven Waldbodens überhaupt ist es, Qualitätsholz heranzuzüchten. Hier eine Elite-Kiefer mit ausgezeichneter Stamm- und Kronenbildung. Elitebestand bei Aspan, Ytterhogdals socken

Abb. 70. Um die Verjüngung dieser Elite-Kiefern zu fördern, hat man sog. „Samenstellungen" gebaut. Von diesen Kiefern können nun die reifen Zapfen bequem gepflückt werden. Deren Samen werden dann in sog. „Frökläningsanstalten" gewonnen und von dort aus verschickt. Elitebestand bei Aspan, Ytterhogdals socken

Auch die noch vielfach übliche Waldweide bietet der natürlichen Verjüngung Schwierigkeiten. Diese Schäden sind jedoch nicht von dem Bedeutungsgrad, wie man früher annahm. Auch das Wild, insbesondere der Elch, spielt eine gewisse Rolle. Viehverbiß und Wildverbiß können erhebliche Hindernisse für die natürliche Verjüngung sein.

Beiliegende Bildserie (Abb. 60—70) soll dazu dienen, eine lebendige Anschauung von den vorherrschenden Waldbauproblemen zu vermitteln.

5. Das Floß- und Waldwegenetz

Eng verbunden mit einer schonenden Bestandspflege ist eine rationelle Waldnutzung, deren Voraussetzung wiederum die Lösung des Transport- und Arbeitskraftproblems bildet. Ausgangspunkt der Waldnutzung für industrielle Zwecke war in Norrland das Vorhandensein eines ausgedehnten Flußnetzes.

Hier im Färila socken ist der Ljusnan die Hauptflößader. Schon um 1750 begann man, Holz von Färila nach Lottefors zu flößen, wo 1753 ein Gattersäge- und Hobelwerk entstanden war (nach G. v. Post u. Ph. Humble in „Gammal Hälsingekultur" 1937/Sonderdruck S. 24). Doch erst 1851, also 100 Jahre später, wurde der Ljusnan zum allgemeinen Flößwasser erklärt. Seine Nebenflüsse wurden ausgebaut, so der Svartån (mit Gårdsjöån, Sånghusån und Stråsjöån), der Ängraån und der Enån. Auch andere kleine Wildbäche mögen zur Zeit des Frühjahrshochwassers für die Flößerei genutzt worden sein, wie es z. B. heute noch vom Björån und Skålån berichtet wird. Im Süden des Färila socken treffen wir den Björknäsbäcken mit dem Lindstasjön sowie den Mångån, die sich beide nach Süden wenden und bereits dem Einzugsgebiet des Voxnan, des größten Nebenflusses des Ljusnan, angehören.

Es ist auffallend, wie sich die Gunst der Wasseradern in dem Bild der Holzarten- und Altersklassenverteilung widerspiegelt, worauf ich bereits bei der Diskussion der entsprechenden Kartogramme hinwies. Für die Flößerei, wie für die Holznutzung ursprünglich überhaupt, kamen nur die gröberen Dimensionen in Frage. Allerdings war man mit der Verminderung des Holzvorrats zur Herabsetzung der Ansprüche gezwungen. Zudem ließ die aufkommende Zellstoffindustrie (um 1890) die Verwendung auch des bei den Lichtungshieben anfallenden Holzes zu. Doch mit dem Flößen dieser kleinen Dimensionen war es schlechter bestellt. Die Verluste waren relativ zu hoch.

So gewann ein gut ausgebautes Waldwegenetz allmählich ebenso große Bedeutung, wenn nicht noch größere als ein gut unterhaltenes Floßnetz. Alle mit dem Auto und Fuhrwerk befahrbaren Waldwege des „socken" sind in der „Siedlungs- und Verkehrsgeographischen Übersichtskarte" eingetragen.

Wie die Spinne im Netz scheint das Waldinselgebiet den zentralen Ausgangspunkt des Verkehrsnetzes zu bilden, das sich über das Waldhügelland legt. Vor allem Flußschotter und -sande sowie Åser dienten als Leitlinien. Übermäßige Steigungen, wie wir sie beim Nötberget, Kerstaberget, Vallåsen, u. a. aber auch im Tale südlich des Ängratörn finden, sucht man zu umgehen, was aus dem Vergleich mit der Reliefenergiekarte deutlich hervorgehen dürfte. Bei der großen Anzahl der Moore, die dem Wegebau ebenfalls unüberwindliche Schwierigkeiten boten, war dies Problem aber gar nicht so einfach zu lösen.

Zunächst entstanden Straßen da, wo natürliche Spannungen dies erforderten. Die älteste Straße, die dem Ljusnan folgt, dürfte sich aus dem alten „Pilgrimsvägen" entwickelt haben. Sie ist heute die Hauptfernverkehrsader, während die Straße von Färila nach Los mehr lokalen Charakter trägt. Besonders letztere hat, wie bei der Behandlung von Kårböleskog beschrieben, erhebliche Steigungen zu überwinden. Auf die starken Unebenheiten im Süden des „socken" mag es neben der ausgesprochenen Siedlungsleere dieses Gebiets zurückzuführen sein, daß der Bau der Landstraße nach Edsbyn so lange auf sich warten ließ und erst kurz vor dem zweiten Weltkrieg fertiggestellt wurde. Die Straße Ramsjö—Enskogen—Laforsen ist älteren Datums, aber wie die anderen Straßen erst in den letzten zwanzig Jahren ausgebaut und vielerorts begradigt worden.

Während die bisher genannten Straßen und Waldwege immer zugleich einen mehr oder minder sozialpsychologischen und siedlungsgeographischen Zweck erfüllen, fällt dieser bei den rein der Waldwirtschaft dienenden Waldautowegen (= skogsbilvägar) weg. Auch hier ist es gelungen, geschickt übermäßigen Steigungen aus dem Wege zu gehen, wobei zu berücksichtigen ist, daß man heute versumpftem Gelände natürlich ganz anders gegenübersteht als noch vor 50 Jahren. Z. T. sind gewaltige Erdumwälzungen und Steinsprengungen unvermeidlich.

Viel Arbeit ist bereits für Aus- und Neubau des Verkehrsnetzes aufgewendet worden. Aber viel Einsatz wird noch erforderlich sein, um Waldautowege und Landstraßen weitgehend zu begradigen, verkehrswidrige, unübersichtliche Strecken zu beseitigen und Unterlage sowie Beschotterung zu verbessern. Die Kosten werden, besonders auf den erst im letzten Jahrzehnt gebauten Waldautowegen, zum großen Teil von den Anliegern übernommen. Doch ohne staatliche Zuschüsse würden diese Arbeiten trotz ihres großen, vor allem in der Zukunft liegenden waldbaulichen Wertes wirtschaftlich kaum tragbar sein.

Besonders die Höhenstraße über den Digerkölen dürfte für diese hinsichtlich der Waldpflege und Verjüngung bisher vernachlässigten Höhengebiete von großer Bedeutung werden. Jetzt endlich wird man an die längst erforderliche Abwicklung der Restbestände mit anschließender Brandkultur und Saat oder Pflanzung denken können, um auch hier produktiven Jungwald aufzuziehen.

Die Straße nach Tjärnvall hat nach der endgültigen Entvölkerung der Siedlung ebenfalls nur noch waldbaulichen Wert.

Verkehrsmäßig schlecht gestellt ist der nordwestlichste Zipfel von Färila-Kårböle, der aber hinsichtlich der Waldwirtschaft sich der besonderen Gunst der Nähe des Ljusnan erfreut. Für die dort belegenen Siedlungen ist der baldige Bau einer Straße dringend zu wünschen.

Von einer Eisenbahnlinie wird Färila-Kårböle nicht berührt, obwohl seit über 50 Jahren zeitweilig heftige Diskussionen darum geführt worden sind. Der Personen- und Lastenverkehr wird daher durch Busbetrieb besorgt; der wichtigste Verkehr ist nach Ljusdal, an der Stammbahn Stockholm—Boden gelegen, orientiert.

Busverbindungen werden auf folgenden Strecken unterhalten (z. T. staatlich, z. T. privat):

1. Sveg—Kårböle—Färila—Ljusdal; 2. Färila—Öjung; 3. Ramsjö—Enskogen; 4. Färila—Näsberg—Los; 5. Färila—Föne—Tallåsen; 6. Färila—Stocksbo—Järvsö; 7. Färila—Ytteryg—Järvsö; 8. Kårböle—Los (vgl. E. Thorén 1950).

Neben der Rolle für Personen- und Lastenverkehr hat das Verkehrsnetz in Färila-Kårböle vor allem waldwirtschaftliche Bedeutung. Es dürfte aus diesen Gesichtspunkten heraus interessant sein, die ungefähre waldwirtschaftliche Dichte des Netzes, d. h. die Länge des gesamten Wegenetzes, mit Ausnahme der Wege innerhalb des Siedlungszentrums im Waldinselgebiet, bezogen auf produktive Waldfläche zu ermitteln. Die „waldwirtschaftliche Verkehrsnetzdichte" ergibt sich bei einer Gesamtwegelänge von ca. 375 km und einer produktiven Waldfläche von 91 500 ha zu rund 0,41 km pro qkm (prod. Waldfläche). Vergleichen wir mit der noch weit geringeren waldwirtschaftlichen Floßnetzdichte von 0,18 km/qkm (prod. Waldfläche), so ergibt sich unter Berücksichtigung der neuen waldwirtschaftlichen Gesichtspunkte, z. B. Nutzung des Durchforstungsholzes, Pflege der Jungbestände u. a. unter Heranziehung der mittleren Abstände von den Flößwässern und Berücksichtigung der Abschleppkosten durch Pferdeschlitten, der Wunsch, das Landverkehrsnetz noch weiter auszubauen. Wie weit dieser Wunsch auch bei evtl. Abflauen der augenblicklichen Konjunkturlage der Holzwirtschaft gerechtfertigt und realisierbar sein wird, bleibt abzuwarten.

Zweifellos findet auch das im Zusammenhang mit der Waldentvölkerung stehende Arbeitskraftproblem eine bedeutend leichtere Lösung durch gut ausgebaute Waldautowege, die mit industrieeigenen Autobussen befahrbar sind, die die Arbeiter jeden Tag von und zur Arbeitsstätte bringen[1]). Wenn ein gut ausgebautes Verkehrsnetz zweifellos von nicht zu unterschätzender Bedeutung ist, so kommt der Siedlungsverteilung als solcher doch die primäre Rolle hinsichtlich des Arbeitskraftproblems zu.

6. Bevölkerung und Siedlung

Die siedlungs- und verkehrsgeographische Übersichtskarte zeigt sämtliche Dauer- und periodische Siedlungen, einschließlich der heute bereits aufgegebenen, insbesondere periodischen Niederlassungen, die nur noch als Schaf- und Pferdeweide dienen.

Hinsichtlich der Waldarbeiterfrage können aber nur die heutigen Dauerniederlassungen von Bedeutung sein. Die Bevölkerungsdichtezahl von ca. 5 E/qkm kann so, auch mit Rücksicht auf die starke Siedlungskonzentration auf den östlichen Teil des „socken", kaum ein anschauliches Bild der Waldarbeiterverhältnisse geben. Wir müssen hier von der örtlich gebundenen Bevölkerungsverteilung ausgehen. Es zeigt sich die starke Konzentration im Osten mit ihrem entsprechend großen Wirkungsradius fast über den ganzen „socken" hinweg. Dagegen kann der Wirkungsradius der ausgesprochenen Waldsiedlungen natürlich nur klein sein, wenn auch dieselben als Vorposten für die Waldwirtschaft von nicht minderer Bedeutung sind. Eine gewisse Begrenzung der Wirkung der „hembyar" ist durch die Abtrennung von Kårböle församling gegeben, die hier von dem Zentrum Kårböle aus einen eigenen kleinen Einzugsbereich entstehen ließ.

Doch nicht allein die Bevölkerungsverteilung verdient in diesem Zusammenhange Beachtung. Ebenso wichtig sind Alters- und Berufsstruktur der Bevölkerung, um die in ihr ruhenden Entwicklungsmöglichkeiten richtig einzuschätzen.

Betrachten wir zunächst die Altersgruppierung. Sie dürfte durch eine Diskussion der für Färila-Kårböle charakteristischen Bevölkerungspyramide am besten deutlich werden. Die linke Seite stellt die männliche Bevölkerung, die rechte die weibliche in Altersstufen von 5 zu 5 Jahren in ihrem prozentualen Verhältnis zur Gesamtbevölkerung von 5856 E. dar.

Die bogenförmigen Linien (nach W. William-Olsson, 1946 S. 28) zeigen die Alterssterblichkeit des schwedischen Volkes von 1930 bis 1940. Bei Verfolgung der linken Bogenlinie kann man z. B. feststellen, daß die Zahl von 38 neugeborenen Knaben bis zum Alter von 30 Jahren auf 34 vermindert worden ist; sind dieselben schließlich in die Altersklasse der 70jährigen aufgerückt, so sind es ihrer nur noch 20. Doch die dabei stillschweigend gemachte Voraussetzung ist, daß die Sterblichkeit auch in Zukunft dieselbe sein wird wie in den dreißiger Jahren.

Die Bevölkerungspyramide (Abb. 71), die sich auf das Jahr 1946 bezieht[2]), zeigt zunächst im großen eine ganz gute Anpassung an diese beiden bogenförmigen „Normallinien". Bei genauerer Betrachtung gewahren wir jedoch einige recht markante Einschnitte, die, wie wir später noch sehen werden, charakteristische, für das gesamte ländliche Schweden geltende Merkmale darstellen. Erstaunlich ist der Überschuß an Männern im berufstätigen Alter von 20—64 Jahren, markant der Einschnitt auf beiden Seiten bei den 15—25jährigen, bei den Männern in der Altersklasse von 15—20 am stärksten, bei den Frauen dagegen in der Altersgruppe von 20—25. Bei den 10—15jährigen, d. h. den 1930—35 geborenen steigt der prozentuale Anteil wieder, um bei den 5—10jährigen (1935—40) nochmals einen starken Abfall zu zeigen. Die Basis der 0—5jährigen schließlich ist durchaus

1) von der Marma-Långrörs A. B.

2) Die Bevölkerungspyramide wurde gezeichnet nach Angaben E. Thoréns, 1950.

als normal anzusehen und dürfte bei entsprechender Weiterentwicklung unter Ausschluß von Ab- und Zuwanderung eine langsame Bevölkerungszunahme bewirken.

Wie sind nun aber die verschiedenartigen Phasen der Entwicklung, die sich in der Bevölkerungspyramide widerspiegeln, zu deuten? Wie sich aus dem Vergleich mit Bevölkerungspyramiden anderer ländlicher Gegenden Schwedens ergibt, sind die oben dargestellten Erscheinungen durchaus nicht auf den Färila socken beschränkt. Das bestärkt zweifellos die Annahme, daß wir es hier mit mehr oder minder großräumigen, grundsätzlichen Problemen zu tun haben, die augenscheinlich eng an den Beginn der raschen Expansion der Holzindustrie und die Entwicklung von ausgesprochenen Holzindustrieorten an der norrländischen Küste seit 1890 gebunden zu sein scheinen.

Zunächst ist es vor allem das weibliche Element, das in die Städte abwandert. Es zieht die Industrie- und Büroarbeit der schweren ländlichen Arbeit vor, die, seitdem die Männer in der Waldwirtschaft ihr Hauptauskommen finden, mehr und mehr auf den Schultern der Frauen lastet. Der starke Einschnitt der 15- bis 25jährigen dürfte mit der augenblicklichen Welthochkonjunkturlage der Holzindustrie in Verbindung gebracht werden können. Die darunter folgenden Gruppen dagegen, die stärkere Gruppe der 10—15jährigen und die sehr schwache Gruppe der 5—10jährigen wie schließlich auch die starke unterste Gruppe dürften mit der niedrigen Konjunkturlage von 1930—35, wo die Abwanderung der heiratsfähigen Bevölkerung in die Städte und Holzindustrieorte gering war, bzw. mit der anschließenden Hochkonjunkturlage um 1937/38, wo eine sehr starke Abwanderung einsetzte, und der relativ niedrigen Konjunkturlage während der Kriegsjahre mit geringerer Abwanderung zu parallelisieren sein.

Inwieweit entsprechen nun die absoluten Ab- und Zuwanderungszahlen im Färila socken der obigen Annahme? — In einer Zusammenstellung der Bevölkerungsverhältnisse von E. Thorén liegen Angaben der Jahre 1931—46 vor. Die graphische Darstellung (Abb. 72) zeigt sofort den geringen Abwanderungsüberschuß bis einschließlich 1934; 1931 war sogar ein Zuwanderungsüberschuß zu verzeichnen. Nach dem Tiefstand von 1934 beginnt ein allmählicher Anstieg von sowohl Ab- als auch Zuwanderung und zugleich ein wachsender Abwanderungsüberschuß, der sein erstes Maximum 1937, parallel mit der beginnenden Hochkonjunktur in der Holzindustrie, erreicht. 1938 sinkt die Abwanderung, während die Zuwanderung weiter steigt; ob diese Erscheinung ebenfalls mit der Entwicklung der Holzindustrie, die nun bereits eine gewisse Maximalkapazität angenommen hat, in Zusammenhang steht oder vielmehr mit den gleichzeitig sich steigernden Forderungen der Waldwirtschaft, ist schwer zu übersehen. Es müßten Untersuchungen anderer gleichartiger Gebiete hinzugezogen werden.

Das Jahr 1939 wird durch eine auffallend starke und zwar das erste Mal seit 8 Jahren nahezu gleich große männliche Abwanderung gekennzeichnet, die allerdings bereits 1940 wieder in ihren alten relativen Grenzen zur Gesamtbevölkerung bleibt. Es ist zu vermuten, daß die starke Abwanderung 1939/40 z. T. durch den Kriegsbeginn auf dem Kontinent und der damit für alle europäischen Staaten einsetzenden Schutzmaßnahmen hervorgerufen wurde. 1941 wird ein erneutes Minimum der Abwanderung erreicht, das ebenfalls im Zusammenhang mit den Kriegsereignissen zu sehen ist. Dann erfolgte wiederum ein Anstieg mit einem kleinen Rückschlag 1943, bis dann mit Beendigung des Krieges und der damit anlaufenden Wirtschaft ein gewaltiges Emporschnellen der Abwanderung einsetzt.

Es ergibt sich also aus diesen Zahlen eine erstaunlich gute Übereinstimmung mit den aus dem Aufbau der Bevölkerungspyramide gefolgerten Annahmen. Bemerkenswert ist vor allem die Beweglichkeit des weiblichen Geschlechts, das sowohl bei der Einwanderung als auch bei der Abwanderung das männliche bei weitem übertrifft.

Es ist klar, daß die starken Abwanderungen auch die Gesamtvolksmenge nicht unbeeinflußt gelassen haben. Können wir bis 1935 einen recht regelmäßigen Be-

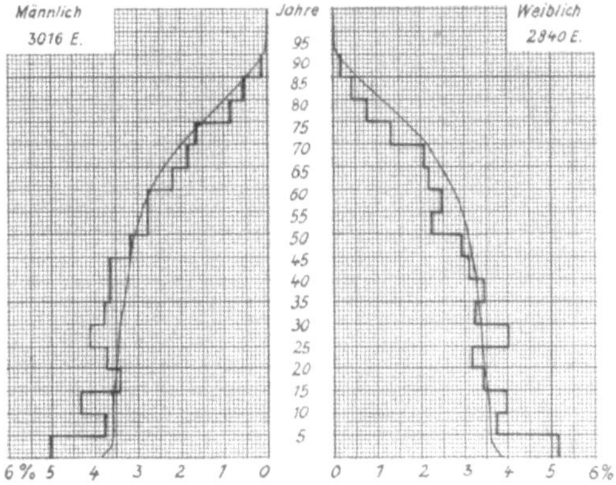

Abb. 71

Alters- u. Geschlechtsverteilung in FÄRILA-KÅRBÖLE von 1946

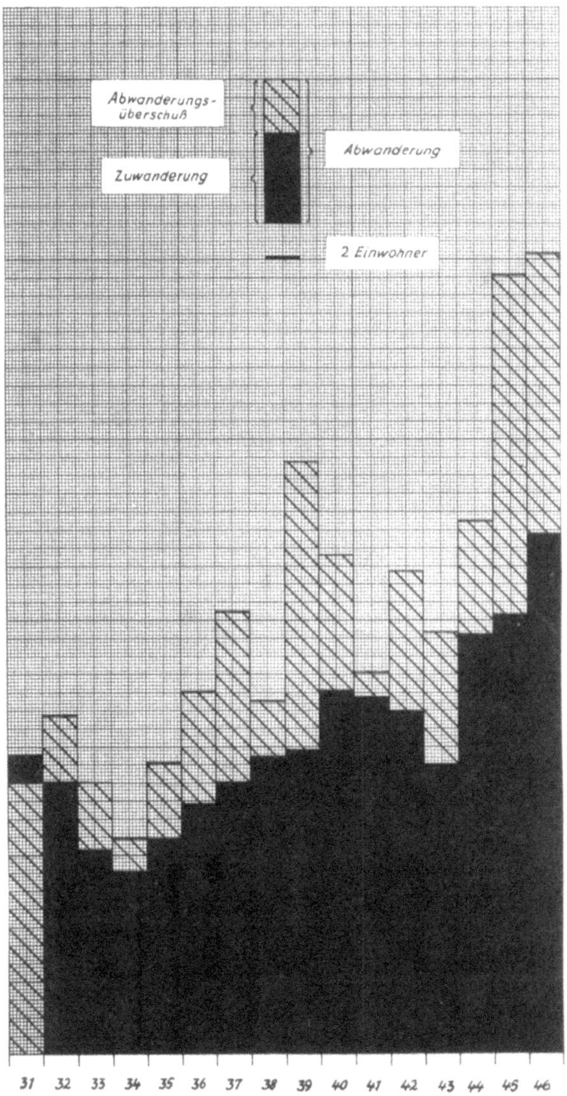

Bevölkerungsbewegung in Färila-Kårböle 1931–46

Abb. 72

völkerungszuwachs verzeichnen, so zeigt bereits das Jahr 1940 einen Rückgang um über 200 Personen. Während des Krieges bleibt die Bevölkerungszahl konstant, doch sofort mit Kriegsende beginnt 1945 eine erneute starke Abwanderung. Die Verhältnisse in Färila församling und Kårböle församling weisen nahezu dieselben Entwicklungstendenzen auf.

Tabelle 8 **Bevölkerungsentwicklung in Färila—Kårböle 1910—1946**

Jahr	Färila förs.	Kårböle förs	Summa
1910	—	—	5 228
1920	—	—	5 569
1930	5 584	448	6 032
1935	5 740	470	6 210
1940	5 568	437	6 005
1941	5 604	442	6 046
1942	5 575	435	6 010
1943	5 581	435	6 016
1944	5 585	446	6 031
1945	5 526	424	5 950
1946	5 439	417	5 856

(aus Thorén, 1950)

Gewisse überall zutage tretende, markante Erscheinungen spiegeln sich auch in den Kurven der Geburtenzahl und der Anzahl der geschlossenen Ehen wider. So zeigt sich bei letzterer vor allem der Einfluß des Hochkonjunkturjahres 1937 und der Kriegsjahre, wo die Zahl der Eheschließungen bis an 60 heranreicht. Das erste Maximum der Geburtenkurve liegt bei 134 im Jahre 1932; dann folgt ein gewaltiges Abfallen, das 1940 einen Tiefstand von nur 91 Geburten erreicht (Zusammenhang mit der starken Abwanderung der männlichen Bevölkerung 1939 — evtl. infolge plötzlicher Einberufungen zum Wehrdienst?).

Doch dann folgt ein allmählicher Anstieg, der schließlich 1943—45 ein zweites Maximum von jährlich 134 bzw. 135 Geburten erreicht. Mit der erneut einsetzenden Abwanderung 1945 ist bereits wieder ein Geburtenrückgang auf nur 115 Geburten im Jahre 1946 verknüpft.

Wie die Entwicklung weiter gehen wird, ist schwer zu sagen; sie wird im wesentlichen davon abhängen, inwieweit auch weiterhin mit einem Abwanderungsüberschuß zu rechnen ist, oder ob es endlich gelingen wird, die sozialen und psychologischen Momente, die die Landbevölkerung in die Städte lockt, durch geeignete Gegenmaßnahmen zu kompensieren. Je nachdem wird die Bevölkerung mehr oder minder konstant bleiben oder aber eine deutliche Zunahme aufweisen. Doch in jedem Falle wird man im Hinblick auf die Waldwirtschaft versuchen müssen, die Abwanderung weitgehend zu stoppen. Denn es sind ja stets gerade die arbeits- und leistungsfähigsten Altersgruppen, die den Weg nach draußen, in die Städte suchen, um sich dort ein neues Heim aufzubauen.

Der Anteil der arbeitsfähigen Bevölkerung von 15—65 Jahren liegt heute bei 65 % der Gesamtbevölkerung. 1945 waren 42,1 % (= 2505 E.) der Bevölkerung (= 5950 E.) im eigentlichen Sinne erwerbstätig. Davon entfallen allein 61,7 % auf die Gruppe der Land- und Waldwirtschaft. 38,3 % aller Erwerbstätigen sind in der Landwirtschaft beschäftigt, 23,4 % in der Waldwirtschaft. Industrie und Handwerk nehmen nur 13,4 % ein, von denen auf die Holzindustrie lediglich 3,2 % (der gesamten berufstätigen Bevölkerung) entfallen. Relativ stark ist der Handel mit 7,5 % vertreten, während sich die Gruppen Verkehr und allgemeiner Verwaltungsdienst samt freien Berufen in den üblichen Grenzen halten. Für die Einsatzfähigkeit und -freudigkeit der Waldarbeiter ist zweifellos ihre innere Verbundenheit mit dem Walde ausschlaggebend, die bei denjenigen, die direkt im Walde leben, sicherlich stärker zu veranschlagen ist. In diesem Zusammenhange dürfte das beiliegende Kartogramm (Abb. 75) über die Verteilung der Waldarbeiter innerhalb des eigentlichen Waldlandes wesentlichen Aufschluß geben. Zugleich wird dabei der Wirkungsbereich der einzelnen Waldsiedlungen sichtbar. Andererseits läßt sich deutlich erkennen, in welch hohem Grade die heutige Existenz und Erhaltung dieser Siedlungen ausschließlich der intensiven Waldwirtschaft zu verdanken ist, mögen sie auch einst als bäuerliche Niederlassungen ihren Ursprung genommen haben (vgl. auch Karte I).

Wenn man die Rolle berücksichtigen will, die der Wald für das Erwerbsleben der Bevölkerung spielt, ist es jedoch nicht hinreichend, den prozentualen Anteil der in der Waldwirtschaft tätigen Bevölkerung heranzuziehen. Denn bereits aus den eingangs geschilderten Siedlungslandschaften dürfte das Wechselspiel und die jahreszeitliche Ergänzung von Land- und Waldwirtschaft hinsichtlich der Arbeitskraftfrage deutlich geworden sein. Auf Grund ihrer Struktur sind die Bauernhöfe, allein um ihre Existenz zu sichern, unbedingt auf die winterliche Nebenarbeit angewiesen. Außerdem dürfte die vom Skogsvårdsstyrelsen im Zusammenhang mit der Taxierung des Färila socken angegebene fiktive Zahl von rund 900 Arbeitern, die das ganze Jahr über in der Waldwirtschaft Arbeit finden würden, die Tatsache eines Bedarfs, der weit über die in der Statistik für 1945 geführte Zahl (586 Arb.) hinausgeht, beleuchten. Andererseits darf man aber nicht vergessen, daß auch von den eigentlichen Waldarbeitern im Sommer ein Teil in der Landwirtschaft mit einspringen wird. Von den in obig genannter Taxierung veranschlagten 196 000 Arbeitstagen, die für eine rationelle Waldwirtschaft innerhalb des Färila socken notwendig wären, würden allerdings bereits über 50 % auf die Holzfällung entfallen, weitere 23 % auf das Abfahren des Holzes mit Schlitten zur nächsten Straße oder zum nächstbelegenen Floßweg. Für die eigentlichen Waldpflegemaßnahmen, Verjüngung und Durchforstungshiebe, dagegen benötigte man nur 4,2 % des gesamten Arbeitsaufwands der Waldwirtschaft. Diese 4,2 % sind es letzten Endes, die für die Zukunft des Waldes der Färila-Landschaft verantwortlich sind. Eine verschwindend kleine Zahl, so möchte man meinen, jedenfalls im Verhältnis zu der für die effektive Holznutzung aufgewendeten Zeit! Dennoch ist es bisher auf Grund fehlender Arbeitskräfte und wohl auch z. T. auf Grund mangelnder Einsicht noch nicht möglich gewesen, eine wirklich rationelle Nutzung aller produktiven Waldbodenflächen zu erreichen. Mit um so größerer Besorgnis muß man infolgedessen die mit Kriegsende erneut einsetzende Abwanderung der Bevölkerung in die Stadt verfolgen, die sich prozentual vor allem auf die Waldarbeiter und die landwirtschaftlich tätige Bevölkerung ausgewirkt hat.

Man wird nichts unversucht lassen dürfen, diesen Faktor auf dem Arbeitsmarkt so günstig wie nur irgend möglich zu beeinflussen. Seit man die Tragweite dieses Problems klar erkannt hat, ist man vor allem auf der Seite der Holzindustrie-Aktiengesellschaften bereit, einen entsprechenden Einsatz zu leisten, vor allem die Lebensbedingungen der Waldarbeiter zu verbessern, ihnen auch in den Waldhütten entsprechende Bequemlichkeit zu verschaffen und z. T., wie schon erwähnt, das brennende Problem des großen Abstandes von Arbeitsplatz und Wohnort durch betriebseigene Autobusse zu überbrücken. In der Industrie hat man zudem die dringende Notwendigkeit einer gebührenden Waldverjüngung und rechtzeitiger Durchlichtungshiebe heute überall erkannt und ist gewillt, für die Durchführung dieser Maßnahmen das notwendige Kapital, das sich zweifellos auf lange Zeit gesehen gut verzinsen wird, einzusetzen. Andererseits wird man aber, wenn man die Menschen halten will, nicht nur an Erleichterungen für den Waldarbeiter selbst, sondern auch an entsprechende Bequemlichkeit für Frau und Familie denken müssen. So führt E. Thorén in diesem Zusammenhange elektrische Gemeindewaschküchen, Plättstuben, Badehäuser, Versammlungslokale, Tanzsäle und Filmtheater an.

Auch an eine gewisse Industrialisierung dieser Waldagrarlandschaft hat man gedacht, um der langsamen Waldentvölkerung Einhalt zu gebieten. Denn zweifellos ist es vor allem die andersartige Beschäftigung mit ihrem geregelten Arbeitstag, die so viele junge Menschen in die Ferne lockt. Freilich das reichliche Vorhandensein dieses Rohstoffs Holz legt eine derartige Lösung nahe. Warum sollte man das im Färila socken geschlagene Holz nicht gleich hier am Ursprung einer Weiterveredlung unterziehen und so Wohlstand und Zufriedenheit der Bevölkerung heben? Zur Zeit werden weniger als 10 % (1949 etwa 7—8 %) des gesamten Holzeinschlags in den Kreis- und Gattersägewerken des „socken" selbst verarbeitet. Der größte Teil des Holzes wandert auf dem Rücken des Ljusnan zur Küste. Von einer Übernutzung des Vorrats kann man während des letzten Jahrzehnts nicht sprechen. Selbst im Konjunkturjahr 1937 mit maximalen Einschlagsziffern blieb der Einschlag mit 232 861 fm unter dem jährlichen Zuwachs, der bei der Waldtaxierung 1947 zu 241 800 fm durchschnittlich oder 2,64 fm/ha (prod. Waldboden) = 3,2 % des durchschnittlichen Holzvorrats von 82 fm/ha (Gesamtholzvorrat: 7 523 000 fm) betrug. Während also in einer Reihe von Jahren der tatsächliche Einschlag vermutlich unter dem jährlichen Zuwachs gelegen hat, müßte auf Grund der Waldtaxierung von 1947 zur Abwicklung von Restbeständen und der Durchführung dringend notwendiger Durchlichtungshiebe der Einschlag in den nächsten zehn Jahren auf 280 000 m^3 jährlich oder 3,7 % des gesamten Holzvorrats gesteigert werden. Damit würde die Versorgung einer im „socken" belegenen Industrie mit dem Rohstoff Holz zunächst ohne Schmälerung der Lieferungen an die Küstenindustrie möglich sein. Doch bei einer dann notwendigen Rückkehr zu normalen Einschlagsverhältnissen, die dem jährlichen Zuwachs entsprechen, würden sich wahrscheinlich erhebliche Schwierigkeiten der Rohstoffversorgung ergeben, da die konkurrenzkräftigere Küstenindustrie vermutlich mit allen Mitteln versuchen würde, sich ihren Rohstoffeinzugsbereich zu erhalten. Hinsichtlich der Entwicklung der Waldwirtschaft wäre die Entstehung größerer industrieller Betriebe aber zweifellos von großem Vorteil. Denn es würden sich bessere Absatzmöglichkeiten für Klein- und Laubholz (Birke) ergeben und sich der Transport für diese Sortimente in ökonomisch tragbaren Grenzen halten, so daß auch für dieses Holz beim Verkauf noch eine gewisse „Grundrente" (= rotvärde) erzielt werden könnte. Doch erwogene Pläne hinsichtlich einer Holzfaserplattenproduktion sind praktisch nicht realisierbar, denn dieselbe erfordert hinsichtlich der Rohstofffrage die Zusammenarbeit mit einem Sägewerk entsprechender Größenordnung, zudem einen großen Kapitaleinsatz, der sich infolge der fehlenden Eisenbahnlinie bei einem Betrieb dieser Größenordnung kaum lohnen dürfte (nach Thorén 1950). Doch noch entscheidender ist vielleicht die Arbeiterfrage, die zunächst wohl kaum befriedigend gelöst werden könnte und jedenfalls dann auch zu starke Störungen in der übrigen wirtschaftlichen Struktur des „socken" hervorrufen dürfte.

Die schon ansässige Industrie hat handwerklichen Charakter und dient überwiegend den Bedürfnissen im „socken" selbst. Eine Ausnahme bildet allerdings die Holzindustrie, wo z. B., wie wir früher hörten, über 60 % der Sägeholzerzeugung der Kreissägen ins Ausland gehen. Ähnlich sind die Verhältnisse beim Gattersägewerk. Insgesamt gesehen stimmt es wohl, daß Handwerk und Industrie mit lediglich ein Fünftel der Arbeiterzahl von den in Land- und Waldwirtschaft Tätigen schlecht weggekommen ist in Färila-Kårböle. Eine Erweiterung der Erwerbsbasis um jeden Preis kann aber keinesfalls das Ziel der heutigen Planung sein, kann vor allem nicht mit dem unerwünschten Aufkommen einer ausgesprochenen Industriearbeiterklasse bezahlt werden, was die Arbeitskraftgrundlage für Land- und Waldwirtschaft zweifellos erheblich verschlechtern würde. Das Ziel muß vielmehr in einer möglichst harmonischen Ergänzung der Haupterwerbszweige Land- und Waldwirtschaft liegen, und in dieser Hinsicht sind nur Kleinbetriebe genügend anpassungsfähig. Für sie ist nunmehr auch das Fehlen einer Eisenbahnverbindung nicht mehr derartig spürbar, vor allem seit man durch entsprechende Tarifvergünstigungen auch diese Frage zu lösen versucht. In diesem Zusammenhang sind die Kleinbetriebe, Kreissägen, Möbelwerkstätten und Bautischlereien, die sich bereits außerordentlich gut in den Haushalt der Waldagrarlandschaft eingefügt haben, zu nennen. Allerdings scheint der Markt mit diesen Produkten allgemeinen Typs mehr oder minder gesättigt zu sein. Es bedürfte also schon einer gewissen Spezialisierung, um solche neu aufkommenden

Kleinbetriebe konkurrenzfähig und damit existenzfähig zu machen. Bevorzugt dürften dabei sicher diejenigen Industriezweige sein, die ihren Hauptarbeitskraftbedarf gerade dann haben, wenn sowohl Landwirtschaft als auch Waldwirtschaft geringe Anforderungen stellen[1]). Eine Kleinindustrie dieser Art ist z. B. die Holzschlittenherstellung, die wir in Kårböle finden. Die Konzentrierung der Arbeitsperiode dieser Kleinbetriebe auf gewisse Jahreszeiten, die für die anderen Erwerbszweige kaum genutzt werden können, ist heute weit eher möglich als früher, da heute im Zeitalter der Starkstrom-Überlandleitungen die Kraftversorgung spielend gelöst werden kann.

7. Die Waldbesitzverteilung

Ein anderer in der Waldwirtschaft wie auch bezüglich der Waldentvölkerung wesentlicher Faktor ist die Waldbesitzverteilung. Es ist nach den Beschreibungen der Rodungsinseln und ihrer Besitzentwicklung seit 1890 allerdings kaum mehr verwunderlich, daß über 40% des Waldlandes sich heute in den Händen der Aktiengesellschaften befinden. Dem stehen 54% private Waldungen, meist Bauernwälder, gegenüber. Dies Verhältnis verschiebt sich bei alleiniger Berücksichtigung von Färila församling sehr zuungunsten der Bauern, während es in Kårböle församling, wo man stets weit mehr auf das Waldland angewiesen war, sich günstiger gestaltet.

Die Wälder der Aktiengesellschaften nehmen vor allem die Rand- und Höhenlagen des „socken" ein (Abb. 74). Zudem gehört ihnen fast die ganze eigentlich zum Ljusdals socken gehörige Enklave südlich des Ängratörn. Der größte Teil der Zone II (s. Abb. 46), die floßwirtschaftlich bereits zum Einzugsbereich des Voxnan zählt, ist Eigentum der Aktiengesellschaften (vgl. Abb. 74).

Allerdings möchte ich hier bemerken, daß einige relativ spät abgetretene Gebiete, sowie Gebiete mit bisher ungeklärten Besitzverhältnissen noch nicht eingetragen zu sein scheinen, so daß die beigefügte Karte nur ein ungefähres Bild der Verteilung zu vermitteln vermag. Ebenfalls durch Randlagen sind auch die Staatswälder, vor allem innerhalb des Gebiets von Kårböle församling, gekennzeichnet.

Noch eindringlicher als die Verteilung der Industriewälder dürfte wohl das Kartogramm (Abb. 76) über die Waldbesitzverteilung der „hembyarna" die Grundzüge der Entwicklung und der heutigen Lage der „Waldbauern" (genauer: Waldarbeiterbauern) aufzeigen. Hier ist in jedem Dorf das Verhältnis des heute noch in Bauernhand liegenden Waldlandes und der 1854 zugeteilten Waldfläche eingezeichnet. Innerhalb der heutigen Bauernwaldfläche ist dann eine prozentuale Aufteilung auf die einzelnen Hofgrößenklassen und diese wiederum noch, wenn technisch möglich, unterteilt in die Anzahl der zugehörigen Höfe, vorgenommen worden. Aus einer derartigen Darstellung der Waldbesitzverhältnisse erhellen zunächst folgende Tatsachen:

die starke Aufsplitterung des Ackerlandes, was zu landwirtschaftlich nicht mehr existenzfähigen Höfen führen mußte;
die gleichzeitige starke Aufteilung des Waldlandes, so daß der Wald nur noch in den seltensten Fällen bei diesen Kleinsthöfen und Siedlerstellen das notwendige Rückgrat bieten konnte;
der verschieden starke prozentuale Verkauf des Waldes an die Aktiengesellschaften je nach Belegenheit des Dorfes und Größe des Gesamtwaldlandes.

Die stärkste durchschnittliche Aufspaltung des Ackerlandes dürfte demnach in Föne, Veckebo und Stocksbo, den zugleich volkreichsten Dörfern, stattgefunden haben. Doch sind die Höfe in diesen drei Dörfern noch wieder von sehr differen-

1) Obig ausgeführte Gedanken lehnen sich eng an die Untersuchungen E. Thoréns an.

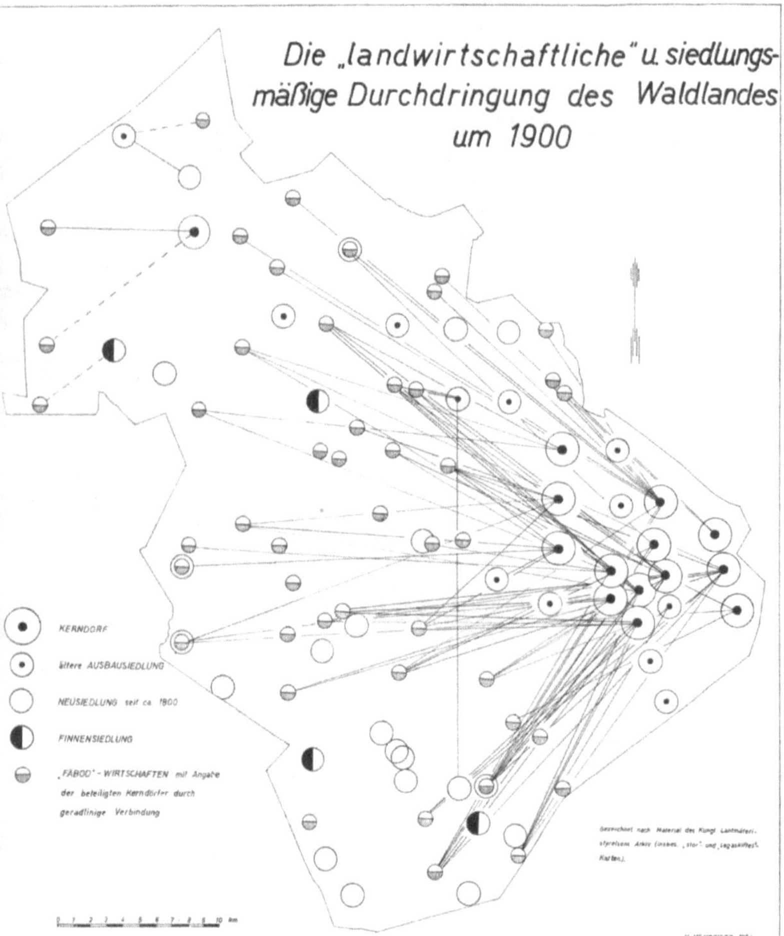

För publicering godkänd
i rikets allmänna kartverk
den 28 april 1953

Abb. 73

NG DER INDUSTRIEWÄLDER
ila socken
Gezeichnet nach der „Karta över
Gävleborgs län" von Fredrik
Widmark 1:150 000 und
Angaben des Skogsvårdsstyrelsen.
H. HENDINGER

Abb. 74

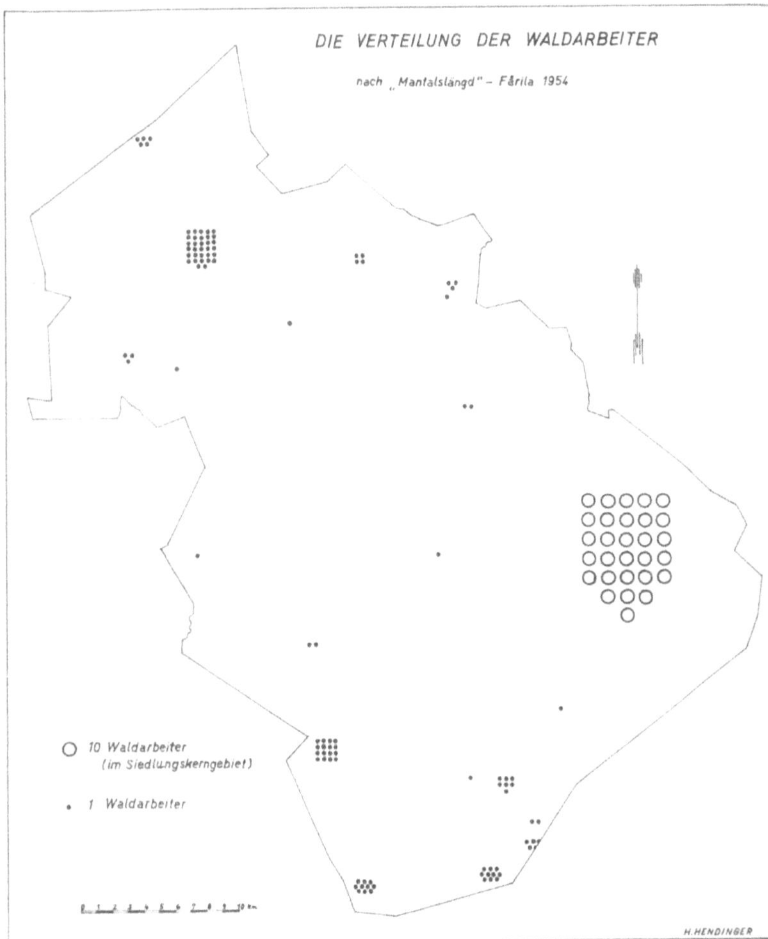
DIE VERTEILUNG DER WALDARBEITER
nach „Mantalslängd" – Fårila 1954
10 Waldarbeiter
(im Siedlungskerngebiet)
1 Waldarbeiter
H. HENDINGER

Abb. 75

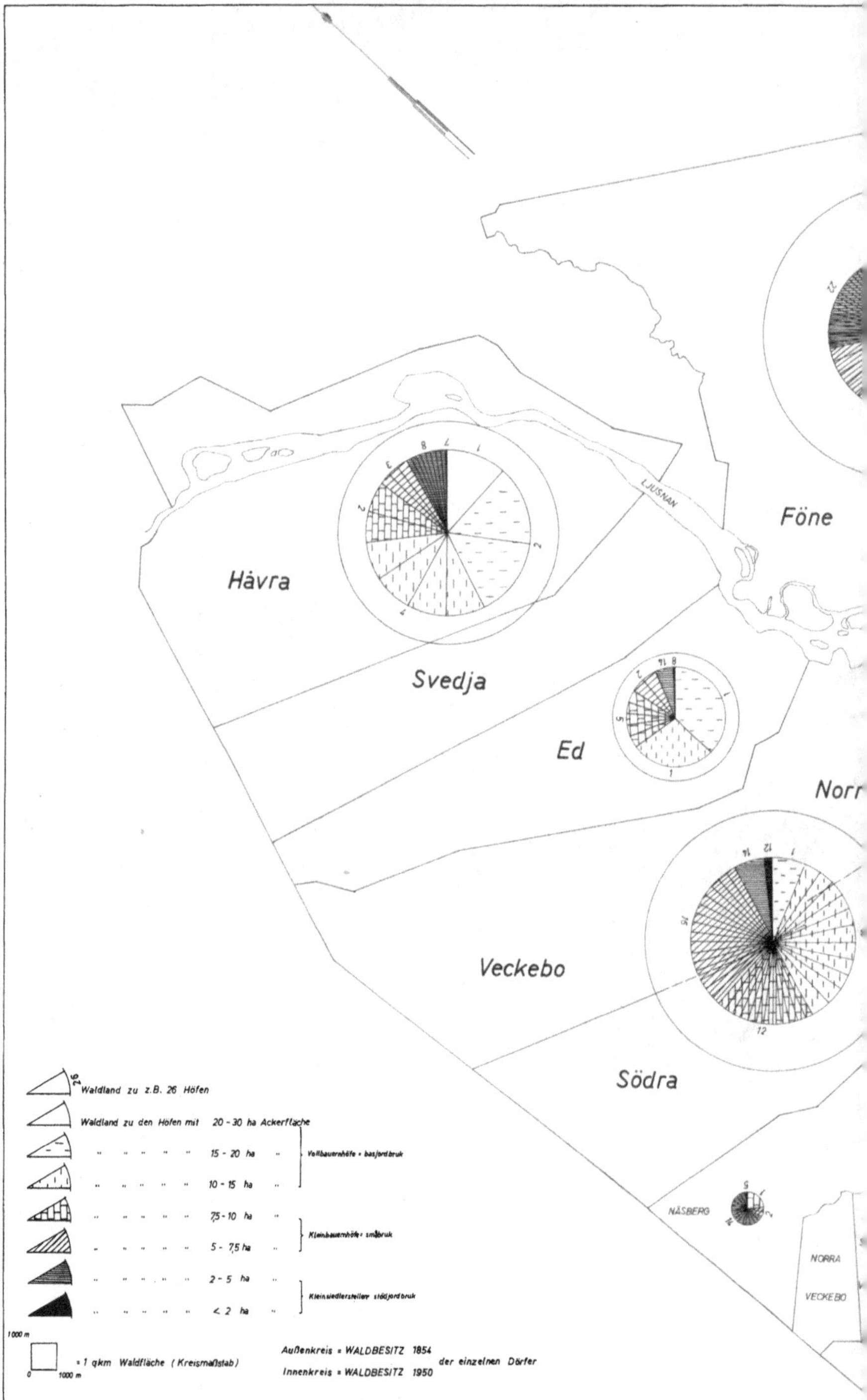

DIE BÄUERLICHE WALDBESITZVERTEILUNG
in „Färilas hembyarna"
mit einem Vergleich der bei der allgemeinen Waldaufteilung 1854 den einzelnen Dörfern zugefallenen Waldflächen

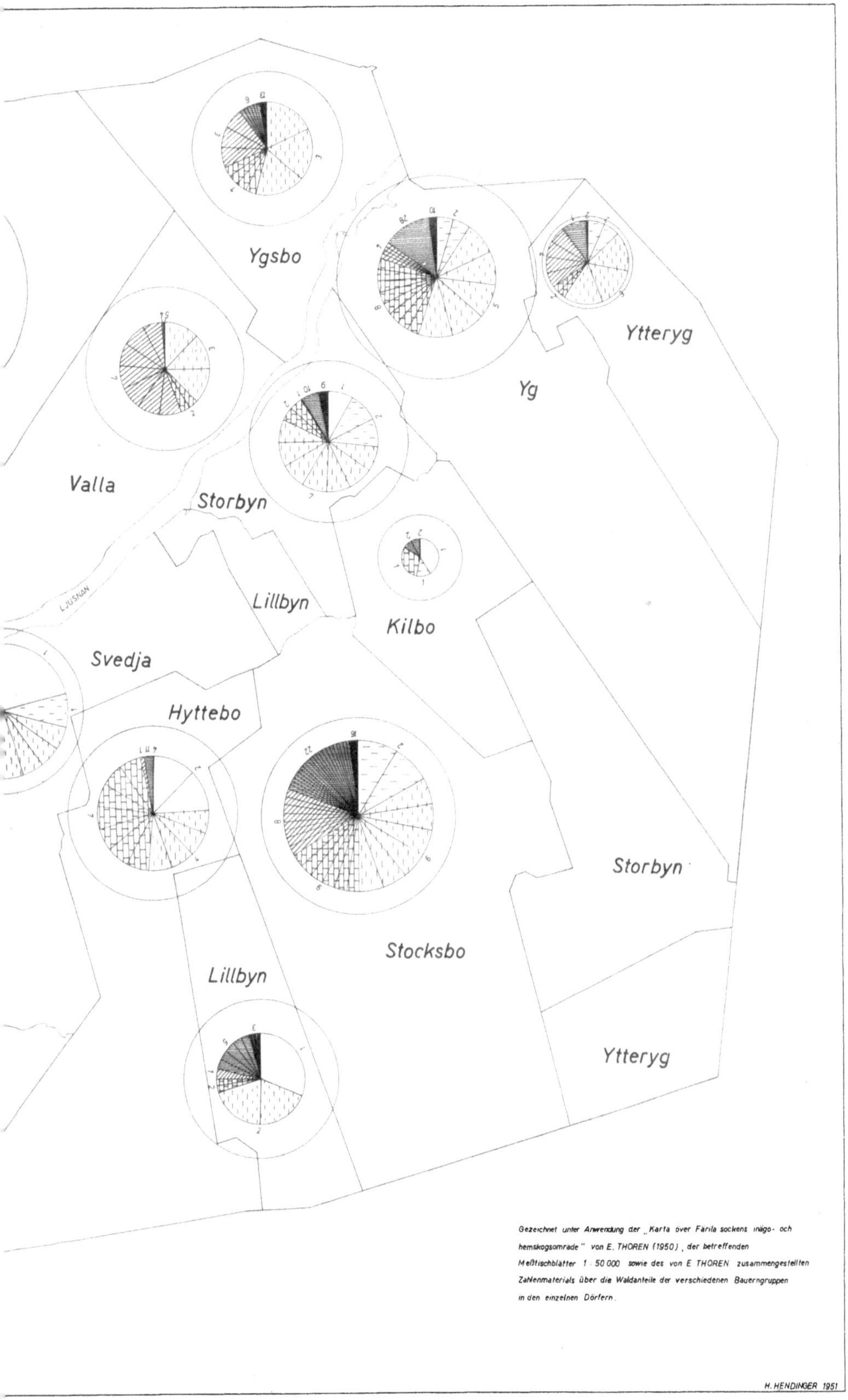

Ygsbo
Ytteryg
Yg
Valla
Storbyn
LJUSNAN
Lillbyn
Kilbo
Svedja
Hyttebo
Storbyn
Stocksbo
Lillbyn
Ytteryg
Gezeichnet unter Anwendung der „Karta över Färila sockens inägo- och hemskogsområde" von E. THOREN (1950), der betreffenden Meßtischblätter 1 : 50 000 sowie des von E THOREN zusammengestellten Zahlenmaterials über die Waldanteile der verschiedenen Bauerngruppen in den einzelnen Dörfern.
H. HENDINGER 1951

Abb. 76

zierter Zusammensetzung. Föne weist mit 26 Höfen mit weniger als 2 ha Ackerland und 22 Höfen mit 2—5 ha Ackerland zweifellos die größte Zahl an sog. Kleinsiedlerstellen (stödjordbruk) auf. Dann folgt Stocksbo mit 16 Höfen unter 2 ha und 22 Höfen von 2—5 ha Ackerland, schließlich Veckebo mit 12 Höfen unter 2 ha und 14 von 2—5 ha Ackerland. Der durchschnittliche Waldanteil für diese Bauerngruppe dürfte in Föne am höchsten liegen.

Die Gruppe der Kleinbauernhöfe (5—10 ha Ackerland) ist in Föne am besten gestellt, sie besitzt nahezu 70% des bäuerlichen Waldlandes. Auch der auf den einzelnen Hof entfallende Anteil ist hier mit ca. 86 ha im Durchschnitt sehr hoch. In Veckebo besitzen die Kleinbauern ca. 50% des gesamten Bauernwaldes. Auf jeden Bauern entfallen hier durchschnittlich nur 57 ha Waldland. In Stocksbo ist der Anteil dieser Hofgrößenklasse noch geringer (weniger als 30%), wenn auch die durchschnittlich auf den einzelnen Bauern entfallende Waldfläche mit rund 80 ha höher liegt als in Veckebo.

Wir können also sagen, daß in diesen drei größten und volkreichsten Dörfern in Färila-Kårböle die Kleinbauernhöfe, die für ihre wirtschaftliche Existenz zu der kleinen landwirtschaftlichen Nutzfläche unbedingt ein ökonomisches Rückgrat in Form einer größeren Waldfläche brauchen, günstig gestellt sind. Für sie ist eine Waldarbeitertätigkeit in den Wäldern der Aktiengesellschaften von sekundärer Bedeutung. Die Kleinsiedler und Waldarbeiterbauern dagegen sind mit ihrer lächerlich kleinen, meist noch dazu schlechten Ackerfläche und ihrem kleinen Waldzipfel in sehr starkem Maße von der Wald- und Holzwirtschaftspolitik der Aktiengesellschaften abhängig und damit letzten Endes auch für Weltkonjunkturlagen empfindlich. Sie dürften stets den größten Prozentsatz bei einer eventuellen Abwanderung stellen.

Doch wie ist es nun um die bereits auf landwirtschaftlicher Grundlage mehr oder minder gesicherten Höfe bestellt, d. h. die sog. Vollbauernhöfe mit einem Ackerareal von 10 ha an aufwärts (= basjordbruk, nach Thorén 1950)? Diese Höfe haben sich durch all die Jahre starker Erbteilung hindurch in ihrer mehr oder minder ursprünglichen Größe und Einheit erhalten. In Föne, wo die stärkste Erbteilung stattgefunden hat, findet sich nur ein einziger derartiger Hof mit 10—15 ha Acker mit einem Waldanteil von 93 ha. In Veckebo haben wir noch heute 11 Höfe mit 10—15 ha Acker, je ca. 100 ha Wald und einen Hof mit 15—20 ha Acker und ca. 200 ha Wald. In Stocksbo schließlich fällt den „Vollbauernhöfen" ca. 50% des gesamten Bauernwaldes zu. Sechs Höfe mit 10—15 ha Acker besitzen je ca. 200 ha Waldland, zwei Höfe mit 15—20 ha Ackerland je ca. 300 ha Waldfläche.

Interessant ist das Diagramm Håvras, das durch seine markante Randlage zum Gebiet der „hembyarna" gekennzeichnet ist und wo so auch der Wald naturgemäß eine stärkere Rolle spielen mußte als in den übrigen, mehr zentral gelegenen Dörfern. Bei einem Gesamtwaldareal, das das vom dichtbevölkerten Föne sogar noch übertrifft, ist seine landwirtschaftliche Struktur im Gegensatz zu letzterem durch ein gesundes Vollbauerntum bestimmt. Allein zehn Höfe besitzen über 10 ha Acker, ein Hof sogar über 20 ha, denen zudem noch ein ansehnliches Stück Wald von 235—480 ha eigen ist. Auch die Kleinbauern nennen ein Waldareal von durchschnittlich 65—180 ha ihr eigen. Diese sind somit durchaus als krisenfest zu bezeichnen Der Waldarbeiterbauernstamm fehlt auch hier nicht. Auch diese Leute haben meist ein eigenes Stückchen Wald.

Recht günstig liegen die Verhältnisse ferner in Svedja, Hyttebo und Yg, während die geringere Größe des Gesamtbauernwaldes in Storbyn, Lillbyn, Ygsbo und Valla sowie Ytteryg und Ed sich doch schon auf die Größe der Waldfläche des einzelnen Hofes auswirkt. Der sekundären Siedlungsinsel Näsberg können wir keinerlei landwirtschaftliche Bedeutung beimessen. Sie ist vielmehr eine ausgesprochene Waldarbeitersiedlung.

Eine Ordnung der Dörfer in Färila auf Grund ihrer strukturellen Gliederung ist nur sehr schwer durchführbar. Zu fließend sind die Grenzen und Übergänge, um in absoluter Gültigkeit das eine Dorf als Waldarbeiterdorf mit landwirtschaftlichen Stützfunktionen (etwa Näsberg), das andere dagegen vielleicht als Kleinbauernsiedlung mit waldwirtschaftlicher Prägung (Föne) und ein drittes etwa als Bauerndorf mit überdimensioniertem Waldbesitz (Håvra) bezeichnen zu können. Doch relativ gesehen haben diese Begriffe zweifellos eine gewisse Berechtigung und dürften die mögliche Ausscheidung von waldwirtschaftlich-strukurell verschiedenen Typen andeuten. Es ist klar, daß in diesen strukturell verschiedenen Typen auch eine Unterschiedlichkeit hinsichtlich der Labilität des Bevölkerungselements festzustellen sein wird, die zweifellos in einem Waldarbeiterdorf größer ist als in einem bodengebundenen Bauernhof mit großen Acker- und Waldländereien.

8. Die Bedeutung von Waldwirtschaft und Landwirtschaft in der gesamten Wirtschaftsstruktur und Landschaftsgliederung des Färila socken

Die Waldwirtschaft hat Elementen und Landschaftstypen des Färila socken z. T. ein neues Gesicht verleihen können, sie mehr oder minder umgestaltet, wie es zunächst scheinen will. Sie hat in Gemeinsamkeit mit den Forderungen der Holzindustrie die ursprünglich grundlegende Wirtschaftsform des Landbaus und der Viehzucht zu einer Ergänzungswirtschaft von sekundärer Bedeutung zu degradieren vermocht. Doch die Ansatzpunkte der Umformung knüpften in dem Grad ihrer lokalen Auswirkung stets an naturgeographische Voraussetzungen an.

Von primärer Bedeutung war zweifellos der ungeheure Waldreichtum, der aber bereits infolge unterschiedlicher Boden- und Klimaverhältnisse durch die Bedürfnisse des Menschen im Stadium des Ackerbaus und der Viehzucht eine markante Einschränkung auf Höhen- und Moränengebiete erfahren hatte. Da auch die Waldwirtschaft der Menschenkraft bedurfte, mußte sie sich an die infolge der Boden- und Klimaverhältnisse günstig entwickelten Siedlungsgebiete unterhalb der „Marinen Grenze" anschließen. Von dort aus drang sie dann, zunächst mehr oder minder konzentrisch und in Anlehnung an ausgebaute Straßen und Flößwässer, in das Waldland vor. Die ökonomisch wünschenswerte Erschließung des Waldlandes durch Waldautowege kann heute nahezu als abgeschlossen gelten.

Erst hierdurch ist eine Waldpflege auch in den klimatisch ungünstigen Höhengebieten, wo Moore, Versumpfungen, Restbestände vorherrschen, ermöglicht worden.

Auf Grund ihrer strukturellen Zusammensetzung aus verschiedenen Landschaftstypen, wie z. B. Wald-, Moor- und Siedlungstypen läßt sich die Färila-Landschaft in drei Teillandschaften gliedern, die einen sehr gegensätzlichen Charakter zeigen:

1. Die Talmulden-Acker-Wiesenlandschaft
2. Die Waldhügellandschaft
3. Die Wald-Moor-Höhenlandschaft

Gerade bei dieser sich mehr oder minder anbietenden strukturellen Gliederung des Raumes zeigt sich so recht die Bedeutung der naturgeographischen Faktoren für die Entwicklung seiner verschiedenartigen Teilräume. Denn dieselbe Gliederung würde sich auf Grund

a) der Höhenverhältnisse
b) der klimatischen Verhältnisse
c) der morphologisch-geologischen Verhältnisse
d) der Vegetations- und Pflanzengesellschaftsverteilung
e) der Siedlungsverteilung

in genau entsprechender Weise ergeben.

Doch diese drei Landschaften, so gegensätzlich sie auch in ihrem äußeren Charakter sein mögen, sind unter dem Einfluß des Menschen zu Ergänzungsräumen geworden. Sie werden verbunden durch eine innere Dynamik, die durch den Menschen in Anpassung an die Naturgegebenheiten unter Ausnutzung der technischen Entwicklung im Laufe der Jahrhunderte von einer urspünglich landwirtschaftlichen (Schwendewirtschaft, Waldweide, Fäbodwesen) zu einer waldwirtschaftlichen Durchdringung umgestaltet worden ist. Die funktionale Einheit der Talmulde und der großen, ausgedehnten Wälder, die bereits durch die Dynamik der Waldsiedlungslandschaft entstanden war, wurde durch die Waldwirtschaft noch verstärkt. (Abb. 73. 75 und Karte I). Abb. 73 zeigt die landwirtschaftliche Durchdringung vor der intensiven Entfaltung der Waldwirtschaft. Vom Siedlungskern im Osten unterhalb der marinen Grenze führen die Verbindungen zu den Fäbodarn, die sich fast gleichmäßig über den ganzen „socken" verteilen. Nur in den Gebieten, die das Fäbodwesen weniger erschlossen hatte, waren Neusiedlungen (nybygge) von Finnen und Schweden möglich. Die siedlungs- und verkehrsgeographische Übersichtskarte gibt nun mit der Unterscheidung von landwirtschaftlichen und waldwirtschaftlichen Dauersiedlungen sowie periodischen Fäbod- und Waldarbeitersiedlungen die Möglichkeit zu einem Vergleich der verschiedenartigen Durchdringung des Landschaftsbildes durch Land- und Waldwirtschaft. Es wird also an Hand dieser Karten der Strukturwandel deutlich, der sich unter Einfluß von Waldwirtschaft und Industrie in den letzten 50 Jahren vollzogen hat.

Die Fäbodsiedlungen sind bis auf drei vollkommen aufgelassen. Auch Finnensiedlungen und vor allem spätere Neusiedlungen aus dem Anfang des 19. Jahrhunderts liegen heute öde und verlassen. Der Wald erobert hier allmählich die alten Kulturflächen zurück. Nur bei günstiger Verkehrslage, möglichst mit Omnibusanschluß, haben sie sich als Ackerbauinseln erhalten, meist allerdings eine Umwandlung zu einer Waldarbeiterbauernsiedlung erfahren.

Die landwirtschaftlich-siedlungsgeographisch akzentuierte Dynamik war noch weitgehend bestimmt durch landschaftseigene Kräfte. Dies gilt für die Waldwirtschaftslandschaft von heute freilich nicht mehr. Ständig werden von außen, im wesentlichen von der Holzindustrie an der Küste mit aufblühenden Städten und Fabrikzentren, neue Impulse an sie herangetragen, die sie auf Grund der ihr eigenen Landschaftsstruktur so oder so verarbeiten muß bzw. kann. Außerdem hat eine gewisse Schwerpunktverlagerung in der Wertordnung der einzelnen Landschaftstypen durch den wirtschaftenden Menschen stattgefunden. Waren es früher im wesentlichen die Tallandschaften, die den Menschen infolge ihrer natürlichen Möglichkeiten erstrebenswert erschienen, so sind es heute daneben in hohem Maße die waldreichen Höhen- und Moränenhügellandschaften, die zu einer mehr oder minder intensiven Nutzung und Pflege Anlaß geben. Doch die Siedlungsgebiete selbst sind in jahrhundertealter Tradition gewachsen, sie werden infolgedessen dieser Schwerpunktverlagerung nicht folgen.

So wird auch in Zukunft, ja vielleicht noch mehr als heute, der strukturelle Gegensatz in der Landschaft des Färila socken, wie so mancher anderen schwedischen Waldwirtschaftslandschaft, bestehen bleiben. Doch funktional gesehen ist sie eine Einheit, die sich als wesentlicher, markanter Baustein in die große, weite Waldlandschaft des Ljusnan, d. h. Hälsingland-Härjedalens, einordnet, die an der Küste durch eine lebensstarke Holzindustrie überlagert und ergänzt wird.

IV. Hälsingland · Härjedalen — eine Waldkulturlandschaft mit ihren dynamischen Wechselbeziehungen zwischen Waldland und Holzindustrie[1])

Von der Küste Hälsinglands mit ausgesprochenen Holzindustriezentren über ein weites Waldhügelland hinweg, durch das sich gassen- oder bänderartig, an Flüsse und Seen gebunden, Siedlungs- und Kulturflächen hinziehen, die sich schließlich in einzelne kleine Rodungsinseln auflösen, bis hinauf zum Fjäll Härjedalens erstreckt sich der Einzugsbereich des Ljusnan, der Lebensader des Waldwirtschaftslandes. Das Flußgebiet des Ljusnan fällt fast ganz in die beiden nordschwedischen Landschaften Hälsingland und Härjedalen hinein, wenn letztere mit dem Storsjö socken (Flußgebiet des Ljungan), dem Flußgebiet des Delångersån, des Harmångers- und Gnarpsån u. a. auch bereits über den Einzugsbereich des Ljusnan hinausgreifen.

Vielfache funktionale Verflechtungen haben die verschiedenen strukturellen Bereiche verschweißt. So erscheint es durchaus berechtigt, bei einer Betrachtung der Dynamik der Waldkulturlandschaft innerhalb eines weiter gefaßten Rahmens den Gesamtraum der beiden Landschaften Hälsingland und Härjedalen herauszugreifen, um dann in dieses Raumgefüge, dessen Rückgrat der Ljusnan bildet, den Färila socken einzuordnen. Der Färila socken ist als Waldwirtschaftslandschaft in seiner inneren Dynamik nicht mehr allein aus den im Gebiet selbst vorhandenen natürlichen Grundlagen zu erklären, sondern ist durch die Waldwirtschaft eng gekoppelt an die Holzindustrie und deren Forderungen bezüglich der Rohstoffversorgung. Die Holzindustrie als der zuletzt hinzugekommene, sozusagen integrierende Bestandteil der heutigen schwedischen Waldkulturlandschaft hat ihre Zentren an der Küste. In ihren Fernwirkungen jedoch reicht sie hinauf bis zur Grenze des Fjälls.

Um den Zusammenhang zwischen der räumlich differenzierten Verteilung der Holzindustrie (in weitestem Sinn), der Struktur der Nah- und Fernräume und der daraus entstandenen funktionalen Beziehungen — kurz: das formale und funktionale Landschaftsgefüge — möglichst in seiner Komplexheit zu erfassen, erscheint es mir wichtig, zunächst die verschiedenen Zentren der Holzindustrie selbst ins Auge zu nehmen, um später ihre Bedingtheiten, Probleme und Fernwirkungen zu verfolgen, d. h. das bestehende funktionale Wirkungsgefüge zu beleuchten. Die Struktur der Landschaft spiegelt sich in ihren funktionalen Zusammenhängen wider; sie erschließt sich uns in einer Art Reflexwirkung. Durch Vergleich mit der bereits eingehend analysierten Struktur des Färila socken dürfte es möglich sein, unter Einordnung dieses letzteren Raumes in das strukturelle und funktionale Gefüge der Gesamtlandschaft zugleich eine landschaftliche Gliederung Hälsingland-Härjedalens durchzuführen.

A. Die landschaftsgebundene Verteilung der Holzindustrie in Hälsingland-Härjedalen

In mannigfacher Weise durchpulsen Holzindustrie und Waldwirtschaft die verschiedenartigen Landschaften Hälsingland-Härjedalens. Doch das treibende Rad dieser inneren Dynamik ist, wie schon mehrfach hervorgehoben, letztlich die Holzindustrie mit ihren Forderungen und Möglichkeiten.

Die größten Teile des zu betrachtenden Raumes sind industrieleer. Selbst, wo am Fluß- oder Seeufer ein kleines Sägewerk liegt, fällt es physiognomisch wenig

1) in weitestem Sinne, einschließlich Zellstoff- und Papierindustrie.

auf. In unendlichen Wald ist es eingebettet und vermag so einem mitteleuropäischen Betrachter nur schwerlich als eigengestaltete Landschaftszelle aufzufallen. Erst das an schwedische Verhältnisse angepaßte Auge empfindet das Neue, ja geradezu Revolutionäre in dem plötzlichen Wechsel des Erscheinungsbildes. Denn im Walde wird der Einfluß des Menschen, obschon überall vorhanden, nur selten unmittelbar greifbar. Hier jedoch hat der menschliche Wille Form und Gestalt angenommen, sei es nun in einer kleinen Kreissäge, einem Kohlenmeiler, einem Gattersägewerk oder einer der großen Zellstoffabriken. Das Verhältnis zur übrigen schwedischen Waldlandschaft, die hohe wirtschaftliche und damit auch funktionale Bedeutung, gibt uns das Recht, diese Landschaftselemente mit ihrem näheren Einzugsbereich als industrielle Landschaftszellen aufzufassen, die sich gleichwertig in das Mosaik der Siedlungszellen, Wald- und Moortypen, Fluß- und Seenlandschaften einordnen. In besonders günstig gelegenen Gebieten können sie sich zu lokal begrenzten Waldindustrielandschaften zusammenschließen, wobei allerdings festzuhalten ist, daß ein derartiger Begriff nur relativ zu dem gesamten norrländischen Raum seine eigentliche Berechtigung erhält, im Vergleich mit stärker durchindustrialisierten Gebieten dagegen an Schwergewicht weitgehend verliert.

Kreissägen (Abb. 80) und Kohlenmeiler (Abb. 78) sind am stärksten mit dem Rohstoffraum verkoppelt. Völlig eingebettet in das weite Waldland, erscheinen sie zuweilen fast als ein Teil desselben. Bei genauerer Betrachtung ihrer Lage müssen wir allerdings feststellen, daß sie bereits recht gut die Vorteile moderner Verkehrserschließung zu nutzen wissen. Die Lage im Rohstoffgebiet erfährt eine bedeutende Differenzierung hinsichtlich der Straßen und Eisenbahnlinien. Nur dort sind diese Betriebe existenzfähig.

Teer- und Holzkohlegewinnung hatten während des letzten Krieges noch einmal eine kurze Blütezeit. Sowohl die großen Aktiengesellschaften als auch die kleinen privaten Unternehmen versuchten auf diese Weise eine bestmögliche Nutzung von Holzabfällen und Stubben, die in Form von Teer und Holzkohle zu einem vielbegehrten Produkt wurden. Doch ein großer Teil der Anlagen ist heute, nach Überwindung der Krisenzeiten, stillgelegt worden. Mit den möglichen Importen ist die Rentabilität von Holzkohle- und Teererzeugung, vor allem mit Rücksicht auf den herrschenden Arbeitermangel, stark in Frage gestellt.

Nur wo Familientradition und Liebe zum Beruf neben einem reichlichen Anfall von Holzabfällen für die Köhlerei vorhanden sind, hat sich noch heute dieser vielleicht älteste Holzgewerbezweig Norrlands erhalten. Einst stand die Holzkohlegewinnung in engster Verbindung mit der Eisenindustrie Bergslagens, die hier in Hälsingland ihre nördlichsten Vorposten hatte. Sie erstreckte sich allerdings in erster Linie auf die Küstengebiete. Heute ruht die Eisenverhüttung in Hälsingland fast ganz. Die Holzkohlegewinnung ist zu einem ausgesprochenen Inlandgewerbe geworden. Der Vertrieb der Holzkohle erfolgt z. T. durch die Skogens Kol A.B. in Kilafors, an die einige private Unternehmen durch Lieferverträge gebunden sind. Das eigentliche Bergslagen, wo noch heute die Eisenverhüttung betrieben wird, ist das Hauptabnahmegebiet. Am Beispiel der Eisenhütten Hagfors und Nykroppa (Värmland) konnte G. Arpi (1940) für 1935/36 zeigen, daß Holzkohle aus dem Gebiet von Tandsjöborg bis Sveg, ja Ytterhogdal und Voxna mit der Bahn ihren Weg bis hinein nach Värmland nimmt, obwohl letztere Landschaft ebenfalls sehr waldreich ist. Doch tritt die Holzindustrie stärker unmittelbar in Erscheinung als in den ausgesprochenen Inland-Landschaften Härjedalens, so daß die Holzkohleversorgung dieser Eisenwerke in Värmland selbst nicht gesichert ist.

Auch einige Inlandgattersägewerke verarbeiten ihre eigenen Abfälle direkt weiter zu Holzkohle. Ygs ångsåg hatten wir bereits als charakteristisches Beispiel hierfür kennengelernt. Ähnlich ist es in Tandsjöborg (Abb. 79). Vollkommen von Wald umrahmt liegt hier ein Gattersägewerk mit ca. 20 Arbeitern (1945) am Südende des Tandsjön, direkt an der Eisenbahnlinie Kristinehamn—Östersund.

Kohlenmeiler in den verschiedensten Stadien gehören ebenso wie Holzlager, Schrägaufzug und Schornstein der Dampfmaschine zu den kennzeichnenden Elementen. Das in Tandsjöborg verarbeitete Holz dürfte größtenteils aus der näheren Umgebung stammen. Den am mittleren und unteren Lauf des Ljusnan gelegenen Gattersägen dürften demgegenüber ausgedehntere Rohstoffeinzugsbereiche zur Verfügung stehen.

Wieweit die Kreissägen heute für die Rohstoffansprüche der größeren Gattersägewerke bereits ernstliche Konkurrenten darstellen, ist schwer zu entscheiden. Für 1934 gibt E. Persson (in „Sverige som Skogsland" 1937 S. 406) allein für Hälsingland 126 Kreissägen an. In dieser Zahl müssen aber, wie ein Vergleich mit den Angaben H. Wiks für 1937 von 14 Kreissägen mit einem Produktionswert von über 15 000 Kronen/Jahr ergibt, eine große Zahl von Haussägen mit einbegriffen sein. Für 1945 bzw. 1950 läßt sich leider keine entsprechende Angabe machen. Nachdem wir aber 1950/51 im Färila socken allein schon 11 Kreissägen verzeichnen konnten, ist es wohl nicht allzu gewagt, anzunehmen, daß sich auch heute die Gesamtzahl für Hälsingland in etwa denselben Grenzen halten dürfte, jedenfalls aber über 100 hinausgehen wird.

Erst ab Ljusdal und Alfta treffen wir den Ljusnan und Voxnan abwärts Sägewerke mit größerer Kapazität. Sie verbinden alle die hinsichtlich einer billigen Rohstoffversorgung so wertvolle Lage am Flößwasser mit einer gleichzeitigen Eisenbahnorientierung, deren Gunst sich bei der Verfrachtung der Schnittwaren in der Höhe der Gesamtunkosten schon deutlich bemerkbar macht. Das relativ große Werk in Holmsveden hat nicht ein derartig günstiges Zubringersystem. Doch dürfte das holzreiche Grenzgebiet gegen Gästrikland, in dem sich sogar noch einige Urwälder finden, wie auch die Lage zur Eisenbahn sich günstig auswirken.

Ein Teil der kleineren Sägewerke ist heute stillgelegt. Soweit sie ein gewisses Waldareal ihr eigen nannten, wurden sie gerne von den großen Aktiengesellschaften aufgekauft. Letztere sahen sich dann aber meist bei zunehmender Rohstoffknappheit genötigt, diese oft in ihrer technischen Ausrüstung veralteten Betriebe zugunsten ihrer modernen Exportwerke an der Küste stillzulegen. Hierher gehören u. a. Hybo, Karsjö, Simeå, Saltvik, Bergsjö und Runemo, wobei Werkbrände, wie z. B. in Runemo, diese Entwicklung natürlich unterstützten. Für die Stillegung Hybos spielten neben der Rohstofffrage verkehrsgeographische Gesichtspunkte die Hauptrolle. Denn Hybo sågverk wurde, wie Hellström (1925) ausführt, im Jahre 1888 auf Grund staatlichen Einflusses bezgl. des Baus der Eisenbahnlinie Hudiksvall—Ljusdal errichtet. Der Staat stellte damals die Bedingung, daß, wenn der Eisenbahnbau zustande käme, in der Nähe des Ljusnan ein Sägewerk errichtet werden müsse, das seine Holz-Schnittware mit der Eisenbahn zur Verschiffung nach Hudiksvall befördern ließe. Bezüglich des Tarifs wurde ein 50jähriger Vertrag auf verbilligte Frachtkosten abgeschlossen. Damit war aber nicht nur der Eisenbahn geholfen, sondern auch der damaligen Hudiksvalls Trävaru A.B., die bisher unter erheblichem Aufwand Holz vom Ljusnan durch die Senke der Dellenseen, mit Hilfe eines künstlich geschaffenen Wasserweges, der 20 m Höhenunterschied überwinden mußte, direkt zur Küste bei Hudiksvall geflößt hatte. 1938 war dieser Vertrag abgelaufen, die alten Tarifvergünstigungen fielen fort. Damit aber war der Lebensnerv von Hybo zerschnitten. Der Aktiengesellschaft Iggesunds Bruk schien es fortan vorteilhafter, alles Holz in Hudiksvall zu versägen. Hybo sågverk wurde stillgelegt. Heute hat sich im selben Gebäude, günstig am Wasser gelegen, die Zentralstelle für Flachsaufbereitung in Hälsingland niedergelassen.

Strömbacka, ebenfalls ein Sägewerk der Iggesunds Bruks A.B., zeigt in der Darstellung für 1945 eine stattliche Arbeiterzahl. Sowohl vor dem Kriege (H. Wik 1950, Darstellung für 1937) als auch in den folgenden Nachkriegsjahren (1949) waren Arbeiterzahl und Produktion jedoch unbedeutend. Das starke Anwachsen der Arbeiterzahl dürfte somit zu einem Teil mit einer verstärkten Holzkohleproduktion insbesondere für die beiden Eisenhämmer in Strömbacka und Igge-

KÖHLEREI in YTTERHOGDAL

Abb. 77. Ein unübersehbares Lager von Sägeabfällen und Kohlenmeiler in jedem Stadium in einer äußerst günstigen Lagekombination von Straße und Schienenstrang

Abb. 78. Der bereits zusammengefallene, langsam schwelende Meiler, der in etwa acht Tagen eingerissen werden kann

Abb. 79. Das **Gattersägewerk** in **Tandsjöborg** am Südende des Tandsjön (vgl. S. 81/82). Los socken

Abb. 80. Eine **Kreissäge** mit einem recht ansehnlichen Bretterhof und einem riesigen Sägemehlhaufen an der Landstraße zwischen Svedja und Veckebo, im übrigen in Wald eingebettet. Hinsichtlich Rohstoffbringung wie auch Fertigwarentransport günstig gelegen. Färila socken

Abb. 81. Die **Zellstoffabriken in Iggesund** von Westen her gesehen (vgl. S. 83 und Lageplan). Hälsingland.

Abb. 82. Zellstoffwerke in Iggesund (entnommen aus A. B. Iggesunds Bruk-Prospekt 1937)

Abb. 84. Der riesige Bretterhof des **Sägewerks in Ljusne.** In der Ferne die Sulfitfabrik von Vallvik (vgl. S. 84). Hälsingland

Abb. 85. Die **Sulfitfabrik** in **Vansäter** bei Bergvik (vgl. S. 84) mit einigen Arbeiterhäusern. Hälsingland

sund zusammenhängen. Heute geht wiederum das meiste Holz der einstigen Rekognitionswälder nach Håstaholmen bzw. Iggesund.

Das Sägewerk in Håstaholmen am Stadtrande von Hudiksvall hat sich infolge des ständigen Auslese- und Rationalisierungsprozesses zu einem der modernsten Sägewerke Norrlands entwickeln können. Es steht in engem Zusammenhang mit Iggesund, wo ebenfalls wie in Strömbacka einst ein alter Eisenhammer, neben einer Papierfabrik (Lumpen als Rohstoff) aus etwa derselben Zeit, die Anfänge der Industrialisierung darstellte. Auch hier findet Verhüttung und Weiterverarbeitung im Walzwerk sowie die Herstellung von Messern und Sägeblättern noch heute statt, wenn auch in beschränktem Umfange. Das 1870 angelegte Sägewerk am oberen Fall (Övre Fallet) besteht heute nicht mehr. Bereits 1905 wurde es zugunsten des Sägewerks Håstaholmen der H.T.A.B.[1]), das einen bedeutend günstigeren Hafenraum besitzt, stillgelegt und an derselben Stelle in Iggesund eine Holzschleiferei errichtet. Der Grundstein für den heutigen Schwerpunkt der Aktiengesellschaft wurde 1915—17 mit dem Bau der kombinierten Sulfat- und Sulfitzellstoffabrik gelegt, die in ihrer Lage in vollem Umfange die Hafengunst dieses Raumes wahrnimmt. Die Zellstoffindustrie hat als Industriezweig mit dem höchsten Veredlungswert innerhalb der Rohstoffindustrien immer mehr Arbeiter und auch den verfügbaren Rohstoffvorrat an sich herangezogen und konnte so, vor allem auf Kosten der vielen kleinen Sägewerke der einstigen H.T.A.B. (Hudiksvalls Trävaru A.B.) zu gewaltigen Dimensionen anwachsen. Auch die Holzschleiferei wurde zeitweilig zugunsten der Zellstoffindustrien stillgelegt. Bedeutsam für den Betriebshaushalt ist die Elektrizitätsversorgung aus der Erzeugung in eigenen Kraftwerken. Etwa 60 % des Kraftverbrauchs von rund 50 Mill. Kwh (1950) können aus eigener Kraft gedeckt werden.

Der insgesamt erzeugte Nettogewinn in der Iggesunds Bruks A.B. (einschließlich Eisenverhüttung und Manufakturfabrik für Sägeblätter und Messer) betrug 1950 5 Mill. Kronen[2]). Die Zellstofferzeugung belief sich insgesamt auf 69 000 t[3]) die Herstellung an Schnittholz auf 26 000 stds. Hinzu kommt die Weiterverarbeitung zu Holzhäusern, Parkettbodenbrettern und Sperrholz.

Doch nicht für alle Industriebetriebe sind Produktionszahlen zugänglich, ohne weiteres auswertbar und vor allem vergleichbar. Ein wichtiges Hilfsmittel ist in solchen Fällen die Arbeiterzahl. Die A.B. Iggesunds Bruk beschäftigte 1950 insgesamt 1743 Arbeiter in der Holz- und Eisenindustrie[4]). Zahlen der einzelnen Produktionszweige kann ich hier leider nur ergänzend für 1949 und 1945 anführen:

Tabelle 9:

	1950	1949	1945
Håstaholmen			
Sägewerk		619 Arbeiter	541 Arbeiter
Iggesund			
Zellstoffabriken und Holzschleiferei	625 Arbeiter	540 Arbeiter	505 Arbeiter

Wir stellen fest, daß größenordnungsmäßig die Produktionsverhältnisse, insoweit sie sich jedenfalls durch die Arbeiterzahl erfassen lassen, relativ konstant geblieben sind. In vielleicht noch stärkerem Maße gilt das für die übrigen Holzindustriezweige Hälsinglands, die allerdings in Größe und industrielandschaftlicher Prägung kaum mit Iggesund und Håstaholmen wetteifern können, wo auch die Sied-

1) 1903 — Transaktion der I.B.A.B.-Aktien auf die H.T.A.B.
2) bei einer gesamten Umsatzsumme von 68 Mill. Kronen — nach Papper-, Trä(varu)industri och Skogsarbetarnas Tidning 1951 Nr. 12 S. 15.
3) Die Kapazität von 85 000 t konnte infolge Umbaus in der Sulfatfabrik nicht voll genutzt werden.
4) Lit. vgl. 2).

lung vollkommen durch die Industrie bestimmt ist. Besonders Håstaholmen ist mit seinem ausgedehnten Bretterhof, der wirklich nur noch mit dem weithin sichtbaren, gewaltigen Transportkran zu beherrschen ist, in seiner meernahen, an einen ausgezeichneten Hafenraum gebundenen Lage höchst eindrucksvoll.

Weiter im Norden treffen wir noch einmal auf eine Ballung von Produktionskräften im Sägewerk von Stocka und der Sulfitzellstoffabrik von Strömsbruk, beide hart an der Küste im Mündungsbereich des Harmångersån gelegen. Im nordwärts anschließenden Raum fehlen größere Flüsse als Rohstoffzubringer und damit auch die Gunst für die Entwicklung von Exportgroßbetrieben. Diese treffen wir erst wieder im Raum von Sundsvall, wo infolge des doppelten Strom- und damit Rohstoffeinzugsbereichs von Ljungan und Indalsälven und der zugleich vorhandenen günstigen Hafenlage eine nach W. Sandermann (1951) auf der ganzen Welt einmalige Agglomeration der verschiedenen Holz- und Papierindustriezweige stattgefunden hat.

Einen Vorgeschmack von der gewaltigen Industrieballung im Mündungsraum von Sundsvall können wir aber auch schon im Raum Hälsingland-Härjedalen gewinnen, wenn wir durch das industrieleere Gebiet südlich Iggesunds, wo die Eisenbahn weit im Binnenlande verläuft, nach Söderham und weiter nach Ljusne fahren, wo der Ljusnan in den Bottnischen Meerbusen mündet. Eine Reihe von Exportgroßbetrieben (mit über 50 Arbeitern) prägen hier das strukturelle Bild der Waldindustrielandschaft. Neben Sägewerken (Ala, Ljusne), dem ältesten Industriezweig auf dem Gebiete der Holzverarbeitung in Norrland, finden sich Sulfat- (Sandarne) und Sulfitzellstoffabriken (Wallvik), ferner Holzfaserplatten- und Sperrholzindustrie (Ljusne) auf den Mündungsraum zusammengedrängt. Die besondere Gunst dieser Werke liegt in dem guten Hafenraum, der sich für Lagerhaltung und Export äußerst förderlich erweist, während sie in der Rohstoffversorgung gegenüber Marmaverken und Bergvik doch etwas benachteiligt sind. Denn die Floßbedingungen sind im Mündungsraum durch Wasserfälle und Stromschnellen sehr erschwert (Lit. hierzu: H. Wik, 1950 S. 62 und 243—45; O. Hellström, 1925; K. Nyström 1925).

Hinzu kommt, daß die relativ offene Küste an der Mündung die Anlage eines Sortierwerkes daselbst verhinderte und außerdem die festen Besitzverhältnisse an den Mündungsufern durch die Bergvik & Ala Nya A.B. sowie die Ljusne-Voxna A.B. eine Verteurung der Bugsierung von Flößen durch den Mündungsraum befürchten ließen. Heute spielt auch der Kraftwerkausbau am unteren Ljusnan eine Rolle, an dem beide Werke stark beteiligt sind.

Zu der letzten ausgebauten Sortierstelle am oberen Ende des Marman haben Marmaverken und Bergvik zweifellos die ursprünglichere Lage, wenn sich auch die Transportkosten für Marmaverken insgesamt auf diese Weise erheblich verteuern.

Unter ähnlichen Voraussetzungen war seinerzeit, als die Sandarne A.B. noch selbständiges Unternehmen war, das Sägewerk in Askesta entstanden, von wo aus das ungehobelte Holz auf industrieeigener Bahn nach Sandarne ging, um dort gehobelt und auf Übeeseedampfer verladen zu werden. Als die Marma-Långrörs A.B. zum Bau einer Sulfitfabrik in Wallvik schritt, wurde dasselbe Problem akut hinsichtlich der Rohstoffversorgung. Damals wurde die Bahn Ho—Wallvik gebaut.

Die Bergvik & Ala Nya A.B. war demgegenüber entschieden im Vorteil. Wenn es ihr infolge der Naturgegebenheiten auch nicht möglich war, die erste Sulfitzellstoffabrik Schwedens von C. Ekman in Bergvik auszubauen, so gelang es ihr doch immerhin, ein geeignetes Gelände an einer flachen Bucht des Bergviken, das heutige Vansäter, zu erwerben und hier eine moderne, hochleistungsfähige Sulfitzellstoffabrik zu errichten.

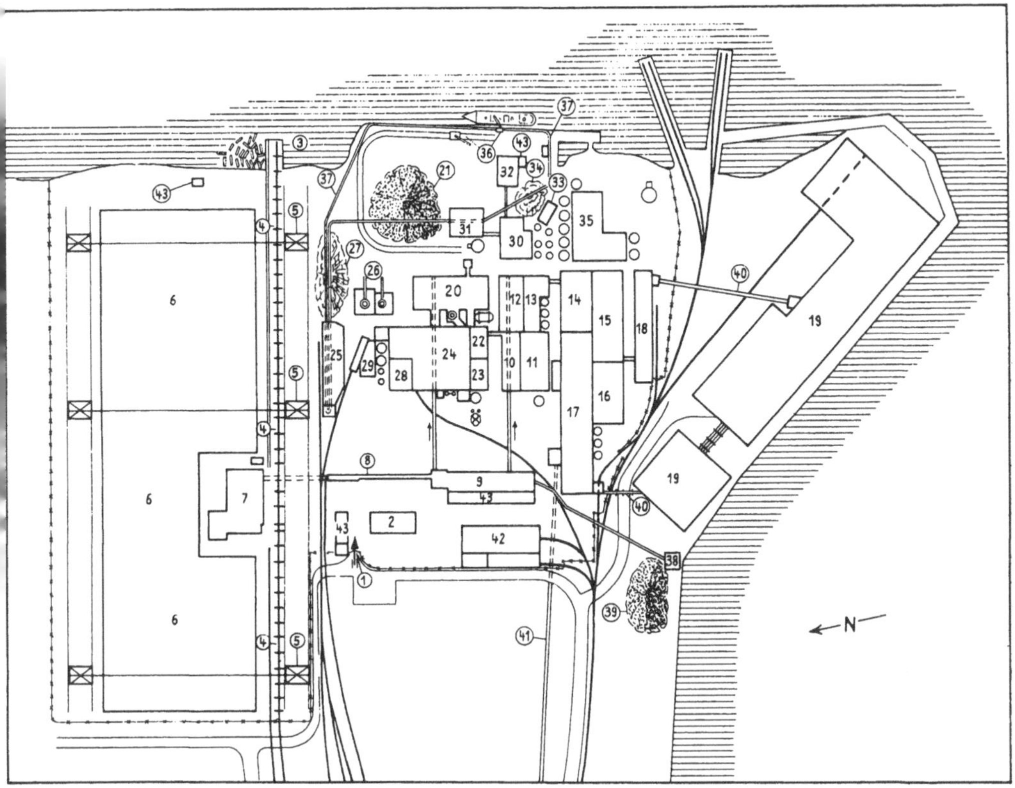

Av Kartverkskommissionen godkänd för spridning den 30 april 1953

Lageplan der Zellstoffabriken in Iggesund
(Reproduktion aus einer von A.B. Iggesunds Bruk in schwedischer und englischer Sprache herausgegebenen Übersicht über Lage und Produktionsgang)
Erklärung der landschaftlich wichtigsten Elemente:
Im Süden und Osten der Fabriken Wasser, Nr. 3 Aufnahme des Floßholzes, Nr. 5 große Kabelkräne, Nr. 6 Holzlager, Nr. 7 Entrindungs-, Reinigungs- und Zerkleinerungsanlagen, Nr. 10-18 Fabrikanlagen zur eigentlichen Gewinnung des Zellstoffs, Nr. 19 Zellstoffmagazin, Nr. 33 Säureturm, Nr. 21, 25, 27, 29, 31, 32, 34, 39 Vorratslager für Kohle, Glaubersalz, Kalkstein, Chlor, Schwefelkies und Brennholz

Abb. 83

Tabelle 10:

	1950	1949
Sulfitzellstoff (Bergvik/Vansäter)	46 852 t	44 059 t
Sulfatzellstoff (Sandarne)	48 214 t	43 566 t
Schnittholzerzeugung (Ala)	7 730 stds	14 805 stds

(aus: Pappers-, Träindustri- och Skogsarbetarnas Tidn. 1951/10)

Die Schnittholzerzeugung in Ala betrug infolge Brandunglücks im Mai 1950 lediglich die Hälfte von der des Vorjahres. Nach modernsten Gesichtspunkten wurde inzwischen der Wiederaufbau in Angriff genommen.

In Marmaverken ist das 1945 abgebrannte Sägewerk bereits nach modernsten Gesichtspunkten hygienischer und technischer Art neu errichtet worden. Es ist das vierte Sägewerk am selben Platze, nachdem die erste Anlage 1856 gebaut worden war. Die Lage zum See ist in jeder Hinsicht günstig. 1950 konnte das Rundholz vom 4. Mai bis 8. Dezember aus dem See direkt in die Sägerahmen geleitet werden. Vom 1. Januar bis 3. Mai und 9. bis 31. Dezember erfolgte die Sägeholzentnahme von dem auf dem Lande gestapelten Vorrat.

Die Gesamtproduktion belief sich auf 10 376 stds (Marmakoncernen — En information ... 1951). Inzwischen sah man sich gezwungen, um mit dem verfügbaren Rohstoffvorrat den größtmöglichen Gesamtgewinn zu erzielen, die Sägewerksproduktion nur noch auf halben Touren laufen zu lassen.

Die Sulfatfabrik ist in den letzten Jahren ebenfalls umgebaut und modernisiert worden. Trotzdem konnten die Lieferungen in vollem Umfange erfüllt werden:

Sulfitzellstoff	52 167 t	(1950)[1])
Sulfatzellstoff	53 427 t	

Von entscheidender Bedeutung ist die „Kiefernöl"[2])-Fabrik für die Weiterentwicklung der gesamten Aktiengesellschaft. Auch hier wird umgebaut und modernisiert. Ausgangspunkt ist das bei der Sulfatzellstoffgewinnung anfallende „Rohkiefernöl". Neben gereinigtem „Kiefernöl" für die Seifenherstellung ist das Harz ein begehrter Artikel für die Papierherstellung, doch damit sind die Möglichkeiten der Gewinnung weiterer Erzeugnisse aus diesem Rohstoff noch lange nicht erschöpft. Terpentin bildet zum Beispiel einen wesentlichen Bestandteil.

Zum Marmakoncern gehört auch die Holzschleiferei in Lottefors, neben der mit Papier- und Pappenfabrikation gekoppelten Schleiferei in Näsviken heute die einzige in Hälsingland-Härjedalen. Sie wurde von 1889—91 gebaut und mit einem bereits 1753 errichteten Sägewerk gekoppelt, das aber vor einigen Jahren infolge Rohstoffmangels stillgelegt werden mußte. Durch zweimaligen Umbau wurde die Kapazität von 5000 t feuchter Masse auf 26 000—27 000 t Naßmasse jährlich erhöht (Norrl. Handbibl. 1925 S. 371/72). Die augenblickliche Produktion der Holzschleiferei beläuft sich auf etwa 15 000—16 000 t/Jahr. Anwendung findet der Holzschliff vor allem für die Herstellung von Zeitungspapier. Entscheidend für die Anlage war in erster Linie der Wasserfall. Fluß und Eisenbahn traten als günstige Momente für Rohstoff- und Halbwarentransporte hinzu.

Hatten wir im Mündungsraum und am unteren Lauf des Ljusnan sichtlich gute geographische Voraussetzungen für Entstehung und Entfaltung von Export-Großindustrien vor uns, so sind dieselben bei den Veredlungsindustrien, insbeondere der Möbel- und Bautischlerei, weniger ausgeprägt. Schon bei der noch zu den „Rohstoffindustrien" zu rechnenden Faserplatten- und Sperrholzherstellung zeigt sich, daß diese Gebundenheit an eine günstige Exportlage nicht mehr lebensnotwendig ist. Hassela und Rengsjö seien hier als Beispiele genannt.

1) aus „Marmakoncernen — En information ..." 1951.

2) „Kiefernöl" = Tallolja (schwed.) = flüssiges Harz.

Wenden wir unseren Blick von der Rohstoffindustrie zur ausgesprochenen Veredlungsindustrie, so fallen die gänzlich veränderten Kapazitätsverhältnisse wie auch der völlige Wandel im Verteilungsbild ins Auge. Herrscht bei den Rohstoffindustrien der Großbetrieb vor, so sind hier neben den Kleinbetrieben die Mittelbetriebe bestimmend. Gewisse Anreicherungs- und Häufungspunkte sind auch hier festzustellen. Zunächst fallen die Städte und ihre nähere Umgebung durch eine Reihe von Betrieben heraus. Aber auch in den übrigen Gebieten erscheinen die Veredlungsindustrien, insbesondere die Bautischlerei, in minderem Maße auch die Möbelindustrie, als verbrauchs- bzw. transportorientiert. Zum großen Teil sind diese Industriezweige mehr oder minder eng an ein Sägewerk gekoppelt.

Stark ins Auge springt die große Kapazität der Möbelfabrik in Edsbyn, die alle übrigen Fabrikationszweige bei weitem übertrifft.

Besonders zu nennen sind die Ski- und Holzhausindustrie. Die Ski-Industrie dürfte zweifellos einen sehr arbeitsintensiven Zweig der Holzindustrie darstellen, wogegen der Gewinn der Fertighausindustrie gegenüber anderen Veredlungsindustrien, auf die verarbeitete Holzeinheit bezogen, gering ist, so daß die Rentabilität im Rahmen des Exports in Frage zu stellen ist. Die größte Skifabrik in Hälsingland ist Tallåsen, es folgen Hudiksvall und Edsbyn. Die Holzhausherstellung erfolgt heute nicht nur in Gnarp. Auch das große Sägewerk Håstaholmen bei Hudiksvall veredelt einen Teil seiner Schnittware weiter zu Fertighäusern.

Die Papierindustrie ist nur spärlich vertreten. Näsviken ist der einzige Ort von größerer Bedeutung, wo sowohl Papier als auch Pappwaren hergestellt werden.

Das bisher entwickelte Verteilungsbild berücksichtigte im wesentlichen lediglich die Verhältnisse am Jahresschluß 1945. Es taucht die Frage auf, inwieweit kann dieses Bild hinsichtlich der heutigen Verhältnisse noch repräsentativ sein? Die Export-Großbetriebe aller Produktionszweige sind als relativ konstant anzusehen. Anders liegen die Dinge bei der Sägeindustrie im Innern des Landes. Die inzwischen stillgelegten Gattersägewerke sind bereits in ihrer ursächlichen Bedingtheit erwähnt worden. Bei der Möbel- und Bautischlerei sind kaum Stilllegungen zu verzeichnen; doch ist die Arbeiterzahl bei einer Reihe von kleineren Mittelbetrieben rückläufig, so daß sie heute bereits in die Kategorie der Kleinbetriebe fallen. Dasselbe gilt für eine Reihe von Betrieben der übrigen Holzwarenherstellung mittlerer Größenordnung.

Insgesamt kann man sagen, daß das Strukturbild der holzverarbeitenden Industrie in Hälsingland-Härjedalen sowohl bezüglich Lage als auch hinsichtlich der Größenordnung im wesentlichen stabil geblieben ist, so daß es durchaus berechtigt erscheint, das Verteilungsbild von 1945[1]) der weiteren Untersuchung zugrunde zu legen.

Die bisherigen Betrachtungen bauen weitgehend auf der Arbeiterzahl auf. Die Darstellung der verschiedenen Industriezweige ist so gewählt worden, daß ein mm^2 Fläche für jeden Produktionszweig auch derselben Arbeiterzahl entspricht, so daß also trotz verschiedener Zeichenwahl eine Vergleichsbasis für die verschiedenen holzverarbeitenden Industrien geschaffen wurde. Eine vollkommene Vergleichsmöglichkeit hinsichtlich der Produktion ist allerdings mit der Arbeiterzahl nur dann gegeben, wenn die Arbeitsintensität der betreffenden Produkte dieselbe ist.

1) Das Verteilungsbild wurde gewonnen auf Grund des Primärmaterials zur Statistik des Kommerskollegiums und in den beiliegenden Kartenblättern (Abb. 86) über „Die Lokalisierung der Holz- und Papierindustrie in Hälsingland-Härjedalen 1945“ zur Darstellung gebracht.

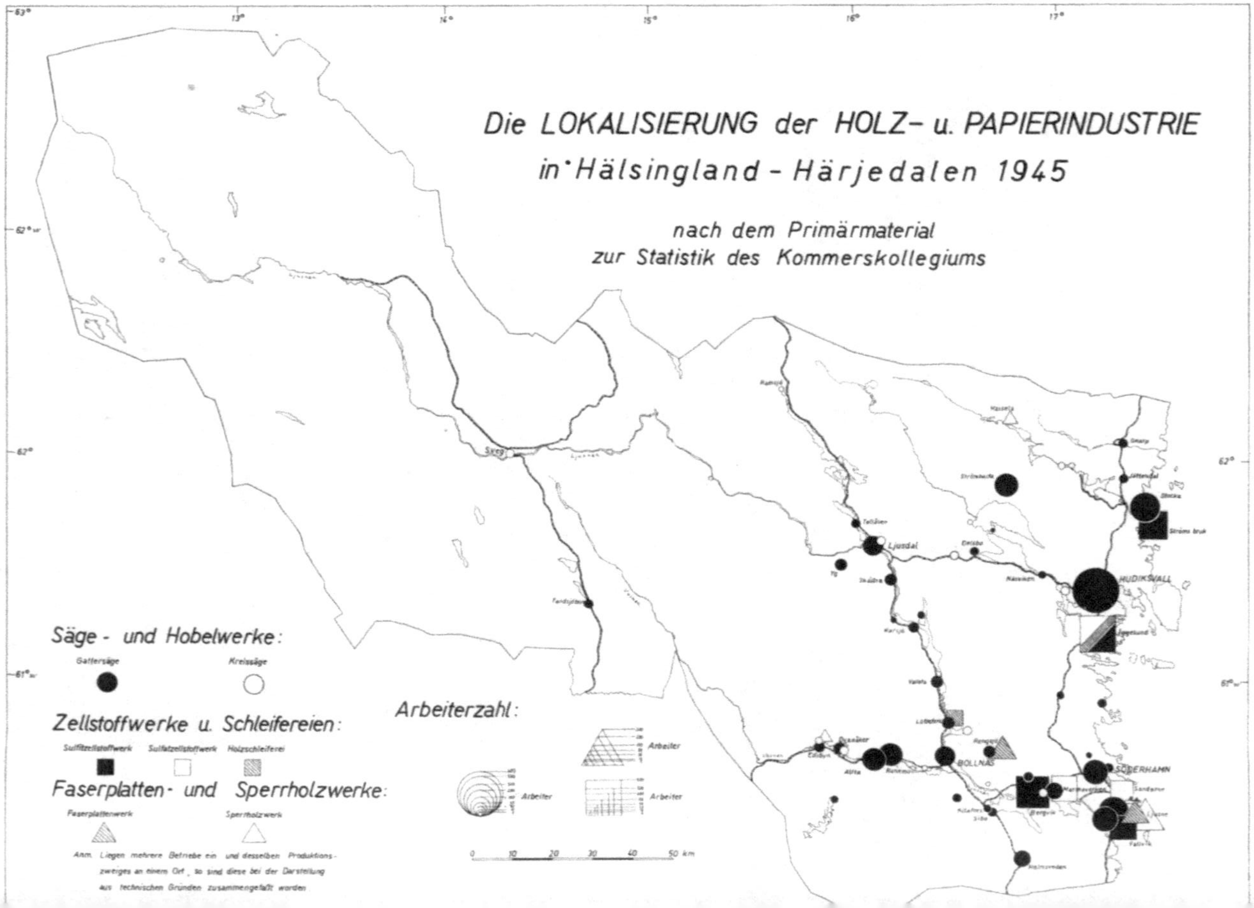

Die LOKALISIERUNG der HOLZ- u. PAPIERINDUSTRIE
in Hälsingland - Härjedalen 1945
nach dem Primärmaterial
zur Statistik des Kommerskollegiums
13°
14°
15°
16°
17°
63°
62° 30'
62°
61° 30'
Sveg
Ljusdal
HUDIKSVALL
BOLLNÄS
SÖDERHAMN
Ströms bruk
Säge - und Hobelwerke:
Gattersäge
Kreissäge
Zellstoffwerke u. Schleifereien:
Sulfitzellstoffwerk
Sulfatzellstoffwerk
Holzschleiferei
Faserplatten - und Sperrholzwerke:
Faserplattenwerk
Sperrholzwerk
Anm. Liegen mehrere Betriebe ein und desselben Produktionszweiges an einem Ort, so sind diese bei der Darstellung aus technischen Gründen zusammengefaßt worden
Arbeiterzahl:
Arbeiter
Arbeiter
Arbeiter
0 10 20 30 40 50 km

Abb. 8

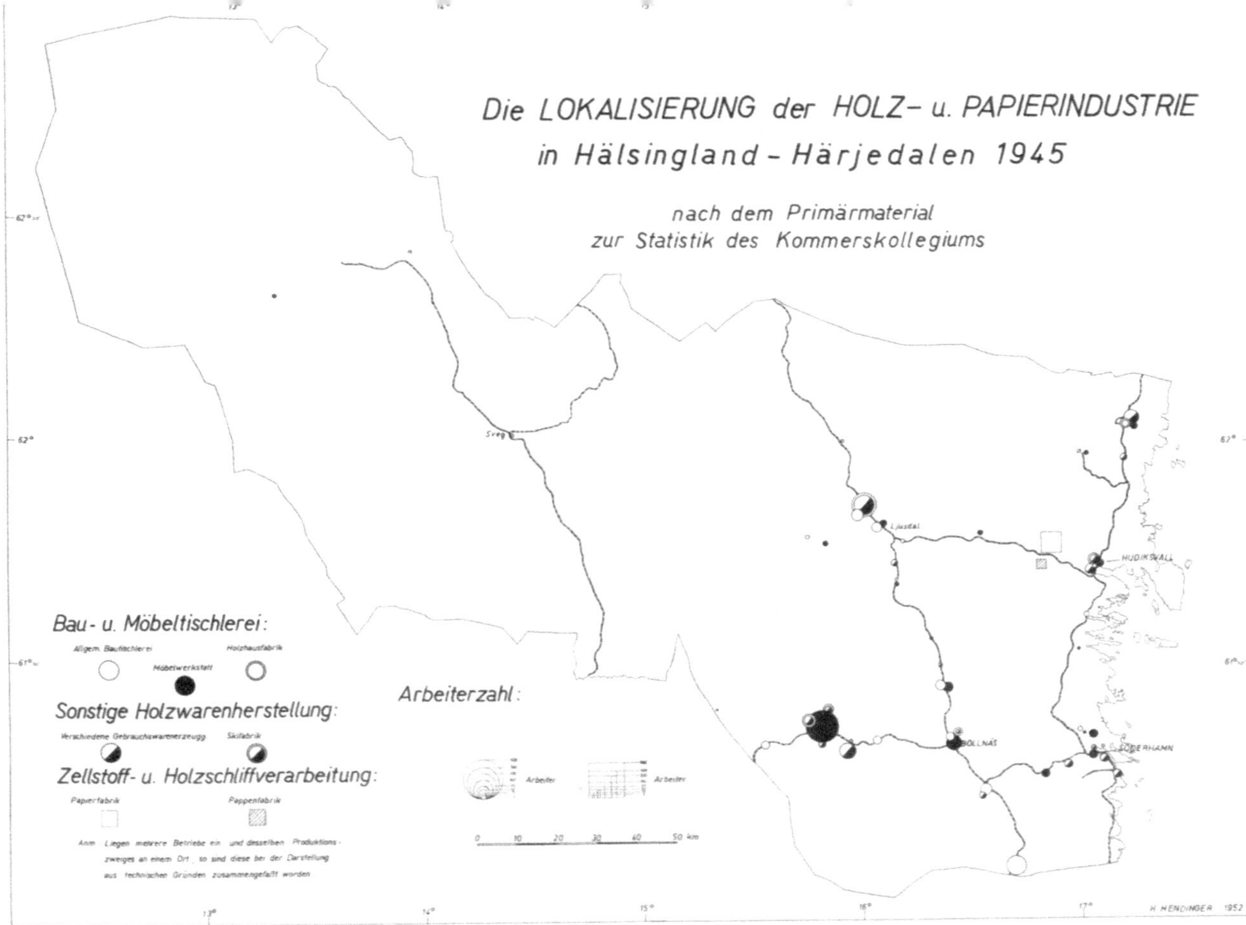

Die LOKALISIERUNG der HOLZ- u. PAPIERINDUSTRIE
in Hälsingland - Härjedalen 1945
nach dem Primärmaterial
zur Statistik des Kommerskollegiums
Sveg
Ljusdal
HUDIKSVALL
BOLLNÄS
SÖDERHAMN
Bau- u. Möbeltischlerei:
Allgem. Bautischlerei
Möbelwerkstatt
Holzhausfabrik
Sonstige Holzwarenherstellung:
Verschiedene Gebrauchswarenerzeugg.
Skifabrik
Zellstoff- u. Holzschliffverarbeitung:
Papierfabrik
Pappenfabrik
Anm. Liegen mehrere Betriebe ein- und desselben Produktionszweiges an einem Ort, so sind diese bei der Darstellung aus technischen Gründen zusammengefaßt worden.
Arbeiterzahl:
Arbeiter
Arbeiter
0 10 20 30 40 50 km
13° 14° 15° 16° 17°
62°
61°
H. HENDINGER 1952

Abb. 86b

B. Die Verflechtung von Waldland und Holzindustrie

Nur sehr schwer läßt sich in dem Verteilungsbild der Holzindustrie eine räumlich differenzierte Ordnung erkennen. Entsprechend komplex wird das Zusammenspiel der Vielzahl von natürlichen, kulturellen, technischen, sozialen und wirtschaftspolitischen Faktoren sein, das dieses Bild bedingt. Oft wird es dabei genau so wenig wie in fast allen industrie- und siedlungsgeographischen Untersuchungen gelingen, die vorliegende Struktur aus den heutigen Gegebenheiten zu verstehen. Das genetische Moment ist gerade bei der speziellen Lokalisierung der schwedischen Holzindustrie von nicht zu unterschätzender Bedeutung, wenn auch ihr grundsätzliches Vorkommen in einem Raum durchaus an natürliche Faktoren gebunden erscheint.

Der Rohstoff Holz war zunächst die fundamentale, selbstverständliche Voraussetzung für die Entstehung und Ausweitung der Holzindustrie gewesen. Immer mehr ist seitdem die Rohstoffversorgung in den Brennpunkt aller holzwirtschaftlichen Planung getreten. Wie ist nun die heutige Struktur des Rohstoffraumes? Inwieweit ist die Entwicklung genetisch bedingt? Welcher Art sind die Verflechtungen mit den verschiedenen Zweigen der Holzindustrie? Wo liegen die Grenzen der Leistungsmöglichkeit des Waldlandes als Rohstoffraum?

1. Entwicklung, Bedeutung und Leistungsmöglichkeit des Waldlandes als Rohstoffraum

Die Struktur des Waldlandes als Rohstoffraum ist unter zwei völlig verschiedenen Aspekten zu beleuchten. Waren einst die natürlichen Grenzen des Waldes, die boden- und klimagebundene Verteilung der Waldtypen das einzig differenzierende Moment gewesen, so sind dazu heute neue Momente, in erster Linie kultur- und sozialgeographischer Art, getreten.

a) Rohstoffeinzugsgebiete

Aus den verschiedenen natürlichen Rohstoffeinzugsgebieten, die durch die Flußeinzugsbereiche vorgezeichnet waren, haben sich Interessengebiete der einzelnen Industrien entwickelt, die schließlich zu gewissen Waldbesitzkonzentrationen führten. Gleichzeitig zeichnet sich an der Entwicklung der Rohstoffeinzugsgebiete der kennzeichnende Integrationsprozeß ab, der in der gesamten schwedischen Holzwirtschaft heute stattfindet.

Der Waldbesitz ist mehr denn je der bedeutsamste Grundpfeiler für die Entfaltung und den Fortbestand der Aktiengesellschaften. Freilich deckt er kaum noch für irgendeine Aktiengesellschaft den gesamten Rohstoffbedarf; die „Rohstoffdecke" ist ja bereits für die Holzwirtschaft in ihrer Gesamtheit zu kurz geworden. Doch sind die eigenen Wälder in Hochkonjunktur- und auch in Krisenzeiten das Kerngebiet, das einen letzten Rettungsanker bzw. eine stille Reserve darstellt, in dem die Aktiengesellschaften die Steuerung des heikelsten Problems der ganzen modernen Holzindustrie, die Rohstoffversorgung, selbst in die Hand nehmen können. Allerdings — man muß vom Standpunkt des einzelnen Werkes sagen: leider — sind sie historisch aus dem Konkurrenzkampf der verschiedenen Werke und Industrien entstanden.

Greifen wir als Beispiel für die historische Entwicklung der Rohstoffeinzugsbereiche die heutige A.B. Iggesunds Bruk[1]) heraus. So wechselvoll wie die

1) unter Benutzung von Archivmaterial, Werbeschriften der Iggesunds Bruks A. B., Exkursionsprogramm des Sv. Skogsvårdsföreningen 1931, Norrländskt Handbibl. Nr. X, 1925 u. a.

Geschichte dieser Aktiengesellschaft war auch der Erwerb ihres heute recht stattlichen Waldareals. Drei verschiedene Unternehmen, zwei Eisenhütten mit Schmiedehämmern u. a. und eine Sägewerksaktiengesellschaft, liegen heute in einer Hand vereinigt. Alle drei aber besaßen bereits vor der Vereinigung recht stattliche Waldländereien. Die alten Rekognitionswälder der Hütten in Strömbacka und Iggesund liegen natürlich in nächster Umgebung der Werke selbst, umfassen also wesentliche Teile des Bjuråker und Njutånger socken. Die Sägewerksaktiengesellschaft hatte als englisches Unternehmen (1857—68) ihre ältesten 50jährigen Abholzungsrechte über ca. 165 000 ha Waldland in Härjedalen, insbesondere im Lillhärdal socken erworben. Diese Wälder gingen dann später zum großen Teil in den Besitz der Aktiengesellschaft über. Im Anschluß an die reichen Wälder der Eisenhüttenindustrien entwickelten sich Sägewerksbetriebe. Die Exporte trugen zu einer weiteren starken Entwicklung dieses Industriezweiges bei. Den dabei erzeugten Gewinn konnte man kaum besser anlegen als in dem Erwerb weiterer Waldungen. Nur bis 1903 konnte diese Entwicklung ungehindert fortschreiten. Dann setzte die Fürsorge des Staates für die Bauernbevölkerung ein, und lediglich bei Konkurs kleinerer Aktiengesellschaften gelang es der A. B. Iggesunds Bruk, ihr Waldareal zu vergrößern.

Betrachten wir eine Darstellung des Waldareals der Iggesunds Bruks A. B. zu verschiedenen Zeitpunkten (Abb. 87), so spiegelt sich darin nicht nur der unmittelbare Neuerwerb von Waldungen wider, sondern gleichzeitig auch die verwickelten Aktien- und Besitzverhältnisse, deren lange und wechselvolle Geschichte erst 1923 ihre schließliche Stabilisierung erfuhr.

1722 betrug der eigene Waldbesitz 790 ha. Hinzu kamen ca. 2113 ha Rekognitionswälder.

Für den Beginn des 19. Jahrhunderts ist es äußerst schwierig, irgendwelche exakten Angaben zu ermitteln. Um 1827 dürfte sich der Waldbesitz bereits auf etwa 8000 ha belaufen haben.

1867 — zwei Jahre vor dem Aufkauf durch Gustav Tamm, dem „Brukspatron" von Österby und Strömbacka, betrug die Waldfläche nach Angaben aus dem „Iggesunds Bolagets arkiv" ca. 8850 ha.

1877 — bei der Umbildung des gesamten Unternehmens zur Aktiengesellschaft Iggesunds Bruk betrug dann der Waldbesitz 58 972 ha, wozu noch 11 647 ha Pachtwälder kamen.

Zwischen 1877 und 1897 erfolgte ein ziemlich kontinuierliches Anwachsen des Waldbesitzes. Das Waldareal verdoppelte sich und bestand 1897 aus 138 696 ha Eigenbesitz und 64 791 ha Pachtwäldern. Parallel mit dieser Vergrößerung des Waldbesitzes war die Entwicklung der Sägeindustrie gegangen, die eindeutig bereits um 1900 ihren Höchststand erreicht hatte.

Das in der Darstellung der Waldbesitzentwicklung herausspringende Anschwellen von 1897—1907 ist nicht mehr einer eigentlichen Expansion der Sägeindustrie gleichzusetzen. Es ist vielmehr bedingt durch die Vereinigung von Iggesunds Bruks A. B. mit der Hudiksvalls Trävaru A. B. im Jahre 1903, wodurch insgesamt 80 000 ha Wald (von einstmals 350 000 ha) mit dem Waldbesitz der A. B. Iggesunds Bruk vereinigt wurden. Die Gesamtproduktion an Holzwaren zeigt 1907 einen deutlichen Rückgang gegenüber 1897, der sich mit der Gründung der Holzschleiferei (1905) und der Zellstoffabriken (1915—17) noch wesentlich verstärkt. Allerdings mag ein Teil der rückläufigen Entwicklung hier auf die schlechte Weltmarktlage infolge des Weltkriegs zu buchen sein.

Der eigene Waldbesitz konnte bis 1917 durch Aufkäufe beim Konkurs kleinerer Betriebe noch etwas vergrößert werden. Doch die gepachteten Waldländereien gingen immer mehr zurück. So zeigt sich das gesamte verfügbare Waldareal in der Folgezeit ziemlich konstant, obgleich der eigene Waldbesitz durch den endgültigen Anschluß der Strömbacka Bruks A. B. im Jahre 1923 noch einen kräftigen Zuwachs von rund 28 000 ha erfuhr.

Das heute noch in der Hand der A. B. Iggesunds Bruk befindliche Waldland beträgt rund 250 000 ha, davon sind schätzungsweise 200 000 ha produktiver Waldboden und 50 000 ha Impediment (Moor, Fels, Fjäll u. a.).

Das produktive Waldland verteilt sich folgendermaßen auf fünf Verwaltungen[1]):

Svegs förvaltning[2])	— ca. 80 000 ha (Jämtlands län, vor allem Härjedalen)
Ljusdals förvaltning	— ca. 26 000 ha (Wälder um den Mittellauf des Ljusnan sowie entlang des Voxnan)
Friggesunds förvaltning	— ca. 40 000 ha (Wälder um den Svågaälven — von dessen Quellgebiet in Medelpad bis zum Norra Dellen)
Strömbacka förvaltning	— ca. 34 000 ha (alte „Hüttenwälder" an der Nord- und Nordwestseite der Dellenseen)
Iggesunds förvaltning	— ca. 20 000 ha (Wälder nächst der Küste und der Industrie)

Verfolgen wir die Verteilung des heutigen Waldbesitzes der A. B. Iggesunds Bruk, so fallen insgesamt fünf Konzentrationsgebiete heraus, die sich mit den Verwaltungsbezirken allerdings nur zum Teil decken:

1. Das Gebiet südlich der Eisenbahn Hudiksvall—Ljusdal (neben Rekognitionswäldern aus der Zeit vor 1850 vor allem Walderwerbungen zwischen 1870—1890).
2. Das Gebiet nördlich der Eisenbahn Hudiksvall—Ljusdal mit der stärksten Konzentration des zur Iggesunds Bruks A.B. gehörigen Waldareals überhaupt. Allein innerhalb des Bjuråker socken liegen über 52 000 ha Waldland[3]), wovon 26 700 ha einst der Strömbacka Bruks A. B. gehörten und 25 200 ha zum eigentlichen Besitz der Iggesunds Bruks A. B. rechnen (Rekognitionswälder sowie Walderwerbungen vor 1875).
3. Färila socken mit etwa 10 700 ha Waldland (Walderwerbungen von 1870 bis 1890 bzw. bis 1903).
4. Lillhärdal socken mit über 30 400 ha Waldland (alte Abholzungsrechte von 1856/57, Erwerb zwischen 1880—90 und 1900—1910).
5. Das Talgebiet des Ljusnan von Ytterhogdal bis hinauf nach Hede (wesentliche Walderwerbungen von 1890—1900; spätere Übernahmen von 1910 bis 1920 bei Konkurs der Sandarne A. B., Saltviks Trävaru A. B. und Ljusne-Voxna A. B.).

Abseits liegen größere Waldungen um Tännäs und in Jämtland südlich Rätan. Letztere sind neben den Wäldern in Medelpad, im direkten Anschluß an das große, zusammenhängende Gebiet 2, die einzigen Waldländereien, die außerhalb der Landschaft Hälsingland-Härjedalen liegen.

---

1) aus „Norrlands skogsvårdsförbunds exkursion till Hälsingland" N Sk T 1949 S 433 ff

2) = Verwaltung

3) Arealangaben nach Sjögren m fl — Sverige, geografisk beskrivning Bd. V/1935

Gewiß ist die Ausbreitung des Waldbesitzes der A. B. Iggesunds Bruk im wesentlichen das Ergebnis eines historischen Prozesses. Doch hinter demselben steht letztlich der Mensch, der stets bestrebt ist, die gegebenen natürlichen Verhältnisse im Konkurrenzkampf mit seinen Nachbarn sich so rationell wie möglich zunutze zu machen.

Lage und Größe der Waldungen der verschiedenen Aktiengesellschaften sind als Ergebnis der rationellen Bestrebungen und des ständigen Konkurrenzkampfes anzusehen.

Betrachten wir in diesem Zusammenhang noch einmal den Waldbesitz der Iggesunds Bruks A. B., so gewahren wir auch hier starke Anpassungstendenzen. Eine große Zahl der Wälder liegt nämlich unmittelbar an flößbaren Wasserläufen, eine ungeheure Gunst, wenn wir an die langen Transportwege vom Inneren Härjedalens bis hinab zur Küste denken. Die Iggesunds Bruks A.B. hat dabei, wie schon erwähnt, ihren Walderwerb auf Härjedalen und den nördlichen Teil Hälsinglands beschränkt. Gemarkungen mit besonderer Konzentration stellen der Bjuråker socken sowie Sveg und Lillhärdal socken dar, wo jeweils industrieeigene Waldgebiete von über 50 000 ha bzw. 30 000 ha liegen.[1]) Im Raume Härjedalen ist die Konkurrenz zwischen Bergvik & Ala Nya A. B. und Iggesunds Bruks A. B. recht ausgeprägt. Besonders gilt dies für das Gebiet Lillhärdal—Sveg. In Lillhärdal mit seinen ausgedehnten Kiefernwaldungen kommt noch die Stora Kopparbergs Bergslags A. B. als dritter Konkurrent mit dem relativ größten Waldbesitz (69 659 ha) hinzu.

Die Industriewälder in Ramsjö und Ljusdals socken sind in erster Linie im Besitz der Bergvik & Ala Nya A.B. Als Konkurrent tritt die Marma-Långrörs A.B. auf, vor allem im Bereich Ljusdals. Letztere hat an den Waldungen Härjedalens nur im Linsell und Sveg socken Anteil. Denn Ytterhogdal und Ängersjö rechnen landschaftlich bereits zu Hälsingland, wenn sie auch administrativ heute von demselben getrennt sind. In dem angrenzenden westlichen Hälsingland sowie auch im Südwesten, im Bollnäs domsagas tingslag ausschließlich des Hanebo und Undersviks socken, ist die Marma-Långrörs A. B. vertreten. An der Küste besitzt sie keine Waldungen. Demgegenüber ist sowohl die Bergvik & Ala Nya A. B. als auch die Ljusne Voxna A. B. im Vorteil. Beide haben im Skogs und Söderala socken ausgedehntere Waldungen, wenn auch das Schwergewicht ihres Waldbesitzes im Inneren des Landes liegt, wo ja auch die Bewaldungsdichte größer und der Gesamtanteil der Industriewälder stärker ist als an der Küste. Für das heutige Waldareal der Ljusne Voxna A. B. dürfte die Lage der alten Hüttenwälder an der Küste wie am Voxnan von entscheidender Bedeutung gewesen sein.

Auch Ströms Bruks A.B., die im Nordosten Hälsinglands gelegene, recht bedeutsame Holzindustrie-Aktiengesellschaft, hat ihre Waldländereien zum großen Teil den alten Eisenhämmern und Hochöfen in Ström, Gnarp, Andersfors (Bergsjö) und Franshammer zu verdanken. Sie dürfte von den größeren Aktiengesellschaften jedoch am schlechtesten mit eigenen Waldgebieten versehen sein.

Etwas besser steht sich die Ljusne Voxna A. B. mit knapp der Hälfte an Waldländereien der Marma-Långrörs A. B., letztere hat einen Waldbesitz von ca. 150 000 ha.

Außer diesen großen Exportindustrien Hälsinglands und einigen kleineren Werken haben aber auch benachbarte Aktiengesellschaften Anteil an den Waldländereien, genau so wie umgekehrt z. T. das Rohstoffeinzugsgebiet der Holzgroßindustrien Hälsinglands über die Landschaften Hälsingland und Härjedalen hinausreicht. Besonders gilt dies für die Gebiete, die teilweise oder ganz zum Einzugsbereich des Ljungan oder Dalälven gehören. Denn dem natürlichen Transportweg für den Rohstoff Holz kam von Anfang an eine entscheidende Bedeutung zu. Abgesehen vom Storsjö socken, der durch das Fjäll scharf vom übrigen

1) Angaben hier und im folgenden aus Sjögren m. fl. — Sverige Bd. V/1935.

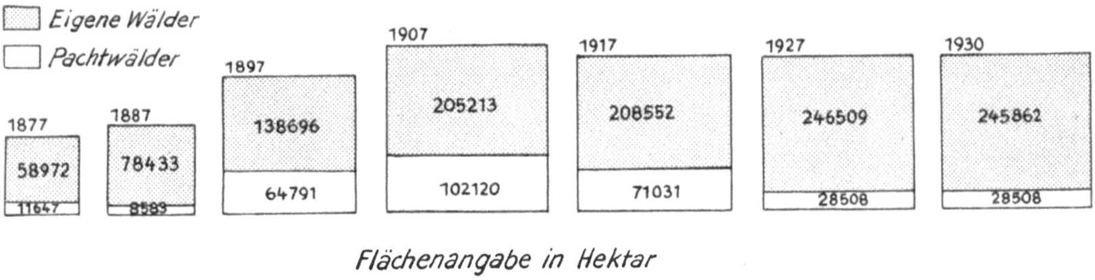

Die Waldbesitzentwicklung der A.B. Iggesunds Bruk seit 1877.

(Reproduktion aus: Exkursionsprogramm des Svenska Skogsvårdsföreningen 1931 - Beilage)

Abb. 87

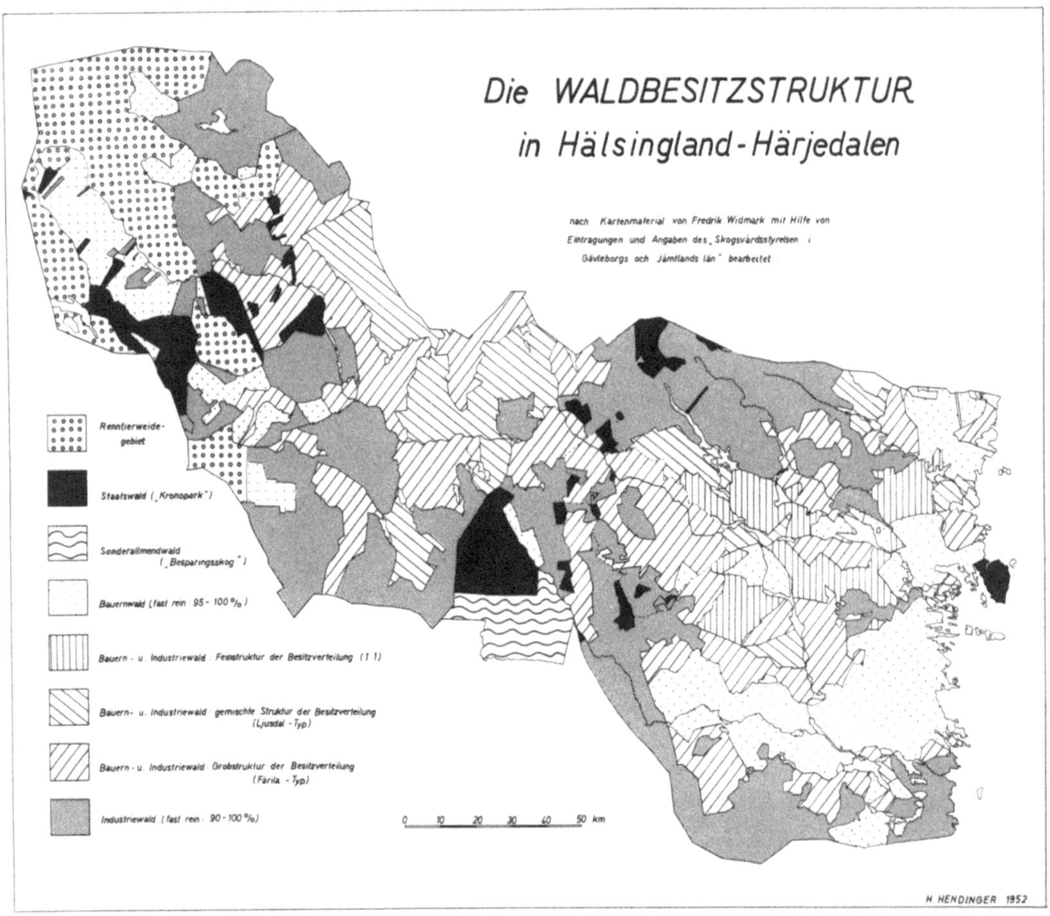

Abb. 88

Härjedalen abgetrennt wird, in dem folglich die Industrien Hälsinglands keinerlei Wälder haben, fehlen ausgeprägte Grenzen. Es sind breite Streifen, in denen die Beziehungen hinüber und herüber gehen. Dies gilt vor allem für Vemdalen, Över- und Ytterhogdal, Ramsjö und Gnarp im Norden sowie im südlichsten Teil Hälsinglands: im Alfta, Bollnäs und Hanebo socken. Der Einfluß der Stora Kopparbergs Bergslags A. B. im Lillhärdal socken war bereits in anderem Zusammenhange (S. 90) erwähnt worden.

Vergleichen wir Lage und Größe der Gebiete, die die verschiedenen Aktiengesellschaften sich als Rohstoffräume erschlossen haben, so treten Bergvik & Ala Nya A. B. (ca. 350 000 ha Waldland), Iggesunds Bruks (ca. 250 000 ha Waldland) und Marma-Långrörs A. B. (ca. 150 000 ha) als die drei bedeutsamsten heraus. Über die Hälfte ihres gemeinsamen Waldbesitzes liegt dabei in Härjedalen, was vom Standpunkt der Industrie — neben der grundsätzlichen Bedeutung des Floßnetzes als verbindende Kraft — eine gemeinsame Betrachtung Hälsinglands und Härjedalens vollauf rechtfertigen dürfte. Den größten Waldanteil hat in Härjedalen die Bergvik & Ala Nya A. B. mit allein ca. 250 000 ha,[1]) d. h. $^5/_7$ ihres gesamten Waldareals. Der Anteil der Iggesunds Bruks A. B. beträgt 100 000 ha, d. h. $^2/_5$ ihres Waldbesitzes, während die Marma-Långrörs A. B. mit lediglich 50 000 ha nur ein Drittel ihres Waldbesitzes in Härjedalen zu liegen hat.

Der Tatbestand, daß der Anteil der Industriewälder am gesamten Waldland in Härjedalen mit 60,5 %[2]) einem weit geringeren in Hälsingland von nur 42,5 % gegenübersteht, findet seine Erklärung in einem anderen noch näher zu beleuchtenden Zusammenhang. Das Streben der Aktiengesellschaften, möglichst Wälder in günstiger Transportlage zu erwerben, mußte nämlich häufig auf den natürlichen Widerstand der Bauernbevölkerung stoßen, die ihre besten Wälder in den günstig gelegenen Talgebieten in der Nähe ihrer Dörfer recht ungern verkaufen wollten.

Betrachten wir die heutige Waldbesitzstruktur (s. Abb. 88), die im wesentlichen als Ergebnis dieses ständigen Tauziehens zwischen den Bestrebungen der Aktiengesellschaften und der Haltung der Bauern aufzufassen ist, so sehen wir, daß es vor allem die Wälder um den Voxnan sowie aber andererseits die hinsichtlich der Flößerei benachteiligten Gebiete im Küstenland sind, die heute noch fast vollkommen in Händen der Bauern liegen. Auch um Järvsö herum befindet sich ein kleines derartiges Gebiet. Recht einprägsam ist der Rahmen, den die Industriewälder rund um den bäuerlichen Kern bilden. Sowohl im Norden als auch im Süden liegen die Grenzwälder fast restlos in Händen der Industrie. An der Grenze zwischen Hälsingland und Härjedalen gesellen sich hierzu außerdem noch Staatswälder (= kronoskogar), die ebenfalls meist auf Socken- und Länsgrenzgebiete zurückgedrängt worden sind.

Doch sehen wir ab von diesen großen zusammenhängenden Staats- und Industriewaldungen sowie dem eigentlichen Bauernland, so zeichnen sich die übrigen Gebiete durch einen bunten Wechsel der Besitzverhältnisse aus. In engster Abhängigkeit von der bäuerlichen Besitzstruktur der einzelnen Gemarkungen haben sich gewisse Typen der Waldbesitzverteilung ausbilden können. In Gebieten alter Kultur und einst hochentwickelten Dorfwesens zeigt sich heute eine ausgesprochene Feinstruktur der Besitzverteilung zwischen Aktiengesellschaften und Bauern. Während ein Teil der Bauern ihre oft schmalen, aber teilweise kilometerlangen Waldstreifen mit Freuden an die Industrie verkauften, hielten andere Bauern mit Zähigkeit an ihrem Walde fest. Dies gilt vor allem für den Järvsö socken, die nördlichen Gebiete von Ljusdal, Teile von Delsbo, Forssa sowie Ilsbo socken. In Härjedalen ist dieser Feinstrukturtyp nicht ausgebildet. Der nahestehende Ljulsdaltyp jedoch nimmt in den dichtbevölkerten Gemarkungen wie Ytterhogdal, Älvros, Sveg, Vemdalen und südöstlich von Lillhärdal weite

1) Berechnung dieser und folgender Arealangaben nach Sjögren m. fl. — Sverige Bd. V/1935 und Betriebsmitteilungen.

2) aus SOU 1950:34 — Undersökning av taxeringsutfallet betr. . . vid 1945 års allmänna fastighetstaxering Tabelle 7.

Gebiete ein. Dieser ist im Grunde genommen ein Mischtyp zwischen dem Feinstrukturtyp und dem Grobstrukturtyp des Färila socken (Färila-Typ)[1]. Der letztere nimmt Gebiete von der Küste bis hinauf zu den Rentierweidegebieten des Fjälls von Härjedalen ein. Sie besitzen zumeist eine hinsichtlich der Flößerei günstige Lage, worin sich die Bedeutung eines gut ausgebauten Floßsystems äußert. Auch bezüglich der Höhenverhältnisse sind sie meist noch recht günstig gestellt, ein für die Waldverjüngung sehr entscheidender Faktor.

Insgesamt gesehen weist ein recht großer Teil der Wälder der Aktiengesellschaften eine flußferne Lage auf, soweit man bei dem ungeheuer dichten Flußnetz, das den gesamten Einzugsbereich des Ljusnan durchzieht, überhaupt von flußfernen Gebieten sprechen kann. Der weitaus größte Teil Hälsingland-Härjedalens liegt höchstens 2—4 km vom nächsten flößbaren Bach oder Strom entfernt (vgl. Floßnetzkarte von Lyrholm 1924). Doch einige Gebiete finden sich immerhin, in denen die Entfernung auf 8, ja über 14 km anwächst.

Wie die übrigen norrländischen Flüsse zeigt auch der Ljusnan außerordentlich günstige geographische Voraussetzungen für die Flößerei (G. Kinnman, 1949, S. 2/3 u. a.). Von entscheidender Bedeutung ist, daß Gefällerichtung und der Verlauf der Schneeschmelze entgegengesetzt sind, d. h. daß der Abfluß der Schmelzwässer nicht durch Eis gestaut wird, da zuerst die Küstengebiete auftauen (im Gegensatz zu Sibirien). Der Niederschlagseinzugsbereich, der den Ljusnan speist, beträgt 19 840 qkm (nach Sveriges Vattenfallförteckning Nr. 48 Ljusnan) mit einem durchschnittlichen jährlichen Niederschlag von 500—600 mm (Ångström 1946). Der Abfluß ist zu 70 % des jährlichen Niederschlags berechnet worden (G. Kinnman 1949, S. 3). Der Ljusnan nimmt somit eine Mittelstellung zwischen den obernorrländischen Fjällströmen und den südschwedischen Flüssen ein (Abfluß: 80—90 bzw. 30—40 % des Niederschlags). Klimatische Verhältnisse dürften als Ursache hierfür anzusehen sein. Sie bedingen eine Speicherung des winterlichen Niederschlags in Form von Schnee und veranlassen so einen verstärkten Abfluß im Frühjahr und Vorsommer. In diese Zeit fällt daher auch die Hochkonjunktur der Flößerei, vor allem in den Wildbächen und kleineren Nebenflüssen.

Beim Ljusnan (Abb. 89) läßt sich im Spätsommer bzw. Herbst im Zusammenhang mit dem Niederschlagsmaximum im August/September ein zweites Maximum des Wasserstandes wahrnehmen, das im oberen Norrland (Luleälv) infolge des dort bedeutend früher einsetzenden Schneefalls schwächer ausgeprägt ist oder ganz fehlt (A. Ångström, 1946, S. 74—77; für den Ljusnan außerdem Primärmaterial des „Sveriges meteorologiska och hydrologiska institut").

Eine genügende Fallhöhe bildet eine unerläßliche Voraussetzung für die in Schweden übliche Form der Flößerei. Sie liegt zwischen 1—2 ‰, d. h. 1—2 m auf 1000 m, ist also durchaus für die Floßtrift (Wildflöße) geeignet[2]. Der Ljusnan zeigt mit insgesamt 868 m die größte Fallhöhe aller schwedischen Flüsse (nach M. Sjöbeck, 1939, S. 80). Im Durchschnitt beträgt sein Gefälle innerhalb des Waldlandes 1,5 ‰. Auch die Oberflächengeschwindigkeit ist während der Flößzeit für die Wildtrift recht geeignet[3]. Da das Flußbett im allgemeinen tief eingeschnitten ist, bestehen größere Überschwemmungsgefahren nicht. Wo Gefahr besteht, daß das Holz ans Ufer treibt oder andere Hindernisse einem reibungslosen Verlauf der Flößerei im Wege stehen, muß durch Regulierungen, Verbauungen, Dammbauten sowie in steinig-felsigem Gelände und auch bei Überquerung anderer Industrieanlagen, wie Kraftwerken und Mühlen, durch Wasserriesen derselbe gesichert werden.

1) Vgl. Karte: Industriewälder im Färila socken Abb. 74.

2) In Norwegen oft zu starkes Gefälle; in Mitteleuropa zu gering, daher nur fest eingebundene Flöße bugsierbar.

3) Für die norrl. Flüsse im Durchschnitt 0,5—2 m/sec. (Kinnman 1949, S. 3).

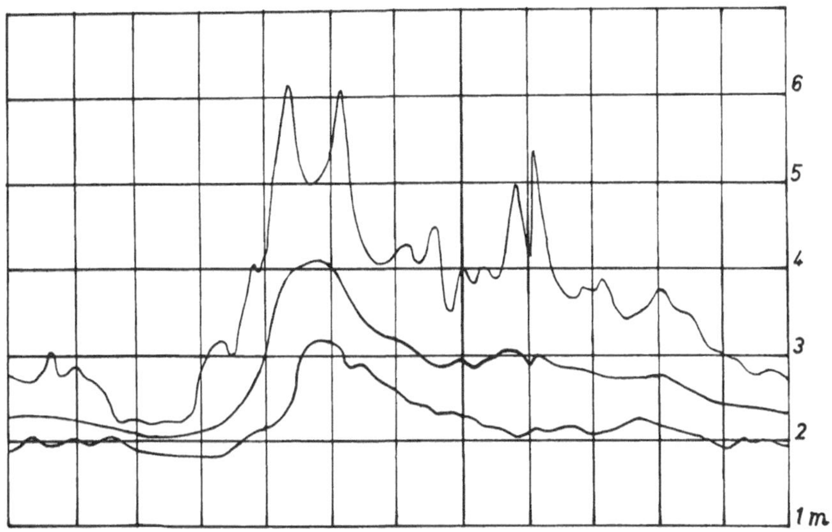

Abb. 89 Der Jahresgang des höchsten, niedrigsten und mittleren Wasserstandes des Ljusnan bei Edänge. (Aus Ångström 1946, S. 76).

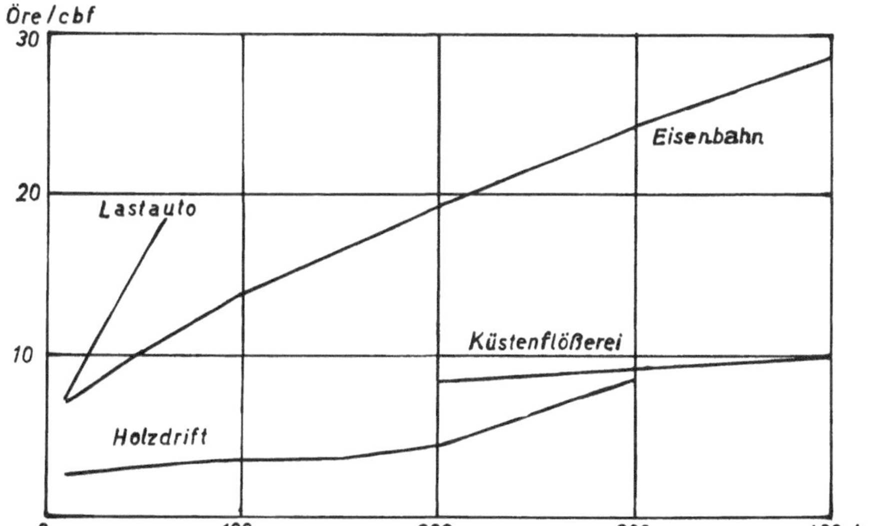

Abb. 90 Die Transportkosten für Rundholz bei den verschiedenen Transportarten. (Th. Streyffert 1950, S. 68).

Der Seenanteil ist beim Ljusnan mit 4,4 % nur sehr gering, von den großen norrländischen Strömen wird dieser Wert nur noch vom Kalix älv unterschritten (G. Kinnman, 1925, S. 195).

Dieser geringe Seenanteil hat für die Flößerei sowohl Vor- als auch Nachteile. Zunächst bewirkt er bei Hochflut ein heftiges Anschwellen der Wasserführung, d. h. erhöhte Überschwemmungsgefahr. Denn es fehlt der ausgleichende Einfluß der großen Seenflächen, wie z. B. des Storsjön in Jämtland im Flußsystem des Indalsälven, der einen gleichmäßigeren Abfluß bedingt. Zudem können Holzmagazine kaum angelegt werden, denn es fehlen geeignete ruhige Buchten. Doch die Kosten sind geringer, da gerade die Bugsierung des Holzes über die Seenflächen hinweg recht teuer kommt.

Nachteilig ist im Falle des Ljusnan die Mündungsstrecke; Wasserfälle, ein großes ausgebautes Elektrizitätswerk sowie Besitzverhältnisse und fehlender Buchtenreichtum des Mündungsraums verhindern, daß das gesamte Floßholz der Küstenindustrien erst an der Mündung selbst sortiert werden kann. Der größte Teil wird vielmehr bereits am östlichen Ufer des Marman bei Ho und Askesta aufgenommen. Die Hauptsortierstelle liegt folglich am oberen Ende des Marman. Die freie Floßtrift in einzelnen Stämmen macht diese Sortierstellen unumgänglich notwendig. Nur so ist es gewährleistet, daß jeder Holzbesitzer die im Walde gestempelte, von ihm gekaufte Ware auch wirklich erhält. Überall da, wo größere Industriewerke liegen, muß das Floßholz derartige Sortierstellen durchlaufen. Wir finden sie flußaufwärts außer bei Marma bei Mårdnäs (an der Einmündung des Ljusnan in den Bergviken), Länninge, Karsjö und Svinhammar (südlich von Ljusdal).

Die Verzweigung des Flußnetzes über das Waldland ist außerordentlich fein. Für den Ljusnan ergibt sich bei einem Einzugsbereich von 16 990 qkm innerhalb des Nadelwaldgebietes (d. h. ausschließlich des Fjälls) und einer gesamten Flößstrecke von 2213 km, davon 1220 km Haupt- und 993 km Nebenflößweg (1949 — Kommersiella Meddelanden Nr. 12, 1950), eine durchschnittliche Maschenweite des Floßnetzes[1]) von 15,3 km; lediglich bezogen auf das produktive Waldland von 12 610 qkm (nach G. Kinnman, 1949, S. 6) ergibt sich eine Maschenweite von 11,4 km.

Die Maschenweite des Wegenetzes[2]) ergibt für Hälsingland (Gesamtweglänge schätzungsweise ca. 3000 km) geringere Werte:

ca. 9 km, bezogen auf das Gesamtareal (13 949 qkm)
ca. 7 km, bezogen auf die produktive Waldfläche (11 085 qkm).

Für Härjedalen allerdings werden die Abstände bei einer Gesamtweglänge von nur ca. 1200 km (schätzungsweise) größer:

ca. 23 km, bezogen auf das Gesamtareal (13 619 qkm)
c. 11 km, bezogen auf die produktive Waldfläche (6665 qkm).

Es ergibt sich aus einem Vergleich mit der Maschenweite des Floßnetzes des Ljusnan, daß die bevorzugte Bedeutung des Floßsystems für die Waldwirtschaft und Holzindustrie gegenüber dem Wegenetz nicht allein auf der Dichte und den teilweise gegebenen Ergänzungsmöglichkeiten beider beruhen kann. Die entscheidende Rolle spielen vielmehr die Transportkosten. Welch ungeheure Gunst in dieser Hinsicht gerade der Floßweg genießt, zeigt deutlich beiliegende Darstellung (Abb. 90) nach Th. Streyffert (1950, S. 68). Auf diesen billigen Transportkosten beruht es letztlich auch, daß gerade das Holz für die Exportindustrien zu 80—90 % durch Flößen herangeschafft wird. Doch muß berücksichtigt werden, daß bei längeren Anfahrtswegen (8 km und mehr) zu den Flößwässern bei industrienaher Lage der Wälder, die Anfahrtskosten zu groß werden und die eigentlichen Flößkosten bei weitem übersteigen (vgl. Th. Streyffert, 1950, S. 70).

---

1) Maschenweite = 2 × Areal pro Länge der Flößstrecke (Wegstrecke), vgl. SOU 1943:4/III. Skogsbrukets transportfrågor: Vägar och järnvägar.

2) Entsprechende Wegedichte (vgl. S. 70) Hälsingland: 0,22 bzw. 0,26; Härjedalen: 0,09 bzw. 0,18 km/qkm.

In den allgemeinen Flößwässern des Ljusnan-Systems (einschließlich Gnarpsån, Harmångersån, Delångersån, Orängeån und Norralaån wurden, wie sich aus dem Vergleich von „Flottningen i allmänna flottleder år 1937" und „Skogsavverkningsstatistik 1937" ergibt, bereits zu dieser Zeit nur rund 60 % des Holzeinschlags (Holz für Hausbedarf der Landbevölkerung ausgenommen) von insgesamt 4 104 453 fm geflößt. Da aber private Floßwege in diesem Zusammenhang von völlig untergeordneter Bedeutung sein dürften, ist es klar, daß ein gut ausgebautes Wegenetz selbstverständlich ein Faktor von größter Wichtigkeit für die Waldwirtschaft ist.

In den letzten Jahren ist infolge des Rohstoffmangels und der damit verbundenen Notwendigkeit, auch kleinere Dimensionen zu nutzen, die nicht ohne weiteres flößbar sind, da die Verluste zu groß werden, die Bedeutung der Landwege für die Holzwirtschaft noch gestiegen. Unter wesentlicher Unterstützung des Staates wie auch der Aktiengesellschaften sind in allen Teilen des Landes sog. Waldautowege (= skogsbilvägar) gebaut und vorhandene Straßen und Landwege weitgehend verbessert und begradigt worden. Beiliegende Karte „Verkehrsnetz und Besiedlungsstruktur in Hälsingland-Härjedalen" (Abb. 108) zeigt den ungefähren Stand von 1950/51. Es sind auf ihr alle nach den einschlägigen schwedischen Kartenwerken als „befahrbar" bezeichneten Straßen und Wege eingezeichnet worden, ungeachtet ihrer Güte.

Im Vergleich mit dem sich ziemlich gleichmäßig über beide Landschaften hinziehenden Floßnetz zeigt sich bezüglich des Wegenetzes ein starker Unterschied zwischen Hälsingland und Härjedalen. In dem weit dichter besiedelten Hälsingland haben wir ein bedeutend engmaschigeres Netz der Straßen und Waldautowege vor uns. Zum Teil sind es Verbindungsstraßen zwischen den einzelnen Dörfern und „Tät"orten[1]) oder auch alte Fernverbindungslinien an den Flüssen und der Küste entlang. Zum Teil aber enden sie im weiten Waldland, haben also dann ihre eigentliche Bedeutung nur in der Waldwirtschaft, in dem Holzzubringerverkehr für die Industrie.

In Härjedalen sind keine Rodungsgassen mehr ausgebildet, die Bevölkerungsdichte sinkt auf den 10., ja 20. Teil der Küstengebiete herab. Die Zahl der „Tät"-orte beschränkt sich auf zwei, nämlich Sveg und Vemdalen. Zum größten Teil sind es „blinde" Verkehrswege, welche die inmitten des Waldlandes belegenen Rodungsinseln mit der Umwelt verbinden und so wesentlich zur Erhaltung dieser Waldbauern- und Waldarbeitersiedlungen beitragen, im übrigen aber genau wie in Hälsingland vorwiegend der Waldwirtschaft dienen.

Doch Floß- und Verkehrsnetz wirkten und wirken sich nicht allein auf die Lage des Waldbesitzes der Aktiengesellschaften und dessen waldwirtschaftliche Nutzung aus. Auch die privaten und staatlichen Wälder stehen ja im Dienste der Holzwirtschaft, sind also in weiterem Sinne Einzugsgebiete der Holzindustrie. Flöß- und Straßenverbindung haben auch hierin entscheidende Bedeutung. Begünstigt sind natürlich in jedem Fall die Industrien im Mündungsbereich der großen Flüsse, hier des Ljusnan, wo neben dem mehr oder minder lokalen Einzugsbereich des Landverkehrsnetzes von etwa 80—100 km Radius das gesamte Stromeinzugsgebiet des Ljusnan, soweit es in genügender Nähe des Flusses selbst liegt und über flößbares Holz verfügt, für die Rohstoffversorgung in Frage kommt.

Solange der Holzvorrat noch der Nachfrage die Waage hielt, spielte die Billigkeit des Transportes die entscheidendste Rolle. Die zunehmende Rohstoffverknappung hat dieses Bild gewandelt. Oft kann es heute für ein Werk rentabler sein, Holz teurer einzukaufen und zu höheren Transportkosten heranschaffen zu lassen, d. h. als unliebsamer Konkurrent in den natürlichen Rohstoffeinzugsgebieten ursprünglich anderer Holzindustrien aufzutreten, als evtl. längere Zeit den Betrieb stillegen zu müssen, wenn der Rohstoffvorrat zu Ende ist. Hier-

1) Der Begriff „Tät"ort dürfte in seiner funktionalen Bedeutung mit dem deutschen Begriff des „zentralen Ortes" gleichzusetzen sein; Def. von „Tätort" s S. 40 (Nach W. William-Olsson „Tätort" = Agglomeration).

Abb. 91. **Uferschutz** im Enån zur Regulierung der Flößerei. Färila socken

Abb. 92. Die **Sortierstelle** bei Mårdnäs/Segersta (vgl. S. 93). Hälsingland

Abb. 93. **Wasserriese** für die Holzflößerei, Stauwehr und Mühle am Sånghusån in Stocksbo, Färila socken

Abb. 97. Die südliche Spitze des **Funäsdalsberget.** Die Fichte in typisch hochnordischer Prägung reicht noch weit den Hang hinauf. An vielen Stellen guckt jedoch zwischen den eingestreuten Fjällbirken der nackte Fels hindurch. Die **Waldgrenze** (Birkenwald) liegt hier erst bei etwa 960 m, also gut 20 m unter der höchsten Erhebung (981 m). Tännäs socken/Härjedalen

Abb. 98. Der **Fjällbirkenwald** war bisher für die Holzwirtschaft vollkommen ohne Bedeutung. Er blieb den Viehherden der Fjällbauern sowie den Rentierherden überlassen. Heute versucht man, gestützt auf Moorfunde, die eine bedeutend höher gelegene Kieferngrenze als heute belegen, Nadelhölzer in den Fjällbirkenwald einzubringen. Die Kiefer im Vordergrund zeigt eine außerordentliche jährliche Zuwachsleistung auf dem fruchtbaren „Fjällschiefer". 815 m ü. NN. (Höhe der Kiefer etwa 1 m.) Tännäs socken / Härjedalen

Abb. 99. **Frischer Kräutertyp** mit Sturmhut (Aconitum septentrionale), Waldstorchschnabel (Geranium silv.), ferner Trientalis europaea, Paris quadr. u. a. Kräutern und Gräsern. Bodenschicht aus Brachythecium-, Dicranum-, Hylocom.- und Mnium-Arten sowie Polytrichum juniperinum. Am Rande eines Fjällbirkenbestandes (815 m) auf kalkreichem „Fjällschiefer". Tännäs socken, Härjedalen

bei ist der ausgleichende Charakter der Staatswaldungen hervorzuheben, wo praktisch jede Aktiengesellschaft als Käufer auftreten kann und sich tatsächlich auch heute noch ältere Bestände finden. Bezüglich der Ausdehnung des Bereiches der Rohstoffbeschaffung ist jedoch auch hier eine Grenze der Rentabilität gesetzt. Mit dem Lastwagen Holz aus Entfernungen über 100 bis 120 km heranzuholen, dürfte sich im allgemeinen auf die Dauer doch als zu unwirtschaftlich erweisen. Die Eisenbahn ist für den Rohstofftransport von untergeordneter Bedeutung gegenüber dem Lastwagen. Zwar liegen für längere Strecken die Frachtkosten unter denen des Lastwagentransportes (vgl. Darstellung Abb. 90). Doch kommen, da größere Wälder nur selten direkt an der Eisenbahnstation liegen, Anfahrts- und Umladekosten hinzu, was den Gesamttransport wesentlich verteuert. Vielfach fehlen auch geeignete Verladerampen. Eine Ausnahme bilden betriebseigene Bahnen, wie zwischen Askesta und Sandarne bzw. Ho und Vallvik, die sozusagen eine Verlängerung des Floßweges darstellen.

Abschließend zur Betrachtung der Rohstoffeinzugsgebiete muß man festhalten, daß wir heute bereits in einem Stadium der Wald- und Holzwirtschaft stehen, wo sich die natürliche Gunst der Rohstoffeinzugsgebiete und deren Grenzen immer mehr zu verwischen scheinen zugunsten der infolge von Produktionskapazität und Investierungen der einzelnen Werke bedingten Konkurrenzerscheinungen. Einen Schritt in dieser Entwicklung bedeutet auch die Küstenflößerei vom Oberen Norrland bis nach Hälsingland und Südschweden.

b) Der Holzvorrat

Damit berühren wir eine zweite sehr wesentliche Frage für die Holzindustrie. Größe und Lage der Rohstoffeinzugsgebiete, insbesondere des industrieeigenen Waldbesitzes erhalten ihre heutige Bedeutung allein durch den in ihnen befindlichen Holzvorrat einschließlich des durchschnittlichen Holzzuwachses. Der Holzvorrat eines Gebietes ist zunächst abhängig von der Bewaldungsdichte (Abb. 94). Damit erhalten Küsten- und Inlandsgebiete bereits ein ganz verschiedenes Gewicht hinsichtlich der Holzversorgung. Wir sehen, wie sich ein Gürtel größter Bewaldungsdichte vom Alfta socken, der südwestlichsten Ecke Hälsinglands, über den Voxnan hinweg zum Järvsö socken und dann nach Ramsjö hinauf hinzieht. Daß die Küstengebiete weniger bewaldet sind, ist in erster Linie als Folge der relativ dichten Besiedlung aufzufassen, wie im Vergleich mit der Bevölkerungsdichte der einzelnen Gemeinden ja leicht zu erkennen ist.

Daß wir aber auch zum Fjäll hin eine starke Abnahme der Bewaldungsdichte feststellen können, hat andere Ursachen. Bereits bei der Behandlung des Färila socken war uns der starke Anteil der Moore aufgefallen, die besonders auf die Höhengebiete begrenzt erschienen. Da aber die Höhenlage im Zusammenhang mit dem Klima (maritimer, feuchter) nach Westen immer mehr die Moorbildung begünstigt, wird der Anteil des Waldes immer geringer, bis er schließlich in den westlichsten Gegenden um Tännäs und Storsjö vollkommen zugunsten der weiten Fjäll- und Moorflächen zurückweicht.

Doch die bewaldeten Gebiete können sehr verschiedene Altersklassen umfassen und zudem verschiedene Bestandsdichte sowie Bodengüte aufweisen und in Abhängigkeit davon sehr verschiedenen Zuwachs zeigen. Leider sind diese für Holz- und Waldwirtschaft so wichtigen Faktoren erst sehr spärlich in kleineren Räumen statistisch untersucht worden, wobei allerdings in Frage zu stellen ist, inwieweit diese Dinge überhaupt statistisch erfaßt werden können, d. h. derartige Untersuchungen brauchbare Ergebnisse liefern.

Lokale Waldtaxierungen sind in den Gemarkungen Mo (1938), Rogsta (1939), Ovanåker (1939), Färila (1947) und Alfta (1950) durchgeführt worden.

Tabelle 11:

	Mo	Rogsta	Ovanåker	Färila	Alfta
Produktives Waldland in ha	6 184	15 027	42 359	91 500	70 000
Bewaldungsdichte in %	64,6	69,4	82,0	74,9	69,3
Totaler Holzvorrat in fm	514 000	1 201 000	4 660 000	7 523 000	8 626 000
Jährl. Zuwachs pro ha in fm	3,2	2,8	4,5	2,64	4,19
Jährl. Zuwachs pro ha in %	3,9	3,5	4,1	3,2	3,4

(nach den Veröffentlichungen des Skogsvårdsstyrelsen i Gävleborgs län 1939—1950)

Es zeigen sich in obiger Gegenüberstellung sehr deutlich die Unterschiede zwischen Küsten- und Inlandgebieten, zwischen fruchtbaren Talböden und bedeutend ungünstiger gestellten Höhengebieten. Auf die verschiedenen Holzarten, was ja für die Holzindustrie bestimmt sehr wichtig ist, verteilt sich der Holzvorrat in den obigen Gemarkungen folgendermaßen:

Tabelle 12:

	Mo	Rogsta	Ovanåker	Färila	Alfta
Kiefer	zu	60 %	52 %	52 %	42,5 %
Fichte	gleichen Teilen	34 %	35 %	37 %	46,3 %
Laubholz (Birke, Espe u. a.)	ein paar %	6 %	13 %	11 %	11,2 %

(nach den Veröffentlichungen des Skogsvårdsstyrelsen i Gävleborgs län 1939—1950)

Auffallend ist der große Kiefernanteil im Rogsta socken mit 60 %. Erstaunlich erscheint der relativ große Laubholzanteil von Färila und Ovanåker, den man viel eher in den küstennahen Gebieten mit fruchtbareren und feineren Böden vermutet hätte. Doch gerade diese sind hier von der Landwirtschaft in Besitz genommen, und für den Wald bleiben oft genug nur Fels und Schotter. Beide aber sind das Vorzugsgebiet der Kiefer.

Für Härjedalen fehlen leider ähnliche Untersuchungen. Man kann sich daher nur, wie auch hinsichtlich des gesamten Raumes Hälsingland, auf die Ergebnisse der Reichswaldtaxierung stützen. Da die Veröffentlichungen in Norrlands skogsvårdsförbunds tidskrift 1942: IV und 1944: II hinsichtlich Hälsinglands keinerlei Schlüsse zulassen, möchte ich mich im folgenden auf „Promemoria rörande resultatet av de skogssakkunnigas överläggningar vid mötet i Stockholm den 25—29 sept 1944" beziehen. Härjedalen wird hierbei in zwei, Hälsingland in vier Gebiete eingeteilt[1]).

Tabelle 13:

	Härjedalen		Hälsingland			
	A	B	C	D	E	F
Produkt. Waldland in 1000 ha	217,9	448,6	378,2	197,0	291,4	241,9
Bewaldungsdichte in %	32,2	65,4	81,7	79,6	77,2	78,6
Totaler Holzvorrat in 1000 fm	11 520	25 600	33 300	21 300	28 830	24 700
Holzvorrat fm/ha	53	57	88	108	99	102
Jährl. Zuwachs in fm/ha	1,4	1,6	2,6	2,9	2,8	2,9
Holzartenverteilung:						
Kiefer in %	55	60	47	34	36	40
Fichte in %	35	31	40	55	51	48
Laubholz in %	10	9	13	11	13	12

1) A: Hede tingslag; B: Svegs tingslag; A+B = Härjedalen.
C: Ljusdal, Ramsjö, Färila-Kårböle, Los.
D: Delsbo tingslag, Arbrå, Undersvik, Järvsö.
E: Bergsjö och Forsa tingslag, Enångers tingslag, Ala tingslag.
F: Bollnäs domsagas tingslag.
C + D + E + F = Hälsingland.

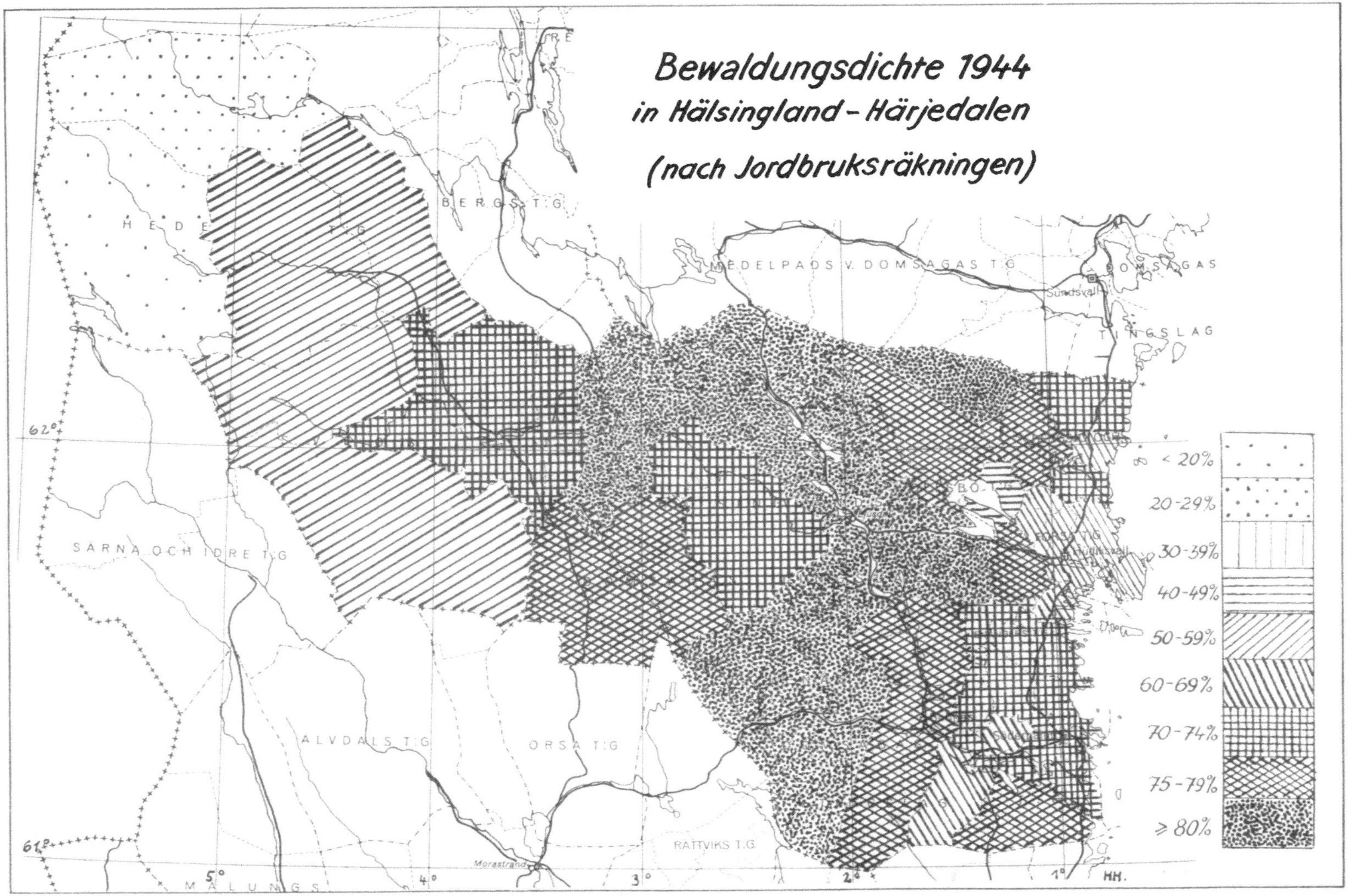
Bewaldungsdichte 1944
in Hälsingland - Härjedalen
(nach Jordbruksräkningen)
< 20%
20-29%
30-39%
40-49%
50-59%
60-69%
70-74%
75-79%
≥ 80%
HEDE T:G
BERGS T:G
MEDELPADS V. DOMSAGAS T:G
DOMSAGAS
TINGSLAG
Sundsvall
SARNA OCH IDRE T:G
ALVDALS T:G
ORSA T:G
RÄTTVIKS T.G
MALUNGS
Morastrand
62°
61°
5°
4°
3°
2°
1°
HH.

Abb. 94

Deutlich spiegeln sich in diesen Zahlen Bodenverhältnisse und klimatische Faktoren wider. Der unterschiedliche Holzvorrat wie auch der Zuwachs sind vor allem von Höhenlage und Klima abhängig. Bei der Holzartenverteilung dürften die Bodenverhältnisse, mineralogische und Korngrößenzusammensetzung ein entscheidendes Wort mitsprechen.

Der Holzvorrat, insbesondere der jährliche Holzzuwachs, sowie der allgemeine Zustand der Wälder hinsichtlich Altersklasse, Bonität, Holzartenmischung bestimmen u. a. den statthaften Holzeinschlag in einem naturnahen Wirtschaftswald. In ganz besonderem Maße muß natürlich die Holzindustrie an diesen Fragen interessiert sein und bestrebt sein, in ihren eigenen Wäldern diese Faktoren so günstig wie möglich zu beeinflussen.

Hierzu einige Angaben über die Wälder der Iggesunds Bruks A. B.:

Tabelle 14:

Produktives Waldland	200 000 ha
Totaler Holzvorrat	18 000 000 fm
Holzvorrat fm/ha	90 fm/ha
Holzvorrat fm/ha in Härjedalen	60 fm/ha
Holzvorrat fm/ha in Hälsingland	115—120 fm/ha
Totaler Zuwachs pro Jahr	530 000 fm
Zuwachs fm/ha in Härjedalen	1,7 fm/ha
Zuwachs fm/ha in Hälsingland	3,3 fm/ha
Mindestwuchszeit für Zellstoffholz	30—40 Jahre
Mindestwuchszeit für Sägeholz	70—80 Jahre
Umtriebszeit in Hälsingland	120—130 Jahre
Umtriebszeit in Härjedalen	140—160 Jahre

(Angaben nach C. H. Zacco, 1951 in „Det krönta ankaret" Nr. 1.)

Vergleichen wir obige Werte mit den entsprechenden für Hälsingland und Härjedalen (S. 96) und vergegenwärtigen uns dabei die Lage der Wälder der A. B. Iggesunds Bruk, so ergibt sich, daß die A. B. Iggesunds Bruk nicht nur relativ günstige Waldgebiete in klimatischer und bodenmäßiger Hinsicht besitzt, sondern zudem auch einen recht wesentlichen positiven Einsatz in den vergangenen 20 Jahren geleistet hat, um ihre Wälder als das Rückgrat der gesamten Holzindustrie zu pflegen und produktionsfähig zu erhalten, wenn möglich ihre Leistungen noch zu steigern.

c) Der Holzeinschlag

Hinsichtlich Größe und Verteilung des Holzeinschlags machen sich neben den wald- und forstwirtschaftlichen Gesichtspunkten vor allem die holzwirtschaftlichen, industriellen Grundsätze geltend. Solange Holz noch genügend vorhanden war, bestimmten letztere allein die Höhe des Einschlages. Es kam infolgedessen zu einer immer stärkeren Kapazitätserweiterung, vor allem in der Zellstoffindustrie. Gleichzeitig vollzog sich die weitgehende Umstellung in der Produktion von Schnittware auf Zellstoffmasse und andere höher veredelte Produkte.

1937, in einem stark durch die damalige Hochkonjunkturlage geprägten Jahr, konnte im gesamten Lande eine Taxierung des Holzeinschlags durchgeführt werden, die im ganzen gesehen einen recht guten, repräsentativen Überblick über die räumliche Verteilung — wenn auch nicht über die absolute Größe des Einschlags, die von Jahr zu Jahr variiert — geben dürfte.

Der gesamte Einzugsbereich des Ljusnan[1]) mit 16 549 qkm prod. Waldland hatte 1937 einen totalen Einschlag von .... 4 104 453 fm[2]) zu verzeichnen. Davon entfielen auf Härjedalens Anteil .... 1 073 693 fm und auf Hälsingland .... 2 922 125 fm Der restliche Einschlag von 108 635 fm (= 2,6 %) verteilt sich auf Medelpad und Dalarna. Da aber andererseits auch kleinere Gebiete Hälsinglands und Härjedalens zu benachbarten Flußsystemen, so des Dalälven und des Ljungan, gehören, dürfte sich mit dem Einschlag im Ljusnan-System auch ein ungefähr richtiges Bild für den gesamten Landschaftsraum Hälsingland-Härjedalen ergeben.

Beim Sägeholz ist die Kiefer doppelt so stark vertreten wie die Fichte. Für die Papierholzgewinnung dagegen wurde die Fichte mit etwa dem Anderthalbfachen von dem der Kiefer stärker herangezogen. Der gesamte Kieferneinschlag wurde etwa zu gleichen Teilen in der Säge- und Zellstoffindustrie verwandt. Kiefern- und Fichteneinschlag insgesamt waren etwa gleich groß.

Betrachten wir das räumliche Verteilungsbild des Einschlags an Hand der Angaben der einzelnen Gemarkungen, so treten als Gebiete mit dem absolut gesehen stärksten Holzeinschlag zunächst

Tabelle 15:

Ljusdal	ca. 290 000 fm
Los	ca. 288 000 fm
Alfta	ca. 239 000 fm
Färila-Kårböle	ca. 232 000 fm
Lillhärdal	ca. 218 000 fm
Bjuråker	ca. 192 000 fm
Ovanåker	ca. 190 000 fm hervor.

Doch wie verhalten sich diese absoluten Einschlagsziffern zu den tatsächlichen Eingriffen in das Gefüge des Waldes, sind sie gleichmäßig über das Waldland verteilt, oder ergeben sich bei einer derartigen Zusammenstellung eine Reihe von augenscheinlich übernutzten sowie andererseits gewisse Reservegebiete? Um die Frage klären zu können, müssen wir den Einschlag pro ha Waldland heranziehen und denselben mit dem jährlichen Zuwachs vergleichen. In Färila kann bei einem Holzeinschlag von 2,72 fm/ha und einem jährlichen Zuwachs von 2,64 fm/ha kaum von einer Übernutzung gesprochen werden. Noch weniger ist dies bei Ovanåker der Fall, hier hält der Einschlag von 4,56 fm/ha dem Zuwachs von 4,5 fm/ha vollkommen die Waage. Der Mo socken jedoch, der in unmittelbarer Nachbarschaft der großen Exportwerke von Bergvik und Marma liegt, zeigt mit einem Einschlag von 4,47 fm/ha gegenüber einem Zuwachs von nur 3,2 fm/ha eine sehr merkliche Übernutzung. Der Rogsta socken im betont bäuerlichen Küstengebiet mit einer größeren Fläche Staatswald (Hornslandet) bleibt mit seinem Einschlag von nur 1,5 fm/ha unter dem jährlichen Zuwachs von 2,8 fm. Allerdings muß bemerkt werden, daß in früheren Jahrzehnten gerade in diesen Küstengebieten starke Übernutzungen stattgefunden haben, die erst allmählich wieder ausgeglichen werden müssen.

Für die übrigen Gebiete liegen keine direkten Vergleichsmöglichkeiten vor, da genauere Angaben über den Zuwachs fehlen. Besonders hoch liegen die Einschläge offensichtlich in den Gebieten mit stark ausgebauter Industrie, so in Mo, Rengsjö, Söderala, Ovanåker und Njutånger, wo die Werte überall 4 fm/ha übersteigen. Die maximale Stellung nimmt jedoch Segersta mit 5,02 fm/ha ein. In diesen eben genannten Gebieten, den Ovanåker socken ausgenommen, muß

1) Es ist hier das Ljusnan-System gemeint, vgl. S. 94.

2) Alle Angaben über den Einschlag 1937 aus Stat. Medd. Ser. A. V: 6.

wohl mit einer stärkeren Übernutzung des Holzvorrats gerechnet werden. In den übrigen Gebieten dagegen dürfte sich der Einschlag für 1937 durchweg innerhalb der Grenzen des jährlichen Zuwachses halten. Das gilt auch für Härjedalen, das sich zwar durch die geringsten Zuwachszahlen auszeichnet, aber auch die geringsten Werte des Einschlages aufweist.

Wie ist nun die Verteilung des Einschlags auf Sortimente und Dimensionen? Welche Gebiete lieferten vorwiegend Sägeholz, wo lagen die Hauptpapierholzgebiete? Derartige Angaben sind nicht nur hinsichtlich der Industrie von Bedeutung, sondern lassen zugleich auch die waldbauliche Struktur der einzelnen Gebiete erkennen.

In der Sägeholzgewinnung steht Ljusdal mit über 100 000 fm an der Spitze, es folgt mit sehr geringem Abstand Ovanåker. Die Aufteilung des Sägeholzes nach Holzarten ist bei beiden genau entgegengesetzt. Während Ljusdal fast doppelt so großen Kiefernsägeholzanteil zeigt, herrscht in Ovanåker in ähnlicher Weise die Fichte vor. Hinsichtlich des Papierholzes steht Los am günstigsten da, unmittelbar dahinter folgt Lillhärdal (beide über 150 000 fm). Auch Färila-Kårböle, Ljusdal und Alfta, ferner Hede erreichen etwa dieselbe Größenordnung. Während sich hinsichtlich der Holzartenaufteilung Fichte und Kiefer in Los etwa die Waage halten (mit geringem Übergewicht der Fichte), ist es in Lillhärdal gerade umgekehrt. Dort ist die Kiefer dominant, in Färila-Kårböle wie auch in Ljusdal und Alfta hingegen herrscht die Fichte beim Papierholzeinschlag vor. Im Einschlag Hedes halten sich beide gerade die Waage.

Denken wir an die Dimensionsgliederung im Bestande, so nutzt die Sägeindustrie in erster Linie die groben Dimensionen, die Zellstoffindustrie die Stämme mit geringerem Durchmesser. So läßt sich also an Hand der Abtriebsstatistik auch einiges über Dimensionsverteilung und Holzartenverteilung sagen. Denn wir dürfen annehmen, daß sich im Abtrieb im großen gesehen die waldwirtschaftliche Struktur der Gemarkungen und damit ihre allgemeine funktionale Bedeutung im Gesamtrahmen der Holzwirtschaft recht gut widerspiegelt.

Ein Vergleich des Einschlags mit dem tatsächlichen Rohstoffverbrauch der Industrien innerhalb des Landschaftsraums kann leider nur in ganz grober Näherung durchgeführt werden. Es gilt hierbei im wesentlichen, den Rohstoffverbrauch der Industrien Hälsinglands — denn in Härjedalen fehlt ja jegliche Holzindustrie größeren Ausmaßes — dem gesamten Einschlag des Ljusnan-Systems gegenüberzustellen. Um überhaupt eine Vergleichbarkeit zu erzielen, sind zunächst einige Umrechnungen erforderlich. Der Einschlag ist auf Rundholz (ohne Borke) unter Abzug von 18 % umzurechnen. Wir erhalten: 3 366 400 fm Rundholz. Den Rundholzverbrauch der Industrien im Gävleborgs län gibt Th. Streyffert (1942 S. 508) nach der offiziellen Industriestatistik für 1937 zu 4 263 000 fm an. Eine exakte Trennung des Rohstoffverbrauchs für die Industrien in Hälsingland und Gästrikland ist auf Grund des veröffentlichten Materials nicht möglich. Schätzungsweise ist aber Gästrikland mit 20—25 % des gesamten Rohwarenverbrauchs an Holz im Gävleborgs län beteiligt. Da aber Gästrikland einem anderen natürlichen Rohstoffeinzugsbereich angehört, bedeutet dies nichts anderes, als daß der Bedarf der Industrien Hälsingslands nahezu aus dem natürlichen Einzugsbereich des Ljusnan, d. h. innerhalb des Landschaftsraumes Hälsingland-Härjedalen selbst, gedeckt werden kann.

Diese Möglichkeit, ihren Rohstoffbedarf im großen und ganzen innerhalb der Grenzen des natürlichen Rohstoffeinzugsbereichs decken zu können, dürfte für die Industrien Hälsinglands auch noch heute weitgehend zutreffen. Die Überdimensionierung der Holzindustrie hat hier nicht das Ausmaß erreicht wie in den beiden nördlichen Landschaften Medelpad und Ångermanland, wo zur Befriedigung des Rohstoffbedarfs die Küstenflößerei vom Oberen Norrland mit seinen ausgedehnten Staatswäldern eine ungeheure Rolle spielt.

Im Einzelfalle noch entscheidender als die Möglichkeit des Einschlags auf Grund der Rohstoffbasis ist heute die Frage nach den notwendigen Arbeitskräften. Statistische Berechnungen helfen uns in diesem Zusammenhange recht wenig; denn meist sind es Waldbauern, die den Winter über, in der Hochsaison, in der Holzfällerei tätig sind, in der Statistik aber auf Grund ihres bäuerlichen Grundeigentums sowie ihrer landwirtschaftlichen Betätigung im Sommer als Bauern erfaßt werden. Trotzdem dürfte es interessant sein, den Holzeinschlag mit der durchschnittlichen Zahl an ständigen Waldarbeitern in den einzelnen Gemarkungen zu vergleichen, um so indirekt eine Auffassung von der Beteiligung der Kleinbauern in der eigentlichen Waldwirtschaft zu erhalten. Gewisse Mängel sind hierbei von vornherein in Kauf zu nehmen, so die Tatsache, daß die von den Bauern in ihren eigenen Wäldern geleistete Arbeit statistisch bis heute in keiner Weise erfaßt worden ist. Der Hauptwert derartiger Betrachtungen kann also von vornherein nur in der damit gegebenen Vergleichsgrundlage mit angrenzenden und ähnlich situierten Gebieten liegen.

Schon bei der Ermittlung des Holzeinschlags pro Dauerwaldarbeiter (in der Statistik erfaßter Waldarbeiter nach Folkraekningen 1940) erhellt aus Werten, die zwischen 305 fm/Arb. (Ala tingslag) und 513 fm/Arb. (Hede tingslag) schwanken, unter Berücksichtigung der eigentlichen Waldarbeitersaison von rund 100 Tagen die geringe Bedeutung der Dauerwaldarbeiter in der Waldwirtschaft weiter Gebiete. Pro fm Holz muß man nach Th. Streyffert (1950 S. 57) im Durchschnitt 0,7 Arbeitstag rechnen. Unter dieser Voraussetzung lassen sich die für den Holzeinschlag notwendigen Tagewerke ermitteln. Unter Voraussetzung von 215 Arbeitstagen (nach Sveriges officiella statistik: 1938 Skogsbygdens arbets- och levnadsvillkor Del I S. 247) läßt sich nach einem Zuschlag von 7 % für Verjüngungs- und andere Waldarbeiten die Anzahl der notwendigen Dauerwaldarbeiter berechnen. Diese Zahl wäre mit der Anzahl der in der Statistik geführten Waldarbeiter zu vergleichen. Für Härjedalen ergeben sich bereits unter diesen Voraussetzungen erhebliche Differenzen zwischen den notwendigen und tatsächlichen Waldarbeitern. Noch deutlicher aber dürfte die Lage werden, wenn wir von der Anzahl der durchschnittlichen Arbeitstage pro Jahr aller überhaupt in der Waldwirtschaft tätigen Personen ausgehen, die nach Skogsbygdens arbets- och levnadsvillkor Del I S. 247, 1938 für Hälsingland-Härjedalen im Durchschnitt rund 100 Tage beträgt.

Tabelle 16:

	Anzahl Tagewerke	Dauerarb. bei 215 Tg.	Waldarb. b. 100 Tg.	Waldarb. nach Folkräkn. 1940
Ala t:g	220 300	1 097	2 357	1 028
Bollnäs domsagas t:g	582 000	2 904	6 227	2 746
Västra Hälsinglands domsagas t:g	866 000	4 306	9 266	3 589
Delsbo t:g	233 000	1 156	2 493	828
Enångers t:g	72 600	381	777	295
Bergsjö o. Forsa t:g	279 600	1 391	2 992	1 015
Hede t:g	239 400	1 190	2 561	666
Svegs t:g	556 000	2 724	5 950	1 655

Es zeigt sich, daß in Wirklichkeit bedeutend mehr Waldbauern in der Waldwirtschaft tätig sind als eigentliche Waldarbeiter. Es ist ein harmonisches Zusammenspiel von Land- und Waldwirtschaft, das sich uns in Hälsingland-Härjedalen schon bei kleinsten Bauern darbietet. In enger jahreszeitlicher Anpassung widmen sie sich abwechselnd der Land- und Waldarbeit (s. Abb. 95). Von der Waldwirtschaft gesehen, ist dieses Ineinandergreifen unbedingt notwendig, daß dasselbe aber auch von seiten der Landwirtschaft gilt, soll später noch näher erläutert werden.

Die Beschäftigung der Landbevölkerung im Jahreslauf

(aus Skogsbygdens arbets- och levnadsvillkor, Del I S. 240)

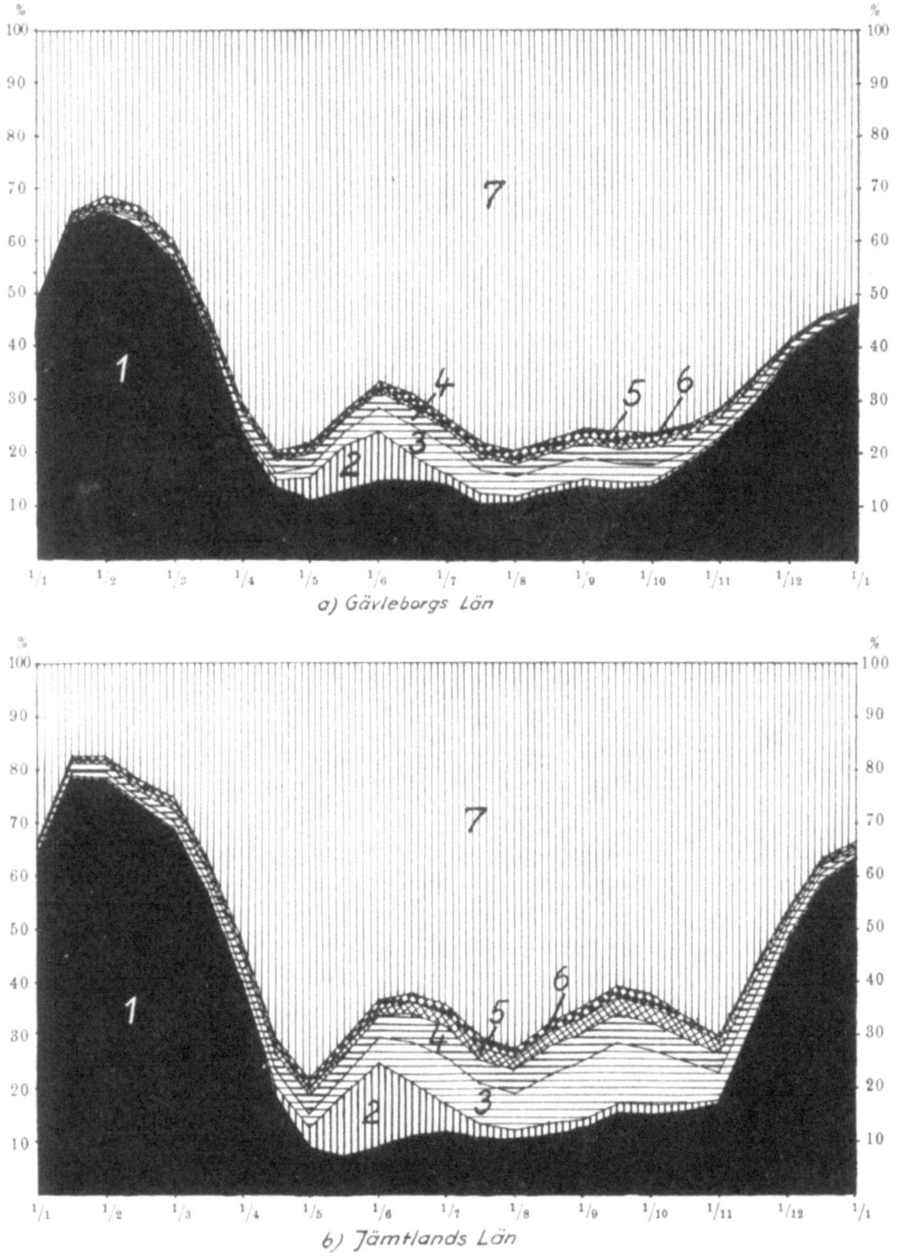

Erklärung: 1 = Waldarbeit, 2 = Flösserei,
3 = Wegebau, 4 = Übrige Lohnarbeit,
5 = Hilfsarbeit, 6 = Wehrpflicht, Schule, u.a.
7 = Landarbeit.

Abb. 95

d) Die Waldpflege

Vergleichen wir Einschlag und Zuwachs pro ha, so ergibt sich, daß beide ganz gut aufeinander abgestimmt sind. Andererseits wissen wir aber auch, daß die Industrie hinsichtlich der Rationalisierungsbestrebungen vor schweren Krisen steht. Seit etwa zwei bis drei Jahrzehnten sehen sich die großen Aktiengesellschaften ständig vor die Frage gestellt, entweder alle Produktionszweige nur auf halben Touren laufen zu lassen oder aber einzelne Zweige (Sägeindustrie) ganz niederzulegen.

Diese Tatsache muß für die Waldwirtschaft ein Ansporn zu intensiver Waldpflege sein. Es muß versucht werden, die Kahlflächen immer mehr zu reduzieren, die Verjüngung sobald wie möglich und in bester Ausnutzung des Bodens einzuleiten. In diesem Zusammenhang ist die Bedeutung der Waldtypen für den Waldbau hervorzuheben, wenngleich auch immer unter Berücksichtigung der Höhenlage und der übrigen Lagefaktoren. Die Zuordnungsskizzen der einzelnen Holzarten zu den verschiedenen Waldtypen von T. Arnborg (s. Abb. 50/51) hatten eine hinsichtlich der Verjüngung recht eindeutige Begünstigung der einen oder anderen Holzart auf den verschiedenen Waldtypen ergeben. Wenn auch lokal betrachtet kein unbedingter Zusammenhang zwischen Holzart und Waldtyp besteht, so dürfen wir für große, naturgeographisch ähnlich ausgestattete Gebiete eine derartige Abhängigkeit annehmen.

Wir können erwarten, daß die Holzartenverteilung im großen und ganzen auch in den kommenden Jahrzehnten dieselbe sein wird, wie sie heute die beiliegende Holzartenverteilungskarte (Karte III) zeigt, die nach dem Primärmaterial (Linientaxierung) der Reichswaldtaxierung von 1939/40 bzw. 1942 in ähnlicher Weise gezeichnet werden konnte, wie Hesselmans (1935) mit Material der ersten Reichswaldtaxierung, aber diesmal unter Berücksichtigung des Laubwaldbestandes, der für Möbel- und Ski-Industrie immer größere Bedeutung erlangt, heute bereits für die Zellstoffherstellung Verwendung findet und außerdem der Landschaft ja auch ein vollkommen eigenes Gepräge verleiht, ganz abgesehen von der waldbaulichen Bedeutung der Laubholzbeimischung.

Bei der Reichswaldtaxierung wurden die Wälder entlang den Taxierungslinien (vgl. S. 62) betrachtet und in Kiefernreinbestände (mehr als 70 % Kiefer), Fichtenreinbestände (mehr als 70 % Fichte), Nadelmischwälder (mehr als 90 % Nadelholz), Laubnadelmischwälder (mehr als 10 bzw. 30 % Laubholz) und Laubwälder (mehr als 70 % Laubholz) eingeteilt. Auf den jeweils 2 km langen Strecken wurde bei der Taxierung vermerkt, wieviel Meter der Strecke von den einzelnen Bestandsarten eingenommen werden. Der Anteil einer Bestandsart ist nun für die beigegebene Karte, bezogen auf die insgsamt bewaldeten Gebiete entlang einer 2-km-Strecke, prozentual berechnet worden. Für jede 2-km-Strecke mit Waldwuchs wurde in der Karte ein kleines Rechteck eingetragen. Je nachdem, wie die prozentuale Verteilung auf die einzelnen Bestandsarten sich gestaltete, wurden dann Farbgebung und Umrahmung der Rechtecke vorgenommen.

1. Bei mehr als 70 % Reinbestand auf einem 2-km-Abschnitt wurden die Flächen mit einem starken schwarzen Rahmen versehen.
2. Wenn der Anteil der Reinbestände bzw. der Gesamtanteil einer Holzart entlang einer 2-km-Strecke mit Sicherheit größer angenommen werden darf als 50 % des Gesamtbestandes, erfolgte die Färbung der ganzen Fläche mit der Farbe dieser Holzart. Zur Festlegung des Anteils einer Holzart wurden die Nadelmischwälder sowie die Laubnadelmischwälder entsprechend den Taxierungsgrundlagen aufgeschlüsselt und den Reinbeständen zugeschlagen, wenn nicht die Laubwälder und Laubnadelmischwälder zusammen bereits über 50 % ausmachen.
3. Sind Laub- und Laubnadelmischwälder mit über 50 % vorherrschend, so wurde die obere Hälfte des Rechtecks gelb angelegt, die untere zeigt die Farbe der mit über 20 % beigemischten Nadelholzart. Fehlt eine mit mindestens 20 % dominante Holzart, so wurde das ganze Rechteck in gelber Farbe wiedergegeben

4. Sind auf einer Fläche überwiegend Bestände einer Nadelholzart (weniger als 50 %) vertreten, ist die andere jedoch mit mehr als 20 % beigemischt, so zeigt das entsprechende Rechteck beide Farben. Die dominante Holzart wurde in die obere Hälfte eingetragen.

Bei der obigen kartographischen Aufgliederung der Waldbestände wurde vor allem auf den landschaftsbestimmenden und -gestaltenden Wert der einzelnen Bestands- und Holzarten Rücksicht genommen. Ein Überwiegen von Reinbeständen läßt wesentliche Rückschlüsse auf Boden und Klima zu und gibt damit Entwicklungsmöglichkeiten und -grenzen dieser Räume an. Eine stärkere Beimischung von Laubhölzern aber wandelt das physiognomische Bild der Landschaft fast schlagartig, so daß es gerechtfertigt erscheint, laubholzreiche Bestände relativ etwas stärker zu bewerten.

Ins Auge fallen besonders die geschlossenen Kiefernwaldgebiete Härjedalens, die sich vor allem in den Talgebieten mit reichen Schotter- und Sandablagerungen finden. Ausläufer dieses geschlossenen Kiefernwaldgebiets reichen hinauf bis nach Tännäs und Bruksvallarna. Auch das Tal des oberen Ljungan wird im wesentlichen von Kiefernbeständen eingenommen. Fossile Funde haben erwiesen, daß gerade in diesem Gebiet die Kiefer einst weit höher reichte. Wie aus einer Darstellung (Abb. 96) von H. Smith hervorgeht, waren im Fjäll liegende Talzüge einst von der Kiefer eingenommen, in denen wir heute höchstens noch Fjällbirken finden. Man darf somit annehmen, daß die heutige Nadelwaldgrenze, wahrscheinlich wohl aus klimatischen Gründen, etwa 200 m tiefer liegt als diejenige zu Beginn der subatlantischen Periode (nach H. Smith, 1911 S. 530). Die Fjällbirkenwälder setzen sich auf den Hochflächen oberhalb von 750—800 m fort und zeichnen sich auf fruchtbarer Schieferunterlage durch kräftigen Kräuterwuchs aus. An den Hängen und auf den etwas tiefer liegenden Hochplateaus herrschen Fichtenwälder.

In Hälsingland ist das Verteilungsbild der Holzarten weniger regelmäßig. Mischwaldbestände bilden einen wesentlichen Anteil. Auf den Höhengebieten ist die Fichtenbeimischung im allgemeinen stark (vgl. Karte II: Höhenschichtenkarte!). Im Küstengebiet, unterhalb der 100-m-Linie, sind Kiefernwälder im Landschaftsbilde vorherrschend. Teilweise macht sich hier noch der einstige Schärenhofcharakter geltend. Zwischen sedimentären Ablagerungen ragen vom Eise geschliffene Felsinseln auf. Der früher erwähnte Kiefernreichtum des Rogsta socken erscheint hier in einem größeren Zusammenhang (s. S. 96). Allerdings ist im Anschluß an Bovallius (1939) die Frage aufzuwerfen, inwieweit der überwiegende Kiefernanteil durch Stangenholzeinschläge (Fichte) Ende des vorigen Jahrhunderts bedingt ist. Im übrigen dürften wir eine Begünstigung der Kiefer als Sägeholz in diesen alten Wäldern, die schon länger unter gewisser Waldpflege gestanden haben, annehmen können.

Aus der Waldtypen- und Holzartenverteilung ergeben sich die wirtschaftlichen Nutzungsmöglichkeiten und damit verbunden eine für die praktischen Forderungen des Waldbaus geeignete Gebietseinteilung auf Grund der natürlichen und wirtschaftlichen Voraussetzungen. Natürliche Wirtschaftsgrenzen, wie die Waldgrenze, die verschiedenen Höhengrenzen bzgl. Verjüngung und Waldpflege, bewirken zusammen mit den wirtschaftlichen Gesichtspunkten, die besonders von den jeweiligen Transportverhältnissen beeinflußt werden, die Gliederung in verschiedene Gebiete.

Floß- und Wegenetz spielen eine große Rolle. Doch durch die jeweilige Höhenlage erhalten die zunächst durch die Transportverhältnisse gekennzeichneten Gebiete verschiedenes Gewicht. Sie bieten zugleich unterschiedliche Möglichkeiten für eine intensive Waldpflege. Die küstennahen und auch flußnahen Gebiete stehen selbstverständlich im Vordergrund des Interesses. Sie liegen meistenteils unterhalb der 200-m-Linie, zeigen also relativ fruchtbare Böden und ein milderes Klima als im Binnenhochland. Damit könnten wir einen Küstenstreifen von etwa 20—30 km Breite und Ausbuchtungen bei den Dellenseen und im Voxnantal dem Gebiet mit optimalen Voraussetzungen für die Waldpflege zuordnen.

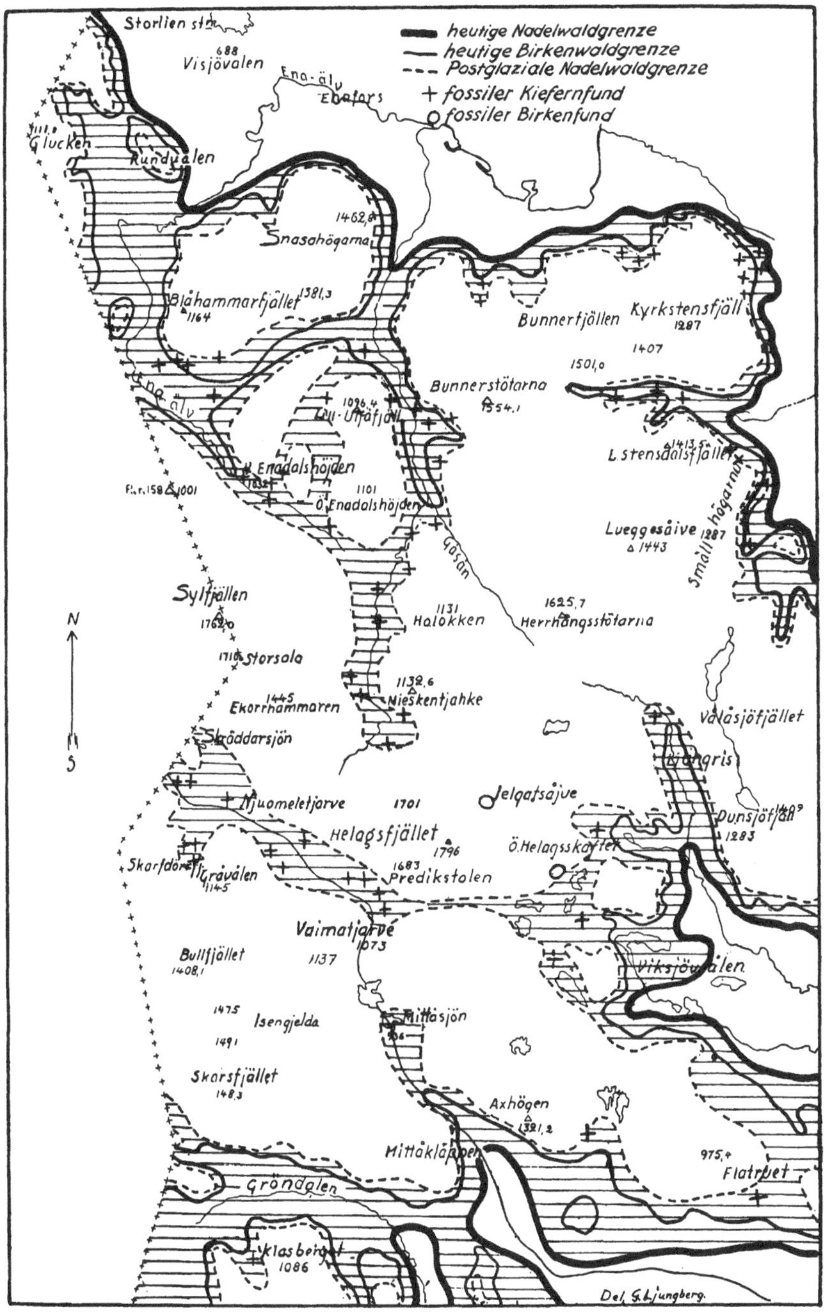

Die heutige und postglaziale Waldgrenze im südlichen Jämtland und nördlichen Härjedalen (aus H. Smith, 1920 S. 123)

Abb. 96

Oberhalb der 300-m-Linie liegt in Hälsingland die waldbauliche Grenze der Selbstverjüngung, wie S. 49 ausgeführt wurde. Nur wenige Höhen überschreiten in Hälsingland die 500-m-Linie. In Härjedalen bildet sie eine deutliche waldbauliche Grenze. Oberhalb ist die Verjüngung unter Umständen bereits recht schwierig (schwerverjüngbare Wälder — sie unterliegen einer besonderen Gesetzgebung). Oberhalb von etwa 600 m folgen schließlich die „Schutzwälder", bei denen man mit allergrößter Vorsicht zu Werke gehen muß, um den Wald nicht völlig zu vernichten. Diese Schutzwälder haben zumeist schon einen sehr hohen Birkenanteil (Betula tortuosa) aufzuweisen. Die Fichten- und Kiefernbestände treten immer mehr zurück. Im Südwesten finden sich allerdings nahe der Grenze gegen Dalarna noch bei 840 und 850 m Kiefernreinbestände, allerdings in außerordentlich starker Windexposition von Westen und Norden. Die Ursache für diese außerordentlich hohe Lage der Nadelwaldgrenze dürfte in dem hier stark kontinentalen Klimacharakter zu suchen sein (vgl. Ångström, 1946 S. 32—34). Denn bei Ljungdalen, wo der maritime Einfluß über die Jämtländische Pforte sich bereits geltend macht, reicht die Nadelwaldgrenze nirgends über 800 m hinaus, ja bleibt meist unterhalb von 750 m (Provyteprotokoll 1939/40).

Niedriger Fjällbirkenwald, der beinahe an einen großen Obstgarten zu erinnern vermag, tritt oberhalb an die Stelle des Nadelwaldes. Die Birkenwaldgrenze liegt nach H. Smith (1911 S. 506) etwa 125 m oberhalb der Nadelwaldgrenze. Die Bedingtheiten der oberen Waldgrenze wie auch der Baumgrenze sind vielseitige. Sehr wesentlich ist für die Waldgrenze die Möglichkeit der Samenbildung infolge der Länge der Vegetationsperiode und der Intensität der Wärmestrahlung. Hinzu kommen Wind- und Schneeverhältnisse, wobei der Wind in erster Linie eine Austrocknung bewirkt und im Zusammenspiel mit der Schneedecke zur Latschen- oder Tischbirkenausbildung führen kann. Man hat zum Teil nachweisen können (I. W. Sandström, 1945), daß die Windwirkung für die Ausbildung der Waldgrenze eine sehr entscheidende Rolle spielt. Im eigentlichen Fjällgebiet ist sie es in erster Linie, die den Baumwuchs verhindert. Diese Gebiete können wirtschaftlich nur noch als Rentierweide genutzt werden; in ihnen wird keinerlei Waldpflege mehr getrieben.

Vergleichen wir das soeben skizzierte Bild mit dem der Waldbesitzstruktur, so heben sich einige charakteristische Züge heraus bezüglich der Verteilung von Industrie- und Bauernwald. Es ergibt sich nämlich, daß der Bauernwald in erster Linie in den für die Waldpflege günstigen Gebieten liegt, während eine starke Konzentration von Industriewäldern in den hinsichtlich Verjüngung und Zuwachssteigerung schlechter gestellten Gebieten liegt. Die Staatswälder gehören zu den schlechtest gestellten. Diese Tatsachen sind m. E. sehr wesentlich, bevor man zu einer Betrachtung der Waldpflege und ihrer Intensität in Bauern-, Industrie- und Staatswald übergeht. Hinzu kommt die verschieden starke verkehrstechnische Erschließung dieser Gebiete, die nicht überall eine intensive Waldpflege wirtschaftlich tragbar erscheinen läßt.

Es ist in Veröffentlichungen der letzten Jahre immer wieder darauf hingewiesen worden, daß trotz aller vorangegangenen Diskussionen auf Grund des Taxierungsmaterials wesentliche Unterschiede im Zustand von Bauern- und Industriewäldern nicht festzustellen sind (R. Bovallius u. K. Sotter, 1949; Th. Streyffert, 1950 S. 186 ff.; bis zu gewissem Grade auch E. Stridsberg, 1950 S. 100—102). Hierzu läßt sich anführen, daß bei günstig gelegenen Wäldern sich kaum wesentliche Unterschiede feststellen lassen. Bauernwälder in schlechter Exposition, weit weg vom Dorfe, mit zum Teil schlechter Wegeverbindung zeigen jedoch meist geringere Pflege als gleichbelegene Industriewälder. Der einzelne Bauer ist hier nicht mehr in der Lage, die sich bietenden Schwierigkeiten mit wirtschaftlich tragbaren Mitteln zu meistern, während die Aktiengesellschaft kapitalkräftiger ist und schon allein im Interesse ihrer holzverarbeitenden Industrie auch bereit ist, einen größeren Einsatz zu leisten, da er sich ja im eigenen Betrieb wieder verzinsen wird. Es zeigt sich, daß ein rationeller Waldbau letztlich kapitalintensiv, aber arbeitsextensiv ist. Dieser Gesichtspunkt ist in den waldwirtschaftlichen Diskussionen auch mehrfach geltend gemacht worden, vielfach hat man daraus gefolgert, daß Waldwirtschaft nur in großen Einheiten, also im Rahmen der Aktiengesellschaften, erfolgen könne. Doch übersah man dabei meist, daß dieses Problem auch eine volkswirtschaftliche und soziale Seite hat, deren Beachtung aber geradezu die sinnvolle Ergänzung von Land- und Waldwirtschaft fordert. In dieser Erkenntnis ist man daher schon seit langem bestrebt, durch Zusammenschluß in verschiedenen Verbänden und durch Gewährung von Krediten auch die Bauernwälder einer möglichst planvollen und rationellen Nutzung zuzuführen. (Th. Streyffert 1950).

Man kann sagen, daß die Industrie zwar mehr für ihre Wälder einsetzt, weil sie unter ganz anderen Voraussetzungen als der einzelne Bauer die Notwendigkeit sieht, zum Teil aber auch durch frühere Übernutzung dazu gezwungen ist. Fest steht jedoch, daß beide, Aktiengesellschaften und Bauern, noch mehr tun können und müssen, um die Forderungen der Holzindustrie hinsichtlich des Rohstoffraumes zu erfüllen.

2. Die Rolle der Fluß- und Küstenlandschaften bei der Lösung des Energieproblems

Wenn auch die Rohstofffrage zu den fundamentalsten Problemen der Holzindustrie und damit der schwedischen Waldlandschaft überhaupt gehören dürfte, so ist daneben die Lösung des Energieproblems von ebenso großer Bedeutung.

a) Kohle

In dem kohlenarmen Lande war früher die Wasserkraft die einzige Kraftquelle gewesen. Man nutzte sie direkt, vor allem an Bächen und kleineren Flüssen, während die großen Wasserfälle Norrlands noch ungenutzt blieben.

Mit der Erfindung der Dampfmaschine trat dann die erste Loslösung von der engen natürlichen Standortgebundenheit ein. Doch die Voraussetzung dafür waren größere Mengen an Kohle, die Schweden aus dem Süden bzw. Westen, aus Mitteleuropa und England, importieren mußte, da die eigenen Vorräte in Schonen bei weitem nicht den Bedarf decken konnten. Damit war an die Stelle der Wasserfalllage die Küstenlage mit günstigem Hafenraum getreten, der zugleich dem Holzexport zugute kam. Denn das Schnittholz konnte nun direkt aufs Schiff verladen werden. Außerdem war weitgehend eine volle Ausnutzung des Laderaums möglich. Holz und Holzwaren wurden exportiert, Kohle importiert. Leerfrachten konnten so auf ein Mindestmaß herabgedrückt werden. Zudem bot der Küstenraum die Möglichkeit für größere Fabrikationsanlagen sowie für Erweiterung und Ausbau der älteren Werke.

b) Elektrizität

Neue technische Fortschritte bedeuteten zugleich auch einen Schritt vorwärts in der Kraftversorgung. An die Stelle der schwarzen Kohle ist seit Beginn des 20. Jahrhunderts immer mehr die „weiße Kohle" getreten. Die Anfänge der Elektrifizierung der Sägeindustrie reichen auch in Norrland bis vor 1890 zurück (Iggesunds Bruk 1888 — F. Hjulström, 1940 S. 51). 1890—91 wurden die Sägewerke in Ljusne und Ala elektrifiziert. Hier waren bereits Stromüberführungen notwendig (Hjulström, 1940 S. 63). Auch in ländlichen Gebieten setzte bereits 1892 für Treibkraft (kleinere Sägewerke) und Beleuchtung eine Versorgung mit Elektrizität ein. F. Hjulström (1940 S. 44/45) konnte als erstes Beispiel für eine derartige Elektrifizierung ländlicher Gegenden ausgerechnet den im ersten Teil dieser Abhandlung so eingehend durchforschten Färila socken ausfindig machen. 1892 wurde hier in Stocksbo die erste Turbine eingebaut.

Zunächst waren es die kleinen Wasserfälle mit nur geringem Krafteffekt, die ausgebaut wurden. Von 1893 bis 1906 folgten die mittelgroßen Wasserfälle. In der darauffolgenden Periode gewannen dann die großen Wasserfälle immer mehr an Bedeutung. Riesige Kraftwerke mit ausgedehnten Überlandleitungen wurden gebaut, die in der Industrie weitgehend zur Verdrängung der Dampfmaschine geführt haben. Grundlage für diesen ungeheuren Kraftwerkausbau bildet das unausgeglichene Flußgefälle, das für alle Norrlandströme kennzeichnend ist und im engen Zusammenhang mit der glazialen Überformung der schwedischen Landschaft zu sehen ist.

Zu den größten Wasserfällen Hälsingland-Härjedalens gehört der Laforsen (vgl. S. 22), der jedoch erst jetzt zum Kraftausbau herangezogen wird. Auf einer Strecke von nicht einmal 100 m zeigt er ein Gefälle von 13,5 m, somit das größte relative Gefälle im Ljusnan überhaupt (nach Förteckning över Sveriges Vattenfall). Mit dem Ausbau tritt auch hier die romantische Naturlandschaft in den Dienst der Wirtschaft. Doch auf vielerlei andere Ansprüche muß bei einem derartigen Kraftwerkbau Rücksicht genommen werden: die Flößerei darf nicht wesentlich behindert werden. Bei Ausnutzung der gesamten Flußbreite für den Dammbau muß daher für die Anlage von Floßrinnen Sorge getragen werden. Für die zur Laichzeit stromaufwärts wandernden Lachse müssen Lachstreppen angelegt werden.

Für die bisherige Elektrizitätsversorgung im Inneren Hälsinglands waren neben den landschaftseigenen Kraftwerken die großen Werke am Indalsälven bei Ånge und am Ångermanälven sowie das Porjus-Kraftwerk verantwortlich. In breiten Gassen ziehen die Überlandleitungen durch den Wald, schwingen über Berg und Tal hinweg.

Ist der Rohstoff Holz mit der Nahrung vergleichbar, so die Elektrizitätsleitungen mit den Lebensadern der Holzindustrie im weitesten Sinne.

3. Das Waldland als Siedlungs- und Bevölkerungsraum

Das Waldland ist nicht nur Rohstoff- und Kraftstoffraum; zugleich ist es Siedlungsraum der Wald- und Industriearbeiter, ohne die das moderne Schweden undenkbar wäre.

a) Das heutige Siedlungsbild

wird dabei stark mitbestimmt durch die Auseinandersetzung des Zeitalters der Industrialisierung und Technisierung mit uralter Bauerntradition. Hat die Industrie im Walde selbst ohne Widerstand eine rationelle Erschließung und Nutzung einleiten können, so stieß sie in den Siedlungen auf eine andere, nicht ohne weiteres umzugestaltende Welt. Diese Welt war im Laufe der Jahrhunderte urtümlich gewachsen, und die Industrie mußte sich damit abfinden, in dies überlieferte Ordnungsgefüge nur hier und da in verschieden starkem Maße gestaltend eingreifen zu können. Oft stoßen alte überkommene Landschaftstypen unvermittelt mit neugeschaffenen Landschaftselementen zusammen. Diese Tatsache gilt nicht nur für den Färila socken, sondern ebenso für den gesamten Raum Hälsingland-Härjedalen, am stärksten zweifellos für die Küstengebiete Hälsinglands, während Härjedalen zum Teil noch fast unberührt erscheint.

Siedlungsformen und ihre Verbreitung sind in Härjedalen noch aufs engste an die natürlichen Grundlagen des Waldlandes gebunden. Die Siedlungen haben sich auch in jüngster Zeit nur selten über die in jahrhundertelangem Kampf mit der Natur gewonnenen natürlichen Grenzen hinaus entwickeln können. Eine Ausnahme machen lediglich die Dörfer in Tallage entlang der ausgesprochenen Verkehrsadern Härjedalens zwischen Hälsingland und Norwegen einerseits und Dalarna und Jämtland andererseits. Doch weit mehr als in Hälsingland oder gar in Mittelschweden haben auch sie im großen und ganzen ihr Gesicht gewahrt.

Alte Blockhausbauten mit der typischen Verankerung (knuttimring) sind abseits der Hauptverkehrsadern noch heute zahlreich zu finden, wenn auch der ursprüngliche norrländische Vierkanthof[1]) nur noch selten erhalten ist. Meist sind hierbei die einzelnen Gebäude in freier Anordnung um den viereckigen Grundplan geschart. Zuweilen fehlt die vierte Seite, im übrigen aber ist die viereckige Anordnung noch deutlich erhalten.

Oft ist soviel hinzu- und umgebaut worden, daß sich irgendein Ordnungsprinzip gar nicht mehr erkennen läßt. Von ferne möchte man meinen, ein kleines Dorf oder einen Weiler vor sich liegen zu sehen.

Es ist klar, daß bei der regen kulturellen Verbindung Härjedalens mit Norwegen, die seit der Frühzeit nachweislich vorhanden gewesen ist, auch norwegische Einflüsse in den einzelnen Zügen von Haus- und Siedlungsformen sich geltend machen (vgl. S. Erixon 1933). Typisch sind die sog. „löftbodar" (s. u. a. Svenska Akademiens Ordbok Bd. 16, Sp. L 1027—28/1942), die ich bei meinen Wanderungen und Fahrten durch Hälsingland-Härjedalen bezeichnenderweise nur in Härjedalen angetroffen habe, so in Tännäs und Älvros. Sie dienen meist der Heu- und Vorratsspeicherung, früher waren sie weitgehend auch Gästeherberge. Einen ähnlichen Zweck erfüllen die vor allem in Hälsingland in großer Zahl anzutreffenden, aber auch in Härjedalen nicht fehlenden sog. „stolpbodar" (= „härbren"), oftmals neckisch zu zweit, fast wie Brüderchen und Schwesterchen, nebeneinander stehend.

Ebenfalls in beiden Landschaften treten die in verschiedenster Weise ausgebildeten „förstugukvistar" (= Vorlauben) auf, wovon sich in einzelnen Teillandschaften ganz charakteristische Typen entwickeln konnten, so u. a. ein besonderer Härjedalen-Typ, ein Alfta-Edsbyn-Typ, ein Järvsö-Typ und ein Ljusdal-Typ (nach eigenen Studien und Material des Hälsinglands Museum in Hudiksvall).

Ein kennzeichnendes Element der Kirchdörfer — sowohl in Hälsingland als auch in Härjedalen — sind die Glockentürme, „klockstaplar" genannt. Oft tragen sie eine kleine Zwiebelspitze. In diesen Holzbauten ist Schönheitsempfinden und Kunstsinn des „Norrlänning" zum Schwingen und vollen Ausklingen gekommen. Sie stammen meist aus dem 17. oder 18. Jahrhundert. Nur starke Stämme konnte man für die notwendigen gewaltigen Pfeiler und Streben verwenden. Aber damals zeigte der Wald ja auch genügend starke Dimensionen. Die Verkleidung wurde fast ganz und gar mit Holzschindeln vorgenommen. Zuweilen wurden diese Glockentürme durch Bemalung noch kontrastreicher und eindrucksvoller gestaltet.

Primitiv und urtümlich wirken im Vergleich mit der Formvollendung der kirchlichen Bauten die rings um das Dorf herum, auf den Wiesen und Feldern verstreuten Blockhütten und Heustadel. Sie dienen der Verwahrung des Heus, das wegen des feuchtkühlen Klimas auf Heureitern getrocknet werden muß, die zur Sommerszeit ebenfalls ein charakteristisches Landschaftselement darstellen. Die kleinen Blockhütten sind ein- oder zweiräumig. Um Söderala und Bollnäs zeigen

1) Dem norrländischen Vierkanthof fehlt die für Mittelschweden so charakteristische Trennung in Wohn- und Viehhof durch ein dazwischen liegendes Gebäude oder ein Gatter. Jedoch wurde das Vieh nicht über den Hof, sondern von außen her in die Ställe hineingelassen (vgl. Sjöbeck 1939; Berg 1934).

Abb. 100. **Vierkanthof** in Lillhärdal / Härjedalen (vgl. S. 106) Alvros (vgl. S. 186) Härjädalen

Abb. 101. **Holzglockenturm** (klockstapel) in Älvros (vgl. S. 106) Härjedalen

Abb. 102. Ein sog. **„loftbod"** (= Dachspeicher), der nach Erixon (1922 u. 1933) den kulturellen Zusammenhang mit Norwegen belegt. Im östlich gelegenen Hälsingland treten die „loftbodar" bezeichnenderweise in derartiger Gestalt mit Laubengang und Stabkonstruktion nicht auf. Tännäs, Härjedalen

Abb. 103. Ein altes **Vorratshaus** („stolpbod" oder „härbre" schw.) in Bondarv bei Järvsö/Hälsingland. Beachte das alte Holzdach und die kunstvoll behauenen Pfähle, die gegen Witterungsunbilden, Bodennässe und Getier schützen sollen

Abb. 104. Das alte **urtümliche Holzdach** aus Birkenrinde und halbierten Rundhölzern, wie es nebenstehende Abb. aus Bondarv bei Järvsö zeigt, ist fast überall durch Dachziegel ersetzt worden. Järvsö socken

Abb. 105. Holzhäuser der Arbeiter und Angestellten in Lottefors (Holzschleiferei der Marma-Långrörs A. B.). Hälsingland

Abb. 106. Zwischen der alten, traditionsgebundenen Holzbauweise und der modernen Wohnbautechnik herrscht ein krasser, kaum zu überbrückender Gegensatz. Die Einfügung in das Landschaftsbild ist vollkommen andersartig. Edsbyn/Hälsingland

Abb. 107. **Arbeiterreihensiedlung** aus der Zeit vor dem ersten Weltkrieg in Ljusne/Hälsingland

sie schräge Wände, die nach oben hin weiter werden, eine in höchstem Maße an Wind, Regen und Schneeverhältnisse angepaßte Form, die als norrländisch-finnischer Typ zu bezeichnen ist (Sjöbeck, 1939 S. 238).

Will man urtümliche Baukunst in schlichtester Form erleben, so muß man hinauswandern zu den heute noch zahlreich erhaltenen Fäbodarn (Sennhütten), wenn sie auch ihre eigentliche Bedeutung meist eingebüßt haben, wie wir im Färila socken sahen. In den Dörfern Hälsinglands finden sich nur noch wenige alte Blockhäuser; meist sind die in ihrem Rot und Weiß zusammen mit dem dunkelgrünen Wald und dem Blau des Himmels ein köstliches Farbenspiel ergebenden, zweistöckigen, prächtigen Häuser in Plankenbauweise an ihre Stelle getreten. Zuweilen sind sie mit Schindeln gedeckt, meist allerdings ist an die Stelle der natürlichen Holzbedachung heute das wetterfeste Ziegeldach getreten, vor allem, wo in den Talgebieten unterhalb der „höchsten Küstenlinie" Ton für die Anlage von Ziegeleien zur Verfügung stand.

Die moderne Entwicklung hat in der alten ererbten Wohnkultur Wandel geschaffen. Hinzu kommt, daß die ständig wachsende Rohstoffverknappung solche holzverschlingenden Konstruktionen, wie sie vor allem in den stattlichen Höfen der fruchtbaren Ackerbaugebiete um Hög, Hälsingtuna, Bjuråker und auch bei Undersvik und Järvsö erhalten sind, heute nicht mehr gestattet. Es kommt auf sparsamste Verwertung dieses kostbaren Rohstoffes an, der in seinen vielseitigen Verwendungsformen das Leben jedes einzelnen, im Hinblick auf den Außenhandel aber auch zugleich des ganzen Volkes bestimmt.

Bei der fabrikmäßigen Holzhausserienherstellung wird diese Forderung erfüllt und ist zugleich auch nur ein Minimum an Arbeitskrafteinsatz notwendig, ein im heutigen Schweden vielleicht ebenso wichtiger Faktor. Überall auf dem Lande und in den Städten treffen wir die kleinen Holzhäuser, die vielfach mit Zement verputzt werden und so das Aussehen einer modernen Villa erhalten und in keiner Weise mehr die landschaftsgebundene, traditionelle Bauweise fortsetzen.

In den Städten ist auch das innere Gerüst der meist mehrstöckigen Mietshäuser „zu Stein geworden". Zwar passen auch das Weiß und lichte Ziegelsteinrot gut zum blauen Himmel und den dunkelgrünen Wäldern am Stadtrande, doch die Geborgenheit und das Anheimelnde der alten, landschaftsgebundenen Holzbauweise fehlt den modernen Bauten. Sie sind und bleiben Fremdlinge, entnommen aus einer anderen amerikanisierten Welt, die nichts mehr mit der alten, in Jahrhunderten gewachsenen Siedlungskultur Norrlands gemeinsam hat. Besonders scharf empfindet man den fast unüberbrückbar erscheinenden Gegensatz, wenn die Elemente beider Siedlungskulturepochen unvermittelt nebeneinander treten. Nicht nur Formengegensätze stoßen hier aufeinander, entscheidender empfindet man vielmehr den Materialgegensatz, der das menschliche Gefühl in so ganz unterschiedlicher Weise anzusprechen vermag.

Die Industrie, insbesondere die Holzhausindustrie, durchdringt mit ihrer Serienherstellung langsam, aber sicher das Siedlungsbild Hälsingland-Härjedalens, wenn auch in den Einzelheiten noch der alte Kulturzusammenhang sowohl mit Norwegen als auch mit dem osteuropäisch-asiatischen Kulturkreis sichtbar wird (Sjöbeck 1939 S. 64).

Weit weniger als eine Änderung des inneren Bildes der Siedlungen selbst hat die Industrie eine Verschiebung der Besiedlungsstruktur bewirken können, die ihrerseits in engem Zusammenhang mit dem Verkehrsnetz steht.

In einem breiten, lokal oft sehr verdichteten Band begleiten die Siedlungen mit ihren dazugehörigen Kulturflächen den mittleren und unteren Ljusnan ab Färila bis hinab zur Küste, Svåga älv und Dellen-Seen wie auch das Tal des unteren

Voxnan werden von Siedlungen eingerahmt. Gassenartig schlängeln sich die Siedlungen durch die direkten Küstenlandschaften. Alle übrigen Gebiete werden durch ausgesprochene Rodungsinseln gekennzeichnet. In Hälsingland sind es meist kleinere Siedlungen, zum großen Teil durch sekundären Ausbau entstanden. Zuweilen liegen sie als ausgesprochene Höhensiedlungen (vgl. Kårböleskog, Tjärnvall), die oft von Finnen angelegt wurden, mitten im weiten Waldlande. Dies gilt insbesondere für die Höhengebiete des Färila und Los socken sowie vor allem für Orsa Finnmark, ferner für die südlich des Voxnan gelegenen Höhengebiete. Auch relativ nahe der Küste, im Bjuråker und Forsa socken, um Delsbo und Nianfors herum, ja selbst an damals noch unbesiedelten Stellen des Ljusnantales im Undersvik socken, wo die bewaldeten Hänge unmittelbar an das Ufer herantreten, haben sich die im 16. und 17. Jahrhundert infolge politischer Wirren aus ihrer Heimat vertriebenen Finnen niedergelassen. Im Laufe der Jahrhunderte sind sie weitgehend vom schwedischen Volkskörper assimiliert worden, so daß heute kaum noch irgendwo ihre kulturelle und sprachliche Eigenständigkeit erhalten ist (vgl. Lönborg 1902).

Die Dichte der Rodungsinseln in Hälsingland ist verhältnismäßig groß, verglichen mit der Härjedalens. Dort sind die einzelnen Siedlungskomplexe im allgemeinen ausgedehnter, ihre Dichte ist aber geringer. In Härjedalen finden wir eine ganze Reihe größerer Siedlungen in ausgesprochener Höhenlage, wo sie die Gunst hinsichtlich Frostgefährdung und die infolge verminderter Ausspülung und Abtragung feinere Bodenstruktur nutzen. Ein Studium des Kartenmaterials ergibt, daß etwa zwei Drittel aller Siedlungen in Härjedalen, von denen alle ausnahmslos Rodungsinseln sind, zu den Höhen- und Hangsiedlungen gehören. Etwa zehn Dörfer können als Höhenrodungsinsel angesprochen werden, die meisten liegen in 2—3 km Abstand zum heutigen Tal des Ljusnan und Vemån. Eine wesentliche Rolle dürften bei der Lokalisierung dieser Siedlungen die weiten Vermoorungsflächen gebildet haben, die die Frostgefährdung der Tallagen noch verstärkten.

In Hälsingland hingegen überwiegen die Talsiedlungen. Wie wir schon gehört haben, schließen sie sich stellenweise zusammen zu regelrechten Rodungsgassen.

Entsprechend ihrer Lage sind auch die Anbauverhältnisse der Dörfer Härjedalens und Hälsinglands verschieden. Die Landwirtschaft Härjedalens muß auf die kurzen Sommer mit ihrem feuchtkühlen Klima Rücksicht nehmen. Denn selbst Südseitenhanglagen vermögen hier die ungünstigen Witterungseinflüsse nicht mehr wettzumachen. Sowohl in den Höhensiedlungen als auch in den fruchtbaren Überschwemmungsgebieten des Ljusnan bildet die Viehzucht mit Weidewirtschaft und Futteranbau die Grundlage. In Härjedalen züchtet man ausschließlich das weiße, hornlose Vieh, das als sog. „Fjällrasse" bezeichnet wird. Auch in der umfassenden Viehzucht Hälsinglands spielt das weiße, hornlose Vieh neben dem braunen noch eine Rolle, besonders in den westlichen Höhengebieten.

In Härjedalen werden in erster Linie Gerste, Hafer und Kartoffeln angebaut, in Hälsingland kommt hierzu vor allem der Flachs, der früher, vor dem Aufblühen der Waldwirtschaft, für die Bauern den Hauptertrag brachte. Unter der Konkurrenz der Baumwollfaser ist der Flachsanbau mehr und mehr zurückgegangen. Hafer und Gerste werden in beiden Landschaften vielfach als Grünfutter verwandt, wobei zu bemerken ist, daß auch zur Heugewinnung bedeutendes Ackerareal herangezogen wird.

Die verschieden große Dominanz der Viehwirtschaft dürfte sich am besten an der Anzahl der Kühe, die auf 1 qkm Acker einschließlich reduzierter Wiesenflächen kommen, erkennen lassen. (Nach „Norrland. Natur, befolkning och näringar" — 1942 Pl. 11).

Im Hede, Linsell und Lillhärdal socken ist diese Zahl am größten, sie beträgt über 120 Kühe/qkm (Acker + reduz. Wiese). Nördlich Härjedalens werden der-

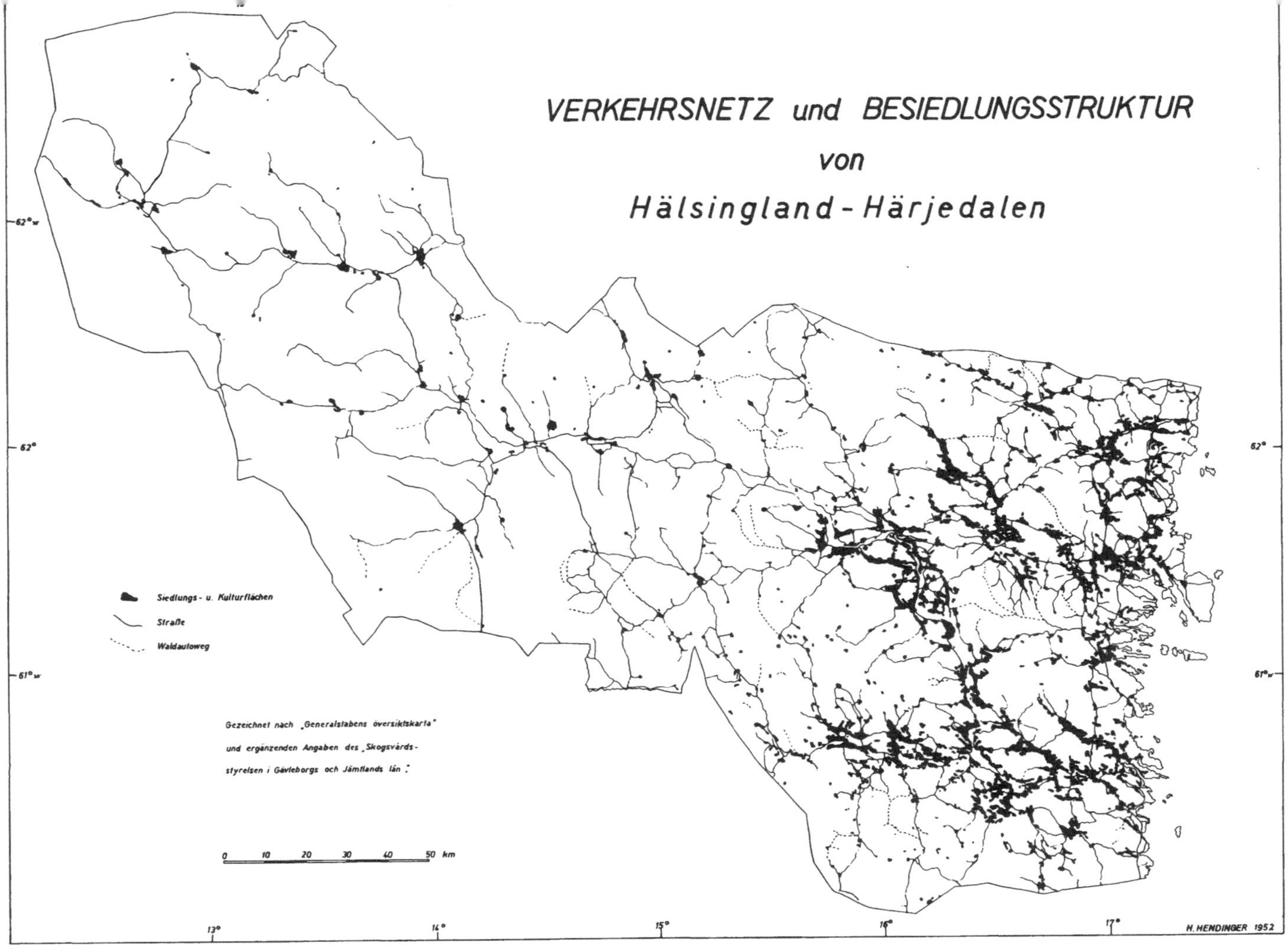
VERKEHRSNETZ und BESIEDLUNGSSTRUKTUR
von
Hälsingland - Härjedalen
Siedlungs- u. Kulturflächen
Straße
Waldautoweg
Gezeichnet nach „Generalstabens översiktskarta"
und ergänzenden Angaben des „Skogsvårds-
styrelsen i Gävleborgs och Jämtlands län."
0 10 20 30 40 50 km
13°
14°
15°
16°
17°
62°
61°
H. HENDINGER 1952

Abb. 108

artige Werte nur noch direkt an der nördlichen Reichsgrenze gegen Finnland erreicht. Im übrigen Härjedalen, mit Ausnahme von Sveg sowie Ytter- und Över-hogdal, liegt diese Anzahl zwischen 100 und 120. Ytterhogdal zeigt so recht die Übergangslage zwischen Hälsingland und Härjedalen (80—90 Kühe/qkm). Im Gebiet östlich davon, das sowohl klimatisch als auch bodenmäßig mit den postglazialen Meeressedimenten weit mehr begünstigt ist, liegt die Dichte durchweg unter 70. In Ljusdal erreicht sie mit nur 40—50 Stück/qkm ihren niedrigsten Wert.

Im Vergleich mit der Rinderzucht spielt in Härjedalen die Schweinezucht nur eine sehr geringe Rolle, größer ist der relative Anteil in Hälsingland. Die Schafzucht dagegen erreicht besonders im Tännäs und Storsjö socken mit ihren weiten Fjällgebieten ein Maximum im Verhältnis zur Rinderzucht. Doch auch im mittleren Talabschnitt des Ljusnan von Sveg bis nach Bollnäs, im unteren Voxnantal hat die Schafzucht mit etwa der halben Größe des Rinderbestandes große Bedeutung. Meist läßt man die Schafe die ehemaligen Fäbodwiesen und die Wälder der näheren und weiteren Umgebung abweiden. Man holt sie erst wieder heim, bevor die Herbstjagden beginnen. In Härjedalen kommt neben der Schafzucht auch der Geißenhaltung eine gewisse Bedeutung zu, die ferner im unteren Voxnantal gepflegt wird. (Vgl. A. Granström, 1942).

Im Hinblick auf die klimatischen Gegebenheiten dürfen wir wohl mit Recht annehmen, daß die unterschiedliche landwirtschaftliche Struktur Hälsinglands und Härjedalens ursprünglich ist, wenn sie auch zweifellos durch die moderne Entwicklung in dieser Richtung noch unterstrichen wurde.

Die verschiedenartigen landwirtschaftlichen Nutzungsmöglichkeiten haben, wie wir feststellen können, eine verschiedene Siedlungsstruktur vorgezeichnet. Dort, wo größere und fruchtbarere Ackerflächen zur Verfügung standen, mußte auch die Siedlungskonzentration stärker sein und schließlich in moderner Zeit unter Einfluß von Technik und Übervölkerung zur Herausbildung zentraler Orte mit Industrie und gewissen Handels- und Verkehrsfunktionen führen. Hierfür scheinen vor allem die Kreuzungs- und Knotenpunkte der Rodungsgassen vorgezeichnet zu sein. Städte und größere zentrale Orte liegen aber naturgemäß nur in günstiger Verkehrslage. Das heißt also, die Knotenpunkte in der Rodungsgassenlandschaft sind zugleich von der Natur vorgezeichnete Verkehrsknotenpunkte, was aus der Karte über „Verkehrsnetz und Besiedlungsstruktur" (Abb. 108) recht deutlich hervorgehen dürfte. In diesem Zusammenhang sind in erster Linie Söderhamn, Hudiksvall, Bollnäs und Ljusdal zu nennen. Zu der Knotenpunktlage tritt bei Hudiksvall und Söderhamn noch verstärkend die Hafenlage hinzu.

In Härjedalen fehlen infolge der weit ungünstigeren natürlichen Voraussetzungen derartige Siedlungskonzentrationen. Als Verkehrsknotenpunkt ist allein Sveg zu nennen, dem aber lange nicht dieselbe Bedeutung wie etwa Ljusdal oder Bollnäs zukommt. Sveg ist vor allem Ausgangspunkt für einen regen Omnibusverkehr nach allen Teilen Härjedalens. Mit dem Fehlen einer Rodungsgassenlandschaft mit einzelnen Siedlungskonzentrationen ist die geringe Dichte des Verkehrsnetzes in Härjedalen in starkem Maße verbunden. Die Wegedichte der Verbindungsstraßen zwischen den verschiedenen Rodungsinseln in Härjedalen beträgt nicht einmal die Hälfte der Wegedichte in Hälsingland.[1]) Würden wir die Intensität des Verkehrs messen, so dürfte Härjedalen noch weiter in den Hintergrund rücken. Anders liegen die Dinge, wenn wir einmal die Länge der Verkehrswege betrachten, die pro Kopf der Bevölkerung in beiden Landschaften zur Benutzung zur Verfügung steht. Hierbei dürfte Härjedalen mit seiner weit geringeren Bevölkerungsdichte besser abschneiden. Dennoch bleibt hinsichtlich der Inlandgebiete und des Ausbaus ihrer Verkehrswege noch viel zu wünschen übrig. Der Zustand der Straßen ist in den Küstengebieten weit besser. Die starken Steigungen und scharfen Kur-

1) vgl. S. 93 Anm. 2).

ven, die wir im Waldhügelland häufig finden, fehlen in dem eigentlichen Küstenstreifen wie auch meist in den großen Flußtälern.

Die natürlichen Spannungen zwischen den verschiedenen Siedlungen waren für die Entwicklung des heutigen Verkehrsnetzes bedeutsam gewesen. Doch bei dem weiteren Ausbau der Verkehrswege haben Waldwirtschaft und Industrie eine entscheidende Rolle gespielt. Immer mehr ist gerade in den vergangenen Jahren die Bedeutung eines gut ausgebauten Wegenetzes für Rohstoff- und Fertigwarentransporte der Holzindustrien gestiegen. Im Rahmen des Holzzubringerverkehrs wurden die Verkehrswege zu Bahnbrechern der rationellen holzwirtschaftlichen Erschließung des weiten Waldlandes. Zuweilen vermochten sie es auch, eine Neuansiedlung von Waldarbeiterfamilien bzw. zumindest eine Erhaltung alter, abgelegener Waldbauerndörfer zu bewirken. So gehen hier Forderungen und Wünsche der Holzwirtschaft mit denen der Gemeinden und Bauern Hand in Hand.

Was wir bereits bei der Betrachtung des Färila socken herausgestellt hatten, gilt im wesentlichen auch im Gesamtraum Hälsingland-Härjedalen: Weder Ackerbau noch Viehzucht vermögen die heutige Bevölkerung dieses Raumes zu ernähren. Hierin liegen die ungeheure Bedeutung des Waldlandes als Bevölkerungs- und Siedlungsraum hinsichtlich der von der Industrie geförderten Wald- und Holzwirtschaft, andererseits aber auch zugleich die Wirkungsmöglichkeiten von Waldwirtschaft und Industrie auf die Siedlungsverteilung in Stadt und Land.

b) Die Wirkung von Waldwirtschaft und Holzindustrie auf die Siedlungs- und Bevölkerungsverteilung in Stadt und Land

Die Lage in der Waldwirtschaft

Um die Bedeutung der Waldwirtschaft für den Siedlungs- und Bevölkerungsraum Hälsingland-Härjedalens zu erfassen, ist das Verhältnis von Waldland und Ackerareal zunächst ein recht geeignetes Maß. In Härjedalen beträgt der Waldanteil in großen Gebieten, so in Hede, Linsell, Lillhärdal, Sveg, Älvros und Ängersjö, mehr als das Fünfzigfache des Ackerareals einschließlich der Wiesenflächen, in Vemdalen etwa das 40- bis 50fache, in Ytter- und Överhogdal das 30- bis 40fache. Charakteristischerweise fallen die Fjällgebiete, Tännäs und Storsjö socken, mit ihrem ungeheuer hohen Anteil an Impediment heraus. Hier beläuft sich das Verhältnis auf das 10- bzw. 25fache. In Hälsingland nehmen der Voxnan und Nianfors socken mit dem 25—30fachen und der Färila, Ljusdal und Hassela socken mit dem 15- bis 20fachen eine gewisse Übergangsstellung ein, während der Ramsjö socken als sehr spät von Ljusdal aus kolonisiertes Gebiet etwa 50mal soviel Wald wie Kulturland hat. Die übrigen Gemarkungen Hälsinglands zeigen größtenteils ein noch kleineres Verhältnis, meist unter 10, im Rengsjö, Mo und Segersta socken sowie im Hälsingtuna und Ilsbo socken sogar unter 5, was sehr gut den ausgesprochen bäuerlichen Charakter dieser Gebiete kennzeichnet. (Nach „Norrland. Natur, befolkning o. . . . " 1942/Pl. 21.)

Doch das Verhältnis zwischen Wald- und Kulturland zeigt nur die Möglichkeiten zur wirtschaftlichen Nutzung und damit lediglich die mögliche Bedeutung für Bevölkerung und Siedlung auf. Denn ungleich ist die Bevölkerungszahl, ungleich ist der Anteil der Waldarbeiter an der Gesamtbevölkerung und das Verhältnis zur Bauernbevölkerung, ungleich die Zahl der Waldarbeiter pro qkm Waldland, aber ungleich sind auch die Besitzverhältnisse und die Größe der Bauernhöfe in den einzelnen Gebieten. Alle diese Tatbestände stehen aber in engem Zusammenhang mit der jeweiligen augenblicklichen oder auch zukünftigen Rolle der Waldwirtschaft in den von Natur aus recht verschieden ausgestatteten Teilräumen Hälsingland-Härjedalens. Betrachten wir zunächst den Anteil der Waldarbeiterbevölkerung (d. h. der hauptberuflichen Waldarbeiter = Dauerarbeiter, vgl. S. 100) an der Gesamtbevölkerung an Hand von Folkräkningen 31 Dec 1945, so ergibt sich etwa folgendes Bild: Während Härjedalen, mit Ausnahme von Tännäs und Storsjö socken, ausnahmslos einen Waldarbeiterbevölkerungsanteil von über 30 % zeigt, gilt dies für Hälsingland nur für einige, größtenteils randlich belegene Gebiete: Voxna, Los und Ramsjö. Hinzu kommen Nianfors und Segersta. Es folgen dann mit 20—30 % Bjuråker, Hassela, Färila-Kårböle, Undersvik und Skog, gewissermaßen als Übergangsgebiete zu den Landschaften mit betont bäuerlichem Charakter und den Industriezentren an der Küste und im Mündungsbereich des Ljusnan, wo der Prozentsatz der Waldarbeiter schließlich bis auf 2,9 (Hög, Hälsingtuna) bzw. 3,2 (Njutånger mit Iggesund) sinkt.

Dies Bild verschiebt sich nur unerheblich bei Untersuchung des Verhältnisses zwischen Waldarbeiter- und Bauernbevölkerung. In Härjedalen, mit Ausnahme der beiden Fjällsocknar mit guten Weiden auf ton- und kalkhaltigen Schiefern als Unterlage, aber infolge zu kurzer Vegetationszeit schlechten Verjüngungsmöglichkeiten des Waldes, und abgesehen von Linsell und Sveg, übertrifft überall die Waldarbeiterbevölkerung die Bauernbevölkerung bei weitem. Für Voxna, Los, Nianfors und Ramsjö in Hälsingland gilt ein ähnliches Verhältnis. In den übrigen Teilen Hälsinglands ist die Zahl der Waldarbeiter kleiner als die der Bauern und Landarbeiter. In Segersta, Skog, Söderala, Undersvik, Ljusdal, Färila-Kårböle, Bjuråker und Hassela ist das Verhältnis größer als 0,5, im Küstengebiet sowie im unteren Voxnantal und in den Landschaften rund um die beiden Dellenseen wesentlich geringer, zum Teil unter 0,2, ja sogar kleiner als 0,1, wie in Hög, Hälsingtuna und Jättendal, obwohl die Bewaldungsdichte selbst in diesen letztgenannten Gebieten noch über 65 % beträgt, Werte, die in den moor- und fjällreichen Landschaften Härjedalens nicht mehr erreicht werden.

Fragen wir uns, wo die Ursachen dieses ungleichen Verhältnisses liegen können, so ergeben sich neben dem Reichtum an landwirtschaftlichen Nutzflächen in einigen besonders begünstigten Gebieten zwei Möglichkeiten, einmal die Bewaldungsdichte als Ergebnis des Zusammenspiels zwischen natur- und kulturgeographischen Faktoren und zweitens die verschiedenartigen Besitzverhältnisse und der unterschiedliche Anteil der Kleinbauern und Waldbauernarbeiter, die erfahrungsgemäß einen großen Teil der erforderlichen Saison-Waldarbeiter stellen, ohne daß diese in die Statistik als Waldarbeiter eingehen. Inwieweit die Bewaldungsdichte eines Gebiets eine Variation bedingt, erfassen wir, indem wir die Berufswaldarbeiterzahl pro 10 qkm Waldland ermitteln (nach Jordbruksräkningen 1937 und 1944 und Folkräkningen 1945) und mit der jeweiligen Bewaldungsdichte vergleichen. Die Zahlen schwanken dabei zwischen 1 und 36 Arbeitern. Eine gewisse Parallelität mit der schwankenden Bewaldungsdichte läßt sich wahrnehmen. Denn sowohl der größte Teil Härjedalens, so Tännäs, Storsjö, Vemdalen, Hede, Linsell und Lillhärdal, als auch die betont bäuerlichen Gebiete um Hög, Ilsbo, Hälsingtuna, Rogsta und Jättendal verbinden mit einer geringeren Bewaldungsdichte zugleich eine weit geringere Arbeiterzahl für Nutzung und Pflege ihres Waldlandes. Die tiefere Ursache dürfte allerdings, wie auch in den waldreichsten Gebieten, in den Besitzverhältnissen sowie in der bäuerlichen Struktur zu suchen sein.

Im Vergleich mit der Waldbesitzstruktur ergibt sich zunächst folgendes: In den Gebieten, wo der industrielle Waldbesitz groß ist, bzw. die Industrie in unmittelbarer Nähe liegt, ist auch die Zahl der Berufs-(Dauer-)Waldarbeiter relativ hoch: so in Skog und Söderala, in Mo, Ovanåker, Voxna, Undersvik, Njutånger und Idenor. Im Segersta socken dürfte die relativ hohe Zahl durch einen starken Anteil der Floßarbeiter in den Sortierwerken und auch die Kleinheit des Gebiets bedingt sein, dessen waldwirtschaftlicher Einzugsbereich weit über die „socken"-Grenzen hinausgehen dürfte. Vergleichen wir für die Gebiete mit niedriger relativer Waldarbeiterdichte letztere mit der Zahl von Landarbeitern pro qkm Ackerland, so sehen wir, daß hierfür zum großen Teil die Zahlen über dem Durchschnitt liegen: Norrala 21, Rengsjö 22, Hög 24, Ilsbo 22, Rogsta 22, Jättendal 20 und Gnarp 23/qkm Acker. Eine Ausnahme macht Hälsingtuna, wo aber das nahe gelegene Idenor mit 11,2 Waldarbeitern/10 qkm Waldland hinsichtlich der Waldwirtschaft einen gewissen Ausgleich gewährleisten dürfte. In Härjedalen mit durchschnittlich nur drei hauptberuflichen Waldarbeitern pro 10 qkm Waldland liegt hingegen die Zahl der Bauern und Landarbeiter pro qkm Acker noch bedeutend höher als in den bäuerlichen Küstengebieten. Am höchsten ist sie im Storsjö und Tännäs socken, wo die Ursache in der Hauptsache in einem klimatisch bedingten, weit größeren Anteil der Viehzucht an der Gesamtlandwirtschaft zu suchen ist. Im Storsjö socken, wo auf 1 qkm Ackerland etwa 1,5 qkm Wiese und 3 qkm Weide kommen (nach Jordbruksräkningen 1944), beträgt die Zahl der Bauern und Landarbeiter 82/qkm Acker. Doch da die Wiesen und Weiden ja eine wesentlich geringere Arbeitsintensität erfordern als das Ackerland, liegen in dieser landwirtschaftlichen Bevölkerung recht bedeutsame Arbeiterreserven für die Waldwirtschaft. Sehr ähnlich liegen die Verhältnisse in Tännäs, wo 73 Landarbeiter (Bauern)/qkm Acker kommen. Im übrigen Härjedalen ist die landwirtschaftliche Arbeiterdichte geringer, doch auch Wiesen- und Weideflächen betragen hier nur einen Bruchteil des Ackerareals, so daß in der bäuerlichen Bevölkerung erhebliche Reserven für saisonbetonte Waldarbeit zur Verfügung stehen (31 bis 53 Landarbeiter oder Bauern entfallen auf einen qkm Ackerland; in Hälsingland beträgt die entsprechende Schwankung 16—29 Arb./qkm Ackerfläche). Daß diese Reserven aber auch tatsächlich von der Waldwirtschaft in Anspruch genommen werden müssen, konnte bereits an einer auf S. 100 durchgeführten Berechnung veranschaulicht werden, wo für das Jahr 1937 besonders in Härjedalen ein deutliches Defizit zwischen den bei dem hohen Holzeinschlag nach angenommenen Voraussetzungen notwendigen Arbeitskräften und dem tatsächlich in der Statistik geführten Waldarbeiterstamm sichtbar wurde.

Inwieweit andererseits die Waldwirtschaft für die in diesen Gebieten relativ starke Bauernbevölkerung eine unbedingt notwendige wirtschaftliche Ergänzung oder gar überhaupt die Existenzgrundlage bildet, läßt sich angenähert mit dem Anteil der kleinsten Hofgrößen am gesamten Bauernbesitz erfassen (Auswertungen nach Jordbruksräkningen 1944, Tab. 1). Höfe mit weniger als 5 ha Ackerland hatten wir schon früher (vgl. unter Färila-Kårböle S. 77) als Kleinsiedlerstellen bezeichnet, da sie nicht mehr in der Lage sind, ohne Waldarbeit oder größere eigene Waldländereien eine Familie zu ernähren. Ihre Besitzer sind daher sinngemäß als Waldbauernarbeiter zu bezeichnen, wenn das Ackerland kleiner als 2 ha, als Waldarbeiterbauern, wenn das Ackerareal größer als 2, aber kleiner als 5 ha ist.

Für diese beiden Gruppen der Waldbauernbevölkerung ist die Waldwirtschaft eine der wichtigsten wirtschaftlichen Voraussetzungen. Nur infolge der Waldwirtschaft sind diese kleinen Nutzungseinheiten auch heute noch existenzfähig. Der prozentuale Anteil der Kleinsiedlerstellen ist durchweg in Härjedalen am höchsten; Sveg und Ytterhogdal mit jeweils 88 % ausgenommen, beträgt er überall über 90 %. Die Verteilung auf beide Gruppen ist unterschiedlich. In Älvros, Hede und Storsjö überwiegt die Gruppe der Waldarbeiterbauern, bzw. sind beide Gruppen gleich groß. Im übrigen Härjedalen hingegen herrschen die Höfe mit weniger als 2 ha Ackerland vor, teilweise, so in Lillhärdal und Linsell, betragen sie über 60 % der Gesamthofzahl dieser Gebiete, sonst über 50 % der Gesamtzahl. In Hälsingland ist der Anteil beider Gruppen mit Ausnahme von Norrbo, Delsbo und Nianfors sowie Hög, Ilsbo und Hälsingtuna — abgesehen von Nianfors Gegenden mit fruchtbarstem Ackerboden — größer als 50 %. Maximale Beträge zeigen die drei ausgesprochenen Waldgemeinden Los (91 %), Voxna (79,3 %) und Ramsjö (76,7 %). Bei den letzteren überwiegen eindeutig die Kleinsiedlerstellen unter 2 ha.

Das bedeutet also, für den größten Teil der Bauernbevölkerung Hälsingland-Härjedalens gibt die Waldwirtschaft die eigentliche Existenzgrundlage. Für die anderen Bauernhöfe, die zumeist über größeren eigenen Waldbesitz verfügen, ist sie die Quelle von Wohlhabenheit und Reichtum. Die Kleinsthöfe und Siedlerstellen können sich kaum auf eigene Waldländereien stützen, sie sind infolgedessen vollkommen von der Holzindustrie und deren Wirtschaftspolitik abhängig.

Andererseits gehört gerade die Waldarbeiterfrage zu einem der wesentlichsten Probleme der Waldwirtschaft und damit der Holzindustrieaktiengesellschaften. Dies hat die Industrie innerhalb der letzten 15 Jahre immer mehr erkennen müssen. Infolge ständiger Abwanderung der Landbevölkerung in die Städte ist es teilweise zu erheblichen Schwierigkeiten auf diesem Gebiet gekommen. So muß es eigenstes Anliegen der Aktiengesellschaften sein, den Waldarbeiterstamm und zugleich die gesamte Waldbauernbevölkerung psychologisch-soziologisch so günstig wie nur möglich zu beeinflussen und den Waldarbeiter finanziell mit dem Industriearbeiter gleichzustellen.

In ihrer Problematik ist die Waldarbeiterfrage ein Teil der Sozial- und Wirtschaftsgeographie, ja letztlich der Volkswirtschaft. Doch verfolgen wir die Ursachen und Wirkungszusammenhänge bis in die letzten möglichen Folgerungen hinein, so sehen wir, daß der hier wirkende Faktorenkomplex bestimmt auch auf die Landschaft einen entscheidenden Einfluß auszuüben vermag. Denn entweder gelingt die Bewahrung der vorhandenen Landschaftszellen und damit die Erhaltung des strukturellen Gleichgewichts in der Landschaft, oder aber es setzt eine mehr oder minder großräumige strukturelle Verschiebung und Umwälzung ein, die gleichzeitig zu einer Disharmonie im funktionalen Wirkungsgefüge führen würde.

Die alten Waldkojen, die oft mehr einer notdürftig gedeckten Wohngrube glichen als einer menschenwürdigen Behausung — wie sie auf den Meßtischblättern (1 : 50 000) aus den Jahren um 1900 bis 1910 überall, besonders in den wenig bevölkerten Teilen Härjedalens, verzeichnet sind — gehören der Vergangenheit an. Moderne, zum Teil transportable Hütten sind an ihre Stelle getreten. Für die dunklen Winterabende sind sie mit Licht und Radio ausgestattet. Viel ist für die Bequemlichkeit und Annehmlichkeit getan worden. Für Holzarbeitermannschaften, die in größerer Entfernung von ihrem Wohnort eingesetzt werden sollen, hat man, soweit möglich, Köchinnen angeworben, die für das leibliche Wohl nach Feierabend sorgen.

Die Iggesunds Bruks A. B. hat ein ganzes Waldarbeiterdorf mit modernen Wohnstätten angelegt, ein Versuch, der nach eigenen Aussagen der A.-B. recht gut geglückt ist („Det krönta ankaret" Nr. 1/1951). Zudem wird es sich im Interesse der Waldwirtschaft zweifellos bezahlt machen, wenn man die heute noch bewohnten kleinen Waldbauernarbeitersiedlungen zu erhalten versucht, ihnen vor allem bessere Verkehrswege schafft, was gleichzeitig auch für die Waldwirtschaft als solche von größter Bedeutung sein dürfte. Wesentlich für die äußeren Annehmlichkeiten in diesen Siedlungen ist der Anschluß an das elektrische Stromversorgungsnetz. Zudem kann man durch Wanderkinos und ähnliche Einrichtungen Zerstreuung und Frohsinn in diese abgelegenen, einsamen Walddörfer bringen und somit ebenfalls zur Erhaltung dieser Landschaftszellen beitragen, was für Struktur und Dynamik der Waldlandschaft von großer Bedeutung ist.

Doch die vorhandenen Rodungsinseln[1]) können als Zentrum der Waldwirtschaft die Forderungen an Arbeitskräften nicht allein erfüllen. Auch Waldbauernarbeiter aus den größeren Dörfern in den Talgebieten des Ljusnan und Voxnan müssen für die Erschließung und Pflege der Wälder mit herangezogen werden. Das psychologisch-soziologische Problem läßt sich hier, wie die Marma-Långrörs

1) im siedlungsgeographischen Sinne, nach O. Maull, 1950.

A. B. bereits am Beispiel bewiesen hat, am glücklichsten durch Einsatz von industrieeigenen Autobussen lösen. Es fällt damit für die Waldarbeiterbauern die Notwendigkeit weg, die ganze Woche fern von Familie und Hof zu leben. Damit dürfte auch die Last der Frau, auf deren Schultern sonst ganz und gar die kleine Landwirtschaft ruhen würde, geringer werden. Die Frau wird entlastet, ihr Leben auf dem Lande kann aber außerdem durch mancherlei Annehmlichkeiten erleichtert werden, so z. B. elektrische Gemeinschaftswaschküchen, Plättstuben u. ä. Vielleicht ist auf diese Weise der weibliche Anteil an der Landflucht etwas einzudämmen. Mit der Bindung an Frau und Familie und evtl. ein kleines Anwesen wird auch der Mann, jedenfalls bei gutem Verdienst in der Waldwirtschaft, in Zukunft minder gewogen sein, in die Stadt abzuwandern.

Die Lage in den Industrieorten

Auch für die Holzindustrie ist die Arbeiterlage keineswegs rosig. Als Landschaftselement und zugleich prägende Kraft ist die Holzindustrie bezüglich der Lösung der damit verbundenen Fragen eng mit der natur- und kulturgeographischen Gestaltung des umliegenden Bevölkerungsraumes verknüpft, vermag aber andererseits den Arbeitermangel zum Teil auch aus eigener Initiative durch Rationalisierung und Mechanisierungsbestrebungen auszugleichen. Zudem setzt hier die Rohstoffknappheit einer vollen Ausnutzung der Kapazität der Fabriken Grenzen trotz augenblicklich günstiger Konjunkturlage.

Die meisten der Aktiengesellschaften haben an verschiedenen Orten in Hälsingland Fabrikationsanlagen, eine Folge der ständigen Integration durch höher veredelnde Industriezweige sowie der Zusammenlegungen. Den fünf großen Aktiengesellschaften gehört auch heute noch je ein großes Exportsägewerk (Arbeiterzahl: 150—600). Hier ist die Rohstofffrage am schwierigsten zu lösen, da lange nicht alle anfallenden Dimensionen verwertet werden können. Zudem ist die Sägeindustrie von allen holzverarbeitenden Industrien am wenigsten wertsteigernd. Es liegt daher nahe, zunächst Reduzierungen bei diesem Industriezweig vorzunehmen. So erhält man zusätzlichen Rohstoff und, wie man zunächst denken sollte, auch Arbeitskräfte für die rentablere Zellstoffindustrie. Doch im Hinblick auf die notwendige Umschulung der Spezialarbeiter ist diese Zuführung von Arbeitskräften doch mit einigen Schwierigkeiten verknüpft (z. B. Marma sågverk — Vallvik sulfitfabrik). Hinzu kommen die Wohnungsschwierigkeiten. Manche der Arbeiter hatten z. B. in Marmaverken bereits gegen Abzahlung ein Eigenheim erworben. Nun sollen sie fortan in Vallvik arbeiten. Dort stehen zunächst noch keine Wohnungen zur Verfügung. Man braucht behördliche Baugenehmigung, bevor mit der Errichtung von Eigenheimen (mit industriellen Zuschüssen und Krediten) und Mietshäusern begonnen werden kann, da es sich bei diesen Industrieorten mit ihrer dichten Bebauung ja stets um „zentrale Orte" (= Tätorter schw.) handelt, die einer staatlich gelenkten Bauplanung unterliegen.

Manche Fragen sozialer und gesundheitlicher Betreuung und die Pflege der Gemeinschaft lassen sich in einer auf engem Raum zusammengedrängten Gemeinde natürlich bedeutend leichter lösen. Marma-Långrörs-A. B. und A. B. Iggesunds Bruk, in deren Tätigkeit ich einen flüchtigen Einblick gewinnen konnte, haben sich bisher in vorbildlicher Weise um die Durchführung dieser ihnen obliegenden Aufgaben bemüht. Helle, freundliche Schulen, Sportplätze und stattliche Gemeindehäuser sowie Freizeit- und Ferienanlagen in schönster landschaftlicher Lage, so z. B. in Orbaden (am Ljusnan), Saltvik (am Bottnischen Meerbusen) und Nianfors, sind unter der Initiative der Aktiengesellschaften entstanden. Außerdem ist man an ständiger Schulung und Weiterbildung der Industriearbeiter interessiert. Durch Studienzirkel, Stipendien, Kurse und Studienreisen versucht man, dies Ziel zu erreichen.

Bei den großen Industriebetrieben, die in erster Linie den fünf einflußreichen Aktiengesellschaften gehören, hat der Siedlungs- und Bevölkerungsraum nur für die Befriedigung des Arbeiterbedarfs der industriellen Waldwirtschaft und Produktion Bedeutung. Denn ihr Absatz ist ja völlig exportorientiert. Anders ist dies bei den Klein- und Mittelbetrieben der Veredlungsindustrie, insbesondere der Bau- und Möbeltischlerei, die stark an einen lokalen Absatzmarkt gebunden sind. So erscheint gerade dieser letztere Holzindustriezweig als stark verbrauchsorientiert und in seiner Lokalisierung an den direkten Absatz in den zentralen Orten gebunden.

Der gewaltige Auf- und Ausbau der Holzindustrie an der Küste und in den Flußmündungsgebieten hat mit seinem großen Arbeiterbedarf, dem Aufblühen von Verkehr und Handel erhebliche Verschiebungen im ursprünglichen Siedlungsbild bewirkt, die auch die Bevölkerungsstruktur nicht unbeeinflußt lassen konnten.

c) Der Wandel der Bevölkerungsstruktur im Zeitalter der Industrialisierung

In den bäuerlichen Gebieten setzte seit etwa 1900, besonders aber seit 1930 eine erhebliche Landflucht ein. In den für die Industrie günstig gelegenen Rodungsgassen längs der Flüsse und an der Küste hingegen kam es zu starken lokalen Verdichtungen, zur Ausbildung von „zentralen Orten" (= Tätorter schw.). In großen Zügen kann man diese Entwicklung in den Veränderungen der Bevölkerungsdichte wahrnehmen. Doch müssen wir berücksichtigen, daß diese nicht allein durch die Bevölkerungsverschiebungen, sondern auch durch die Veränderungen in der Geburtenfreudigkeit und Sterblichkeit, kurz: in der sog. Reproduktionszahl (William-Olsson 1942, S. 279), bedingt werden.

Anlaß zu diesen ganzen Bevölkerungsverschiebungen und Änderungen im Siedlungsbild war zweifellos die Niederlassung der Industrie an der Küste, innere Ursache der allgemeine Siegeszug der Technik. So möchte ich die Betrachtung zunächst auf die Teile des Siedlungs- und Bevölkerungsbildes lenken, die in ihrer Entwicklung am stärksten an diese beiden Faktoren gebunden waren: die zentralen Orte.

Entwicklung, Verteilung, Bevölkerungs- und Berufsstruktur der „zentralen Orte" (= Tätorter schw.) müssen wir in engem Zusammenhange mit den ihnen obliegenden Sonderfunktionen begründen. Der Begriff „Tätort", wie er in der schwedischen Statistik festgelegt ist, nimmt keinerlei Rücksicht auf derartige Sonderaufgaben.[1]) Die Statistik erfaßt einen zentralen Ort, hier „Tätort", nicht auf Grund seiner Stellung im funktionalen Gefüge, sondern rein physiognomisch durch Bebauung und Größe. Diese Einteilung allein nach Größe und baulicher Physiognomie birgt freilich die Gefahr in sich, daß Orte mit in funktionaler Hinsicht zentraler Stellung nicht als zentrale Orte erkannt werden, obgleich das bei einer unteren Grenze von 200 Einwohnern wohl nur selten eintritt, für einzelne Orte Härjedalens aber vielleicht Geltung haben dürfte.

Betrachten wir die Verteilung der durch die Statistik erfaßten zentralen Orte (= Tätorter) auf der beigegebenen Karte![2]) (Abb. 109). Es fallen neben einzelnen zerstreut liegenden zentralen Orten vier Konzentrationsgebiete auf. Die stärkste Drängung zeigt das südöstliche Gebiet mit Söderhamn und dem Mündungsbereich des Ljusnan. Es verdankt seine frühere Entwicklung dem Holzexport und seinen heutigen starken Aufschwung der modernen Holzindustrie, insbesondere der

1) vgl. Sveriges Officiella Statistik, Folkräkningen 31 Dec 1940, Del I S. 35: "= alle Orte mit zusammengedrängter Bevölkerung und im Äußeren stadtähnlichem oder dichtbebautem Charakter, deren Einwohner sich überwiegend anderen Erwerbszweigen als dem Ackerbau widmen" (übersetzt vom Verfasser). Vgl. S. 40.

2) Die Darstellung mußte aus raumtechnischen Gründen in der Sten de Geerschen Kugelmethode erfolgen, wobei ich mir der Mängel hinsichtlich ihrer Erfaßbarkeit durch das menschliche Auge bewußt war.

Zellstoff-, Sperrholz- und Hartplatten(= Faserplatten)industrie. Ljusne, Ostanbo, Vallvik, Marma, Vansäter und Bergvik sind als „Industrieorte" anzusehen. Ljusne Bruk hat sich ähnlich wie das schon öfter betrachtete Iggesund aus einer alten Eisenhütte entwickelt, die Statistik bezeichnet es daher als „bruksort". Es ist aber heute den übrigen Holzindustrieorten gleichzusetzen. Askesta hat seit der Stilllegung des Sägewerks seine Hauptaufgabe im Holzumschlag für die Sulfatzellstoffabrik der Bergvik & Ala Nya A. B. in Sandarne. Hier wird das Flößholz, das bereits am westlichen Ende des Marman sortiert worden ist, aus dem Wasser aufgenommen und auf Eisenbahnwagen verladen, mit denen es nach Sandarne gebracht wird.

Söderhamn (9981 E., 1945) als größte Stadt des gesamten Raumes Hälsingland-Härjedalen ist in erster Linie Handels- und Verkehrszentrum, aber auch Verwaltungsmittelpunkt der Industrielandschaft, die sich bis Sandarne und Ljusne sowie flußaufwärts bis Bergviken hinzieht. Allein zwei Holzindustrie-Aktiengesellschaften haben hier heute ihren Hauptverwaltungssitz (Bergvik & Ala Nya A. B. und Marma-Långrörs-A. B.). Gegründet wurde Söderhamn 1620 als Zentrum des Waffenschmiedehandwerks, lange bevor in der Mitte des vorigen Jahrhunderts die Blütezeit des Holzhandels begann und auch in dieser Stadt neues Leben und Treiben sich entfaltete. Das heutige Stadtbild zeigt nur noch wenig von der früheren Handelsstadt und Gewehrfaktorei. Denn wie auch so manche andere schwedische Stadt war Söderhamn wiederholt von großen Bränden heimgesucht worden. Die Holzhäuser, die in früheren Jahrhunderten in fast allen schwedischen Städten das Siedlungsbild bestimmten, waren immer wieder nur gar zu leicht ein Raub der Flammen geworden. So hat man bewußt nach dem letzten Brande 1876 das Stadtbild weitgehend aufgelockert und ist zum Teil damals schon zu Steinbauten übergegangen (M. Sjöbeck, 1939). Der heutige Hafen Söderhamns ist infolge der ständig fortschreitenden Landhebung den Anforderungen der modernen Schiffahrt nicht mehr gewachsen. Der eigentliche Verschiffungs- und Umladeplatz ist das am Söderhamnsfjärden belegene Stugusund.

Bereits mit der Blütezeit des Holzexports Ende des vorigen Jahrhunderts — das Maximum des Holzexports wurde im Söderhamn-Distrikt 1897 mit insgesamt 562 626 cbm erreicht (s. H. Wik, 1950, S. 242) — setzte in Söderhamn eine starke Zuwanderung ein. Diese Zuwanderung aus der ländlichen Umgebung, insbesondere der weiblichen Bevölkerung, prägt auch das heutige Bild der Bevölkerungsstruktur, das angenähert recht gut durch die Bevölkerungspyramide erfaßt werden kann (nach Folkräkningen 31 Dec 1945/Teil V/Tab. 1). Alle Altersgruppen mit Ausnahme der 30—35jährigen zeichnen sich durch einen Frauenüberschuß aus, d. h. insbesondere die Altersgruppen, für die eine stärkere Zuwanderung in Frage kommt. Denn bei den Kindern zwischen 0 und 10 Jahren herrschen die Jungen vor. Die Basis der Pyramide ist im Vergleich mit dem Maximum, das bei 45 bis 50 Jahren liegt, viel zu schwach ausgebildet, d. h. die jüngsten Jahrgänge sind infolge der geringen Reproduktionskraft der Stadtbevölkerung insbesondere vor dem zweiten Weltkrieg in viel zu geringem Maße vertreten. Eine deutliche Überalterung ist eingetreten. Würde nicht immer neue Zuwanderung aus der ländlichen Umgebung erfolgen, so würde die Stadt schließlich einmal zum Aussterben verurteilt sein, d. h. unter Voraussetzung gleicher Entwicklungstendenz.

Vergleichen wir die Bevölkerungsstruktur Söderhamns einmal mit der des Industrieorts Ljusne! Auch hier zeigt sich die deutliche Überalterung, die in ein bis zwei Jahrzehnten zu erheblichen Schwierigkeiten in der sozialen Altersversorgung führen muß. Heute sichert der hohe Anteil der werktätigen Bevölkerung im Verhältnis zu Kindern und Greisen einen hohen Lebensstandard. Doch wie werden sich die Dinge gestalten, wenn die schwachen Geburtenjahrgänge in das berufsfähige Alter aufrücken und auf ihren Schultern alle sozialen Lasten liegen? Wie kann sich andererseits die Industrie an einen auf solche Weise verkleinerten Arbeitsmarkt anpassen? Doch diese Probleme müssen nicht nur für Söderhamn und Ljusne gelöst werden, sie gelten in vollkommen gleicher Weise für das gesamte Schweden, insbesondere für die größeren zentralen Orte.

Hinsichtlich der Verteilung der männlichen und weiblichen Bevölkerung fehlt in Ljusne das ausgesprochene Übergewicht des weiblichen Elements. Diese Tatsache dürfen wir zweifellos auf die verschiedenartige Berufsstruktur beider Orte zurückführen. In Söderhamn sind Handel und Verkehr mit je 17 %, Verwaltung und freie Berufe mit 11 % beteiligt (Folkräkningen 31 Dec 1945/V). Einschließlich des Hauspersonals erhalten wir über 50 % der berufstätigen Bevölkerung, die also weder in der flächenhaft gebundenen Produktion noch in der Industrie beschäftigt sind. Dies erklärt bereits hinreichend den Unterschied des Anteils der weiblichen Bevölkerung im Vergleich mit Ljusne. Die Berufsstruktur Söderhamns wird durch Tätigkeiten gekennzeichnet, in denen die Frau durchaus mit dem Manne zu konkurrieren vermag bzw. ihm gegenüber sogar den Vorrang genießt. Ljusne hingegen erhält durch die Holzindustrie sein charakteristisches Gesicht. Über 60 % der erwerbstätigen Bevölkerung sind in der Holzindustrie beschäftigt, dieselbe stellt jedoch an die körperlichen Kräfte weit höhere Anforderungen als Kontor- und Haushaltsarbeit und hat so auch das weibliche Element weit weniger anzulocken vermocht. In Ljusne herrscht daher genau so wie auf dem Lande ein ausgesprochener Frauenmangel, insbesondere in den arbeitsfähigen Altersgruppen.

Wenden wir uns nun dem zweiten Konzentrationsgebiet um Hudiksvall zu, so sehen wir, daß auch hier die Holzindustrie von entscheidendem Einfluß ist. Das Mündungsgebiet des Delångersån hat in ganz ähnlicher Weise wie im Süden der Mündungsraum des Ljusnan die Hozindustrie angelockt. Besonders in Hudiksvall und Iggesund waren die Voraussetzungen für die Entwicklung einer Exportindustrie gegeben. Beide zeichnen sich durch einen günstigen Hafenraum mit direkten Verlademöglichkeiten aus.

Hudiksvall war unter der Initiative von Johan III gegründet worden, 1582 erhielt es Stadtrecht. Die erste Stadtanlage entstand an einem kleinen Fjärdarm, der aber infolge der Landhebung bald vom Meere abgeschnitten wurde und so eine Verlegung der Stadt (1640) an den heutigen Platz veranlaßte. Damit erhielt Hudiksvall einen vortrefflichen natürlichen Hafen. Hudiksvall trägt mehr als Söderhamm Züge echt hälsingländischer Art, obwohl auch diese Stadt mehrmals von großen Bränden heimgesucht wurde. Die Fischerei gehörte früher neben umfangreichem Handel mit Leinwand, Vögeln und seit Beginn des 19. Jahrhunderts auch mit Holzwaren zu den wichtigsten Erwerbszweigen (M. Sjöbeck, 1939, S. 201 ff.). Denn endlich 1812 fiel der „Bottnische Handelszwang", der den direkten Export der Städte Norrlands zugunsten Stockholms verboten hatte. Nun erst konnte sich auch Hudiksvall voll entfalten, das seit 1639, dem Erlaß dieses Gesetzes, sich im Schatten dieses Handelszwanges kaum hatte weiterentwickeln können (H. Wik, 1950, S. 77—80). Mit der Entwicklung der Dampfsägewerke um 1850, dem Fallen der Zollschranken im In- und Ausland (England), der Gründung von Aktiengesellschaften, so Hudiksvalls Trävaruaktiebolag, in der Kaufleute und Bürger Hudiksvalls maßgebend beteiligt waren, begann dann die eigentliche Blütezeit Hudiksvalls. Sägeindustrie und Holzhandel prägten sein Gesicht. Zugleich wurde es zum kulturellen Mittelpunkt für die dichtbevölkerte Umgebung.

In der Bevölkerungsentwicklung der Stadt selbst (7829 E., 1945) ist heute eine gewisse Gleichgewichtslage eingetreten. Die Hauptzuwanderung erfolgte wie in Söderhamn parallel mit der ungeheuren Expansion der Sägeindustrie bis zur Jahrhundertwende. Ähnlich wie in Söderhamn ist auch hier die Reproduktion mit vor dem Kriege nur knapp 60 % der stärksten Altersgruppe zu gering, um ohne Zuwanderung von außen eine gleichbleibende Bevölkerungszahl zu gewährleisten. Die Kriegsjahre zeigen, ähnlich wie wir es früher (s. S. 71/72) bereits bei Färila-Kårböle feststellen konnten, einen recht positiven Ansatz zu einer normaleren Bevölkerungsentwicklung. Wenn auch die Gesamtbevölkerungszahl seit 1910 ziemlich gleich geblieben ist, so hat dennoch — wie man aus der geringen

Reproduktionszahl sofort folgern muß — eine ständige Zuwanderung aus der Umgebung stattgefunden, wenn auch lange nicht so stark wie während der Blütezeit der Sägeindustrie. Dies zeigt sich vor allem deutlich an dem starken Überhang der weiblichen Bevölkerung. Auch hier müssen wir diese Tatsache im Zusammenhang mit der Berufsstruktur sehen. Über 50 % der Bevölkerung sind auch hier in Handel (21,5 %), Verkehr (15,5 %), Verwaltung und freien Berufen (11,1 %) und im Haushalt tätig (nach Folkräkningen 31 Dec 1945). Die übrige Bevölkerung ist in Industrie und Handwerk beschäftigt, davon knapp die Hälfte in der Holzindustrie, der Rest in mechanischen Werkstätten und Lebensmittelbetrieben. Dominant sind somit die typisch städtischen Erwerbszweige, die Hudiksvall als Handelsort und Hafen in günstigster Verkehrslage kennzeichnen.

Ein völlig anderes Bild gibt Iggesund, das vollkommen durch Holz- und Eisenindustrie bestimmt wird. Unter dem Einfluß der heutigen A. B. Iggesunds Bruk ist dieser Ort mit kombiniertem Zellstoffwerk, Eisenhütte, Walzwerk und Kleineisenindustrie (Sägeblätter, Messer) auch siedlungsgeographisch zu einem reinen Industrieort geworden. Diese Tatsache drückt sich sowohl in der Berufs- als auch in der Bevölkerungsstruktur aus. In der Papier- und Holzindustrie sind knapp 50 % der berufstätigen Bevölkerung beschäftigt (genauer 46,4 %), in der übrigen Industrie einschließlich Handwerk (im wesentlichen Eisenindustrie) insgesamt 28 %. In beiden Hauptindustriezweigen werden im wesentlichen männliche Arbeitskräfte verlangt. Dem entspricht die Bevölkerungsstruktur dieses Ortes vollkommen mit einem deutlichen Vorherrschen der männlichen Bevölkerung in fast allen Altersgruppen. Doch auch hier prägt sich in den jüngsten Altersgruppen die geringe Geburtenfreudigkeit aus, wenn auch nicht ganz so kraß wie in Hudiksvall.

Njutånger, Lund und vor allem Näsviken mit seiner bedeutenden Papier- und Pappenerzeugung gehören zu dem Konzentrationsgebiet um Hudiksvall und Delångersån, sollen aber nicht näher behandelt werden.

Westlich davon gelangen wir, wenn wir der Bahnlinie Hudiksvall—Ljusdal folgen, in ein „Tätort"-Gebiet, das sich in vollkommenster Ausnutzung des sich hier stark weitenden Ljusnantales rund um Ljusdal herausgebildet hat. Zwischen Hybo und Tallåsen liegt die stärkste Konzentration von Bevölkerung und Siedlung, doch möchte ich auch noch Färila, Skästra und Järvsö hinzurechnen. Ljusdal als der natürliche Mittelpunkt dieses dichtbevölkerten Gebiets ist von allen Seiten gleichermaßen erreichbar und ist, wie schon früher herausgestellt, im Knotenpunkt zweier großer Rodungsgassen gelegen. Es hat mit 2322 E. (1945) administrativen Charakter und trägt die Bezeichnung „Köping" (= Marktflecken). Nur 32 % der berufstätigen Bevölkerung sind in der lokalen (= industriellen und handwerklichen) und flächenhaft gebundenen (landwirtschaftlichen und waldwirtschaftlichen) Produktion beschäftigt, davon der größte Teil in der Industrie nebst Handwerk (26,7 %). 68 % der Bevölkerung ernähren sich durch Handel, Verkehr, Verwaltung u. a. Der Hauptanteil der Beschäftigtenzahl entfällt dabei auf den umfangreichen Klein- und Großhandel, so daß wir Ljusdal mit Recht als einen ausgesprochenen Handelsort ansehen können.

Dem entspricht auch seine Bevölkerungsstruktur, in der genau wie in den beiden Küstenstädten deutlich das weibliche Element überwiegt und die Reproduktion ohne ständige Zuwanderung vom Lande nicht ausreichen würde, die heutige Bevölkerungszahl zu erhalten. Die umliegenden zentralen Orte verdanken der Holzindustrie und dem Handel ihr typisches Gepräge, soweit sie nicht als Vororte zu Ljusdal anzusprechen sind.

Das südliche Konzentrationsgebiet um den Mündungsbereich des Voxnan bei Bollnäs umfaßt das Ljusnantal ab Vallsta und nach Westen hin das untere Voxnantal einschließlich Edsbyn.

Bollnäs (4742 E., 1945) ist erst 1942 zur Stadt erklärt worden (Folkräkningen 31 Dec 1945/Del I). Es ist auf Grund seiner günstigen Lage an der Einmündung des Hauptnebenflusses des Ljusnan ein altes, wahrscheinlich sogar vorhistorisches Kulturzentrum. Auch seine heutige Rolle als Handels- und Verkehrszentrum verdankt es dieser günstigen natürlichen Lage im Knotenpunkt zweier Rodungsgassenlandschaften. In seiner Berufsstruktur ist der Verkehr mit allein 32,8 % vertreten, hinzu kommt der Handel mit 16,6 %. Die Industrie (einschließlich Handwerk) mit 28,6 % erhält durch die mechanischen Werkstätten ihr Gepräge (57,9 % der gesamten in der Industrie tätigen Bevölkerung), insbesondere die großen Eisenbahnwerkstätten. Die Holzindustrie ist nur mit 19 % der gesamten Industriearbeiter vertreten.

Wie bei einer derartigen Berufsgliederung kaum anders zu erwarten ist, wird auch das Bevölkerungsstrukturbild in Bollnäs im wesentlichen durch eine zu geringe Bevölkerungsbasis und Überwiegen der weiblichen Bevölkerung in fast allen Altersgruppen gekennzeichnet.

Anders steht es mit den übrigen zentralen Orten in der Umgebung, abgesehen von den drei als Vororte zu Bollnäs anzusprechenden Orten: Granberg, Säversta und Ren. Bei ersteren überwiegt Holzindustrie und Metallverarbeitung (Arbrå) und entsprechend in ihrem Bevölkerungsbild die männliche Bevölkerung. Eine gewisse Sonderstellung nimmt Edsbyn ein, das nach M. Sjöbeck (1939, S. 246) als Schwedens volkreichstes „Dorf" bezeichnet werden kann (2418 E., 1945). Edsbyn zeigt gegenüber den anderen bisher diskutierten zentralen Orten ein recht günstiges Bevölkerungsstrukturbild mit einer relativ breiten Basis und einem weit geringeren Anteil der ältesten Bevölkerungsgruppen. Die Ursache dazu ist zum Teil in dem relativ starken Anteil der bäuerlichen und waldwirtschaftlichen Bevölkerung zu sehen, zum anderen dürfte aber auch die hier erst spät einsetzende gewaltige Expansion der Holzwirtschaft bestimmend gewirkt haben. Entscheidend ist letztere zweifellos für den starken Anteil der männlichen Bevölkerung von 25 bis 40 Jahren, während bei den 15- bis 25jährigen die Mädchen überwiegen, die im Haushalt und in dem ebenfalls recht ausgedehnten Handel des Ortes ihr Hauptbetätigungsfeld haben. Besonders Handel und Kontor üben eine hohe Anziehungskraft auf die jugendliche, insbesondere weibliche Landbevölkerung aus.

Die übrigen zerstreut liegenden zentralen Orte, wie Bergsjö, Strömbacka, Delsbo, Lingbo, Hennan, Los und Vemdalen, zeigen durchweg einen stark land- und waldwirtschaftlich bestimmten Charakter. Außer Holzindustrie (Sägewerke, Bau- und Möbeltischlerei) und mechanischen Werkstätten sind keine weiteren Industriezweige in ihnen vertreten. Ihre Bedeutung für Handel und Verkehr ist äußerst gering, sie erstreckt sich nur auf den nächsten ländlichen Umkreis von 20 bis 30 km, obschon für die oft recht abgelegenen Rodungsinseln mitten im weiten Waldlande diese kleinen Handelszentren eine ganz unerläßliche Rolle spielen, zumal diese Waldbauernsiedlungen ja in keiner Weise selbstversorgend sind.

Anders liegen die Verhältnisse in Stocka, Ström, Kilafors, Sibo und Sveg. Stocka und Ström sind ausgesprochene Holzindustrieorte in typischer Küstenlage, auch ihrer Berufsstruktur nach. Kilafors ist in erster Linie Handelsplatz für die umliegenden ländlichen Gebiete. Sibo hat neben Sägeindustrie vor allem eine großangelegte Holzkohlenindustrie, die als Nachfolgeindustrie zur früher sehr bedeutenden Eisenverhüttung entstanden ist.

Sveg ist mit 1515 E. der einzige größere Ort Härjedalens, trägt die Bezeichnung „Köping" und ist als ausgesprochener Handelsort anzusprechen. Über 70 % der berufstätigen Bevölkerung sind in Handel, Verkehr, Verwaltung und übrigen Berufen beschäftigt, 5,4 % in der Waldwirtschaft, 4 % in der Holzindustrie, 19,5 % im mechanischen und Lebensmittelgewerbe. Der Anteil der Landwirtschaft erreicht nicht einmal 1 %. Die Bevölkerungsstruktur entspricht in sehr typischer Weise diesem Berufsverteilungsbild. Besonders in den jüngeren Altersgruppen unter 35 Jahren überwiegt in starkem Maße der Anteil der weiblichen Bevölkerung, am ausgeprägtesten gilt dies für die 15- bis 20jährigen, wo der Anteil der weiblichen Bevölkerung doppelt so groß ist wie derjenige der männlichen. Die sonst so schwache Stellung der jüngsten Altersgruppen, die für die Bevölkerungspyramide eine viel zu schwache Basis ergeben, ist in Sveg lange nicht so ausgeprägt wie in den größeren zentralen Orten, insbesondere den Städten Hälsinglands.

Bei einem Vergleich der verschiedenen Konzentrationsgebiete von größeren und kleineren zentralen Orten lassen sich gewisse gemeinsame Züge hinsichtlich Lage, Verteilung und funktionaler Bedeutung herausstellen. Bei den allermeisten von ihnen spielt die Holzindustrie eine entscheidende Rolle oder hat zumindest ihre Entwicklung weitgehend bedingt. Dies gilt insbesondere für die zentralen Orte der Flußmündungs- und Küstengebiete mit den beiden Handelsstädten Söderhamn und Hudiksvall.

Die zentralen Orte des Binnenlandes liegen fast alle längs der Eisenbahn, sind aber durchaus nicht alle als Verkehrs- oder Handelsorte anzusprechen, obgleich die Eisenbahn zweifellos ein ganz wesentliches Moment bei ihrer Entwicklung gebildet hat. Eine große Zahl dieser Orte liegt gleichzeitig direkt am Ljusnan. Sie haben hinsichtlich Rohstoff und zum Teil auch Kraft eine äußerst günstige Lage für die Holzindustrie, so daß bei einer Reihe von ihnen dieser Industriezweig recht entscheidend zu ihrer Heraushebung aus der landwirtschaftlichen Umgebung beigetragen hat. Bei anderen Orten sind es allein Handels- und Verkehrsfunktionen, die inmitten der land- und waldwirtschaftlichen Streusiedlung zu gewissen Siedlungskonzentrationen führten. Neben den Marktflecken Ljusdal und Sveg sowie der kleinen Stadt Bollnäs sind hier Bergsjö, Delsbo, Järvsö, Färila, Alfta zu nennen. Hinzu kommen Orte mit betont landwirtschaftlichem Charakter (bzw. waldwirtschaftlich!) wie Hennan, Los und Vemdalen, die sich gegenüber ihrer Umgebung ebenfalls durch gewisse Handelsfunktionen auszeichnen und deren dichtere Besiedlung als eine Folge dieser Mittlerfunktion aufzufassen ist.

Je nachdem, ob es sich um Handels- und Verkehrszentren oder aber um Holzindustrieorte handelt, variiert nicht nur die Berufszusammensetzung, sondern auch die Bevölkerungsstruktur der zentralen Orte. In letzterer spiegelt sich indirekt die Berufsgliederung wider, soweit jedenfalls, wie sie verschiedene Anforderungen und Möglichkeiten für männliche und weibliche Arbeitskräfte bietet. Je mehr sich diese Orte in ihrer Berufszusammensetzung von den bodenständigen Erwerbszweigen der Land- und Waldwirtschaft entfernt haben, tritt in den Bevölkerungspyramiden eine beängstigend schmale Basis der jüngeren Jahrgänge heraus. Denn Industrie und Handel bedingen zwar ein höheres Einkommen, einen geregelteren Arbeitstag, zugleich aber paßt sich der Mensch einem höheren Lebensstandard an, der es nicht länger gestattet, im Durchschnitt mehr als zwei Kinder großzuziehen. Infolge einer derartigen Einstellung bei der Mehrheit der Industrie- und Handelsbevölkerung ist die viel zu geringe Reproduktionszahl nicht mehr zu verwundern. Damit ist die Landflucht nicht nur eine Erscheinung der Vergangenheit, die zur Entwicklung der zentralen Orte sowie der Waldindustrielandschaften und Städte geführt hat, sondern in Verbindung mit dem ständigen Sog, den die zentralen Orte mit ihrer ausgebauten Industrie, ihren Verkehrs-, Handels- und Verwaltungsfunktionen auf ihre ländliche Umgebung auch heute ausüben, ja hinsichtlich ihrer Selbsterhaltung bei der geringen Reproduktivität ausüben müssen, berühren wir eines der ernstesten Bevölkerungsprobleme des norrländischen Raumes überhaupt, das zugleich entscheidende Gestaltungskräfte bezüglich der Landschaft zu entwickeln vermag. Denn die ständige Abwanderung der Landbevölkerung in die zentralen Orte, vor allem aber in die Städte, bedingt nicht allein eine Schrumpfung des ländlichen Bevölkerungskörpers in seiner Gesamtheit. Wie aus dem verschiedenartigen Bevölkerungsstrukturbild der zentralen Orte geschlossen werden kann, hat die Abwanderung wesentliche Veränderungen in der Zusammensetzung und Verteilung der Landbevölkerung mit einschneidenden Folgen für Wald- und Landwirtschaft und damit letztlich einen mehr oder weniger starken Strukturwandel der Landschaft hervorgerufen.

Bereits bei einem Vergleich der Struktur der durchschnittlichen „Tätort"-Bevölkerung (ohne Städte) mit der durchschnittlichen Bevölkerungsstruktur der

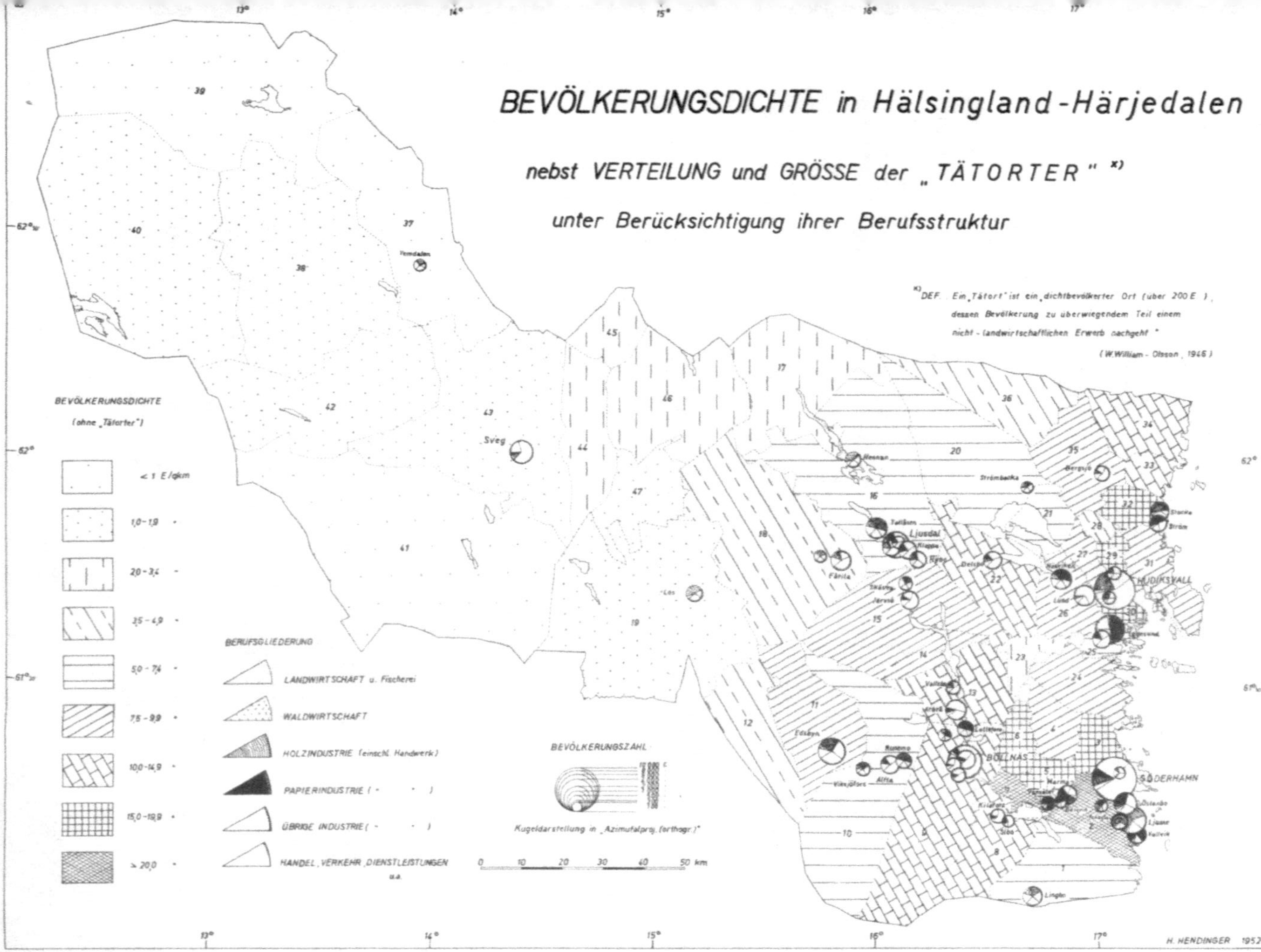

Verzeichnis der Kommune-(socken-) Namen:

1 SKOG
2 SÖDERALA
3 NORRALA
4 TRÖNÖ
5 MO
6 RENGSJÖ

7 SEGERSTA
8 HANEBO
9 BOLLNÄS LANDSKOMMUN
10 ALFTA
11 OVANÅKER
12 VOXNA

13 ARBRÅ
14 UNDERSVIK
15 JÄRVSÖ
16 LJUSDAL
17 RAMSJÖ
18 FÄRILA - KÅRBÖLE
19 LOS

20 BJURÅKER
21 NORRBO
22 DELSBO

23 NIANFORS
24 ENÅNGER
25 NJUTÅNGER

26 FORSA
27 HOG
28 ILSBO
29 HÄLSINGTUNA
30 IDENOR
31 ROGSTA
32 HARMÅNGER
33 JÄTTENDAL
34 GNARP
35 BERGSJÖ
36 HASSELA

37 VEMDALEN
38 HEDE
39 STORSJÖ
40 TÄNNÄS

41 LILLHÄRDAL
42 LINSELL
43 SVEG
44 ÄLVROS
45 ÖVERHOGDAL
46 YTTERHOGDAL
47 ÄNGERSJÖ

Gezeichnet unter Anwendung von „Folkräkningen 31 dec 1945" und „Jordbruksräkningen 1944"

Abb. 109a

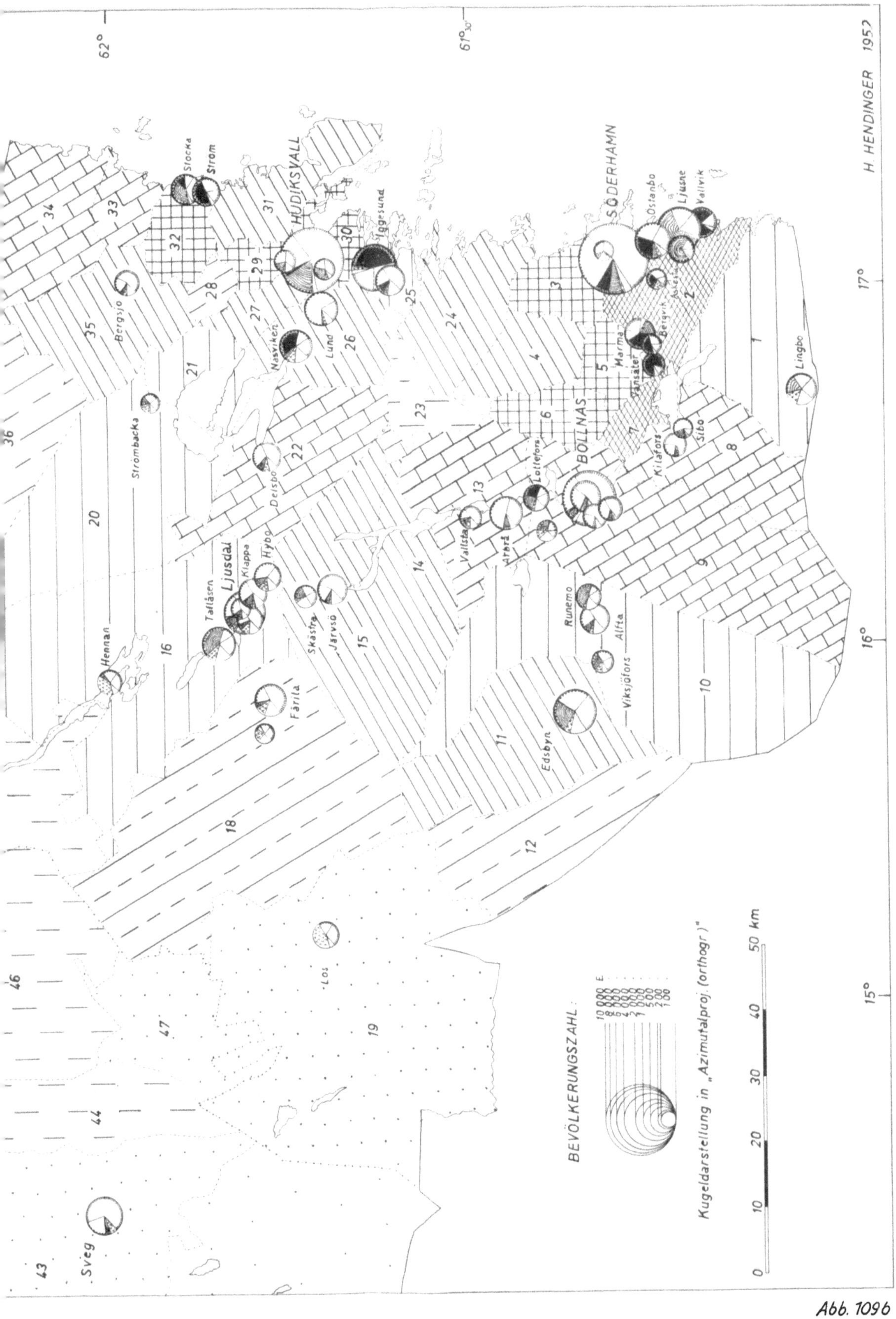
H. HENDINGER 1952
BEVÖLKERUNGSZAHL
10 000 E.
Kugeldarstellung in „Azimutalproj. (orthogr.)"
0 10 20 30 40 50 km
62°
61°30'
17°
16°
15°
HUDIKSVALL
SÖDERHAMN
BOLLNÄS
Ljusdal
Slocka
Ström
Iggesund
Bergsjö
Näsviken
Lund
Strömbacka
Delsbo
Hybo
Klappa
Tallåsen
Skästra
Järvsö
Färila
Hennan
Östanbo
Ljusne
Vallvik
Askesta
Bergvik
Marma
Tönsåker
Kilafors
Sibo
Lingbo
Lottefors
Arbrå
Vallsta
Runemo
Alfta
Viksjöfors
Edsbyn
Los
Sveg

Abb. 1096

ländlichen Gebiete treten bezeichnende Unterschiede heraus. (Abb. 110). Die Basis der Bevölkerungspyramide ist infolge höherer Geburtenfreudigkeit auf dem Lande stärker als in den zentralen Orten mit höherem Lebensstandard und entsprechend höheren Lebenskosten.

Das Verhältnis zwischen männlicher und weiblicher Bevölkerung, das bei der Bildung der durchschnittlichen Bevölkerungsstruktur der zentralen Orte sich weitgehend ausgleicht infolge der gegensätzlichen Ausprägung in den beiden unterschiedlichen Typen des zentralen Ortes (Handels- und Holzindustrieorte), zeigt bei der durchschnittlichen ländlichen Bevölkerungsstruktur jedoch bereits ein deutliches Übergewicht des männlichen Elements. Denn in erster Linie sind es die Frauen, die die schwere Landarbeit scheuen und so den Weg in die Stadt suchen. Noch ausgeprägter gestaltet sich das Verhältnis zwischen männlicher und weiblicher Bevölkerung bezeichnenderweise in Härjedalen, wo auch die Geburtenfreudigkeit sehr hohe Werte erreicht.

Betrachten wir die Bevölkerungsstruktur einzelner Gemeinden: Tännäs, Lillhärdal, Ramsjö, Ytterhogdal und Rengsjö, die keine zentralen Orte (= „Tätorter") enthalten, so ist im großen und ganzen ein ganz ähnliches Verteilungsbild hinsichtlich der verschiedenen Altersgruppen zu beobachten. Die Geburtenfreudigkeit ist in allen diesen Gemeinden relativ hoch und dürfte völlig ausreichen, um eine vollkommene Reproduktion dieser bäuerlichen Landschaften zu sichern, ja darüber hinaus dürfte sich aus dem voraussichtlichen Bevölkerungszuwachs die Notwendigkeit der Abwanderung in die zentralen Orte der umliegenden Landschaften ergeben. Denn in diesen genannten Gebieten ist eine wesentliche Intensivierung der Landwirtschaft kaum noch möglich, jedenfalls nicht unter der Forderung einer gewissen Rentabilität. Und selbst durch eine Intensivierung der Waldwirtschaft, insbesondere der Waldpflege, werden nicht alle Arbeitskräfte volle Beschäftigung erhalten können. Zudem werden diese hier überflüssigen Arbeitskräfte ja auch gar zu nötig in der Holzindustrie der Küstenlandschaften gebraucht, als daß es unter derartigen Voraussetzungen noch verantwortbar wäre, diese Kräfte in ihren kargen Heimatlandschaften festzuhalten.

Besonders die wirtschaftlich schwach gestellten Landschaften zeigen folglich auch eine geringere Bevölkerungsdichte. Im Lillhärdal socken, Vemdalen und Storsjö socken erreicht die Besiedlungsdichte nicht einmal mehr 1 E./qkm. Auch die Talgebiete des Ljusnan nordwestlich Sveg haben nur eine geringe durchschnittliche Bevölkerungsdichte (2 E./qkm); die am meisten randlich gelegenen Gebiete kommen sogar noch schlechter weg. Im Übergangsgebiet zwischen Härjedalen und dem dichter besiedelten Hälsingland beträgt die Bevölkerungsdichte noch immer weniger als 3,5 E./qkm, stellenweise sogar unter 2 E./qkm. Erst in den östlich gelegenen Tallandschaften unterhalb der „höchsten Küstenlinie" beträgt die Bevölkerungsdichte über 7,5 E./qkm. Wir sehen, wie der Färila socken mit seinem naturgeographischen Zwittercharakter zwischen diesen Gebieten eine gewisse Mittelstellung einnimmt.

Die Bevölkerungsdichte[1]), bezogen auf 1 qkm Landfläche, hat ihre stärkste Konzentration am unteren Lauf des Ljusnan mit über 20 E./qkm. Während dies Gebiet durch starke Industrialisierung gekennzeichnet ist, treffen wir nördlich davon, in Landschaften mit 15—20 E./qkm ausgesprochen landwirtschaftlich orientierte Gebiete. Einen Hinweis darauf, daß die Abwanderung der Bauernbevölkerung in erster Linie in die nahegelegenen zentralen Orte führte, vermag ein Vergleich der Bevölkerungsdichte von 1890 (nach A. Blomberg, Praktiskt geologiska undersökningar inom Gävleborgs län 1895), unter Ausschluß der beiden Städte Söderhamm und Hudiksvall, mit derjenigen von 1945[2]) zu geben.

1) Die städtische Bevölkerung (einschließlich aller „Tät"orte) ist bei der Ermittlung der Bevölkerungsdichte bewußt nicht mit berücksichtigt worden. Denn während die Stadtbevölkerung ja in ihrer Existenz in keiner Weise mehr durch flächenhafte Produktion bestimmt ist, vielmehr durch die lokale Produktion der Industrie gekennzeichnet wird, ist es lediglich die Landbevölkerung, die sich in ihrer Dichte flächenmäßig darstellen läßt.

2) berechnet unter Ausschluß aller in der Statistik aufgeführten zentralen Orte (= Tätorter).

Es stellt sich nämlich bei diesem Vergleich heraus, daß für die allermeisten Gemeinden kaum eine Veränderung zu verzeichnen ist. Lediglich dort, wo der heutige Prozentsatz der „Tätort"-Bevölkerung besonders groß ist, zeigt sich eine wesentliche Verminderung der Bevölkerungsdichte, so in den Landgemeinden Söderala, Hanebo, Bollnäs, Ljusdal sowie im Enångers tingslag (mit Iggesund und Njutånger als zentrale Orte), ferner in Forsa (zentrale Orte: Lund und Näsviken) und Harmånger. Doch außerdem sind auch Landgemeinden, innerhalb derer keine „Tätort"-Bildungen stattgefunden haben, durch den Sog nahebelegener Städte und Holzindustrieorte stark entvölkert worden. Hierunter fallen vor allem Norrala (nach Söderhamn), Hälsingtuna (nach Hudiksvall), Idenor (nach Hudiksvall) und Skog.

Tabelle 17

Vergleich der Bevölkerungsdichten von 1890 und 1945:

	1890	**1945** (ohne „Tätorter")
Skog	9 E./qkm	6 E./qkm
Söderala	35	20,6
Norrala	20	15,9
Trönö	9	8,8
Mo	19	18,7
Rengsjö	13	16,1
Segersta	12	21,6
Hanebo	14	10,6
Bollnäs landskommun	13	10,1
Alfta	6	5,6
Ovanåker	5	8,3
Voxna	5	3,7
Arbrå	10	10,3
Undersvik	10	9,2
Järvsö	9	8,8
Ljusdal	8	5,0
Ramsjö	2	2,2
Färila-Kårböle	4	3,9
Los	2	1,8
Bjuråker	6	5,1
Norrbo	9	6,7
Delsbo	12	10,2
Nianfors	10	2,0
Enånger	10	8,5
Njutånger	10	7,3
Forsa	16	9,1
Hög	9	9,0
Ilsbo	9	10,9
Hälsingtuna	39	15,9
Idenor	25	15,5
Rogsta	9	8,0
Harmånger	20	17,2
Jättendal	13	13,6
Gnarp	11	10,7
Bergsjö	10	9,9
Hassela	6	4,9
Vemdalen	—	0,9
Hede	—	1,1
Storsjö	—	0,4
Tännäs	—	1,0
Lillhärdal	—	0,8
Linsell	—	1,0
Sveg	—	1,4
Älvros	—	2,3
Överhogdal	—	2,3
Ytterhogdal	—	2,3
Ängersjö	—	1,0

Aus „Folkräkningen 31 Dec 1945" Bd. I und V und A. Blomberg 1895 entnommen.

Typische Bevölkerungspyramiden

(nach Folkräkningen, den 31. Dec. 1945/V. Tab. 1)

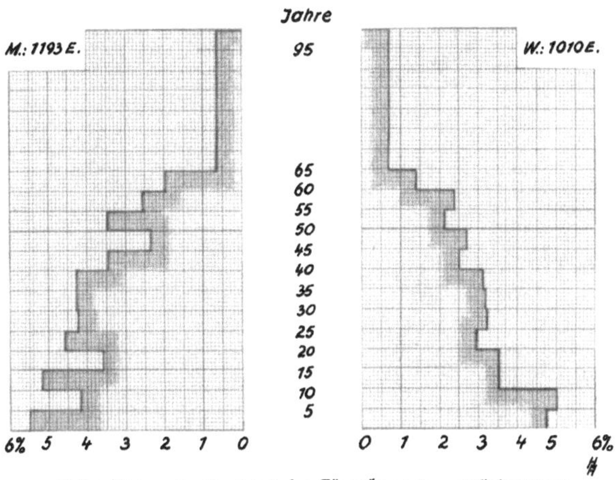

a) Bevölkerungsstruktur im Tännäs socken (Härjedalen)

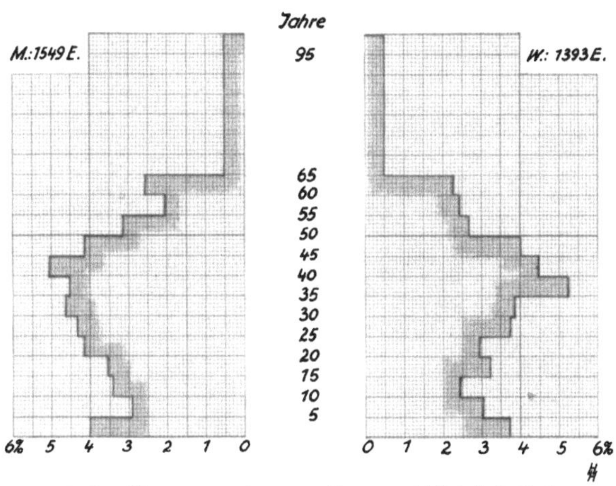

b) Bevölkerungsstruktur von Iggesund (Holzind.-Ort)

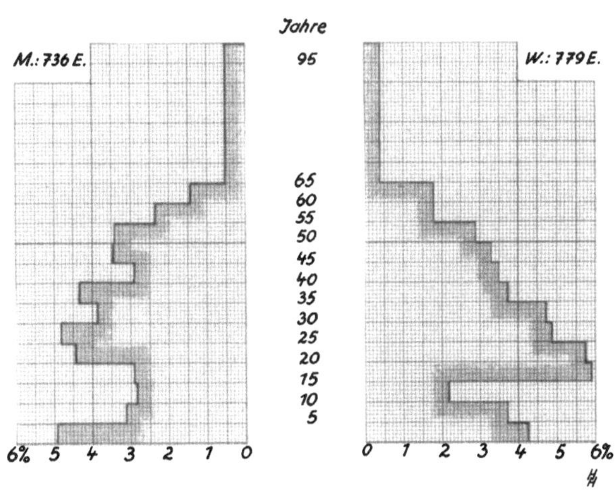

c) Bevölkerungsstruktur von Svegs köping (Handelsort)

Abb. 110 a–c

Nur sehr wenige Gemeinden weisen hingegen einen stärkeren Anstieg der Bevölkerungsdichte auf. Hier sind in Hälsingland lediglich Rengsjö, Segersta und Ilsbo zu nennen. In Rengsjö dürfte diese Tatsache im wesentlichen darauf zurückzuführen sein, daß es gelang, die überflüssigen Arbeitskräfte durch eine blühende Holzindustrie[1]) zu binden, ohne daß es jedoch zur Ausbildung eines eigentlichen zentralen Ortes kommen konnte. Im Segersta socken hingegen ist der Bevölkerungsüberschuß durch Waldwirtschaft und Flößerei gebunden worden, ja vermutlich haben diese beiden Erwerbszweige, insbesondere der letztere, hier noch Arbeiter angelockt.

Für die Wandlung der Bevölkerungsverhältnisse in Härjedalen im gleichen Zeitraum geben die Darstellungen von Ivar Uhnbom (1942) ein anschauliches Bild.[2]) Es zeigt sich, daß wir im gesamten Härjedalen ein Wachstum der Bevölkerungszahlen und damit eine Zunahme der Bevölkerungsdichte zu verzeichnen haben.

Betrachten wir mit I. Uhnbom Bevölkerungsveränderungen, insbesondere das Resultat der Ab- und Zuwanderung in den einzelnen Gegenden[3]), wobei die Tätorte mit umfaßt werden, so kann heute fast in allen Teilen Hälsinglands von einer überwiegenden Abwanderung gesprochen werden, wie wir sie ja in einer Betrachtung des Färila socken bereits früher wahrgenommen haben. Sowohl Dellen- als Ljusdalsbygden zeigen im Bevölkerungsaustausch mit den benachbarten Gegenden einen beginnenden Abwanderungsüberschuß. Bollnäsbygden erscheint hinsichtlich des Bevölkerungsaustausches mit Ljusdalsbygden zwar als ein Absorptionsgebiet (Uhnbom, 1942 S. 264), jedoch verglichen mit Söderhamnsbygden und Gästrikland als Dispersionsgebiet. Auch Söderhamnsbygden zeigt im Bevölkerungsaustausch mit Gästrikland bereits einen deutlichen Abwanderungsüberschuß. Weit höher als in den Küstengebieten Hälsinglands dürfte jedoch der Abwanderungsüberschuß in Härjedalen liegen. Nicht zu vergessen ist in diesem Zusammenhang auch, daß ein großer Teil der abwandernden Bevölkerung im letzten Jahrzehnt immer mehr nach Süden, nach Mittelschweden, insbesondere Stockholm, aber auch nach Südschweden strebt.

Die zahlreich durchgeführten Betrachtungen und Vergleiche haben immer wieder gezeigt, in welch entscheidendem Maße Holzindustrie und Waldwirtschaft Bevölkerung und Siedlung zu beeinflussen vermochten. Wesentliche Verschiebungen haben mit der aufblühenden Holzindustrie sowohl im Siedlungsbild als auch hinsichtlich der inneren Bevölkerungsstruktur stattgefunden. Der Bevölkerungsüberschuß konnte in den zahlreich entstandenen Holzindustrieorten absorbiert werden. Die starke Auswanderung nach Übersee (um 1870) fand damit ihr Ende.

Die eigentliche infolge fortgesetzter Landflucht entstandene Problematik der Bevölkerungsstruktur liegt dabei nicht in der jeweils unterschiedlichen Verteilung von männlicher und weiblicher Bevölkerung auf dem Lande, in den Handels- und Holzindustrieorten, sondern in der zu geringen Reproduktivität, die in den zentralen Orten am schwächsten ist. Die Jahre 1940—45 lassen bereits recht positive Ansätze zu einer Steigerung der Reproduktivität erkennen. Aber im Augenblick zeigen sich als Folge der geringen Geburtenzahl der vorangegangenen Jahrzehnte sowohl für den Arbeiterbedarf der Holzindustrie als auch hinsichtlich der Waldwirtschaft ganz erhebliche Engpässe, die nur durch äußerste Rationalisierungsmaßnahmen in Holzindustrie und auch Waldwirtschaft überbrückt werden können. Letztere haben über Bevölkerung und Siedlung zugleich einen wesentlichen Einfluß auf die zukünftige Landschaftsgestaltung, wie ja überhaupt das heutige Landschaftsbild sich nur erhalten wird, wenn sich die formenden Kräfte der Landschaftselemente und -zellen in einer Art Gleichgewicht befinden.

1) Gründung der Faserplattenfabrik 1929.
2) Ist hinsichtlich Härjedalens für einen derartigen Vergleich brauchbar, da Härjedalen nur zwei relativ unbedeutende zentrale Orte enthält.
3) Einteilung in Härjedalsbygden, Ljusdalsbygden, Dellenbygden, Bollnäsbygden und Söderhamnsbygden nach Folkräkningen 1930.

4. Der Einfluß von betriebs- und volkswirtschaftlichen Faktoren auf die Holzindustrie und damit letztlich auch auf die Gestaltung der Landschaft

Rohstofffrage und Arbeitsproblem geben heute mehr denn je zu äußersten Rationalisierungsmaßnahmen Anlaß. Früher war es lediglich die infolge des technischen Fortschritts sich immer mehr steigernde Mechanisierung als solche, die vor allem eine Herabsetzung der Lohnkosten pro Produkteinheit und damit eine Verbilligung der Gesamtproduktion, zugleich eine Ausweitung der Produktion auf größtmögliche Kapazität, das heißt, die Entstehung von Exportgroßbetrieben bedingte. Die Expansion der Holzindustrie hat in Hälsingland genau so wie im gesamten übrigen Norrland ihr Ende gefunden.

Bereits seit 1930 bedeutete die weitere Mechanisierung des Arbeitsprozesses, die vorteilhaft nur in Großbetrieben durchgeführt werden konnte, eine immer mehr sich auswirkende Schwächung der kleinen Betriebe hinsichtlich ihrer Konkurrenzkraft, zumal wenn dieselben eines unmittelbaren, lokalen Absatzmarktes entbehrten. Vor allem die Sägeindustrie wurde durch diese mit der ständig wachsenden Mechanisierung verbundene Rationalisierung betroffen. Es kam von 1930 bis 1945 zur Niederlegung zahlreicher kleinerer Inland- und Küstenwerke, die Gesamtarbeiterzahl ging zurück, aber ohne daß die Gesamtproduktion an Schnittholz hiervon in gleicher Weise betroffen worden wäre.

Ähnliche Tendenzen der Mechanisierung und Rationalisierung zeigten sich auch in der Zellstoffindustrie. Da aber der Aufbau dieses Industriezweiges von vornherein in weit größeren Produktionseinheiten vorgenommen worden war, blieben hier die unangenehmen Begleiterscheinungen aus.

War in früheren Jahren die weitere Mechanisierung in den verschiedenen Holzindustriezweigen vor allem eine Auswirkung der Bestrebungen nach höchster Rentabilität, d. h. letztlich nach dem größtmöglichen Gewinn, so liegt heute daneben der akute Arbeitermangel zugrunde, den man in der Industrie auf diese Weise zu überbrücken hofft. Der Ausbau der Förderanlagen und die weitgehende Mechanisierung des Entborkungsvorganges sind in diesem Zusammenhange vordringliche Aufgaben.

Der Schwerpunkt der heutigen Rationalisierung liegt allerdings nicht in der eigentlichen Mechanisierung. Die bestmögliche Ausnutzung des inzwischen knapp gewordenen Rohstoffes Holz steht im Blickpunkt des allgemeinen Interesses.

Höhere Veredlung und bessere Abfallnutzung sind die beiden Hauptziele. In diesem Zusammenhange dürfte die von E. Waldenström für das Jahr 1937 gegebene Darstellung (Waldenström, 1942 S. 9) der industriellen Holzveredlung Schwedens recht aufschlußreich sein (Abb. 111). Sie zeigt, welch hohe Bedeutung bei der primären Veredlung des Holzes den Zellstoffwerken zukommt. Das günstigste Verhältnis zwischen Produktendwert und Rohstoffwert ergibt sich jedoch nicht in der Zellstoffindustrie (2,6×), sondern in den sekundären Veredlungsindustrien der Bau- und Möbeltischlereien (4×) und der Papier- und Pappenherstellung (5,5×)[1]).

Im Produktendwert aller Holzindustrien (= Forstindustrien in der Übersetzung von Sandermann) betragen die Kosten an übrigen Rohstoffen (außer Holz), festen Unkosten usw. etwa 20,3 %. Berücksichtigen wir diese Unkosten, so ergibt sich als Leistung der Holzindustrien in ihrer Gesamtheit eine Verdoppelung des Rohstoffwertes.

Demgegenüber erscheint die mögliche Weiterveredlung des Zellstoffs zu Papier und, wie zudem auch in Hälsingland inzwischen versucht worden ist, zu Kunstseidezellulose in sehr günstigem Licht.

Wichtiger noch als eine weitgehende Veredlung, die vor allem im Hinblick auf das Nationaleinkommen und den Außenhandel Bedeutung hat, ist hinsichtlich der zu knapp gewordenen „Rohstoffdecke" die Rohstoffeinsparung.

1) jeweils bezogen auf den ursprünglichen Ausgangswert des Holzes.

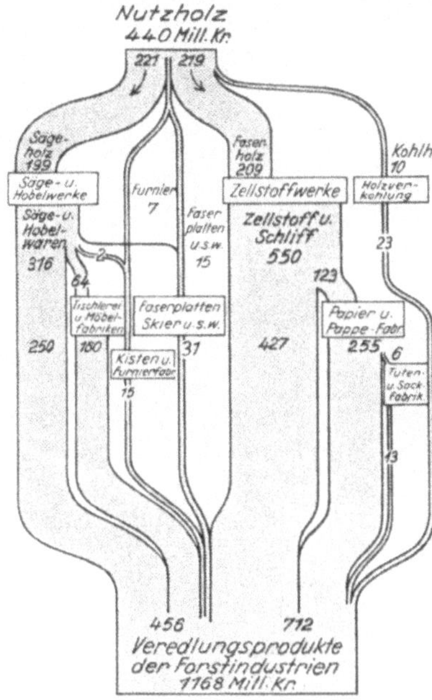

Industrielle Holzveredlung (nach E. Waldenström, entnommen aus W. Sandermann, 1951 S. 28)

Abb. 111

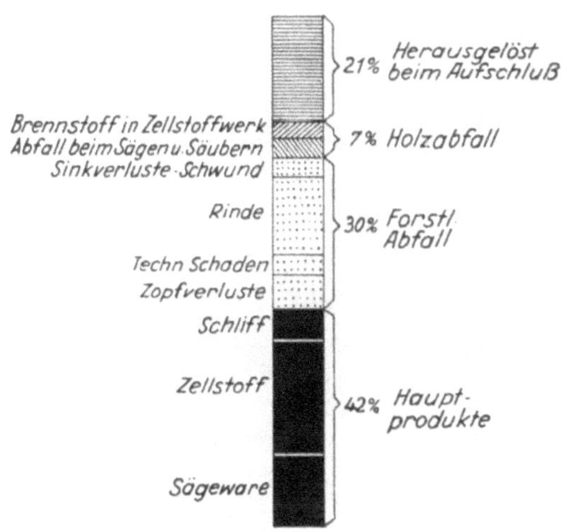

Holzprodukte, Abfall usw. von Nadelholz
(entnommen aus W. Sandermann 1951 S. 26)

Abb. 112

W. Sandermann (1951 S. 32) hat diesbezüglich eine ganze Reihe von Möglichkeiten zusammengestellt.

In den Sägewerken hat man schon seit langem durch Verwendung dünner Sägeblätter und unter Anwendung zweckmäßigster Geräte eine Verminderung des Sägeabfalls angestrebt. Wesentliche Einsparungen sind bereits bei einem möglichst zweckdienlichen Entrinden zu erzielen. Aber auch die Normung von Bauholz unter Angleichung der Sortierung an die wirklichen Erfordernisse bewirkt zusammen mit der Erfindung holzsparender Neukonstruktionen (Holzhausherstellung!) erhebliche Einsparungen.

Der Holzschutz spielt ebenfalls eine bedeutsame Rolle, sowohl hinsichtlich der Verminderung der Sinkverluste beim Flößen und Qualitätsminderung bei der Lagerung als auch später im Gebrauch.

Neben der Einsparung kommt der Abfallverwertung eine entscheidende Rolle zu. Die Abfälle der Sägeindustrie bildeten einen wesentlichen Anreiz zum Ausbau der Sulfatzellstoffabriken und zur Entwicklung der Faserplattenindustrie. Diese Tatsache gibt sogleich eine Erklärung dafür, daß letztgenannte Holzindustrien stets in Kombination mit einem Sägewerk auftreten. Wenn es nicht immer möglich war, sie örtlich an derselben Stelle aufzubauen, so gehören sie doch fast stets einer größeren Aktiengesellschaft an, die zugleich auch ein Exportsägewerk betreibt.

In Hälsingland ist jedenfalls diese Voraussetzung der günstigen und billigen Rohstoffversorgung erfüllt. Die Sulfatzellstoffabrik der Iggesunds Bruks A. B. in Iggesund wird versorgt durch das Exportsägewerk in Hudiksvall, die Sulfatfabrik der Marma-Långrörs A. B. in Marmaverken durch das moderne Sägewerk daselbst, die Sulfatfabrik der Bergvik & Ala Nya A. B. in Sandarne durch das neuerbaute Sägewerk in Ala. Auch in der Faserplattenindustrie ist die günstige Kombination mit einem Sägewerk sowohl in Ljusne (Ljusne-Voxna A. B.) als auch in Rengsjö (Midnäs Nya Trävaru A. B.) gegeben.

Außerdem wird eine weitestgehende Nutzung gewerblicher Holzabfälle in Zellstoff-, Faserplatten-, Sperrholz-, Spanplatten- und Lamellparkettindustrie angestrebt. Damit wird die industrielle Fabrikation immer differenzierter und vielseitiger. In vorbildlicher Weise ist dieser Weg bereits von der Iggesunds Bruks A. B. in Håstaholmen beschritten worden.

Auch als Brennstoff in der Sulfitfabrikation wird vielfach ein Teil des Sägeabfalls verwertet, aber ja keineswegs so gewinnbringend. Eine Nutzung des Sägeabfalls als Rohstoff ist für die Sulfitzellstoffabrikation nicht möglich. Das Sulfitverfahren fordert harzarmes Fichtenholz, während der Sägeabfall zum größeren Teil aus Kiefernholz besteht. Dagegen hat man auf Grund neuerer Forschungen bereits mehr und mehr begonnen, Laubholz, insbesondere Birke und Espe, durch das Sulfitverfahren für die Zellstoffherstellung aufzuschließen. Zudem ist man, soweit dies wirtschaftlich tragbar ist, zur Nutzung kleinerer Dimensionen übergegangen, die hauptsächlich bei den forstlichen Durchholzungen der Wälder anfallen und bislang nur als Brennstoff für die in der Umgebung wohnende Bevölkerung genutzt wurden. Über die wirtschaftliche Rentabilität entscheidet dabei im wesentlichen Ausbau und Güte des vorhandenen Verkehrsnetzes. Denn für die Flößerei kommen diese schwachen Dimensionen wegen zu großer Verluste nicht in Frage.

Auch rotfaules Holz, das in der Sägeindustrie nicht mehr verwendet werden kann, wird heute für die Zellstoffherstellung genutzt. Weit schlechter steht es mit der Verwertung des forstlichen Abfalls, der etwa 30 % des gefällten Stammes ausmacht (W. Sandermann, 1951, S. 26). Die Stubben mit etwa 30 % Holzanteil am gesamten Stamm sind hier noch gar nicht berücksichtigt. Zum größten Teil setzt sich der angeführte forstliche Abfall aus Rinde zusammen. Während der Kriegsjahre hatte der gesamte forstliche Abfall als Brenn- und Kohlholz guten Absatz. Doch unter normalen Verhältnissen kommt für dies geringwertige Holz der Transport zu teuer. Wie weit man evtl. den forstlichen Abfall durch Verlegung der Ent-

Anteil der Sägewerks-Stückabfälle an der Rohstoffversorgung der schwedischen Sulfat- und Faserplattenindustrie

Jahr	Sulfatzellstoff				Faserplatten			
	Gesamtproduktion	Verbrauch an Sägewerksabfällen	Platten aus Sägewerksabfällen	Anteil an der Gesamtproduktion	Gesamtproduktion	Verbrauch an Sägewerksabfällen	Platten aus Sägewerksabfällen	Anteil aus der Gesamtproduktion
	1000 t	cbm	1000 t	%	1000 t	cbm	1000 t	%
1939	967	2658	205	21	121	415	49	40
1940	759	1635	125	17	91	306	36	40
1941	411	835	64	16	83	428	51	61
1942	568	905	70	12	110	396	47	43
1943	433	825	64	15	87	388	46	53
1944	393	865	67	17	127	459	54	43
1945	586	1271	98	17	161	675	79	49

Tabelle 18
(entnommen aus W. Sandermann 1951 S. 27)

rindung vom Walde an den Veredlungsort, was bei dem zunehmenden Landtransport ohne weiteres möglich wäre, verringern kann, ist schwierig zu übersehen.

Wesentlich erfolg- und aussichtsreicher als die Verarbeitung dieser forstlichen Abfälle dürfte sich hingegen die Verwertung der Abfallaugen in der Zellstoffindustrie gestalten, zu der bereits gute Ansätze gemacht worden sind.

An die verschiedenen Sulfitzellstoffabriken in Hälsingland ist jeweils eine Spritfabrikation angeschlossen, bei der das Hauptproblem darin liegt, durch ständige Forschung der theoretisch möglichen Ausbeute an Sprit auf Grund des in der Lauge enthaltenen Zuckers so nahe wie möglich zu kommen. (Th. Streyffert, 1950 S. 121). Aus dem Rückstand kann ein wertvolles Viehfutter gewonnen werden.

Der Sulfitsprit, Äthylalkohol, dient nicht nur als Motorbrennstoff, sondern besitzt darüber hinaus in der organisch-chemischen Industrie eine unvergleichbare Schlüsselstellung. Durch Kombination mit Chlor und anderen Rohstoffen kann aus ihm eine Vielzahl wertvoller Produkte gewonnen werden.

Allerdings fehlt in Hälsingland noch eine derartig ausgebaute chemisch-technische Industrie, wie wir sie z. B. bereis bei der Mo & Domsjö A. B. (Västernorrland) und Uddeholms A. B. (Värmland) im Anschluß an die chemische Holzindustrie (Sulfitzellstoffabrikation) finden.

Dafür stehen die hälsingländischen Aktiengesellschaften an der Spitze der Sulfatablaugenverwertung. Die Sulfatablauge[1]) kann nicht für die Spriterzeugung verwandt werden. Sie wird meist verbrannt, um Brennstoffwert und Chemikalien zurückzugewinnen. Außerdem kann man vorher durch Schwefelsäurebehandlung sog. „fließendes oder flüssiges Harz" ausscheiden. Vor dem zweiten Weltkrieg wurde dasselbe ausnahmslos exportiert. Infolge der Kriegsabsperrung sah man sich veranlaßt, die Weiterverarbeitung zu Seife selbst vorzunehmen. Vier Destillationsfabriken entstanden, zwei davon in Hälsingland: in Sandarne (Bergvik & Ala Nya A. B.) und Marmaverken (Marma-Långrörs A. B.), wo Harz- und Fettsäuren getrennt und auf diese Weise erhebliche Mengen Kiefernöl (= tallolja) für die Seifenherstellung, raffineriertes Harz für die Leimbereitung (Papierverarbeitung) und Pech für den Export gewonnen werden.

Ein weiteres Nebenprodukt der Sulfatzellstoffindustrie ist Sulfatterpentin.

Zweifellos werden sich auf dem Gebiet der Verwertung der Ablaugen in Zukunft noch weitere Möglichkeiten ergeben, die auch mit wirtschaftlichem Vorteil in industrieller Skala aufgenommen werden können.

Unzählige Möglichkeiten der Anwendung und Veredlung des Rohstoffes Holz liegen heute bereits vor. Welche Produktionszweige sich in Zukunft in stärkerem Maße durchsetzen und so das Gesicht der Holzindustrie als Bestandteil der Waldindustrielandschaft an der Küste und in weitestem Sinne auch das unendliche Waldland formen werden, hängt aber nicht allein von den technischen Möglichkeiten und dem Stand der Forschung, ja auch nicht einmal von der absoluten Rentabilität ab.

Konjunkturlagen, die die lange Geschichte der Holzindustrie von ihren Anfängen der Sägeindustrie, Teer- und Pottascheherstellung bis heute begleitet haben, wo das Schwergewicht auf der Zellstoffproduktion liegt, werden auch in Zukunft die Entwicklung der Holzindustrie beeinflussen und formen. Konjunkturlagen aber stehen im engsten Zusammenhang mit dem Geschehen auf dem Weltmarkt, den Möglichkeiten des Im- und Exports, die sich letztlich auch auf die Produktionsziffern auswirken.

Die von Th. Streyffert gegebenen graphischen Darstellungen über Produktion und Export an mechanischem und chemischem Zellstoff (Streyffert, 1950 S. 117) zeigen deutlich einen konformen Verlauf zwischen Export und Produktion. Alle Unregelmäßigkeiten in den Exportkurven lassen sich auch in den Produktionskurven wahrnehmen, wobei zu berücksichtigen ist, daß der relative Anteil des Exports natürlich schwankt mit der Höhe des Verbrauchs im eigenen Lande.

---

1) Über Verwertung: Sveriges Industri 1948, S. 514.

Auch H. Wiks Betrachtungen (1941; 1950, insbesondere S. 185—187) betonen die enge Abhängigkeit von Gesamtproduktion und Export im norrländischen Raum.

Allerdings ist für den Raum Hälsingland-Härjedalen zu berücksichtigen, daß der Exportanteil der Inlandsägewerke und Kreissägen zum Teil mit der Eisenbahn direkt nach Südschweden, insbesondere Göteborg, Malmö und Hälsingborg geht, um von dort aus verschifft zu werden (H. Wik, 1941 S. 53).

Betrachten wir unter den soeben gegebenen Einschränkungen den Verlauf der Kurven von Holzwaren- und Zellstoffexport in den beiden Zollgebieten Hälsinglands, dem Hudiksvall-Distrikt und dem Söderhamn-Distrikt, so zeigen dieselben sehr charakteristische Einschnitte (Abb. 113 bis Abb. 116).

Bezüglich der Sägeindustrie fällt zunächst der Anstieg des Exports seit 1850 bis 1855 ins Auge, der in Söderhamn weit schneller und ausgeprägter vonstatten ging. Im Hudiksvall-Distrikt dürfte vermutlich noch die stärker ausgebildete Eisenindustrie hinderlich gewesen sein. 1882 ist für beide Gebiete ein etwa gleichbleibendes Niveau erreicht, das allerdings für den Söderhamn-Distrikt mit dem gewaltigeren Strom- und damit Rohstoffeinzugsgebiet mehr als doppelt so hoch liegt wie in Hudiksvall. Die Kulmination des Holzexports liegt zwischen 1897 und 1899. Auch die dann einsetzende Rückentwicklung vollzieht sich in Söderhamn wesentlich hastiger als in Hudiksvall. 1909 beträgt der Export Söderhamns nicht einmal mehr die Hälfte von dem von 1897, in Hudiksvall sind es immerhin noch zwei Drittel desjenigen von 1899. Bei beiden beobachten wir dann ein nochmaliges Ansteigen, wiederum ausgeprägter in Söderhamn. Der Weltkrieg bedingt einen merklichen Tiefstand des Exports. In der Nachkriegszeit erholen sich beide Gebiete rasch. In Söderhamn wird 1930 sogar der Kulminationspunkt von 1913 überschritten, zeigt dann aber, im Gegensatz zu Hudiksvall mit einer relativ gleichmäßigen Kurve, als Folge der nun einsetzenden niedrigen Weltkonjunkturlage eine gewaltige Reduzierung des Exports, die 1937 fast den Tiefstand des Weltkrieges erreicht. Hierbei spielt die gegenseitige Beeinflussung von Exportmöglichkeiten und der Stillegung von Sägewerken eine entscheidende Rolle. Im zweiten Weltkrieg war die Entwicklung weiterhin rückläufig, um nach Kriegsende wieder langsam etwas zu steigen (vgl. Th. Streyffert, 1950 S. 103).

Ein wesentlich anderes Bild bieten die Exportkurven für die Zellstoffabrikation, die allerdings nur den Kronenwert angeben (bezogen auf ein einheitliches Preisniveau; nach H. Wik, 1941 S. 131—197), trotzdem aber im wesentlichen ein richtiges Bild der Entwicklung und Beeinflussung dieses Exportzweiges widerspiegeln dürften (vgl. Export an Zellstoff für Gesamtnorrland in Kronen und in Tonnen, H. Wik, 1941 S. 71 bzw. 73). In der Statistik über Zellstoffexport geht gleichzeitig die schon zeitig einsetzende Holzschliffausfuhr ein. So setzte der Export von der 1868 gegründeten ersten Holzschleiferei Norrlands (K. Nyström, 1925, S. 367) sporadisch schon 1872 ein, jedoch verschwindet er wieder, als an die Holzschleiferei eine Pappenherstellung angeschlossen wird (H. Wik, 1941 S. 70—72).

In Söderhamn beginnt der eigentliche Export 1876, in der Hauptsache durch die älteste Sulfitfabrik Schwedens (vermutlich sogar die älteste der Welt!) in Bergvik bedingt. Doch 1897 wird die Fabrik niedergelegt, da sie modernen Ansprüchen nicht mehr genügt. Damit geht der Export stark zurück, lediglich Lottefors' Holzschleiferei exportiert geringere Mengen über Söderhamn. 1902 fällt Söderhamn im Export ganz aus, um aber 1903—04 mit starker Steigerung erneut einzusetzen. Die nun folgende rasche Entwicklung ist mit dem Hintergrund der Neuanlage von Bergviks Sulfitfabrik 1902—03 und der Holzschleiferei in Åsbacka 1903 (Bollnäs socken) zu sehen (K. Nyström, 1925 S. 430 und S. 376). 1907 hat dieser Anstieg seine erste Gleichgewichtslage erreicht, um anschließend mit der Produktion der 1907—08 erbauten Sulfitfabrik in Wallwik erneut auf 150 % emporzuschnellen. Dann bleibt die Höhe konstant, bis sich als Folge der Krisenlage des ersten Weltkrieges ein starker Rückgang zeigt.

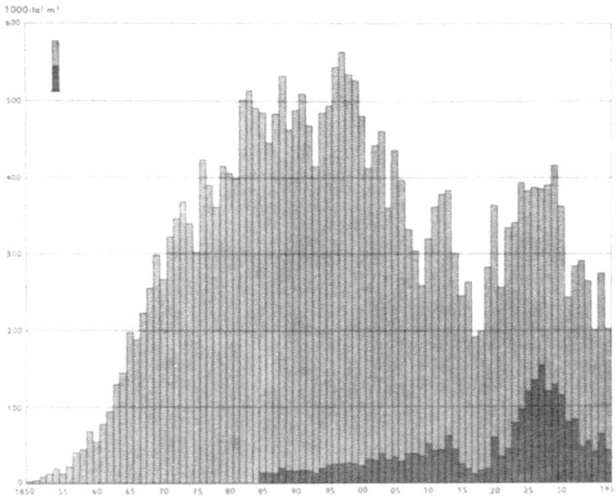

Export von gesägten und gehobelten Planken und Bret-
tern aus dem Söderhamn-Distrikt 1850 - 1937
(Reproduktion aus H. Wik, 1950 S. 241) Vgl. S.128
Erklärung: sagat = gesägt; hyvlat = gehobelt

Abb. 113

Abb. 113

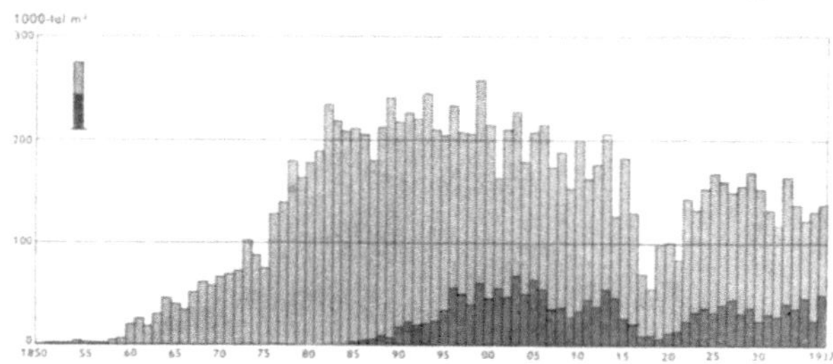

Export von gesägten und gehobelten Planken und Bret-
tern aus dem Hudiksvall-Distrikt 1850 - 1937
(Reproduktion aus H. Wik, 1950 S. 239) Vgl. S.128
Erklärung s.o.

Abb. 114

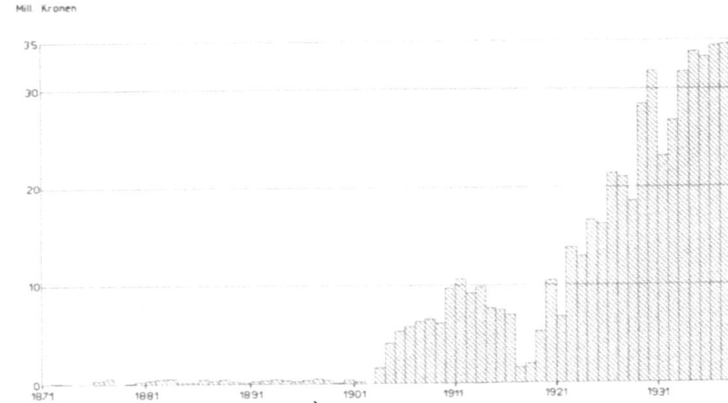

Export an Zellstoff[1]) aus dem Söderhamn-Distrikt
1871 - 1937
(gezeichnet nach H. Wik, 1941 S. 131 - 197; ab 1921 einschließlich Pappe und Papier, ist für den Söderhamn-Distrikt jedoch ohne Bedeutung, da Pappe- und Papierfabriken fehlen)
1) Holzschliff einbegriffen

Abb. 115

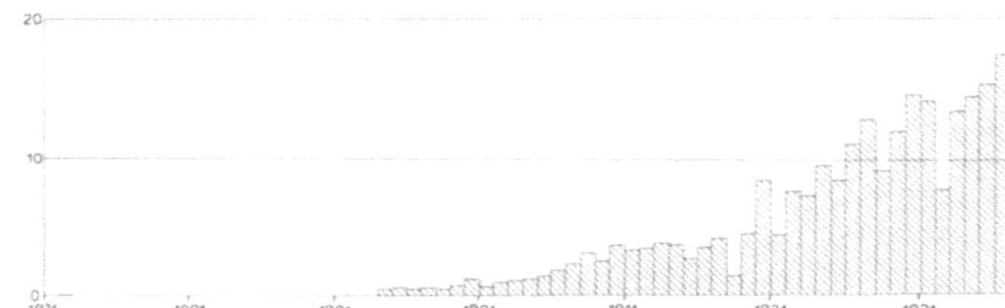

Export an Zellstoff[1]) aus dem Hudiksvall-Distrikt
1871 - 1937
(gezeichnet nach H. Wik, 1941 S. 131 - 197; ab 1921 einschließlich Pappe und Papier - aber hier unerheblich, da nur eine kleine Pappen- und Papierfabrik existiert, die im wesentlichen dem Inlandbedarf dient)

Abb. 116

Doch schon 1920 wird der Wert von 1910—13 wieder erreicht. Dann folgt 1919—21 der Bau der Sandarne-Sulfatfabrik sowie im Laufe desselben Jahrzehnts der Bau der Marma-Sulfatfabrik (1927), bis schließlich der Wert des Exports 1930 auf das Dreifache von 1920 angestiegen ist. Das Krisenjahr 1931 bedingt im Zusammenhang mit der damaligen Weltkonjunkturlage einen Rückgang auf etwa 2/3 des Exportwerts. 1933 ist der Stand von 1930 wieder erreicht. Bis einschließlich 1937 hält sich der Export dann in gleicher Höhe.

Im Hudiksvall-Distrikt setzt der erste stärkere Export in der Zellstoffindustrie 1894 ein, im Zusammenhang mit der 1890 gegründeten Sulfitfabrik in Ström, der dritten in Norrland (K. Nyström, 1925 S. 441), deren Kapazität in den folgenden Jahrzehnten ständig erweitert wird. 1905 kommt die Holzschleiferei in Iggesund hinzu. 1907 ist auch hier eine gewisse Gleichgewichtslage erreicht, deren Höhe etwa ein Drittel von dem Exportwert Söderhamns beträgt. 1915/16 erfolgt der Bau des kombinierten Sulfit- und Sulfatzellstoffwerks in Iggesund. Das verhindert im Hudiksvall-Distrikt einen derartig starken Rückgang im Export, wie wir ihn in Söderhamn beobachteten. 1918 ist ein gewisser Rückschlag zu verzeichnen, der aber bereits 1919 vollkommen überwunden zu sein scheint.

Bis 1925 ist die Entwicklung ziemlich gleichbleibend, dann setzt ein stärkerer Anstieg ein. Der starke Rückgang infolge der Weltkrise tritt hier erst 1932 in Erscheinung, wird entsprechend auch ein Jahr später als in Söderhamn, nämlich 1934, überwunden. Dann folgt ein ziemlich kontinuierlicher Anstieg der Exportzahlen bis 1937, der vor allem auf den Ausbau der Zellstoffabriken in Iggesund zurückzuführen ist.

Die Zahlen für 1937 dürften als bisheriges Maximum anzusehen sein (Th. Streyffert, 1950 S. 116—117), ermöglicht nur durch eine erhebliche Übernutzung der Vorräte.

Die Kriegsjahre zeigen ein starkes Absinken bis auf weniger als die Hälfte, erst 1947 macht sich wieder ein stärkerer Anstieg geltend. Doch auf Grund der knappen Rohstofflage dürften Werte wie 1937/38 in Zukunft trotz einer günstigen Weltkonjunkturlage kaum zu erwarten sein, wobei hinzukommt, daß man immer mehr eine Weiterveredlung im Lande selbst erstreben wird.

Es zeigt sich, daß Einflüsse der Weltkonjunkturlage bei beiden großen Hauptzweigen der holzverarbeitenden Industrie in Erscheinung treten. Doch die Reaktion ist infolge der unterschiedlichen Entwicklung und zukünftigen Möglichkeiten völlig verschieden. Auffällig ist die Krisenfestigkeit derjenigen Unternehmen, die eine eigene Waldreserve besitzen. Andererseits sind natürlich weitgehende Integrationen durch höher veredelnde Industriezweige ebenfalls von Vorteil.

Wie insbesondere die augenblickliche Hochkonjunktur auf die unter normalen Verhältnissen geltenden Grundsätze der Rentabilität in der Rohstoffversorgung wandelnd eingewirkt hat, beleuchtet der Wettkampf um den Rohstoff recht eindringlich. Unter diesen Voraussetzungen kann es evtl. für ein Werk rentabler sein, zu Überpreisen Holz einzukaufen, als die gesamte Fabrikation eine Weile stillegen zu müssen. Die Übernutzung der Rohstoffvorräte in Hochkonjunkturzeiten erstreckt sich aber in erster Linie nur auf die Bauernwälder, während die Aktiengesellschaften stark auf Schonung und rationelle Pflege ihrer Waldungen bedacht sind und die staatlichen Forstverwaltungen überhaupt den geringsten relativen Einschlag zu verzeichnen haben (Th. Streyffert, 1942 S. 525).

5. Die Industriestandorte in ihrer räumlichen Bindung und wirtschaftlichen Bedingtheit

Rohstoffversorgung, Kraftgewinnung und Lösung der Arbeiterfrage haben wir als die Kernprobleme der heutigen schwedischen Industrie kennengelernt. Die Befriedigung dieser Forderungen hängt letztlich ab von der Gestaltung und Erfüllung des Waldlandes als Rohstoff-, Kraft-, Siedlungs- und Bevölkerungsraum und seiner technischen und verkehrsmäßigen Erschließung.

Doch inwieweit vermochte nun die verschiedenartige Ausstattung der Waldlandschaft Hälsingland-Härjedalen die heutige Lage der Industriestandorte zu bestimmen? Denn ein Industriestandort ist niemals durch obige drei Faktoren allein bestimmbar. Genau so wie der Pflanzenstandort ist auch der Industriestandort in seiner vollen Komplexheit der menschlichen Beobachtung nur schwer zugänglich. Eine Unzahl von Faktoren wirken auf ihn ein, von denen allerdings häufig einige wenige dominant zu sein scheinen. Somit ist es aber, wollen wir die landschaftliche Erscheinung und Bedeutung der Holzindustrie in ihrem vollen Umfange erfassen, unerläßlich, stets neben den naturräumlichen Zusammenhängen auch den wirtschaftlichen und sozialen Einflüssen den ihnen gebührenden Platz einzuräumen. Nur eine ganzheitliche Betrachtung unter Berücksichtigung und Prüfung aller überhaupt möglichen Erklärungsmomente vermag der komplexen Landschaftszelle eines Industriestandorts gerecht zu werden. Dabei erweisen sich volks- und betriebswirtschaftliche sowie demographische Faktoren von oft genau so großem, wenn nicht noch entscheidenderem Gewicht als die naturgeographischen Grundlagen.

Bei der Betrachtung der heutigen Lokalisierung sind zwei verschiedene Aspekte maßgebend. Der genetische Gesichtspunkt gibt zunächst wertvolle Fingerzeige durch das Gründungsjahr, den damaligen Stand der Technik und die eventuelle Anlehnung an ältere Produktionszweige. Denn die Rolle des Trägheitsmoments bei einem einmal ausgebauten Unternehmen darf in keinem Falle unterschätzt werden. Noch entscheidender aber ist, inwieweit es dem einzelnen Werk jeweils gelang, sich der mit dem Fortschreiten der Technik veränderten Lagegunst immer aufs neue anzupassen. Diese Anpassungsbestrebungen müssen wir dabei zugleich mit dem ständigen Streben nach Rationalisierung und Ausweitung der Produktion bis zur betriebswirtschaftlich maximal möglichen Grenze sehen.

Der Waldreichtum ist zwar insgesamt gesehen eine wesentliche Voraussetzung für sämtliche Holzindustriezweige Hälsingland-Härjedalens, wie er es vordem auch für die Eisenindustrie gewesen ist, die in Hälsingland als dem nördlichsten Vorposten des eigentlichen Bergslagen lange das Aufkommen der Sägeindustrie im Vergleich zum nördlich belegenen Medelpad und Ångermanland hintanhielt (vgl. W. Carlgren, 1926 und H. Wik, 1950 S. 86/87).

Doch innerhalb dieses Raumes war, wie wir bereits feststellen konnten, die Bewaldungsdichte und unmittelbare Rohstofflage von untergeordneter Bedeutung. Als die Wassersägemühlen entstanden (älteste erwähnte „krono"-Säge in Iggesund 1572 — nach O. Hellström, 1925 S. 253), war die direkte Rohstofflage für die Lokalisierung völlig unbedeutend. Die mögliche Nutzung von Wasserkraft war das entscheidende Moment, daneben allerdings ein genügender Abstand zu den Konkurrenzgebieten der Eisenindustrie (W. Carlgren, 1926 S. 69). Zuweilen konnte es auch vorkommen, daß sie in der Nutzung der Wasserkraft direkter Nachfolger der Eisenhämmer wurden und dann auch deren Rohstoffeinzugsgebiete nutzten. Durch Wasserkraft getriebene Sägemühlen sind heute so gut wie ganz aus dem Landschaftsbilde verschwunden. Doch der Standort der elektrisch oder mit Dampf betriebenen Gattersägewerke ist vielfach derselbe geblieben. Sind es elektrisch betriebene Sägen, so ist oft der Wasserfall für die Elektrizitätsgewinnung ausgebaut worden, im anderen Falle wird sowohl eigener Sägeabfall als auch mit der Eisenbahn herangeführte Kohle für die Heizung der Dampfmaschine verwendet.

Ein derartiger Wandel von der Wassersägemühle zum Dampfsägewerk bei gleicher Lage gilt z. B. für Ljusne. Ljusne sågverk war als Wassersägewerk bereits um 1850 am unteren Fall des Ljusnan in Betrieb genommen worden. 1850 bestanden nebeneinander gleichzeitig Wasser- und Dampfsäge, bis dann bald darauf (1881) die Wassersäge stillgelegt wurde. Das heutige Sägewerk wird elektrisch betrieben, es besteht seit 1916 (O. Hellström, 1925, S. 264). Ähnlich ist es bei Kilafors, wo das Dampfsägewerk um 1900 erbaut wurde (H. Wik, 1950, S. 310). Auch das seit langem stillgelegte Sägewerk in Långvind (Enångers socken) hat einst diesen Wandel erlebt (zwischen 1871 und 1880, Stillegung bald nach 1900 — nach H. Wik, 1950, S. 313). Lottefors, wohl das älteste Sägewerk in Hälsingland (gegr. 1753 — nach W. Carlgren, 1926, S. 98), das diese Loslösung von der unmittelbaren Nutzung der Wasserkraft erlebte, ist heute ebenfalls stillgelegt. Auch in Stocka vollzog sich dieser Wandel (gegr. 1856 — O. Hellström, 1925, S. 252), das aber als eines der größten Sägewerke in Hälsingland noch heute in Betrieb ist.

Die Einführung der Dampfmaschine im Sägewerksbetrieb bedingte nicht nur eine Betriebsumstellung, sondern leitete vor allem eine erhebliche Ausbreitung der Sägeindustrie ein und damit eine Konkurrenz um den Rohstoff. Doch als die vielen neuen Dampfsägewerke entstanden, waren Technik und Organisation soweit fortgeschritten, daß mittels der Flößwässer auch größere Transportabstände spielend überbrückt werden konnten. Durch immer weiteren Ausbau des Floßnetzes, für den der weitverzweigte Einzugsbereich des Ljusnan günstige Voraussetzungen bot, konnte auch das Rohstoffeinzugsgebiet immer mehr ausgedehnt werden. Die Rohstoffversorgung konnte so zunächst mit den wachsenden Anforderungen Schritt halten.

Man sollte vermuten, daß bei den neugegründeten Dampfsägewerken eine einheitliche Konzentrierung zur Küste hin stattfand, und zwar hinsichtlich der Rohstoffversorgung natürlich an den Flußmündungen. Denn die Orientierung nach der Wasserkraft, d. h. an den Wasserfällen der Nebenflüsse des Ljusnan sowie am Ljusnan selbst, war ja nun nicht länger maßgebend für ihre Lage. Doch Hälsingland nimmt mit seiner naturräumlichen Ausstattung eine Sonderstellung im norrländischen Raum ein. Die Flößbarkeit des Ljusnan wird nämlich gerade im Unterlauf durch Seenreichtum wie auch Stromschnellen und Wasserfälle im Mündungsgebiet sehr herabgesetzt. Eine wesentliche Rolle spielen allerdings auch die Besitzverhältnisse, die schon in früherem Zusammenhange (s. S. 84) diskutiert wurden. Auch den teilweise günstigen Lohnverhältnissen in volkreichen Gebieten, so z. B. in Ytteryg (vgl. H. Wik, 1950, S. 150), darf eine nicht unwesentliche Bedeutung zugemessen werden.

So finden wir auch noch 1945 in reicher Zahl Sägewerke am mittleren Ljusnan zwischen Ljusdal und Bollnäs sowie am unteren Voxnan. Die Eisenbahnlage spielt bei ihnen im allgemeinen bezüglich des Transports der Holzschnittwaren eine wesentliche Rolle. Die größten Sägewerke sind allerdings auch in Hälsingland an die Küste gebunden. Es sind in diesem Zusammenhange drei Konzentrationsgebiete mit günstigem Hafenraum für den Export, der wohl das entscheidende Moment für die Lokalisation dieser Werke gebildet haben dürfte, zu nennen: Stocka, Hudiksvall und Söderhamn. Die Ausweitung in der Produktion dieser Gebiete blieb nicht ohne Auswirkungen auf die hinsichtlich der Markt- und Transportlage schlechter gestellten Inlandswerke sowie kleineren, teilweise veralteten Küstenwerke.

Das große Sägewerk in Håstaholmen ist als Ergebnis fortschreitender Rationalisierungsmaßnahmen innerhalb der Iggesunds Bruks A. B. und der ihr heute einverleibten Aktiengesellschaften aufzufassen. Diese Rationalisierungsmaßnahmen fanden ihren Ausdruck darin, daß die übrigen mit der Hudiksvalls Trävaru A. B. sowie der Strömbacka Brucks A. B. angegliederten Sägewerke allmählich immer mehr außer Funktion gesetzt wurden (O. Hellström, 1925, S. 253—55; Program för Sv. Skogsvårdsföreningens 23:e Exkursion till Hälsingland 1931,

S. 20—22). Auf diese Weise konnte die Produktion in Håstaholmen durch Ausbau und zunehmende Mechanisierung, trotz gleichbleibenden Rohstoffzugangs für die Sägewerksindustrie der A. B. Iggesunds Bruk insgesamt, immer mehr gesteigert werden und die Kapazität auf das hinsichtlich der Rentabilität maximal mögliche Maß erweitert werden. Der einst auf 10 bis 15 Sägewerke verteilte Rohstoffvorrat konnte nun in vollem Maße diesem einen großen Exportsägewerk sowie den Zellstoffabriken in Iggesund zugute kommen.

Eine ähnliche Entwicklung läßt sich im Süden von Söderhamn, im Mündungsgebiet des Ljusnan zwischen Bergvik und Ljusne, verfolgen (s. Abb. 117 von H. Wik, 1950, S. 244).

Von den 13 um 1900 vorhandenen Sägewerken, davon zwei Wassersägemühlen, waren 1937 nur noch drei große Exportsägewerke in Funktion, dazu kam eine Kreissäge jungen Datums mit unerheblicher Produktion. Hier läßt sich nicht wie bei Hudiksvall eine durch die Konzentration bedingte Steigerung der Produktion der restlichen Werke wahrnehmen, sondern das Ganze erscheint lediglich als ein Ausleseprozeß, wo nur wenige dem Konkurrenzkampf gewachsen waren. Zum Teil spielte sich allerdings auch hier, genau so wie in dem Raum um Hudiksvall, dieser Prozeß innerhalb ein und desselben Unternehmens ab.

Die ungeheure Reduzierung der Sägeindustrie ermöglichte in diesem Raum einen weitgehenden Ausbau der Zellstoffproduktion. Je zwei große Sulfat- und Sulfitzellstoffabriken entstanden. Bei ihrer Lokalisierung hat zweifellos neben günstigem Hafenraum u. a. auch die mögliche Elektrizitätsversorgung aus betriebseigenen Werken eine nicht unbedeutende Rolle gespielt. Dies gilt neben den beiden Werken Bergvik und Sandarne vor allem auch für das bei Hudiksvall gelegene Zellstoffwerk in Iggesund. Bei den meist in einer früheren technisch-industriellen Epoche entstandenen Sägewerken hat die Elektrifizierung hingegen stets nur konservierenden Charakter haben können. (Vgl. H. Wik, 1950, S. 63 und F. Hjulström, 1940, S. 256 ff.).

Auch in der Zellstoffindustrie fanden Ausbaubestrebungen zu größerer Kapazität und damit Rentabilität ihren Niederschlag. Doch da Klein- und Mittelbetriebe fehlten, waren mit diesem Prozeß in der Zellstoffindustrie keinerlei Niederlegungen verbunden. Allerdings muß man festhalten, daß ihr Ausbau im Hinblick auf die allmählich knapp werdende Rohstoffbasis letztlich auf Kosten der kleinen und mittleren Sägebetriebe erfolgte. Andererseits muß betont werden, daß sich Zellstoff- und Sägeindustrie bis zu einem gewissen Grade auch recht vorteilhaft ergänzen. Verwendet die Sägeindustrie vorwiegend gröbere Dimensionen an Kiefernholz, so bevorzugt die Sulfitzellstoffindustrie ausschließlich Fichtenholz, und die Sulfatindustrie ist in der Lage, neben den kleineren Dimensionen an Kiefernholz vor allem den Sägeabfall vorteilhaft zu verwerten. Trotzdem bedeutete die ungeheure Expansion der Zellstoffindustrie insgesamt eine starke Beschneidung der Holzschnittwarenproduktion.

Eine ausgesprochene Ergänzungsindustrie, die den anfallenden Sägeabfall weiter veredelt, ist die Faserplattenindustrie. Vorteilhaft kann sie nur in größerer Skala betrieben werden, ist daher also nach Möglichkeit an ein Sägewerk mit größerem Holzabfall gebunden.

Diese Ergänzungsmöglichkeiten bedingten zunächst die Entwicklung dieser verschiedenen Industriezweige in ein und demselben Unternehmen und folglich auch räumlich relativ nahe Belegenheit. In diesem Zusammenhange wäre auch noch die Sprit- und Kiefernölgewinnung und -verarbeitung zu nennen.

Die Exportorientierung der gesamten primären Holzveredlung forderte zudem für alle diese Zweige eine möglichst günstige Hafenlage, wo Chemikalien und Kohle außerdem am billigsten importiert werden können. Zu den primären Holzveredlungsindustrien kann ferner noch die Sperrholzherstellung gerechnet werden. Sie ist sehr arbeitsintensiv, stark an hochwertigen Rohstoff gebunden, folglich einerseits an der Küste, wo Rohstoffimport von Edelhölzern möglich ist, andererseits im Inlande, wo entsprechende Holzbestände zur Verfügung stehen,

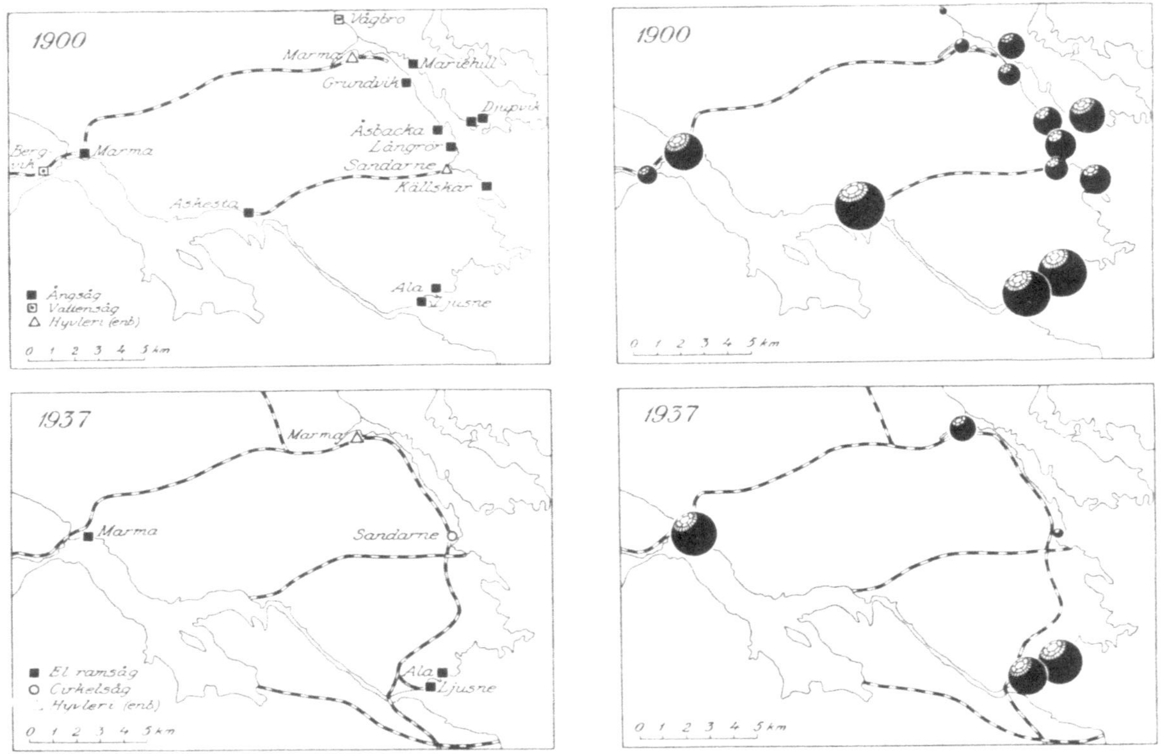

Die Lokalisierung der Sägeindustrie im Raum von Söderhamn. 1900 und 1937. (Aus H. Wik, 1950 S. 244).

Erklärung: Ångsåg = Dampfsägewerk; Vattensåg = Wassersägemühle; Hyvleri = Hobelei (ausschließlich); El.ramsåg = Elektrisches Sägewerk; Cirkelsåg = Kreissäge.
Der Kugelinhalt ist proportional dem Produktionswert in schwedischen Kronen.

Abb. 117

zu finden. Genau wie die Faserplattenindustrie ist sie sehr jungen Datums (in Skandin. seit 1912 — älteste Fabrik in Edsbyn/Hälsingland, nach Angabe der A. B. Edsbyns Ångsåg).

Die sekundären Holzveredlungsindustrien, ausgenommen die Möbelindustrie in Edsbyn, die recht bedeutende Skifabrikation und die Papier- und Pappenfabriken in Näsviken, befriedigen in erster Linie den lokalen Bedarf. Rohstoff ist in ihrer näheren Umgebung überall zugänglich, den Kraftbedarf decken sie durch Elektrizität. Sie sind also letztlich absatzorientiert, während für die obig genannten Industrien in Edsbyn und Tallåsen eine deutliche Transportgebundenheit festzustellen ist, in erster Linie die günstige Lage zur Eisenbahn. Der starke Ausbau der Möbelindustrie in Edsbyn dürfte zudem auf den Zugang an genügend Arbeitskräften in dem volkreichsten Dorf Schwedens zurückzuführen sein. Auch bei der übrigen Inlandsindustrie darf der relativ gute Zugang an Arbeitskräften in der geburtenfreudigeren ländlichen Umgebung nicht unterschätzt werden. Hinzu kommt eine von der heute vielfach niedergelegten Sägeindustrie herrührende gewerbliche Traditionsgebundenheit, die Arbeiter und Unternehmer auf neue ähnliche Betätigung sinnen läßt. Derartige Folgeindustrien sind z. B. in Runemo zu beobachten, wo das Sägewerk vor einigen Jahren abbrannte.

Integration der Sägewerksindustrie durch stärker veredelnde Industriezweige und vor allem Abfallverwertungsindustrien, wodurch zugleich eine größere Krisenfestigkeit gegenüber Konjunkturlagen erreicht wird, sowie Zusammenschluß zu möglichst großen Betriebseinheiten, die eine vorteilhafte Kalkulation hinsichtlich Arbeitskräften und Rohstoffversorgung erlauben, sind insbesondere für die exportorientierte Küstenindustrie charakteristisch. Die Inlandswerke hingegen lösen diese Fragen durch horizontalen Zusammenschluß, soweit ihr Wirkungs- und Einzugsbereich über den lokalen Absatzmarkt hinausgeht, was aber hinsichtlich der Sägewerke bei fast allen, selbst bei den unmittelbar an Rohstoffraum und Transportwegenetz gebundenen Kreissägen der Fall ist. Sie bilden Einkaufs- und auch Verkaufsvereinigungen, die sie konkurrenzfähig mit den Exportgroßbetrieben machen.

Diese zusammenfassende Betrachtung über die Holzindustriestandorte Hälsinglands sollte noch einmal herausstellen, wie in der Lokalisierung derselben neben der ursprünglichen, natürlichen Gebundenheit, die zum Teil in jahrhundertelanger Tradition bis heute beibehalten werden konnte, den modernen Erscheinungen der zunehmenden Rationalisierung und Integration, besonders innerhalb der Aktiengesellschaften, immer größere Bedeutung auch hinsichtlich der Lokalisierung der Holzindustrie zukommt. Immer besser gelingt es, durch Technik und Wissenschaft die plötzlich auftretenden Klippen einer Weiterentwicklung in der Industrie zu überwinden. Mehr und mehr kann die frühere horizontale Expansion in eine zunehmende Intensivierung der Veredlungsmethoden umgestaltet werden.[1]) Doch zu weitgehender Bewältigung der anfallenden Probleme gehört selbstverständlich letztlich die enge Zusammenarbeit von Wald- und Holzwirtschaft im gesamten Wirtschaftsraum Hälsingland-Härjedalen.

1) Vgl. Th. Streyffert, 1950 S. 173 und E. Waldenström, 1946.

C. Die Bedeutung der Wald- und Holzwirtschaft für die Prägung und Gliederung der Landschaft des Ljusnan, d. h. Hälsingland-Härjedalens.

Bei der Verfolgung der verschiedenartigsten Verflechtungen von Holzindustrie und Waldland ist immer wieder die große Bedeutung der Beschaffenheit des Naturraumes in Erscheinung getreten, sei es für die Rohstoffversorgung oder für die Lösung des Energieproblems, sei es als Siedlungs- und Bevölkerungsraum für Wald- und Holzindustriearbeiter.

In diesem Rahmen haben Holzwirtschaft und Holzindustrie ihrerseits den Landschaftsräumen ein eigengesetzliches Gepräge verliehen. Sie sind jedoch nicht nur überformende Faktoren, sondern in den Industrielandschaftszellen haben sie mit neuen, charakteristischen Landschaftselementen unmittelbar Gestalt angenommen, sind zu einem bestimmenden Element der Waldlandschaft geworden.

Wald- und Holzwirtschaft haben aber letztlich nur natürliche Gegensätze weiter herausmodelliert, die bereits im Naturlandschaftsbilde vorhanden waren und schon vorher für Landwirtschaft und Siedlung in eigengesetzlicher Weise genutzt wurden. Teilweise hat diese Entwicklung zur Überlagerung oder auch völligen Umprägung bereits früher entstandener Formen geführt.

Wollen wir uns also einen Überblick verschaffen, inwieweit Wald- und Holzwirtschaft die heutige Landschaft des Ljusnan zu prägen vermochten, so müssen wir verfolgen, wie in den verschiedenen Landschaftsräumen alte und neugeschaffene Landschaftszellen ineinandergreifen, sie in der modernen industriellen Entwicklung ihren Platz behaupten oder aber zum Absterben verurteilt sind, d. h. inwieweit sie teilhaben an der alles durchpulsenden Holzwirtschaft.

Aus dem Ordnungsgefüge der Landschaftszellen sondern sich zunächst die Industriezentren an der Küste heraus. Ihre Physiognomie wird beherrscht von der Holzindustrie: Sägewerken mit ihren Holzbassins, ihren Bretterhöfen und Transportkränen, von Sulfitfabriken, die sich nur durch ihren Säureturm und ihr großes Holzlager auf dem Lande von irgendwelchen anderen Fabrikationsorten unterscheiden, von Sulfatfabriken, Möbelindustrie, holzchemischer Industrie mit den dazugehörigen Säurezisternen samt den mit diesen Fabrikationszentren unmittelbar in Verbindung stehenden Arbeitersiedlungen, Hafenanlagen und Verkehrsverbindungen ins Inland. Die mannigfaltigen Transport- und Produktionsprozesse bestimmen die Ökologie dieser Küstenräume. Diese Waldindustrielandschaften, wie ich sie schon früher genannt habe, werden umschlungen von einem Netzwerk landwirtschaftlicher Siedlungen mit alter Kultur, die für die Rohstoff- und Nahrungsmittelversorgung der Holzindustrie und ihrer Arbeiter von Bedeutung sind.

Weiter im Inlande ist die Konzentration der Siedlungen an den Verlauf der Flußtäler mit ihren fruchtbaren postglazialen Meeresablagerungen gebunden. Die enge Verzahnung mit dem Rohstoffraum gibt diesen Siedlungen ihre wald- und damit auch holzwirtschaftliche Bedeutung. Gen Westen wächst mit der Größe und Weite der Wälder auch die Rolle des Rohstoffraums für die unmittelbare Existenz der Tal- und Höhensiedlungen. Doch mit wachsender Höhenlage verliert der Wald für die Holzindustrie an Wert. Es sinkt das Interesse an seiner Erhaltung, die in diesen Gebieten zum großen Teil dem Staate überlassen bleibt. Entsprechend gering ist das Eindringen moderner Siedlungsformen. Härjedalen ist ein Gebiet mit noch heute stark traditionsbedingter Kultur und Volksverbundenheit.

Küsten- und Fjällandschaften zeigen am deutlichsten ein eigenständiges Gepräge. Nur schwer ist das dazwischenliegende Waldhügelland mit seinen Tälern und Bergen, seinen Seen und Strömen, seinen Äckern, Weiden und weiten Wäldern zu untergliedern. Es finden sich keine eigentlichen Grenzen, es gibt nur Übergangssäume. Folgen wir der 200-m-Linie, so scheiden wir damit wohl die rechts und links der Flüsse gelegenen, fruchtbaren Talebenen aus, doch zugleich zerschneiden wir natürliche Wirtschaftseinheiten. Denn wie wir gesehen haben, sind die Talbewohner auf den Nebenerwerb durch die Waldwirtschaft angewiesen. Der Ackerbau vermöchte allein nicht, die relativ zum Kulturland dichte Bevölkerung zu ernähren. Das will aber besagen, der funktionale Einzugsbereich der Talsiedlungen geht über die strukturelle naturlandschaftliche Einheit der Talebene hinaus.

Der Versuch, lediglich die natürlichen Wirtschaftseinheiten zu erfassen, wird für eine ganze Reihe von Landschaften dahin führen, daß wir uns gezwungen sehen, für ihre Abgrenzung die „Socken"-Grenzen zu wählen. Dieselben sind im übrigen auch gar nicht so willkürlich, wie es manchmal scheinen will. Jedenfalls dürfte dies für den norrländischen Raum zutreffen. Freilich haben sie mit strukturellen Grenzen einer naturräumlichen Gliederung wenig zu tun. Aber die funktionalen Wirkungs- und Einzugsbereiche eines Kerndorfes mit seinen Tochter- und Randsiedlungen umgrenzen sie im allgemeinen gerade im norrländischen Raum bei den weiten dazwischen liegenden Wäldern recht gut.

Bei der Durchführung der beiliegenden Landschaftsgliederung des Raumes Hälsingland-Härjedalen (Abb. 118) treten neben die funktionalen wald- und holzwirtschaftlichen Leitgedanken gewisse naturräumliche, strukturelle Momente.

Die Küstengebiete, die teils einen ausgesprochen bäuerlichen Charakter, teils ein absolut holzindustrielles Gesicht zeigen, sich durchweg durch relativ hohe ländliche Bevölkerungsdichten, aber geringe Bewaldungsprozente auszeichnen, sind als ein besonderer Landschaftsraum zu betrachten. Bei einer weiteren Untergliederung zerfällt dieser Raum in drei Holzindustriegebiete und die dazwischen liegenden bäuerlichen Landschaften. Das südlichste dieser Holzindustriegebiete trägt den Charakter einer ausgesprochenen Waldindustrielandschaft, während mir für die nördlichen Gebiete mit einer weit geringeren Konzentration der Holzindustrie diese Bezeichnung nicht in demselben Grade passend zu sein scheint, am wenigsten für den Harmånger socken.

Die westlich sich anschließende Landschaft trägt ebenfalls noch landwirtschaftlichen Charakter, obwohl die Waldwirtschaft für Leben und Treiben der Bevölkerung bereits erhöhte Bedeutung gewinnt. Innerhalb dieses Raumes nimmt der Trönö socken mit Nianfors und dem westlichen Enånger socken mit einer relativen Siedlungsleere, großer Bewaldungsdichte, schwach ausgebildetem Wege- und Verkehrsnetz eine gewisse Sonderstellung ein. Dadurch wird dieser Raum aber zugleich in weitere zwei Unterlandschaften, die Dellen-Landschaft im NO und die Voxnan-Landschaft im SW, gegliedert. Der Skogs socken im SO ist kaum einer der beiden bisher herausgestellten großen Landschaften zuzuordnen. Er zeigt in seinem Charakter eine gewisse Zwischenstellung, gehört aber doch wohl am engsten zur Voxnan-Landschaft, so daß ich ihn als Unterlandschaft mit zu der Rodungsgassenlandschaft der Waldtäler rechnen möchte.

Zwischen Dellen- und Voxnan-Raum liegt gewissermaßen eingekeilt die Ljusdal-Landschaft, ebenfalls eine ausgesprochene Rodungsgassenlandschaft, die aber durch Waldgebiete recht deutlich von den beiden soeben betrachteten getrennt ist. Außerdem gewinnt hier die Waldwirtschaft gegenüber der Landwirtschaft immer mehr an Bedeutung als Ernährungsgrundlage für die Bevölkerung. Ausgesprochene Kleinsthöfe und Kleinsiedlerstellen bestimmen daher das Siedlungsbild.

In Anbetracht des tatsächlichen Wirkungsbereichs dieser Talsiedlungen, der nicht mehr den ganzen „socken" in gleicher Weise auszufüllen vermag, erscheint es mir angebracht, die Grenze gegen das eigentliche Waldhügelland mit sporadischer Besiedlung mitten durch die administrativen Einheiten hindurchgehen zu lassen. Hier liegt zugleich die größte Bewaldungsdichte des gesamten Raumes, die größte Bedeutung der Waldwirtschaft für die Bevölkerung im Vergleich zur

Landwirtschaft, der nirgends so zugunsten der Waldwirtschaft ausfällt wie hier im Grenzgebiet von Hälsingland und Härjedalen. Auch um den Zuwachs der Wälder ist es hier noch relativ günstig bestellt, so daß wir dieses Gebiet als das „Wald-Kernland" der Landschaft Hälsingland-Härjedalen ansprechen dürfen. An dies Wald-Kernland schließt sich das Höhenrodungsinselgebiet Härjedalens an, in dem die klimatischen Verhältnisse sowohl für Kulturpflanzen als auch für den Waldbau infolge größerer Höhenlage bereits bedeutend schlechter sind, die Produktivität des Waldes daher deutlich nachläßt. Auch die Bewaldungsdichte ist geringer, und die Waldpflege kann infolge eines unzureichenden Waldwegenetzes kaum in gewünschtem Maße vorangetrieben werden.

Die Randgebiete dieser Gemarkungen zeichnen sich bereits durch starken Anteil des Rentierweidelandes und des Fjällbirkenwaldes aus, Gebiete, die für die waldwirtschaftliche Nutzung nicht mehr in Frage kommen. Ich habe sie daher mit den beiden relativ waldarmen Fjällgemarkungen, Tännäs und Storsjö, zu einer Teillandschaft zusammengefaßt.

Somit ergeben sich in Hälsingland-Härjedalen also fünf in ihrer Struktur und funktionalen Stellung verschiedene Landschaftsräume. Von diesen können der Küstenraum und die Rodungsgassenlandschaft der Waldtäler noch weiter untergliedert werden. Dies sind zugleich die am intensivsten vom Menschen geformten Landschaftsräume. Um dieselben gruppieren sich Landschaften geringerer wirtschaftlicher Intensivierung, bis wir im Fjällgebiet Gegenden erreichen, die kaum noch in irgendeiner Weise vom Menschen, geschweige denn von der Holzwirtschaft geformt wurden.

Es läßt sich eine deutliche landschaftliche und wirtschaftliche Zonierung wahrnehmen, bei der sich zunehmender Entfernungsgrad von der Küste, dem Zentrum der Holzindustrie, mit gleichzeitiger Klima- und z. T. auch Bodenverschlechterung paart. In verschieden ausgeprägten Zonen hat die Holzwirtschaft das Waldland zu erschließen und zu erobern vermocht. Da sich diese Erschließung aber in vollkommenster Anpassung an die landschaftlichen Voraussetzungen vollzog, deren Ausgangsgebiet von Beginn an exzentrisch zum Waldland lag, konnten sich bei dieser Entwicklung keine Intensitätskreise ausbilden, sondern lediglich Intensitätsgebiete in zugleich zweckgebundener Abwandlung und Belegenheit.

Hälsingland-Härjedalen — eine Waldlandschaft, die uns eine Fülle verschiedener Landschaftszellen vom Meer bis hinauf zum Fjäll offenbart hat — ist also letztlich doch eine Einheit. Denn der gesamte Landschaftsraum ist funktionaler Einzugs- und auch Wirkungsbereich der Holzindustrie Hälsinglands, ist von derselben geformt und umgestaltet worden zu der heutigen Waldkulturlandschaft.

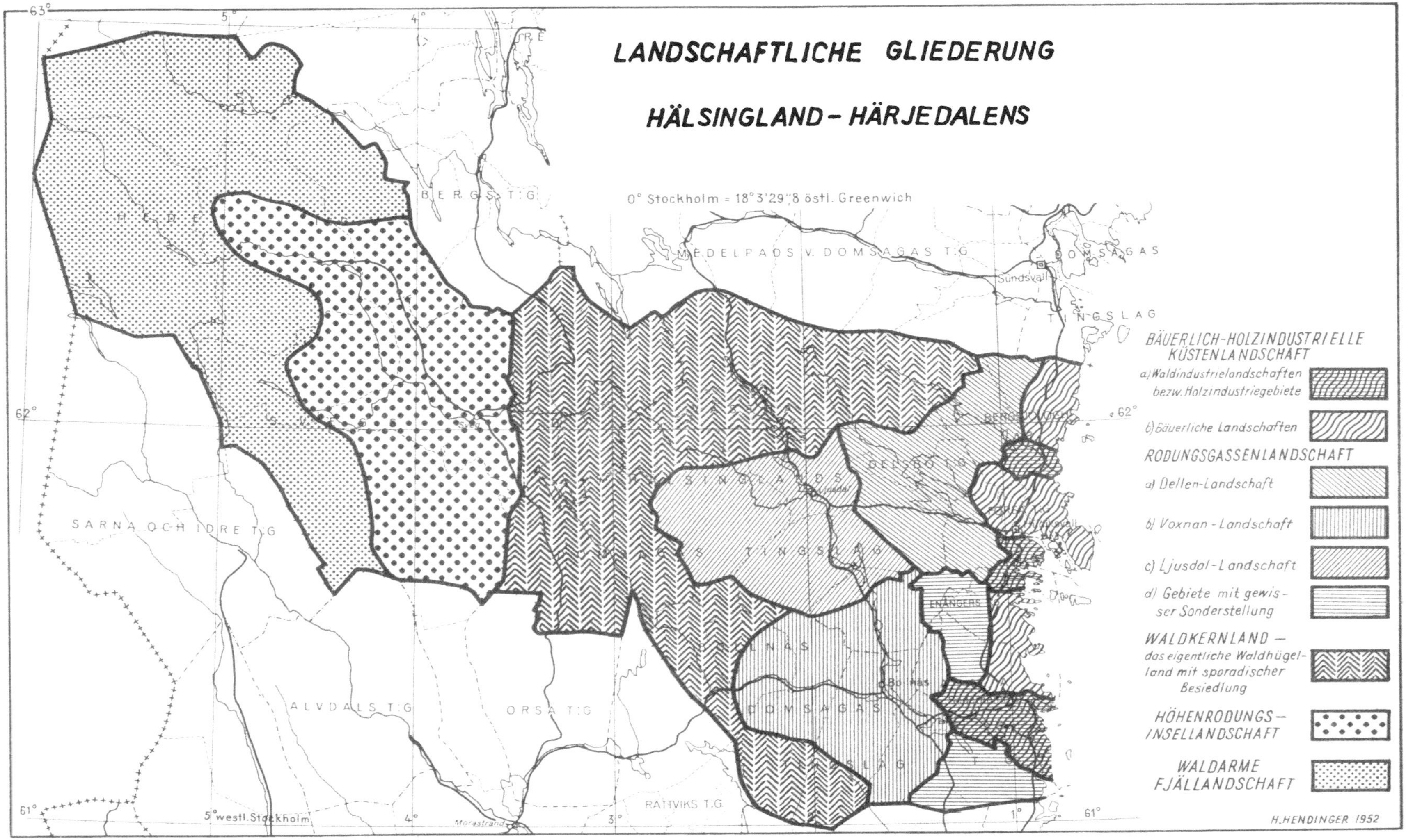
LANDSCHAFTLICHE GLIEDERUNG
HÄLSINGLAND - HÄRJEDALENS
0° Stockholm = 18°3'29"8 östl. Greenwich
BERGS T:G
MEDELPADS V. DOMSAGAS T:G
DOMSAGAS
Sundsvall
TINGSLAG
SARNA OCH IDRE T:G
ALVDALS T:G
ORSA T:G
RATTVIKS T:G
Morastrand
ENÅNGERS
Bollnäs
DOMSAGAS
5° westl. Stockholm
BÄUERLICH-HOLZINDUSTRIELLE KÜSTENLANDSCHAFT
a) Waldindustrielandschaften bezw. Holzindustriegebiete
b) Bäuerliche Landschaften
RODUNGSGASSENLANDSCHAFT
a) Dellen-Landschaft
b) Voxnan-Landschaft
c) Ljusdal-Landschaft
d) Gebiete mit gewisser Sonderstellung
WALDKERNLAND — das eigentliche Waldhügelland mit sporadischer Besiedlung
HÖHENRODUNGS-INSELLANDSCHAFT
WALDARME FJÄLLANDSCHAFT
H. HENDINGER 1952

Abb. 118

V. Vergleichende Einordnung Hälsingland-Härjedalens in das strukturelle und funktionale Gefüge der schwedischen Waldkulturlandschaften

Hälsingland-Härjedalen dürfte einer der wenigen schwedischen Räume sein, die Grenzen und Übergänge zwischen verschiedenen strukturellen Räumen im funktionalen Wesen und Wirken einer Waldkulturlandschaft so innig in sich vereinen.

Die Waldindustrielandschaften bilden das wirtschaftliche Kerngebiet Hälsingland-Härjedalens, von dem aus das unendliche Waldland als Rohstoffraum erschlossen wurde. Der Wirkungsbereich wird im wesentlichen durch die natürlichen Einzugsgebiete von Ljusnan, Gnarpsån, Harmångersån und Delångersån bestimmt, die zusammen etwa den Raum Hälsingland-Härjedalen erfüllen. Die Rodungsgassenlandschaften der Täler bestimmen das Siedlungsbild der bäuerlichen Gebiete, die Höhen- und Hangrodungsinseln das der weiten Wälder, insbesondere der Waldhügellandschaften und Waldmoorhöhenregion. In beiden ist die Bauernbevölkerung in ihrer Existenz auf die Waldwirtschaft angewiesen, am meisten natürlich in den weit verstreuten Rodungsinseln Härjedalens.

Infolge ihrer starken Übervölkerung haben die ländlichen Gebiete wesentlich zur Entwicklung der zentralen Orte, insbesondere der Holzindustrieorte an der Küste, an Flüssen und Eisenbahn, beigetragen.

Waldreiche, aber zugleich siedlungsleere Grenzgebiete geben den Übergang in ähnlich strukturierte Waldkulturlandschaften Schwedens im Norden und Süden. So zeigt der Landschaftsraum Hälsingland-Härjedalen mit den ihm benachbarten Räumen, die in derselben Gesetzmäßigkeit wie Hälsingland-Härjedalen eine wald- und holzwirtschaftliche Einheit bilden, nur sehr geringe Verflechtungen. Die einzelnen Strom- und damit Rohstoffeinzugsgebiete mit ihren verschieden ausgeprägten Küstenlandschaften sind holzwirtschaftlich gesehen Konkurrenzräume.

Dort, wo die Natur durch die Nähe zweier, ja eigentlich dreier großer Flußmündungen sozusagen einen doppelten bzw. dreifachen Rohstoffeinzugsbereich darbot, im Mündungsbereich von Ljungan, Indalsälven und Ångermanälven, hat sich die stärkste räumliche Konzentration der schwedischen Holzindustrie herausbilden können.

Im übrigen sind die allgemeinen Grundlagen der Lokalisierung der Holzveredlungsindustrien in diesen Räumen die gleichen. In der Struktur des Waldlandes treten die Ackerbaugebiete mehr noch als in Hälsingland zurück, wenn auch, vor allem im Vergleich mit dem benachbarten Härjedalen, das fruchtbarere Jämtländische Silurbecken um den Storsjö eine gewisse Sonderstellung einnimmt. Diese Sonderstellung behauptet es nicht nur in landwirtschaftlicher Hinsicht, sondern auch in der hier deutlich ausgeprägten Lokalisierung der Industrie. Dieselbe ist vor allem zurückzuführen auf die Schwierigkeiten, die der Storsjö in seiner weiten Erstreckung für die Holzflößerei bietet, doch nicht minder auf den hier über den norwegischen Hafen Drontheim das ganze Jahr hindurch möglichen Export. In den flußabwärts gelegenen, auch hier recht ausgeprägten Rodungsgassenlandschaften fehlt jedoch die Holzindustrie im Gegensatz zu Hälsingland fast ganz. Denn hier setzte schon bedeutend früher als in Hälsingland, vor allem auf Grund günstigerer Flößbedingungen im Unterlauf der großen Ströme (vgl. Abb. 119), eine völlige Konzentration der Holzindustrie zur Küste ein. Die starke Zusammenballung der Zellstoffindustrie in diesem Raum, insbesondere der Sulfitzellstoffindustrie um Sundsvall, ist in erster Linie mit dem Hintergrund der ausgedehnten Fichtenwälder im Einzugsbereich von Indals- und Ångermanälven zu sehen, die in völligem Gegensatz zum stark kiefernbetonten Ljusnangebiet stehen. Die natürliche Voraussetzung für das reiche Vorkommen von Fichtenwäldern sind die kalkreichen Böden des jämtländischen Silurbeckens sowie das durch die Jämtlandpforte mehr ozeanisch beeinflußte Klima. Somit ist auch die gewaltige Ballung der Holzverarbeitungsindustrie im Küstenraum in vielfacher Weise letztlich naturgeographisch zu erklären. Denn sowohl Rohstoffversorgung als auch Transportfragen können hier aus den räumlichen Gegebenheiten heraus in außerordentlich glücklicher Weise gelöst werden. Daß bei der Konzentrierung der Industrie auf den Küstenraum natürlich auch Rationalisierungs- und Integrationsbestrebungen mitgewirkt haben, dürfte nach den eingehenden Erörterungen dieser Probleme im Raume Hälsingland klar auf der Hand liegen.

Im nördlich belegenen Väster- und Norrbotten haben wir Räume mit zwar noch großem Waldareal vor uns. Doch die Produktivität der Wälder ist entsprechend dem ungünstigeren Klima weit schlechter, die Umtriebszeit ist länger und die Verjüngung auf weiten Flächen des Inlandes schwierig. Die Besiedlung ist auch an der Küste nur spärlich, selbst unterhalb der „höchsten Küstenlinie" sind die Voraussetzungen für eine intensive Landwirtschaft schlecht. Mehr noch als in den südlichen Landschaften Norrlands ist daher die Bevölkerung auf die Waldwirtschaft als Haupternährungszweig angewiesen. Daneben steht in den Gebieten von Boliden und Kiruna-Gällivara eine umfangreiche und bedeutungsvolle Erzwirtschaft. Die Holzveredlung setzte in diesen Gebieten erst relativ spät ein. Ein großer Teil des Rohstoffs wurde über den Bottnischen Meerbusen nach Süden geflößt. Immerhin hat sich an der Küste, punktweise in den einzelnen Flußmündungsgebieten ansetzend, zum Teil unter der Initiative des Staates, eine ausgedehntere Holzverarbeitungsindustrie entwickeln können. Die relativ kleinen, schmalen Stromeinzugsgebiete verhinderten allerdings die Herausbildung stärkerer Industrieballungen. Ein weiteres Hindernis bedeuten die schlechten Verschiffungsmöglichkeiten infolge Vereisung der Häfen. Insofern sind die südlicher gelegenen Industrien zweifellos stark bevorzugt.

Doch auch im Mündungsgebiet des Dalälven, im südlich von Hälsingland gelegenen Gästrikland, vermissen wir die ungeheure Industrieballung, die wir auf Grund des großen Einzugsbereichs des Dalälven, der fast das gesamte Dalarna umfaßt, erwarten möchten. Auch hier spielt genau so wie in Hälsingland und Jämtland die natürliche Ausformung des Flußbetts eine bedeutsame Rolle. Die schlechten Flößbedingungen in der postglazialen Flußrinne des Unterlaufs bedingten auch hier eine Aufspaltung in zwei Lokalisationsgebiete. Das ältere dieser beiden Gebiete liegt im Herzen Dalarnas. Die Küstenindustrie entwickelte sich erst relativ spät.

Mit seinen günstigen waldbaulichen und pflanzengeographischen Verhältnissen gibt Dalarna bereits einen Übergang zum südwestlich gelegenen Värmland. Es zeigt eine ganz ähnliche Tal- und Rodungsgassenstruktur wie der norrländische Raum. Auch die Vegetation trägt größtenteils noch norrländisches Gepräge. Bemerkenswert ist hier besonders die holzindustrielle Integration der Eisenindustrie. Holzindustrie und Eisenverhüttung stehen auch heute noch als lebenskräftige Erwerbszweige nebeneinander. Bezüglich der Holzindustrie beobachten wir die stärkste Konzentration im Raum von Karlstad, d. h. im Mündungsgebiet von Klarälven und Norsälven. Die Vänerküste ist hier in ihrer Wirkung auf die Lokalisierung der Holzveredlungsindustrie durchaus mit dem Bottnischen Meerbusen zu vergleichen. Die Entwicklung der värmländischen Holzverarbeitung zu einer konkurrenzkräftigen Exportindustrie war jedoch sehr wesentlich an die Anlage und den ständigen Ausbau des Trollhätta-Kanals geknüpft. Die günstigen Verschiffungsmöglichkeiten über Göteborg sowie die ältere industrielle Tradition haben hier auch eine bedeutend stärkere Entwicklung der Papierindustrie bedingt. Bei einer Reihe von Fabriken ist die Papierverarbeitung direkt an die Zellstofferzeugung gekoppelt. In einigen Zellstoffwerken ist man in jüngster Zeit zur Herstellung von Kunstseidezellulose übergegangen, was natürlich eine stärkere Wertveredlung des Rohstoffes Holz einschließt.

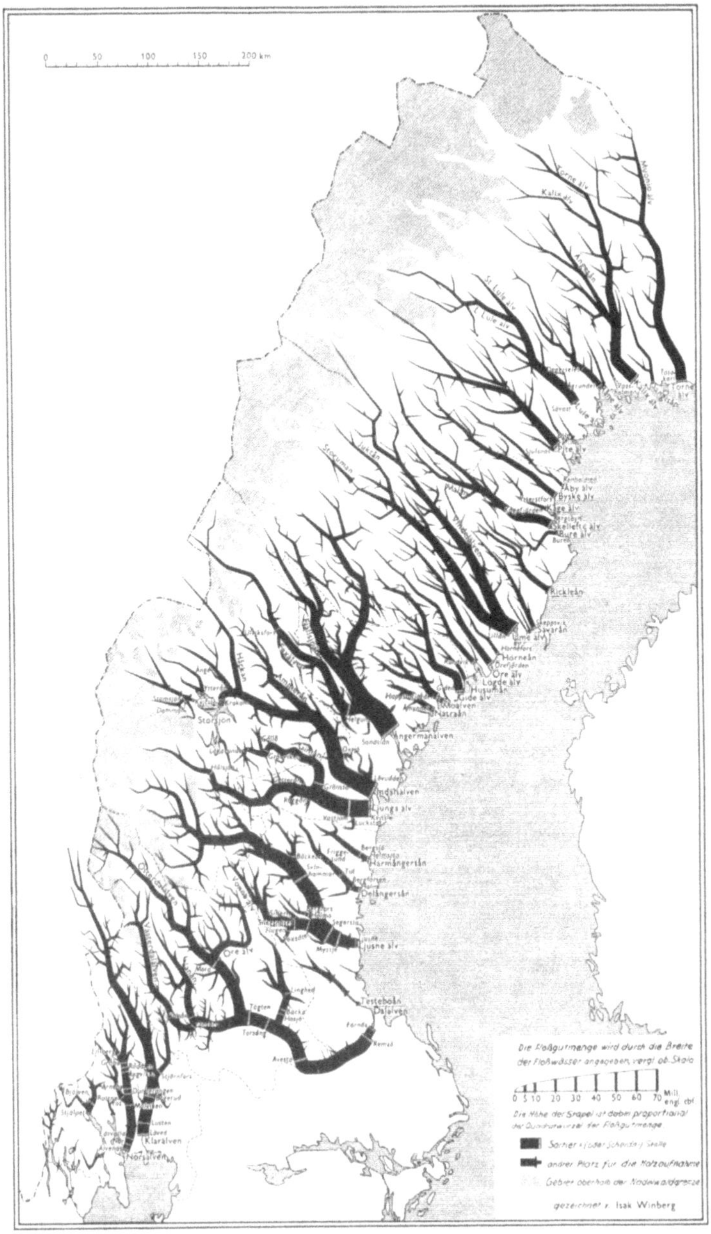

Floßgutmenge in Nordschwedens allgemeinen Flößwässern im Jahre 1930 (nach I. Winberg)

Aus "Sveriges Industri, utgiven av Sveriges Industriförbund 1935" bzw. entnommen aus Th. Streyffert, 1942 S. 523.

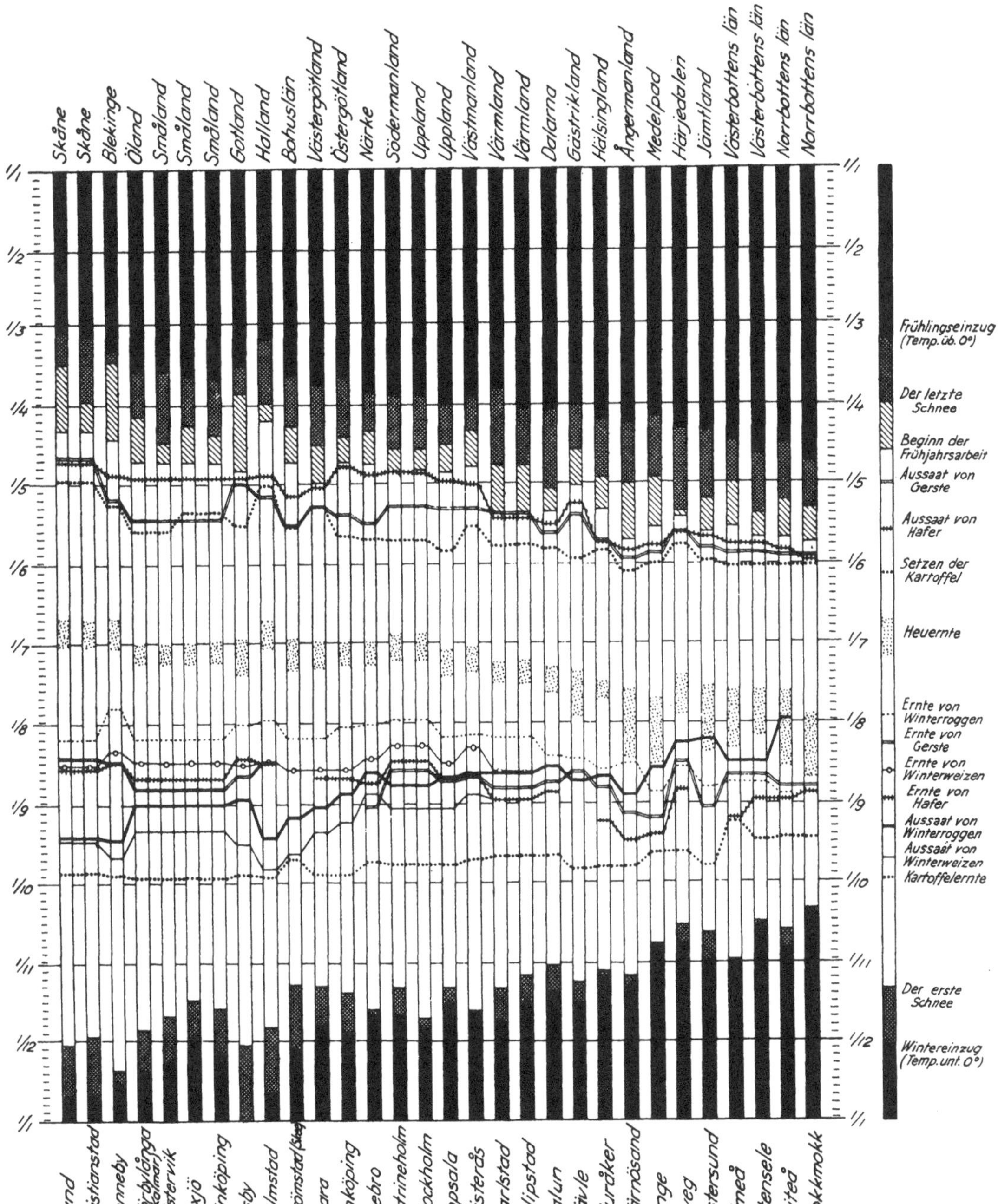

Der landwirtschaftliche Jahreslauf in den verschiedenen schwedischen Landschaften

(aus W. William-Olsson 1946, S. 32)

Abb. 120

Das südlich anschließende Dalsland ist seiner Struktur und funktionalen Stellung nach ebenfalls zu den durch die Holzindustrie bestimmten Waldkulturlandschaften zu rechnen. Auch in den übrigen Landschaftsräumen Mittelschwedens hat der Wald noch einen großen Anteil an der Formung des strukturellen Landschaftsbildes. Doch die Wirtschaft verdankt ihre Prägung in erster Linie anderen Faktoren. Eisenindustrie, Textilindustrie sind neben der Landwirtschaft, Kalkindustrie u. a. von entscheidender Bedeutung.

Eigentliche Waldkulturlandschaften treffen wir erst wieder im Süden, in Småland. Die Umgrenzung dieses Gebiets in seiner strukturellen und funktionalen Stellung ist nicht leicht, besonders, da die Küstenlandschaften hier im Gegensatz zum norrländischen Raum kaum mit der industriellen Erschließung dieses Waldlandes in Verbindung stehen. Die Industrie, die sich hier zum großen Teil aus dem Handwerk, insbesondere aus der Eisenverhüttung und Kleineisenindustrie entwickelt hat, zeigt ganz andere Lokalisierungsgrundlagen als die norrländische Exportgroßindustrie. Da flößbare Wasserläufe fehlen, jedenfalls in norrländischer Prägung, ist die unmittelbare Rohstoffständigkeit für die Holzindustrie von zentraler Bedeutung, was sich aus den Untersuchungen H. Stålbergs (1947) auch recht klar ergibt. Ein anderes wesentliches Moment bildet der Transport der Fertig- und Halbfertigprodukte. Hier ist das engmaschige Eisenbahnnetz des småländischen Hochlandes eine unumgängliche Voraussetzung, wobei sich allerdings die unterschiedlichen Spurweiten der einzelnen Strecken oft recht hinderlich auswirkten, so daß man heute teilweise bereits zum direkten Lastwagentransport übergegangen ist.

Die waldbaulichen und pflanzengeographischen Voraussetzungen dieses Gebiets für eine umfangreiche Holzindustrie sind gut. Insbesondere der jährliche Zuwachs liegt verglichen mit Norrland hoch.

Das, was der småländischen Waldindustrielandschaft ihr Gepräge verleiht, sind neben den unzähligen kleinen Sägewerken die vielen Möbel- und Bautischlereien. Überall entlang der Eisenbahn, aber auch losgelöst von derselben, wie in Fågelfors, wo sie die Tradition der alten Eisenverhüttung übernommen haben, treten sie auf.[1]) Die Zellstoff- und Papierindustrie spielt demgegenüber nur eine untergeordnete Rolle. Die im Südosten Smålands verbreitete Glasindustrie gründete sich einst ebenfalls im wesentlichen auf dem Holzreichtum dieses Gebiets, und noch heute stellt sie einen charakteristischen Zug der småländischen Waldlandschaft dar. Auch hier in Småland haben im wesentlichen diese an den Rohstoff Holz gebundenen Industrien[2]) zur Herausbildung von zentralen Orten geführt, die sich aber hier im Gegensatz zu Norrland weniger an der Küste, sondern entlang der Eisenbahnlinien aufreihen. Infolge der starken unmittelbaren Rohstoffgebundenheit und der teilweisen Gebundenheit an frühere Eisenindustrie, die ebenso gleichmäßig sich über das ganze Waldland verteilte, zeigt sowohl die Verteilung der Holzindustrien als auch das Verteilungsbild der zentralen Orte eine ziemlich starke Gleichmäßigkeit in allen Landschaftsteilen.

Nach diesem kurzen Streifzug durch die übrigen ausgeprägtesten Waldkulturlandschaften Schwedens möchte ich nun versuchen, mit einem großräumigen Vergleich ganz knapp eine Einordnung Hälsingland-Härjedalens zu geben.

Wechselnd sind Klima- und Bodenverhältnisse von Süden nach Norden, angepaßt an Höhen- und Breitenlage, an Maritimität und Kontinentalität. Dementsprechend wandeln sich die naturgeographischen Voraussetzungen für Ackerbau und Viehzucht, aber damit auch für die Waldwirtschaft. Die von W. William-Olsson gegebene Darstellung (1946, S. 32) des landwirtschaftlichen Jahrs in Schweden zeigt bereits eine deutliche Zusammendrängung der Kulturperiode für Häl-

1) Daß sie sich gerade in dieser Landschaft so zahlreich entwickeln konnten, hängt zweifellos mit der günstigen Markt- und Absatzlage zwischen den dichtestbesiedelten Gebieten Schwedens, Schonen und Stockholm, zusammen.

2) Rolle der Zündholzindustrie, insbesondere in Jönköping.

singland-Härjedalen im Vergleich mit Schonen und Småland, wenn es andererseits auch gegenüber Väster- und Norrbotten noch beträchtlich besser gestellt ist (Abb. 120).

In der anwachsenden Dauer der eigentlichen Winterperiode von Süden nach Norden haben wir zugleich ein ungefähres Maß für die Bedeutung der Waldwirtschaft im wirtschaftlichen Leben der Bevölkerung. Denn je kürzer der Sommer, um so weniger vermögen Ackerbau und Viehzucht die Bevölkerung zu ernähren, desto mehr wird die jahreszeitliche Ergänzung der Wirtschaftsgrundlage durch die Waldwirtschaft unumgänglich notwendig. Es ist klar, daß dieselbe hinsichtlich Produktion, Zuwachs, Verjüngung und Holzartenverteilung ebenfalls eine starke Anpassung an Boden und Klima zeigt. In der Holzartenverteilung des norrländischen Raumes (nach H. Hesselman, 1935; vereinfacht nach Streyffert, 1942—Abb. 121) fallen die ausgesprochenen Kieferngebiete im Abtragungsbereich der Quarzitschiefer und Sandsteine sowie das fichtenreiche Gebiet in der Jämtländischen Silursenke ins Auge. Wie wir sehen, findet in gewisser Weise sogar die Lokalisierung der Holzindustrie hierin ihre Erklärung.

Je nach der Erschließung des weiten Waldlandes durch ein mehr oder minder verzweigtes Floßnetz (Abb. 119), wie es die Karte von J. Winberg (1935) eindringlich zeigt, konnte es an der Küste zu stärkerer oder geringerer Ballung der holzverarbeitenden Exportgroßindustrie kommen. Dieselbe übte ihrerseits einen starken Sog auf die ländliche Bevölkerung ihres Hinterlandes aus und trug so zur Bildung von zentralen Orten, ausgesprochenen Holzindustrieorten und auch Handels- und Verkehrsorten bei. In diesem Industrialisierungsvorgang nahm Hälsingland-Härjedalen, wie wir sahen, auf Grund seiner naturräumlichen Ausstattung eine gewisse Sonderstellung ein. Trotzdem lassen sich auch hier die allgemeinen Entwicklungstendenzen recht deutlich und eindringlich nachweisen. Vor allem der natürlich begrenzte Rohstoffraum dürfte dafür verantwortlich sein, daß Hälsingland-Härjedalen in seinem Anteil am Export von Holzveredlungsprodukten hinter den nördlichen Räumen zurücksteht (vgl. Abb. 123, 124 aus H. Wik, 1941).

Dennoch ist auch Hälsingland-Härjedalen ein wichtiges Glied innerhalb der schwedischen Waldkulturlandschaft. Im Rahmen Norrlands entfällt auch auf diesen Raum ein wesentlicher Anteil des schwedischen Holzwaren- und Zellstoffexports (Abb. 122/Darstellung aus H. Wik, 1941). Neben dem Eisenerz ist es gerade der große Holzreichtum, der den wirtschaftlichen, kulturellen und sozialen Aufstieg Schwedens innerhalb des vergangenen Jahrhunderts ermöglichte, der wesentlich zur Steigerung und Stärkung des Nationaleinkommens beitrug.

Unter diesem Aspekt dürfte obig gegebene Untersuchung Hälsingland-Härjedalens an Wert gewinnen. Denn der Umwandlungsprozeß, der sich durch Wald- und Holzwirtschaft in Hälsingland-Härjedalen vollzog, ist keineswegs etwas Einmaliges, keine lokal beschränkte Erscheinung. Er ist vielmehr in mehr oder minder starkem Grade, abgewandelt durch die naturgegebenen Voraussetzungen der einzelnen Landschaften, charakteristisch für die „schwedische Waldlandschaft" schlechthin, jedenfalls soweit wir sie noch heute als eigentliche Waldkulturlandschaft bezeichnen können.

Die räumliche Dominanz dieser Landschaften aber kennzeichnet das gesamte Schweden — insbesondere im Vergleich mit West-, Mittel- und Südeuropa — als Waldland, dessen Struktur und Dynamik wesentlich, wenn auch nicht allein, von Wald- und Holzwirtschaft bestimmt werden.

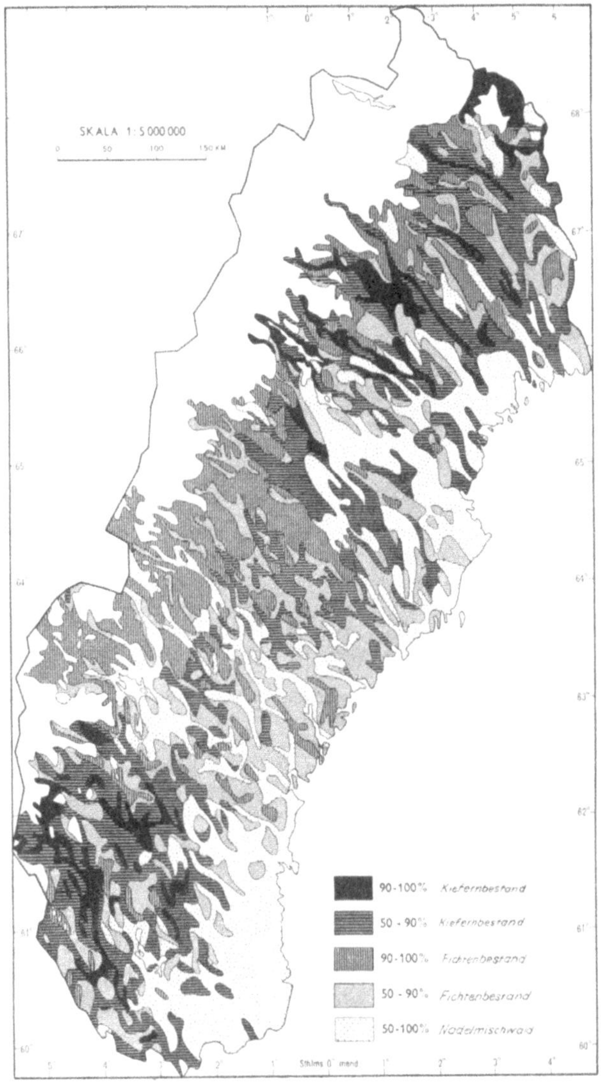

Die Verteilung der Kiefern-, Fichten- und Nadelmischwaldbestände in Norrland (ohne Berücksichtigung der Laubwälder)
Reproduktion aus Th. Streyffert in Ymer 1942/ 3 u. 4

Abb. 121

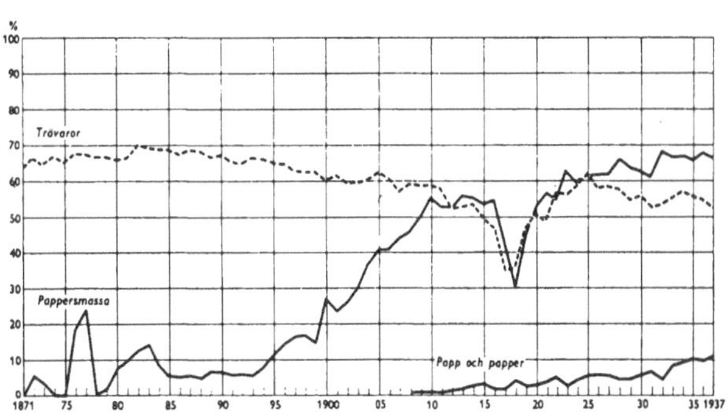

Norrlands Anteil an Schwedens Export von Holzwaren (trävaror), Zellstoff (pappersmassa) und Pappe und Papier (papp och papper) in %
(Reproduktion aus H. Wik, 1941 S. 121)

Abb. 122

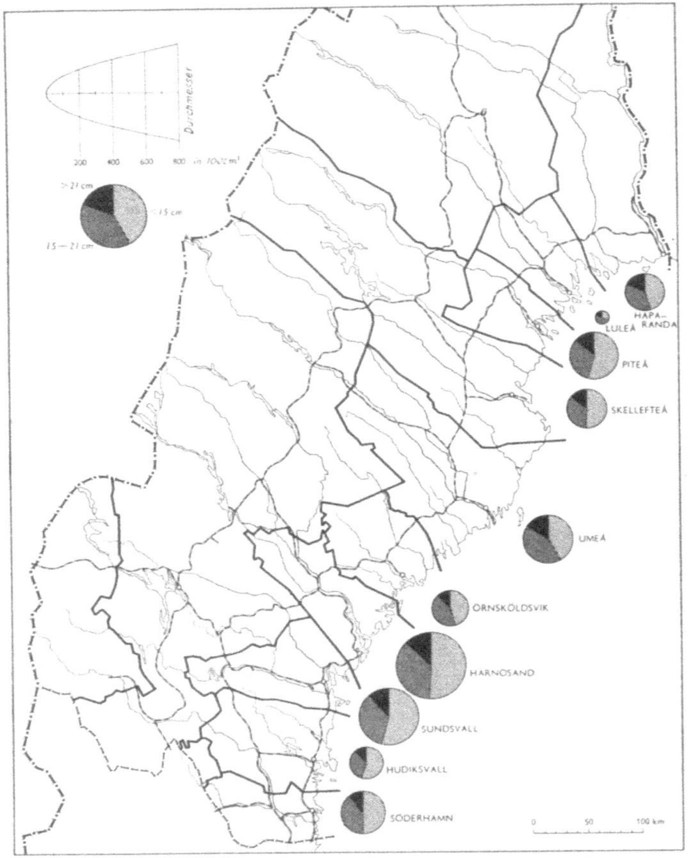

Der Export der verschiedenen Küstendistrikte an gesägten Planken und Brettern 1937, mit Verteilung auf die verschiedenen Holzdimensionen
(Reproduktion aus H. Wik, 1941 S. 65)

Abb. 723

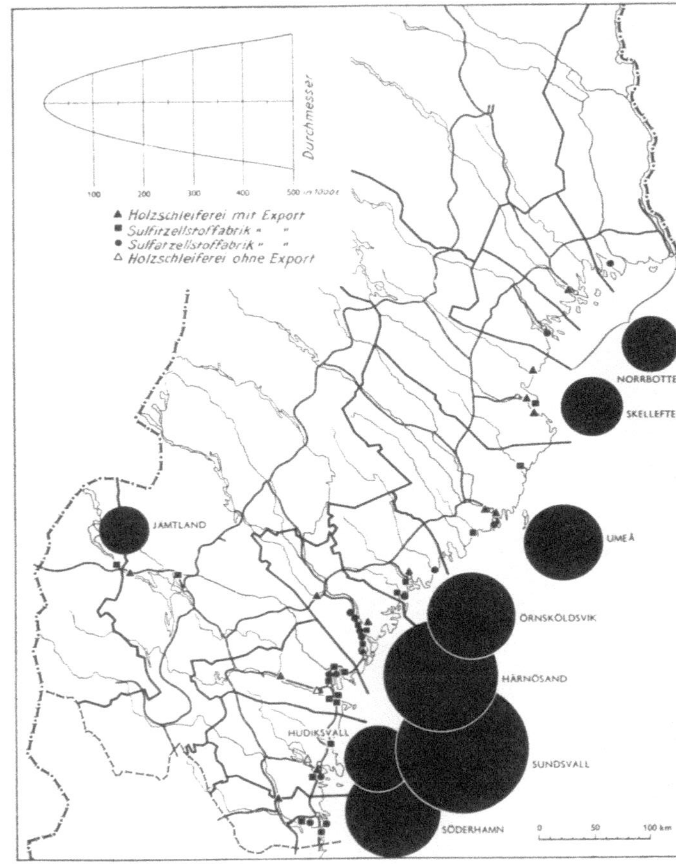

Der Export der verschiedenen Küstendistrikte an Zellstoff 1937
(Reproduktion aus H. Wik, 1941 S. 78)

Abb. 124

Literatur- und Quellenverzeichnis:

Abkürzungen

Act. forest. fenn. = Acta forestalia fennica (Helsingfors)
GA = Geografiska Annaler (Stockholm)
GFF = Geologiska Föreningens Förhandlingar (Stockholm)
GR = Geologische Rundschau
MSS = Meddelanden från Statens skogsförsöksanstalt / ab Bd. 35 Statens skogsforskningsinstitut (Stockholm)
Norrl. Handbibl = Norrländskt handbibliotek (Uppsala & Stockholm)
NST (NSkT) = Norrlands skogsvårdsförbunds tidskrift (Stockholm)
PM = Petermanns Mitteilungen (Gotha)
SGU = Sveriges geologiska undersökning (Stockholm)
SGÅ = Svensk geografisk årsbok (Lund)
SOU = Statens offentliga utredningar (Stockholm)
SOSt = Sveriges officiella statistik (Stockholm)
SST = Svenska skogsvårdsföreningens tidskrift (Stockholm & Norrtälje)
STÅ = Svenska turistföreningens årsskrift (Stockholm)
StM = Statistiska meddelanden (Stockholm)
ZGE = Zeitschrift der Gesellschaft für Erdkunde (Berlin)

Aaltonen, V T, 1920: Über die Ausbreitung und den Reichtum der Baumwurzeln in den Heidewäldern Lapplands Act forest fenn. 14.

Aaltonen, V T, 1948 Boden und Wald. Unter besonderer Berücksichtigung des nordeuropäischen Waldes. In Schriftenreihe „Forstwissenschaft des Auslandes". Berlin u. Hamburg.

Ahlmann, H W, 1921 The Economical Geography of Swedish Norrland. GA.

Ahlmann, H W, Laurell, E. & Mannerfelt, C., 1942: Det norrländska landskapet. In „Norrland. Natur befolkning och näringar" und Ymer 1942. Stockholm.

Ahnlund, Nils, 1942 Landskap och län i Norrland. In „Norrland. Natur befolkning och näringar" und Ymer 1942 Stockholm

Aminoff, F, 1949 Naturskydd och landskapsvård. SSF s folkskrift Ser I nr 1 Stockholm.

Andersson, G 1905 Förslaget till skyddsskogar inom Jämtlands län. SST

— 1907 Timmertransporten på de svenska vattendragen och dess geografiska förutsättningar. Ymer 1907 SST 1908

— 1926 Den svenska industriens geografi Ymer 1926. Stockholm.

Andersson, G & Birger, S., 1912: Den norrländska florans geografiska fördelning och invandringshistoria. Norrl. Handbibl V

Andreasson, G, 1946 Tändsticksindustrin i Sverige. Ymer 1946. Stockholm.

Anrick, C J, 1921 Karta över Sveriges åkerareal 1:1 000 000. SGU Ba 10.

Arman, V, 1950 Några preliminära resultat från riksskogstaxeringen av Jönköpings, Kronobergs och Kalmar län. MSS Serienuppsatser nr 17 und SST 1950

Arnborg, Tore, 1940 Der Vallsjö-Wald, ein nordschwedischer Urwald. Acta Phytogeographica Suecica XIII. Uppsala.

- 1942 Högproduktiva fjällskogsmarker. NST

— 1943 Granberget En växtbiologisk undersökning av ett sydlappländskt granskogsområde med särskild hänsyn till skogstyper och föryngring. Norrl. Handbibl. XIV

— 1947 Gebbarskogen — Skogsvårdsstyrelsens försöksskog i Färila socken. Sonderdruck aus Tidskrift för Hushållningssällskapet och Skogsvårdsstyrelsen i Gävleborgs län. Gävle 1947

— 1947 a Det nordsvenska skogstypsschemat. 2. Aufl. Stockholm.

— 1949 Björken. SSF s folkskrift ser II nr. 1. Stockholm.

— 1949 a Från svedjebruk till hyggesbränning. NST

— 1950 Phytogeographical Forest Excursion to North Sweden, July 21—August 6, 1950. Internat. Bot. Congress, Stockholm 1950 — Excursion guides, Section: PHG. Uppsala

Arpi, G., 1940 Hagfors och Nykroppa järnverks träkolsförsörjning Geographice Nr 9, Uppsala.

— 1948 Träkolets roll inom järnhantering och skogsbruk — Några drag av Uddeholms A.B:s utveckling efter 1850. Ymer 1948, Stockholm.

Auer, V, 1920 Über die Entstehung der Stränge auf Torfmooren. Act. forest. fenn. 12.

B a a s e n, C., 1939: Der Wald im Kartenbild der ältesten Landesaufnahmen NW-Deutschlands. Deutsche Geogr. Blätter, Bremen.

B ä c k l i n, E., 1910: Om förekomst av gran i västra Härjedalens fjällttrakter. SST.

B e r g, G. & S v e n s s o n, S., 1934: Svensk bondekultur. Stockholm.

B i l l e r u d Aktiebolag. Säffle, 1948: Några data om Billerud. Göteborg.

B j ö r k m a n, E., 1946: Om lagringsröta i massavedgården och dess förebyggelse. MSS Nr. 35:1.

— 1948: Massavedgårdens lagringsproblem. NST.

B l o m b e r g, A., 1895: Praktiskt geologiska undersökningar inom Gefleborgs län. SGU ser. C nr 152.

B l ü t h g e n, J., 1937: Baumgrenzen in Lappland. Geogr. Anzeiger.

— 1937 a: Die Methoden der Erschließung Lapplands. PM.

— 1938: Norwegen und Schweden. Im Handbuch der geographischen Wissenschaften (Klute), Bd. West- u. Nordeuropa. Potsdam 1938.

— 1938 a: Beiträge zur Pflanzengeographie von Nordlappland. ZGE.

— 1938 b: Lappland – eine landeskundliche Übersicht. ZGE.

— 1942: Die polare Baumgrenze in Lappland. Veröfftl. d. Dtsch. Wiss. Inst. zu Kopenhagen Reihe I Nr. 10.

— 1948: Der Winter in Nordeuropa, eine wirtschaftsklimatologische Studie. PM.

B o b e k, H. & S c h m i t h ü s e n, J., 1949: Die Landschaft im logischen System der Geographie. In: „Erdkunde", Bonn.

B o c k, Sixten, 1943: En bok om Småland. Stockholm.

B o e t h i u s, B., 1917: Ur de stora skogarnas historia. Stockholm.

— 1935: Skogen. STÅ.

— 1939: Skogen och bygden. Stockholm.

— 1942: Jakt och fiske i Norrland i äldre tid. In „Norrland. Natur . . ." und Ymer 1942, Stockholm.

B o h m, St., 1942: Transportbehov och transportmedel i Norrland. In „Norrland. Natur . . ." und Ymer 1942. Stockholm.

B o s a e u s, E., 1944: Silverdalen. Historien om ett småländskt pappersbruk. Uppsala.

B o v a l l i u s, R. & H e l m e r, K., 1938: Norrlands Skogsvårdsförbunds exkursion till Hälsingland 1938. NST.

B o v a l l i u s, R. & S o t t e r, K., 1949: Några resultat av åtgärdsinventeringen inom Färila-Kårböle socken 1948. In „Skogens vård, skydd och framtid", Gävle 1949.

B r a u n, G., 1924: Die nordischen Staaten. Breslau.

— 1926: Nordeuropa. Leipzig & Wien.

— 1926 a: Wissenschaftliche Arbeiten zur Verkehrsgeographie von Schweden. Jhb. d. Geogr. Ges. Greifswald 43/44.

B r ü n g e r, W., 1949: Podsol- oder Bleicherdeerscheinungen in der Weserlandschaft zwischen Karlshafen und Holzminden und ihre geographischen Grundlagen. Mecking-Festschrift. Hannover.

— 1949 a: Gedanken über das Wesen, die Methoden und die Begriffsbildung der Flur- und Siedlungsgeographie. „Erdkunde", Bonn.

— 1950: Das Doppelhofproblem in seinen natur- und kulturgeographischen Beziehungen. Deutscher Geographentag München 1948 H. 8 Landshut.

B ü d e l, J., 1936: Die Abgrenzung von Kulturlandschaften auf verschiedenen Wirtschaftsstufen. In „Länderkundliche Forschung" — Festschrift für N. Krebs 1936, Stuttgart.

B ü r k, O., 1940: Die Geographie der Flößerei im nordöstlichen Schwarzwald (Enz-Nagold-Gebiet). Tübingen (?).

C a j a n d e r, A. K., 1909: Über Waldtypen. Act. forest fenn. 1.

— 1913: Studien über die Moore Finnlands. Act. forest. fenn. 2.

— 1926: The Theory of Forest Types. Act. forest fenn. 29.

— 1930: Wesen und Bedeutung der Waldtypen. Silva Fennica Nr. 15, Helsinki.

— 1943: Wesen und Bedeutung der Waldtypen. Intersylva 3. Berlin.

C a j a n d e r, A. K. & I l v e s s a l o, Y., 1922: Über Waldtypen II. Act. forest. fenn. 20.

C a r l g r e n, M., 1925: Norrländsk skogslagstiftning. Norrl. Handbibl. X.

— 1925 a: Skogsvården. Norrl. Handbibl. X.

C a r l g r e n, M. und andere, 1925: Skogsbruk och skogsindustrier i Norra Sverige. Norrl. Handbibl. X.

C a r l g r e n, W., 1926: De norrländska skogsindustrierna intill 1800-talets mitt. Norrl. Handbibl. XI.

C a e s a r, M., 1931: Glasindustrien i sydöstra Småland. SGÅ.

C h r i s t a l l e r, W., 1933: Die zentralen Orte in Süddeutschland. Jena.

C r e d n e r, W., 1926: Landschaft und Wirtschaft in Schweden. Breslau.

C r e u t z b u r g, N., 1925: Die Entwicklung des nördlichen Thüringer Waldes zur Kulturlandschaft. Drygalski-Festschrift. München und Berlin.

— 1925 a: Das Lokalisationsphänomen der Industrien am Beispiel des nordwestlichen Thüringer Waldes. Forschungen zur deutschen Landes- und Volkskunde 23. Stuttgart.

C u r m a n, S., 1936: Vita fläckar på Sveriges karta. Ymer. Sthlm.

Dalslandskanal 1868—1918 (Festschrift) Sthlm. 1918
De Geer, G., 1946 Sveriges naturrikedomar Stockholm
De Geer, Sten, 1918 Sveriges landsdelar. Ymer 1918. Sthlm.
— 1919: Karta över befolkningens fördelning i Sverige 1 500 000, mit Begleitband Stockholm.
— 1925: Om Sveriges geografiska regioner Ymer 1925 Stockholm
— 1926: Norra Sveriges landformsregioner GA VIII.
— 1927 Schwedens geographische Regionen. In „Erde und Wirtschaft" Bd. I
Deutsche Botanische Gesellschaft, 1940 Verzeichnis der Farn- und Blütenpflanzen des Deutschen Reiches.
Djurberg, G., 1950 Virkesvård SSF s folkskrift Ser IV nr 1 Sthlm.
Domänverket, 1951 Naturvård i Statens skogar Sthlm.
Du Rietz, G. E., 1930: Vegetationsforschung auf soziationsanalytischer Grundlage Handb d biol Arb. Meth Abt. XI/5. Berlin.
— 1942: De svenska fjällens växtvärld In Norrland Natur, und Ymer 62 Sthlm

Eckermann, H. v., 1925 Träkolstillverkningen i Norrland Norrl Handbibl X
— 1936: The Loos-Hamra region. GFF
Ekholm, G., 1941 Norrland, En studie i landsdelens äldre bebyggelsehistoria och kulturgeografi SGÅ.
Eklund, Bo, 1944 Ett försök att summariskt fastställa klimatets inflytande på tallens och granens radietillväxt vid de både finska riksskogstaxeringarna. NST.
Eklundh, A. & Lindahl, K. C., 1950: Natur i Småland. Göteborg
Ekström, T, 1936 Till frågan om Sveriges naturliga jordbruksregioner Ymer 1936. Sthlm.
Ellenberg, H., 1937 Über die bäuerliche Wohn- und Siedlungsweise in Nordwestdeutschland in ihrer Beziehung zur Landschaft, insbesondere zur Pflanzendecke Mitt. Florist-soz. Arbeitsgemeinschaft in Niedersachsen 3. Hannover.
Eneborg, H., 1929: Några drag ur de svenska hamnarnas geografi. Ymer 1929 Sthlm
Enequist, G., 1935: Övre Norrlands storbyar i äldre tid. Ymer 1935 Sthlm.
— 1937: Nedre Luledalens byar Geographica Nr 4. Uppsala.
— 1939: Lulebygdens livsmedelförsörjning. Geographica Nr 7 Uppsala
— 1941: Bygd som geografisk term. SGÅ.
— 1947: Sveriges mindre tätorter Ymer 1947 Sthlm
Eneroth, O., 1928 Bidrag till kännedomen om hyggesbränningens inverkan på marken. SST
— 1931 und 1934 Om skogstyper och föryngringsförhållanden inom lappmarken (I und II). NST.
- 1936: Om skogstyperna och deras praktiska betydelse Kungl. Lantbruksakademiens Handl. och Tidskrift. Stockholm.
Enquist, A., 1936. Ovanåkers Hembygdsförening Hembygdsgården och samlingarna Wägledning utarbetad år 1932. Edsbyn.
Erixon, S., 1922: Svensk byggnadskultur och dess geografi. Ymer 1922. Sthlm.
— 1923: Hälsingarnas hem. STÅ.
— 1933: Hur Norge och Sverige mötas. Studier rörande kulturgränser och kultursamband på Skandinaviska halvön. Bidrag till bondesamfundets historie II Oslo.
— 1949: Kulturgeografiska synpunkter på vår äldsta åkerbrukskultur. SGÅ.

Flottningen i allmänna flottleder, für die Jahre 1922 und 1949. Ersch. als Sonderdrucke aus „Kommersiella Medd." 1924—50. Sthlm.
Fogelfors Bruk 1744—1944 af Manne Hofrén. Kalmar 1944.
Folkräkningen 31 Dec 1940 und 1945. Herausg Stat. Centralbyran. SOSt
Fontell, A G., 1928 Anteckningar och aktstycken rörande forn-, sol- och hammarskiftet i Finnland. Fennia 52 Helsinki.
Forsberg, S., 1950: Några erfarenheter från skötseln av fjällskogarna inom Jämtlands län. SST.
Forsslund, K.-E., 1914: Naturskydd o. nationalparker (Hembygdsvård I). Sthlm.
— 1914 Kulturskydd och bygdemuséer (Hembygdsvård II) Sthlm
Forsslund, K.-H., 1938—39 Bidrag till kännedomen om djurlivets i marken inverkan på markomvandlingen. MSS 31
— 1943: Studier över de lägre djurlivet i nordsvensk skogsmark. MSS 34 (1944—45).
Forssman, H., 1928: Om skifte och annan jorddelning i by In: Svenska Lantmäteriet 1628—1928. Stockholm (Del II)
Friberg, N., 1935: En gammal gästrikeväg. Ymer 1935. Sthlm.
Fries, M., 1949: Den nordiska utbredningen av Lactuca alpina, Aconitum septentrionale, Ranunculus platanifolius och Polygonatum verticillatum. Acta Phytogeographica Suecica. Uppsala.

Frödin, J., 1916: Studier öfver skogsgränserna i norra delen af Lule Lappmark. Lunds Universitets årsskrift N.F. Afd. 2 Bd. 13 Nr. 2. Lund.
— 1919: Fäbodbebyggelsen i Kall och Offerdal. GA.
— 1929: Om fäbodbebyggelsens utbredning och olika typer i Europa. SGÅ.
— 1933: Den nord- och mellansvenska byns organisationsformer och upplösning. Bidrag till bondesamfundets historie II. Oslo.
— 1946: Staden som geografisk företeelse. Ymer 1946. Sthlm.
— 1948: Några drag av modern svensk stadsutveckling. Ymer 1948. Sthlm.
— 1950: Fäbodväsendet i Gästrikland och landskapets natur. In: „Natur i Gästrikland." Göteborg.

Gavelin, A., 1942: Norrlands berggrund, mineralfyndigheter och tekniskt användbara bergarter. In: „Norrland. Natur, befolkning och näringar" und Ymer 1942. Stockholm.
Gävleborgs läns Skogsvårdsstyrelsen: 1939: Skogsvårdsplan över Mo socken. Gefle.
— 1939: Skogsvårdsplan över Ovanåkers socken. Gefle.
— 1940: Skogsvårdsplan över Österfärnebo socken. Gefle.
— 1940: Skogsvårdsplan över Rogsta socken. Gefle.
— 1950: Skogsvårdsplan över Färila socken. Tierp.
— 1950: Skogsvårdsplan över Ockelbo socken. Tierp.
Geete, E., 1942: Om sambandet mellan temperatur och tillväxt. NST.
— 1945: Skogen och betet. NST.
Geiger, R., 1950 (bzw. 1927 und 1942): Das Klima der bodennahen Luftschicht. Braunschweig.
Giere, W., 1939: Die Entwicklung der Landwirtschaft in der nordischen Vorzeit. Deutsche Geogr. Blätter. Bremen.
Granlund, E., 1925: Några växtgeografiska regionsgränser. GA.
— 1943: Beskrivning till jordartskarta över Västerbottens län nedanför odlingsgränsen. SGU Ser. Ca, nr. 26.
Granlund, E., und Lundquist, G., 1942: Karta över Norrlands lösa jordarter 1:2 000 000. In: Ymer 1942 H. 3/4 Pl. 4.
Granlund, E., und Wennerholm, St., 1935: Sambandet mellan moräntyper samt bestånds- och skogstyper i Västerbottens Lappmarker. SGU Ser. C, nr. 384.
Granlund, E., 1935: Skogstypernas geologiska betingelser. Diskussionsbeitrag zu Wretlind, 1934. SST.
Granö, J. G., 1937: Gehöfte und Siedlungen in Finnland. Eine geographische Übersicht. Fennia 63 — Helsinki.
Granström, A., 1942: Jordbruket i Norrland. Ymer 1942, H. 3/4 Sthlm.
Grosskopf, W., 1950: Bestimmung der charakteristischen Feinwurzel-Intensitäten in ungünstigen Waldbodenprofilen und ihre ökologische Auswertung. Mitt. d. Bundesanst. f. Forst- und Holzwirtschaft Nr. 11.
Grundström, S., 1949: Jordbruket och dess arbetsförhållanden inom Norrbottens läns inlandsbygd. SGÅ.
— 1949: Cirkelsågningen i Norrbottens län. SGÅ.
Guinchard, J., 1913: Schweden. Historisch-Statistisches Handbuch. 2. Aufl. Stockholm.

Hägglund, E., 1936: Vedbeskaffenhetens inflytande på utbyte och kvalitet av sulfit- och sulfatmassa. SST.
Halden, B. E., 1923: Några bidrag till frågan om den geologiska lagerföljdens betydelse för skogsmarkernas vattenhushållning. SST.
— 1926: Studier över skogsbeståndens inverkan på markfuktighetens fördelning hos skilda jordarter. SST.
— 1926: Om regndroppets mekaniska inverkan på marken. SST.
— 1931: Exkursionsområdets geologi och klimat. Progr. till SSF:s 23:e exkursion till Hälsingland. Stockholm.
Hälsingland, 1923: Sammlung von Aufsätzen von u. a.: Högbom, Erixon, v. Eckermann, Halden. STÅ.
Hamberg, A., 1913: Några ord om luftzirkulationen i norra Sverige. Ymer 33. Stockholm.
Härenstam, C., 1942: Järn- och metallmanufakturer i västra Småland. SGÅ.
Hauff & Schlenker & Krauss, 1950: Zur Standortsgliederung im nördlichen Oberschwaben. Allg. Forst- u. Jagdztg. 1950 H. 1/2.
Heckscher, E., 1941: Svenskt arbete och liv från medeltiden till nutiden. Stockholm.
Hedemann-Gade, E., 1951: Om skogsodling och självsådd. SSF:s folkskrift Ser. III nr. 1. Stockholm.
Heikinheimo, O., 1915: Kaskiviljelyksen vaikutus Suomen metsiin. (Der Einfluß der Brandwirtschaft auf die Wälder Finnlands.) Act. forest. fenn. 4.
Heimburger, C. C., 1934: Forest-Type Studies in the Adirondack Region. Cornell Univ. Agric. Exp. Station. Memoir 165. Ithaca, New York.
Helander, S., 1922: Schwedens Stellung in der Weltwirtschaft. Kieler Vorträge. H. 4. Kiel.
— 1937: Nationale Verkehrsplanung. Jena.
Hellström, O., 1915: Sågverksteknikens utveckling. SST.
— 1925: Sågverksindustrien. Norrl. Handbibl. X.
Henschen, F., 1942: Geografisk-patologiska problem rörande Norrland. In: Norrland. Natur, . . . und Ymer 1942 H. 3/4. Stockholm.
Hernod, T., 1939: The forest, Sweden's greatest natural asset. „Svenska handelsbankens Index", June 1939 Suppl. Stockholm.

Heske, F., 1924: Die Holzindustrie Schwedens und vergleichende Reflexionen über die tschechoslowakische Holzwirtschaft. Teplitz-Schönau 9. Okt. 1924. Mittlg. d. Dt. Hauptverbandes der Industrie.
Hesselman, H., 1905: Svenska lövängar. SST 3.
— 1906: Om svenska skogar och skogssamhällen. Skogsv. F. Folkskr. 5. Sthlm.
— 1909: Undersökning av de svenska skogstyperna. In: Redogörelse öfver skogsförsöksanstaltens verksamhet III. MSS 6.
— 1910: Om vattnets syrehalt och dess inverkan på skogsmarkens försumpning och skogens växtlighet. MSS 7.
— 1910 und 1916—17: Studier över de norrländska tallhedarnas föryngringsvillkor I u. II. MSS 7 und 13—14.
— 1917: Studier över salpeterbildningen i naturliga jordmåner och dess betydelse i växtökologisk avseende. MSS 13—14. SST.
— 1917 a: Om skogsbeståndens roll vid moränlidernas försumpning. SST.
— 1931: Om klimatets humiditet i vårt land och dess inverkan på mark, vegetation och skog. MSS. 26.
— 1935: Barrskogens arealfördeling på tall-, gran- och barrblandbestånd i Norrland och Dalarna. MSS 28.
Hettner, A., 1895: Die Lage der menschlichen Ansiedlungen. Geographische Zeitschrift.
— 1902: Die wirtschaftlichen Typen der Ansiedelungen. Geogr. Ztschr.
— 1925: Grundzüge der Länderkunde: Europa. Berlin.
Hjulström, F., 1940: Sveriges elektrificering. Geographica Nr. 8 Uppsala.
Högbom, A. G., 1906: Norrland. Naturbeskrifning. Norrl. Handb. I.
— 1913: Fennoskandia. Heidelberg.
— 1920: Geologisk beskrivning över Jämtlands län. SGU Ser. C nr. 140.
— 1925: Norrland såsom industriland. Norrl. Handbibl. X.
— 1927: Sveriges jord och grund. Vad vi veta 21—22. Uppsala.
Höjer, E., u. Juhlin-Dannfeldt, M., 1932: Några synpunkter på anläggning och skötsel av betesvallar vid skogsbrukets arrendegårdar. SST.
Hölcke, O., 1947: Den svenska Bomullsindustriens geografiska läge. Ymer 1947. Sthlm.
Hoppe, G., 1948: Isrecessionen från Norrbottens kustland. Geographica 20. Uppsala.
— 1945: Vägarna inom Norrbottens län. Geographica Nr. 16, Uppsala.
Hult, R., 1881: Försök till analytisk behandling af växtformationerna. Medd. från Societas pro Fauna et Flora fennica, Helsinki.
Hultblad, F., 1936: Flyttlapparna i Gällivare socken. Geographica nr 1. Uppsala.

Iggesunds Bruk, 1937: Aktiebolaget . . . Prospekt. Hudiksvall.
— 1947: The crowned anchor — a Swedish trade-mark that stands for quality. Stockholm.
— 1949: Några uppgifter om Iggesunds Bruk. NST.
— 1951: Årsredovisning. Hudiksvall.
— 1951: „Det krönta ankaret". Tidning för de anställda . . . Nr. 1 + 2.
Ilvessalo, Y., 1922: Vegetationsstatistische Untersuchungen über Waldtypen. Act. forest. fenn. 20.
Industri, 1913—1946: Berättelse för år . . . av Kommerskollegium. SOSt: Industri och bergshantering.

Jämtlands läns jord- och skogsbruk i grafisk framställning. (Jämtlands läns Hushållningssällskap), Göteborg 1945.
Johansson, H., 1942: Renskötseln. Ymer 1942 H. 3/4. Sthlm.
Jonasson & Höjer & Björkman, 1937: Jordbruksatlas över Sverige. Stockholm.
Joneborg, S., 1948: Skogsbeskattning. SSF:s Folkskrift Ser. I Nr. 2.
Jordbruksräkningen 1937 und 1944. SOSt: Jordbruk med binäringar.
Juhlin-Dannfelt, H., 1928: Skifte och delning av jord ur ekonomisk synpunkt. In: Svenska lantmäteriet 1628—1928. Sthlm.

Kallström, H., 1926: Tvenne exempel på bränningens goda inverkan. „Skogen".
Kempe, F., 1909: Skogshushållning i Norrland. Norrl. Handbibl. III.
Kinnman, G., 1925: Flottning. Norrl. Handbibl. X.
— 1925 a: Skogstillgånger och avverkning. Norrl. Handbibl. X.
— 1936: Skogseldrisken och väderleken. SST.
— 1949: Kompendium i flottledsbyggnad och flottning. Skogshögskolans kompendiekommitté.
Klinckwort, P. H., 1935: Die småländische Landschaft. Quakenbrück.
Kollmann, F., 1951: Holzprobleme in Schweden. Stuttgart.
Kreuzer, G., 1948: Kultur- und Naturlandschaft im Keuperbergland zwischen Main und Aisch. PM.
Kruedener, A. v., 1926: Waldtypen als kleinste natürliche Landschaftseinheiten bzw. Mikrolandschaftstypen (mit einem Vorwort von Arved Schultz). PM.
Kungl. Vattenfallsstyrelsen: Förteckning över Sveriges vattenfall. Insbesondere Nr. 44, 45, 48 (Ljusnan), Stockholm 1930.

Lagerberg, T., Lundberg & Melin, E., 1927: Biological and practical researches into blueing in pine and spruce. SST.
Lagerberg, T., 1928: Våra skogstyper och andra skogligt betydelsefulla växtsamhällen. Aus: Wahlgren & Schotte: Sveriges skogar och huru vi utnyttja dem. Sthlm.
Lakari, O. J., 1920: Tutkimuksia Pohjois-Suomen metsätyypeistä. (Untersuchungen über die Waldtypen in Nordfinnland.) Act. forest. fenn. 14.
Lantmäteriarkivet 1628—1928. Stockholm 1928.
Langlet, O., 1935: Till frågan om sambandet mellan temperatur och växtgränser. MSS 28.
Lindberg, O., 1950: En metod för att bestämma den svenska pappersindustriens transportkostnadsläge. Ymer 1950. Sthlm.
Lindblad, O., 1950: Skötsel av ung medelålders skog. SSF:s folkskrift Ser. III nr 2. Sthlm.
Lindh, E. A., 1942: Bondeskogens betydelse. „Skogsägaren."
Linkola, K., 1922: Zur Kenntnis der Verteilung der landwirtschaftlichen Siedlungen auf die Böden der verschiedenen Waldtypen in Finnland. Act. forest. fenn. 22.
Lönborg, S., 1902: Finnmarkerna i mellersta Skandinavien. Ymer 1902. Sthlm.
Lothigius, W. mit anderen, 1937: Sverige som skogsland. Teil I und II. Stockholm.
Löwegren, G., 1945: The forest and forest industries in Norrland. Suppl. to Svenska Handelsbankens Index, Sept. 1945.
Ludin, A., 1930: Die nordischen Wasserkräfte. Berlin.
Lundberg, B., 1951: Lycka av lin. „Vi" Nr. 49 December 1951.
Lundman, E., 1913: Skyddsåtgärder mot skogseld vid järnvägslinjer. SST.
Lundquist, G., 1927: Bodenablagerungen und Entwicklungstypen der Seen. In „Die Binnengewässer" Hrsg. A. Thienemann Bd. 2. Stuttgart.
— 1942: Jordarterna och deras fördelning inom Norrland och Dalarna. In „Norrland. Natur, . . ." und Ymer 62. Sthlm.
Lyrholm, K. L., 1924: Norra Sveriges Flottleder och Skogsindustrier — Tabeller. Stockholm. (mit Karte 1:1 000 000)

Magni, E., 1936: Skogsbruket i Jämtlands län. Östersund.
Magnussen-Granlund-Lundquist, 1949: Sveriges Geologi. 2. Aufl. Stockholm.
Malmström, C., 1931: Om faran för skogsmarkens försumpning i Norrland. MSS 26.
— 1942: Skogs- och myrsamhällen inom det norrländska barrskogsområdet. In „Norrland. Natur, . . ." und Ymer 62 H. 3/4.
— 1942 a: Über die Forstentwässerungstätigkeit in Schweden. Int. Holzmarkt 1942.
— 1949: Studier över skogstyper och trädslagsfördelning inom Västerbottens län. MSS 37.
Marmakoncernen — En information till företagets anställda 1951. Stockholm 1951.
Maull, O., 1950: Die rodungsgenetische Methode am Beispiel der Kulturlandschaftsentwicklung im Profil Dachau—Wolfrathshausen (Oberbayern). Mittlgn. der Geogr. Gesellschaft München.
Mattsson, L., 1917: Formklasstudier i fullslutna tallbestånd. SST.
Melin, E., 1917: Studier över de norrländska myrmarkernas vegetation. Norrl. Handbibl. VII.
Melin, R., 1924: Ångermanälven — en översikt över nederbörd, hydrografi och vattenkrafttillgång. Ymer 44. Sthlm.
Meyer-Lindemann, H. U., 1951: Typologie der Standorttheorien. Raumforschung und Landesplanung Bd. 21. Bremen.
Meynen, E., 1951: Bauregeln und Formen des Kartogramms. Geographisches Taschenbuch 1951/52. Stuttgart.
Meyers Lexikon 7. Auflage 1924—33.

Näslund, M., 1942: Den gamla norrländska granskogens reaktionsförmåga efter genomhyggning. MSS 33.
— 1942 a: Den gamla norrländska granskogens reaktionsförmåga efter genomhyggning. Föredrag 10. X. 41. NST.
Nelson, H., 1913: En bergslagsbygd — en historisk-geografisk överblick. Ymer 33. Sthlm.
— 1918: Sveriges kulturgeografiska provinser. Ymer 38. Sthlm.
— 1947: Industrialisering och stadsbygdsbildning. Några reflexioner över aktuella lokaliseringsföreteelser i svensk industri. SGÅ.
Nilsson, A., 1902: Svenska växtsamhällen. Tidskrift för skogshushållning 30. Sthlm.
Nordholm, G., 1931: Geografiska studier över de nordeuropäiska byarnas grundformer. SGÅ.
Nordmann, P., 1888: Finnarne i mellersta Sverige. Helsingfors.
Norrland. Natur, befolkning och näringar. Stockholm 1942 (auch als Ymer 62/H. 3-4).
Norrlandskommitténs Betänkande m. m., Stockholm 1904.
Norrlands skogsvårdsförbunds exkursion till Hälsingland den 20—21 juni 1949. NST.
Nyström, K., 1925: Den norrländska trämasse- och cellulosa-industrien. Norrl. Handbibl. X.

Otremba, E., 1950: Die wirtschaftsgeographische Ordnung der Länder. In: Die Erde 1949/50. Berlin.
— 1950 a: Nürnberg. Forschungen zur deutschen Landes- und Volkskunde 48. Landshut.
Otremba, E. mit anderen, 1950: Der Landkreis Scheinfeld. In: Die Landkreise Bayerns. Bd. 1. Scheinfeld 1950.
Overton, M., 1941: De svenska tätorternas hittillsvarande och framtida utveckling. SGÅ.
— 1942: Några huvuddrag ur näringslivets, särskilt industriens och befolkningens utveckling inom olika typer av svenska städer. SGÅ.
Oxholm, A. H., 1921: Swedish Forests, Lumber Industry, and Lumber Export Trade. Washington.
Östergren, O.: Nusvensk ordbok.

Paffen, K. H., 1948: Ökologische Landschaftsgliederung. Erdkde.
Passarge, S., 1921: Vergleichende Landschaftskunde. Berlin.
Persson, E., & Kai Curry-Lindahl, 1950: Natur i Gästrikland. Göteborg.
Post, G. v. & Humbla, Ph., 1937: Hälsinglands Museum. Kort historik och vägledning. In: Gammal Hälsingekultur. Hudiksvall.
Prawitz, G., 1944: Den äldre avvittringen i Hälsingland. Svensk Lantmäteri Tidskrift. Stockholm.
— 1945: Den yngre avvittringen i Gävleborgs län. Sv. Lantm. Tidskr.
Program för Norrlands Skogsvårdsförbunds exkursion till Hälsingland. Stockholm 1949.
— ...... Stockholm 1938.
Promemoria rörande resultatet av de skogssakkunnigas överläggningar vid mötet i Stockholm den 25—29 sept. 1944. Stockholm 1944.
Pappers-, Träindustri- och Skogsarbetarnas Tidning, 1951: "Företagens ekonomi" in Nr. 10, S, 19, Nr. 11, S. 19, und Nr. 12, S. 15.
Program för svenska skogsvårdsföreningens 23:e exkursion till Hälsingland 2—4 juli 1931. Stockholm 1931.

Riksskogstaxeringen av Ljungans, Indalsälvens och Ångermanälvens flodområden åren 1938 och 1939. Bil. till NST 1940:VI.
— av Jämtlands län åren 1939 och 1940, Bil. till NST 1942:IV.
— av Västerbottens län och Norrbottens läns kustland åren 1939 och 1941 samt taxeringsresultat för skogarna inom Norrbottens läns lappmark. Bil. till NST 1944:I.
— av Gävleborgs län år 1942. Bil. till NST 1944:II.
— : Vid andra Riksskogtaxeringen av Norrland åren 1938—42 använd metodik och härom vunna erfarenheter. SOU 1947:36.
Romell, L. G., 1922: Luftväxlingen i marken som ekologisk faktor. MSS 19.
— 1927: Markluftsanalyser och markluftning. MSS 24.
— 1937: Kvistrensning och övervallning hos okvistad och torrquistad tall. SST.
— 1938: Markreaktionen efter gallringer och dess orsaker. NST.
Ronge, E., 1936: Skogsmarkstyper och beståndsbehandling. NST.
Rubner, K., 1925: Die pflanzengeographischen Grundlagen des Waldbaus. 2. Aufl. Neudamm.

Sandermann, W., 1951: Neuere Entwicklung und gegenwärtiger Stand der schwedischen Holzwirtschaft. Bieberach.
Sandström, J. W., 1913: Meteorologiska forskningsresor i de svenska fjälltrakterna. Ymer 33.
— 1920: Snötäcket i övre Sverige. Flottningstidskrift h. 50.
— 1932: Vinden. SST.
— 1945: Snow studies. Arkiv för matem., astr. o. fysik. Kungl. Vetenskapsakademien. Bd. 31 H. 20.
Sarvas, R., 1937: Über die natürliche Bewaldung der Waldbrandflächen. (Referat zu gleichnamigem Aufsatz in finn. Sprache.) Act. forest. fenn. 46.
— 1937 a: Beobachtungen über die Entwicklung der Vegetation auf den Waldbrandflächen Nordfinnlands. (Referat.) Silva Fennica 44.
Schmithüsen, J., 1942: Vegetationsforschung und ökologische Standortslehre in ihrer Bedeutung für die Geographie der Kulturlandschaft. ZGE.
Sjöbeck, M., 1931: Det äldre kulturlandskapet i Sydsverige. SST.
— 1932: Lövängen och dess betydelse för det sydsvenska bylandskapets uppkomst och utveckling. SST.
— 1933: Lövängskulturen i Sydsverige. Ymer 53. Sthlm.
— 1939: Gästrikland — Hälsingland, en landskaplig orientering. På uppdrag av Kungl. Järnvägsstyrelsen utarbetad. Stockholm.
— 1946: Småland — Öland, en landskaplig orientering. På uppdrag av Kungl. Järnvägsstyrelsen. 2. Aufl. Stockholm.
Sjögren, O., mit anderen, 1929—35: Sverige — geografisk beskrivning. 5 Bände. Stockholm.
Skogsbygdens arbets- och levnadsvillkor, 1937—38. Del I o. II. SOSt: Socialstatistik.

Smith, H., 1911: Postglaciala regionförskutningar i norra Härjedalens och sydvästra Jämtlands fjälltrakter. GFF 33.
— 1920: Vegetationen och dess utvecklingshistoria i det centralsvenska högfjällsområdet. Norrl. Handbibl. IX.
Statistiska Meddelanden, Ser. A. V, 6.
Sterner, M., 1912: Grunddragen av Gävleborgs läns geologi. Stockholm.
Streyffert, Th., 1938: Den skogsekonomiska teorien. Stockholm.
— 1940: Die Nutzung der Wälder Schwedens. Intersylva I.
— 1942: Skogen som råvarukälla fordom och nu. Ymer 62, H. 3—4.
— 1942a: Den norrländska träförädlingsindustrien. Ymer 62, H. 3—4.
— 1943: Weltholzhandel und Weltholzwirtschaft. Intersylva. Berlin.
— 1944: Skogligt ekonomiska synpunkter på skogsavfallets utnyttjande. NST.
— 1950: Sveriges skogar och skogsindustrier. 2. Aufl. Sthlm.
Stridsberg, E., 1950: Den norrländska skogsindustriens råvaruförutsättningar. Ymer 70 H. 1 u. 2. Sthlm.
Stålberg, H., 1942: Några drag ur den sydsvenska möbelindustriens lokalisering. SGÅ.
— 1947: Smålands skogs- och träförädlingsindustrier — en näringsgeografisk studie. Medd fr. Lunds Univ. Geogr. Inst. Avh. XVI. Lund.
— 1949: Smålands skogs- och träindustrier. Industriens upplysningstjänst Ser. B 3 Sthlm.
Stålfelt, M. G., 1937: Die Bedeutung der Vegetation im Wasserhaushalt des Bodens. SST.
Sveriges Industri 1935 und 1948. Översikt utgiven av Sveriges Industriförbund. Stockholm 1935 u. 1948.
Svenska Akademiens Ordbok (Lund).

Tacke, E., 1951: Der Landkreis Holzminden. Die Landkreise in Niedersachsen II/4. Bremen.
Tamm, O., 1920: Markstudier i de nordsvenska barrskogsområdet. MSS 17.
— 1921: Om berggrundens inflytande på skogsmarken. MSS 18.
— 1929: Om sambandet mellan skogstyper och marktyper i övre Norrlands urbergsområde. Skogen 1929. Sthlm.
— 1930: Om brunjorden i Sverige. SST.
— 1931: Studier över jordmånstyper och deras förhållande till markens hydrologi i nordsvenska skogsterränger. MSS 26.
— 1932: Die Böden Schwedens. Die Ernährung der Pflanze XXVIII.
— 1935: Ett försök till klassifikation av skogsmarken i Sverige. MSS 28.
— 1940: Den nordsvenska skogsmarken. Stockholm.
— 1948: Marklära, Del I—IV (Föreläsningar i skoglig marklära). Skogshögskolans kompendier. Stockholm.
— (o. J): Handledning vid jordundersökning. Skogshögskolan Sthlm.
Tamm, O., & Petrini, S., 1922: Lit. Referat zu: A. K. Cajander und Y. Ilvessalo: Über Waldtypen II. SST.
Tamm, O., & Wadman, 1945: Om skogens naturliga betingelser i Hamra revir. SST Bil.
Tanttu, A., 1915: Über die Entstehung der Bülten und Stränge der Moore. Act. forest. fenn. 4.
Tersmeden, C., 1951: Några förelöpande resultat från riksskogstaxeringen av Göteborgs o. Bohuslän, Älvsborgs län samt Värmlands län. MSS Ser. uppsats nr 21.
Thaning, O., 1940: Höjdbebyggelsen på det småländska höglandet. Ymer 60. Sthlm.
Timmermann, O. F., 1949: Der Einfluß des Menschen auf den Wandel einer großräumigen Waldlandschaft — gezeigt am Beispiel des Bayerischen Waldes. Mecking-Festschrift, Hannover.
Tirén, L., Om en undersökning av vindhastigheten i skogsbestånd. SST.
Troll, C., 1944: Strukturböden, Solifluktion und Frostklimate der Erde. Geol. Rundschau 34.
— 1950: Die geographische Landschaft und ihre Erforschung. Studium Generale III H. 4/5.
— 1951: Schwedens Wirtschaft im Kartenbild (zu W. William-Olsson: Ekonomisk-geografisk karta över Sverige). Erdkunde 1951, Bonn.
Troll, W., 1926: Die natürlichen Wälder im Gebiete des Isarvorlandgletschers. Mitt. d. Geogr. Ges. München 1926 (Nachtr. 1927).
Tüxen, R., 1928: Zur Arbeitsmethode der Pflanzensoziologie (nach Braun-Blanquet). Mitt. florist. soz. Arb. Gem. in Niedersachsen H. 1/1928. Hannover.
— 1937: Die Pflanzengesellschaften Nordwestdeutschlands. Ebenda.
— 1937a: Die wichtigsten Waldgesellschaften des Osnabrücker Hügellandes. (Bericht ü. d. 4. Tagung d. Dt. Forstvereins Preußen-Nordwesten in Bad Rothenfelde vom 7.—10. 6. 1937.)
— 1939: Die Pflanzendecke Nordwestdeutschlands in ihren Beziehungen zu Klima, Gesteinen, Böden, Mensch. Deutsche Geogr. Blätter, Bremen, Bd. 42.
— 1950: Pflanzensoziologie als unentbehrliche Grundlage der Landwirtschaft. Studium Generale III H. 8, Berlin.
— 1951: Eindrücke während der pflanzengeographischen Exkursionen durch Südschweden. Vegetatio Acta Geobotanica Vol. III. Den Haag.

Uhnbom, I., 1942: Befolkningsutvecklingen i Norrland från äldre tid och till våra dagar. Ymer 62 H. 3—4, Sthlm.
Undersökning angående skogsavverkningen år 1937, 1940. Statistiska meddelanden ser. A, Bd. V:6. Stockholm.
Undersökning av taxeringsutfallet beträffande jordbruksfastighet å landsbygden vid 1945 års allmänna fastighetstaxering SOU 1950:34, Finansdepartementet.
Upmark, E., 1942: Norrlands vattenkraft. Ymer 62 H. 3—4. Sthlm.
Uppskattning av Sveriges skogstillgånger verkställd åren 1923—1929, 1932. SOU 1932:26.
Ursing, B., 1949: Svenska växter i text och bild, Kryptogamer.
— 1950: . . . . . . Fanerogamer. Stockholm.
Utredning rörande skogsnäringens ekonomiska läge . . . III. Skogsbrukets transportfrågor: Vägar och järnvägar. SOU 1943:4.
Utredning angående Norrlands näringsliv — förberedande undersökning. 1943. SOU 1943:39.
Utredning med synpunkter på sågverksdriften i Norrland . . . Avg. av Norrlandskommittén 1947. SOU 1947:32.

Veirulf, O., 1937: Skogarnas utnyttjande i Älvdalen före storskiftet med särskild hänsyn till Älvdalens kronopark nr 1. Geographica Nr. 5 Uppsala.
Vestman, H., 1934: Skogen och vad den ger. Ser. „Vår underbara värld". Stockholm.

Waldenström, E., 1942: Vad våra skogar ge och vad de kunna ge. Ymer 62, H. 1. Sthlm.
— 1944: Skogsavfallets industriella utnyttjande. NST.
— 1946: Utvecklingslinjer inom svensk skogsindustri. Skriftser. utg. av. Industriens Utredningsinstitut. Stockholm.
Wahlgren, A., Schotte, G., 1928: Sveriges skogar och huru vi utnyttja dem. Stockholm.
Wallander, J., 1948: Flykten från skogsbygden. En undersökning i Klarälvsdalen. Industriens Utredningsinstitut. Sthlm.
Wallén, A., 1925: Till kännedomen om Norrlands lokalklimat. Ymer 45. Sthlm.
— 1928: Till kännedomen om granens och tallens beståndsklimat. SST.
— 1930: Climate of Sweden. Statens met.-hydr. anst. Medd. 279. Sthlm.
— 1932: Till kännedomen om klimatet i skogen och andra vegetationssamhällen. SST.
Walter, H., 1949: Einführung in die Phytologie III. Grundlagen der Pflanzenverbreitung, 1. Teil: Standortslehre. Stuttgart.
Weber, Alfred, 1909: Über den Standort der Industrien Teil 1: Reine Theorie des Standorts. Tübingen. 1909.
Wegelius, Th., 1949: Cellulosaindustriens biprodukter och dessas betydelse. SST.
Welander, P. O., 1938: Jämnåldriga eller olikåldriga beståndsformer. NST.
— 1944: Huggningsformer och föryngring på de norrländska skogarna. NST.
Wibeck, E., 1909: Bokskogen inom Östbo och Västbo härad af Småland. (Skogshistoria.) MSS.
Wik, H., 1941: Norrlands export 1871—1937. Geographica 11. Uppsala.
— 1950: Norra Sveriges sågverksindustri. Geographica 21. Stockholm.
William-Olsson, W., 1938: Utvecklingen av tätorter och landsbygd i Sverige 1880—1935. Ymer 58, Sthlm.
— 1942: Norrlands befolkning — demografiska huvuddrag. Ymer 62. H. 3—4.Sthlm.
— 1946: Ekonomisk-geografisk karta över Sverige (Textband + Karte). Stockholm.
— 1948: Sveriges ekonomiska geografi. Mit Farbbeilage „Arbetsliv och årstider" in „Tidens Kalender 1948". Stockholm.
Woelfle, M., 1950: Waldbau und Forstmeteorologie. 2. Aufl. München.
Wretlind, J. E., 1935: Om de geologiska betingelserna för de nordsvenska, ej påtagligt grundvatteninfluerade markernas skogstyper. SST.

Åbokommitténs Betänkanden, Stockholm 1916—1920.
Ångström, A., 1924: Studier över Sveriges strålningsklimat. Ymer 44. Sthlm.
— 1942: Norrlands klimat. Ymer 62, H. 3—4. Sthlm.
— 1946: Sveriges klimat. Stockholm.

Karten:

Generalstabens karta över Sverige: Norra delen. 1:200 000.
Generalstabens karta över Sverige: Norra delen. 1:100 000.
Generalstabens karta över Sverige: Södra delen. 1:100 000.
Konceptblad (Meßtischblätter): 1:50 000.
Generalstabens översiktskarta över Sverige. 1:400 000.
Generalstabens höjdkarta över Norra Sverige. 1:500 000.
Generalstabens höjdkarta över Södra Sverige. 1:500 000.
Generalkarta över Sverige. 1:1 000 000.
Internationale Weltkarte. 1:1 000 000.
Geologisk översiktskarta över Norden. 1:1 000 000.
„Leatz' skogskarta" (Sveriges allmänna skogar) 1:400 000.
Norra Sveriges flottleder och skogsindustrier av Knut Lyrholm. 1:1 000 000. 1924.
Ekonomisk-geografisk karta över Sverige av W. William-Olsson. 1:1 000 000. 1946.
Karta över Färila sockens inägo- och hemskogsområde av Gävleborgs län. 1950. Av Erik Thorén. 1:20 000.
Karta över hemskogarna till Färila socken. Av Gävleborgs läns Skogsvårdsstyrelse 1934. 1:20 000.
Kartan i tre delar öfver utskogarna till Färila socken av Fredrik Widmark 1919. 1:20 000.
Umrißkarten: 1:500 000
1:1,5 Mill.
1:8 Mill.
Karta över barrskogens procentiska arealfördelning på tall-, gran- och barrblandbestånd i Norrland och Dalarna. 1:1 Mill. Av H. Hesselman och M. Lundquist. 1935.
Jordartskartan över Västerbottens län. Av E. Granlund 1943. 1:300 000.
Jordartskarta över södra och mellersta Sverige av Sahlström 1944. 1:400 000.
Trädslagsfördelningen inom Västerbottens län av C. Malmström 1949. 1:400 000.

Ungedruckte Quellen:

Archivmaterial aus dem „Lantmäterikontor" in Gävle und dem „Kungl. Lantmäteristyrelsens Arkiv" in Stockholm:
U. a.: Storskifteskarten von Joh. L. Edvall 1783—84.
Laga skiftes-Karten von P. Widmark 1904—15.
Andere Katasterpläne, insbesondere über Kårböleskog, Tjärnvall, Enskogen und Kårböle.
Segerstedt, A., 1838: Samlingar om finnbefolkningen i mellersta Sverige och sydöstra Norge.
Sotter, K.: Manuskript für „Skogsvårdsplan i Färila socken".
Thorén, E.: Landstingets utredning angående jordbruket i Färila. (1950.)
Verteilung der Industriewälder in Hälsingland und Härjedalen.
„Waldautowege" in Hälsingland-Härjedalen. (Stand von 1950.)

Primärmaterial:

Waldtaxierung des Färila socken durch Gävleborgs läns Skogsvårdsstyrelse.
„Arealexteriören" zur 2. Reichswaldtaxierung von Hälsingland 1942 und Härjedalen 1939/40.
„Provyte"-Protokolle zur 2. Reichswaldtaxierung für Hälsingland und Härjedalen.
Niederschlagsmessungen 1934—50 für Föne, Kårböle und Johannisberg.
Pegel und Abflußmengen im Ljusnan und seinen Nebenflüssen.
Primärmaterial zur Industriestatistik des Kommerskollegiums für Hälsingland und Härjedalen.

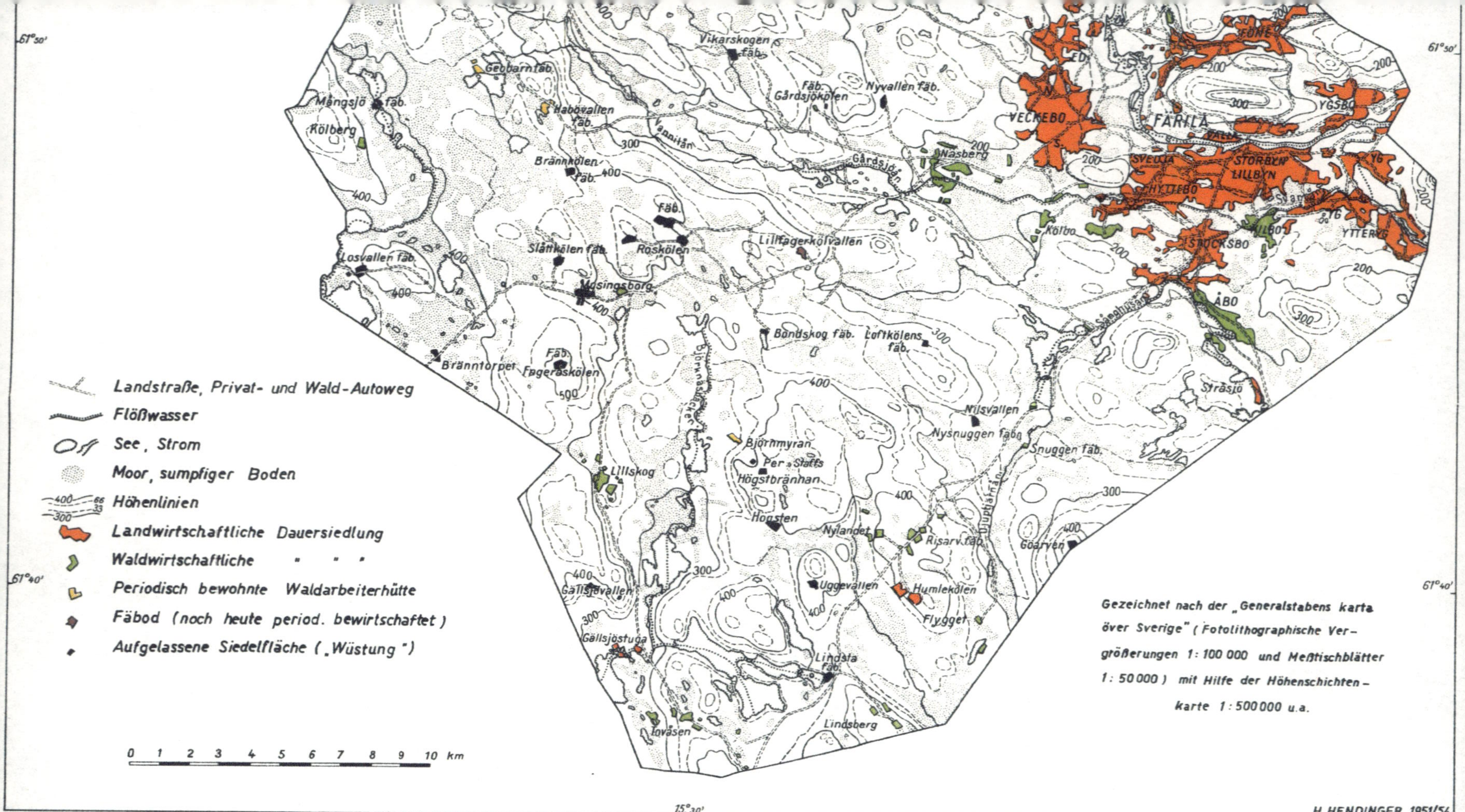

För publicering godkänd i rikets allmänna kartverket den 28 april 1953

Karte I

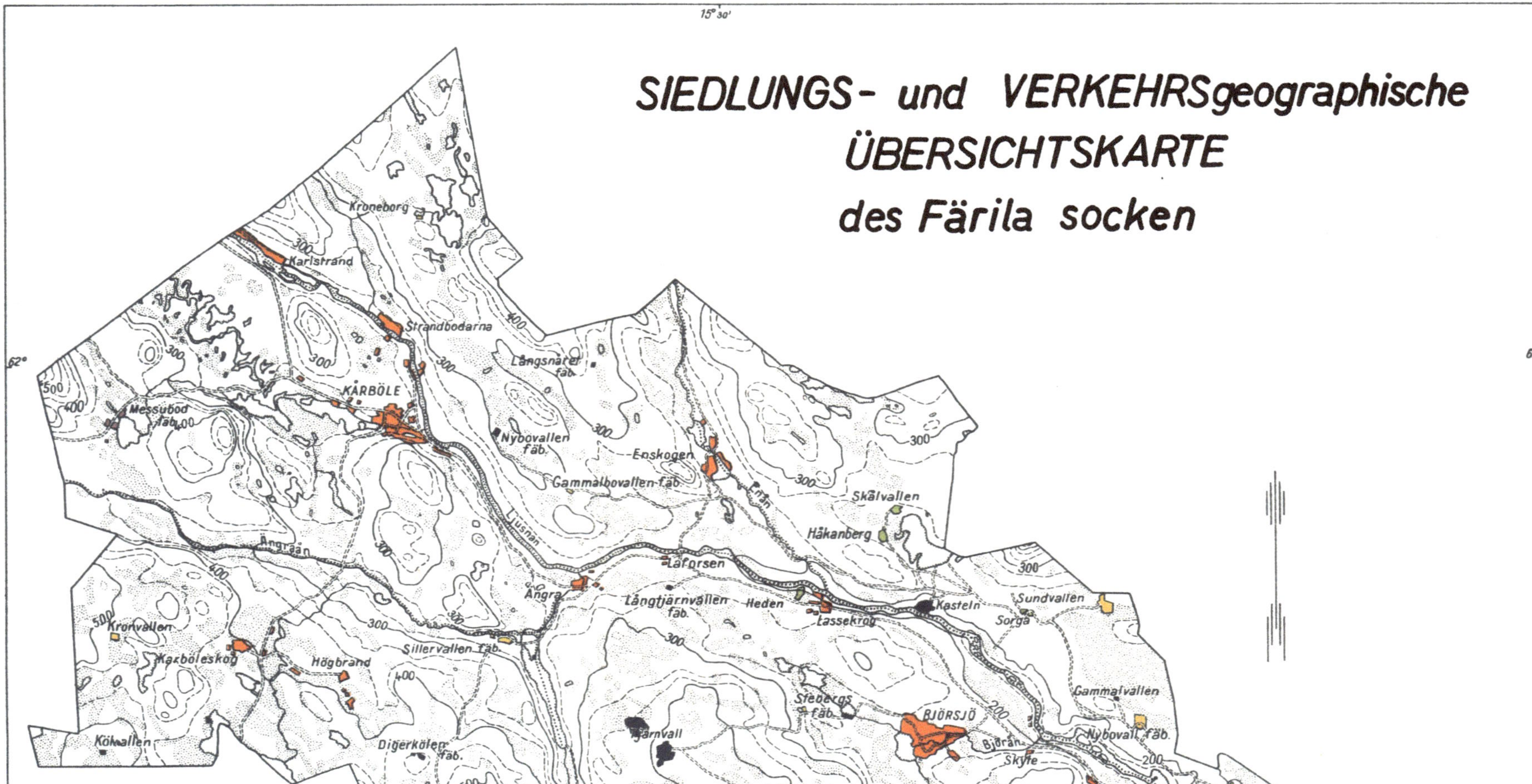
15° 30'
SIEDLUNGS- und VERKEHRSgeographische
ÜBERSICHTSKARTE
des Färila socken
62°
62°
Kroneborg
Karlstrand
Strandbodarna
Långsnäret fäb.
KÅRBÖLE
Messubod fäb.
Nybovallen fäb.
Enskogen
Gammalbovallen fäb.
Skälvallen
Håkanberg
Ljusnan
Ängraån
Laforsen
Ängra
Långtjärnvallen fäb.
Heden
Lassekrog
Kasteln
Sundvallen
Sorgå
Kronvallen
Kårböleskog
Högbrand
Sillervallen fäb.
Gammalvallen
Siebergs fäb.
BJÖRSJÖ
Björån
Skyte
Nybovall fäb.
Kölvallen
Digerkölen fäb.
Järnvall

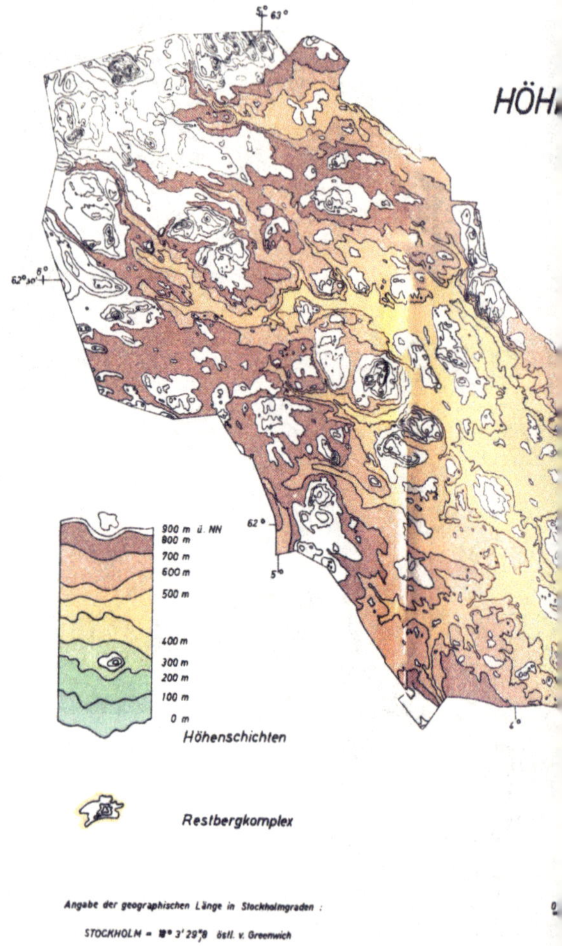
5° 63°
62°30' 6°
62°
5°
6°
900 m ü. NN
800 m
700 m
600 m
500 m
400 m
300 m
200 m
100 m
0 m
Höhenschichten
Restbergkomplex
Angabe der geographischen Länge in Stockholmgraden :
STOCKHOLM = 18° 3' 29,8 östl. v. Greenwich

Karte II

ITENKARTE von Hälsingland - Härjedalen

ksichtigung der Restbergstruktur

Höhenschichtenkarte 1 : 500 000)

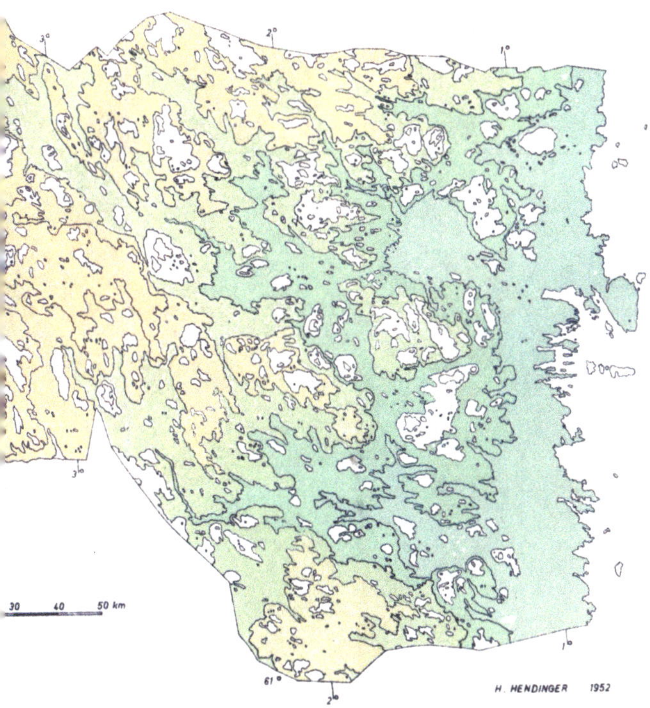

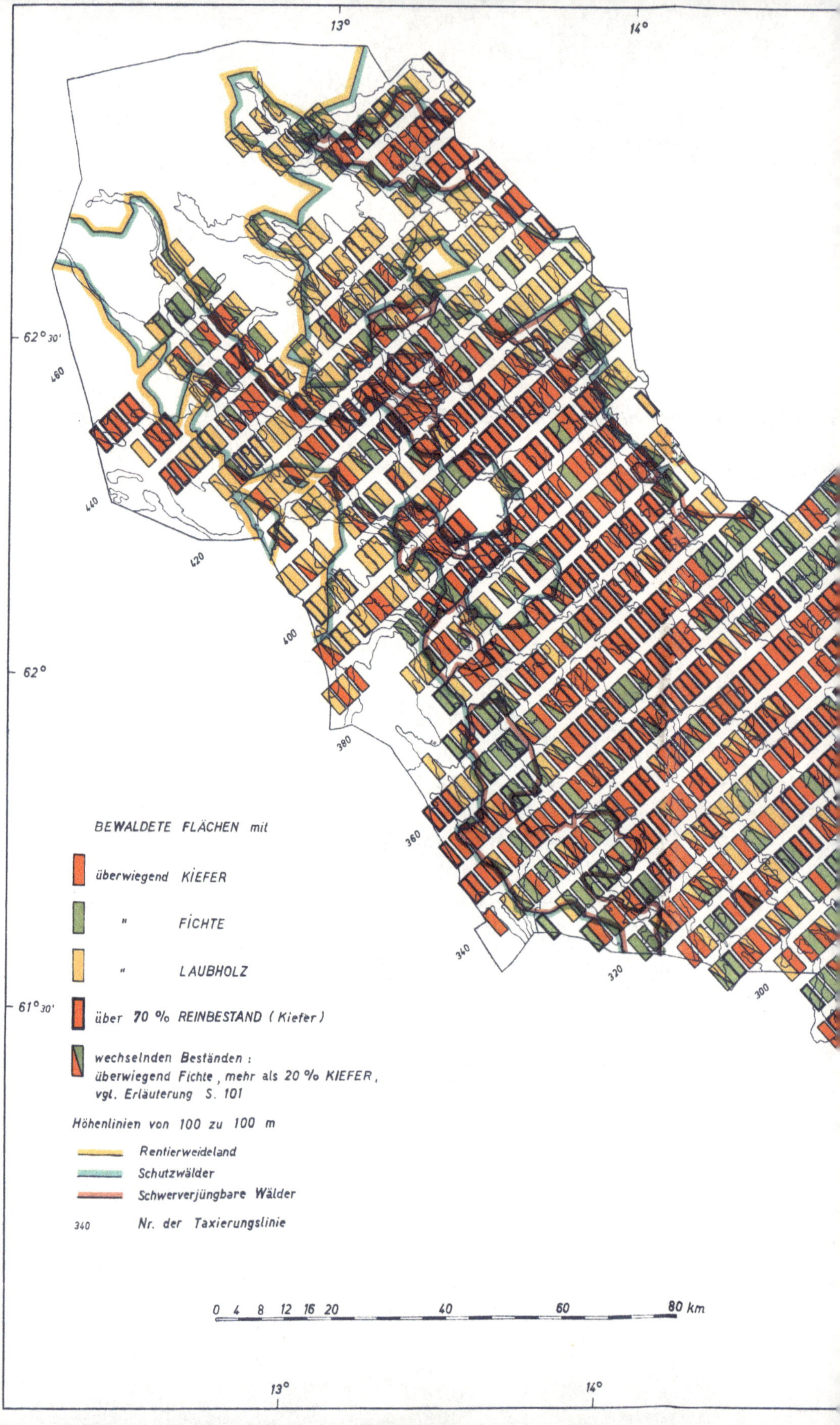

13°
14°
62° 30'
62°
61° 30'
460
440
420
400
380
360
340
320
300
BEWALDETE FLÄCHEN mit
überwiegend KIEFER
" FICHTE
" LAUBHOLZ
über 70 % REINBESTAND (Kiefer)
wechselnden Beständen:
überwiegend Fichte, mehr als 20 % KIEFER,
vgl. Erläuterung S. 101
Höhenlinien von 100 zu 100 m
Rentierweideland
Schutzwälder
Schwerverjüngbare Wälder
340 Nr. der Taxierungslinie
0 4 8 12 16 20 40 60 80 km

ZARTENVERTEILUNG
älsingland - Härjedalen

dem Primärmaterial der Reichswald-
-ung 1939/40 und 1942 („Arealexteriör")

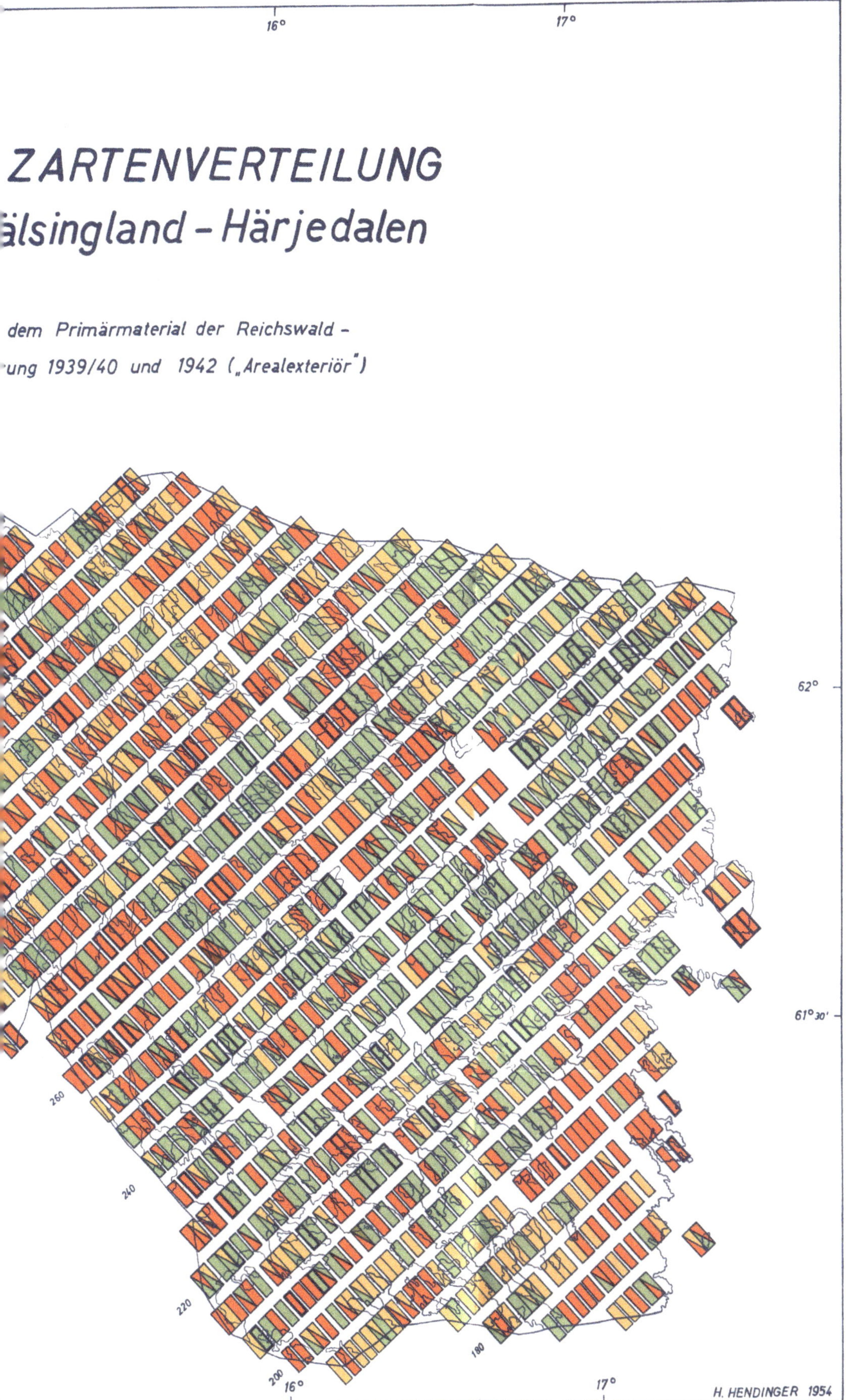

Karte III

FSC
www.fsc.org
MIX
Papier | Fördert
gute Waldnutzung
FSC® C083411

Zeitfracht Medien GmbH
Ferdinand-Jühlke-Straße 7
99095 Erfurt, Deutschland
produktsicherheit@kolibri360.de